江西鱼类志

陈文静　付辉云 ◎ 主编

科 学 出 版 社

北 京

内 容 简 介

本书梳理了国内外研究者对江西省境内鱼类分类学的研究成果,系统分类整理了江西省水产科学研究所近 70 年来所收集到的鱼类标本,以图文对照形式详细描述了该省隶属于 13 目 35 科 96 属的 197 种鱼类,采用最新的分类系统并按目、科、亚科、属和种 5 个分类单元编制了检索表,提供了更新后的江西省鱼类物种名录。每种鱼类均列出了其同物异名,描述了其形态特征、体色式样、地理分布和生态习性,并附有彩色图片。

本书的编撰填补了国内缺少《江西鱼类志》的空白,可以服务于鱼类学工作者、生物多样性保护工作者及原生鱼类爱好者,还可为水产院校、科研院所、渔业管理部门和资源保护部门等工作人员提供参考。

图书在版编目(CIP)数据

江西鱼类志 / 陈文静,付辉云主编. —北京:科学出版社,2024.3
ISBN 978-7-03-077579-5

Ⅰ.①江… Ⅱ.①陈… ②付… Ⅲ.①鱼类–水产志–江西 Ⅳ.①S922.263

中国国家版本馆CIP数据核字(2024)第014779号

责任编辑:马 俊 李 迪 赵小林 / 责任校对:郑金红
责任印制:肖 兴 / 封面设计:无极书装

科学出版社 出版

北京东黄城根北街16号
邮政编码:100717
http://www.sciencep.com

北京中科印刷有限公司印刷

科学出版社发行 各地新华书店经销

*

2024年3月第 一 版 开本:787×1092 1/16
2024年3月第一次印刷 印张:21
字数:498 000

定价:368.00元

(如有印装质量问题,我社负责调换)

《江西鱼类志》编写委员会

主　　任：吴国昌

副 主 任：张金保　詹书品　付辉云

委　　员：徐文琪　万国溇　李燕华　欧阳敏　陈文静

主　　编：陈文静　付辉云

副 主 编：张燕萍　章海鑫　傅义龙

编写人员：傅培峰　贺　刚　吴子君　张爱芳　赵春来

　　　　　王昌来　周辉明　吴　斌　陶志英

审　　定：张　鹗

序

　　江西省位于长江中下游南岸，东接浙江省和福建省，南与广东省为邻，西邻湖南省，北与湖北省和安徽省以长江为界。江西三面环山，可以看作为一个北面略微开口的盆地。江西西面是幕阜山、九岭山和罗霄山脉，东面是怀玉山和武夷山脉，南面是九连山和大庾岭，北面紧邻鄱阳湖，地势为手掌形，境内赣江、抚河、信河、饶河、修河"五河"汇入鄱阳湖并由湖口通长江。独立的地理位置、多样的水域系统，孕育了江西丰富多彩的鱼类资源。研究人员从中先后选育出"四红一鲫"['兴国红鲤'（兴国县）、'荷包红鲤'（婺源县）、'玻璃红鲤'（万安县）、'萍乡红鲫'（萍乡市）和'彭泽鲫'（彭泽县）]等新品种，这些品种不仅具有极高的养殖价值，而且是极其重要的鱼类育种材料。江西鱼类独特的特点，在生物多样性分布上意义重大，历来为学者所关注。

　　早在19世纪晚期就有学者记录采自江西的有效物种。自20世纪30年代中国学者就开始了本国淡水鱼类的研究。研究者先后在江西发现新种10余种，但这些研究均是集中于某一水域、某一时段所开展的研究和调查，未覆盖到全省范围，也没有延续性的调查。

　　江西省水产科学研究所从20世纪70年代初至今，陆续在全省范围内进行了鱼类资源调查，所采集的鱼类标本现收藏在江西省水产科学研究所鱼类标本馆内。自2020年开始，研究人员历时4年，重新鉴定和系统整理了馆内鱼类标本，后撰写成《江西鱼类志》。该书共记述了江西省境内（现发现且存有标本）的鱼类197种，隶属于13目35科96属，总体上反映了当前江西省境内水体淡水鱼类种类组成、区系结构、生态特征和地理分布状况等。

　　该书的编写基于野外调查所积累的实物标本，所展示的鱼类图片也是野外调查过程中获取的。该书不仅系统地厘清了江西境内历史记录的鱼类物种，而且依据周邻地区的鱼类区系研究和相关类群的分类学研究进展，对江西鱼类物种名录进行了更新；与此同时，还采纳了国际上有关鲤形目鱼类，尤其是鲤科鱼类的最新分类系统。该书是迄今江西鱼类研究最为全面而详尽的一本专著，对于江西乃至长江流域鱼类资源的保护具有重要的科学价值；为鄱阳湖乃至长江生物多样性分析积累了基础数据，不仅对江西省鱼类资源保护、合理开发利用具有重要意义，也为今后地方志的编研提供参考和借鉴。

中国科学院院士　桂建芳

2024年1月11日

前　言

　　江西省位于长江中下游南岸，自然地理条件独特，东南西三面环山，北面为鄱阳湖。鄱阳湖流域水系十分发达，江、湖、河、水库、溪流和沟渠甚多，生态环境多样，孕育了丰富的鱼类资源，因而对长江鱼类多样性的维系意义重大。

　　有关江西鱼类分类与区系的研究尽管前人曾做过大量的工作，但是迄今还没有一部比较系统、全面地记录江西鱼类的专著出版。为了保护长江的生物多样性，长江流域实施了"十年禁渔"。鄱阳湖是长江流域重要通江水道和主要流域区，鱼类资源和生物多样性丰富。因此，急需一本能够全面描述江西鱼类种类、分类、分布、性状和生活习性等的专业书籍，为保护江西鱼类生物多样性、科学开发及利用水域资源、资源调查及各类评估提供服务，故我们江西省水产科学研究所的研究人员编撰了本书。

　　江西省水产科学研究所从 20 世纪 70 年代初至今，陆续在全省范围内进行了鱼类资源调查，所采集的鱼类标本现收藏在江西省水产科学研究所鱼类标本馆内。自 2020 年开始，研究人员历时 4 年，重新鉴定和系统整理了馆内鱼类标本，后撰写成《江西鱼类志》。本书共记述了江西省境内（现发现且存有标本）的鱼类 197 种，隶属于 13 目 35 科 96 属，总体上反映了当前江西省境内水体淡水鱼类种类组成、区系结构、生态特征和地理分布状况等。本书对每个物种及其所属类群（属、科和目）形态特征进行了详细的描述，梳理了其历史名称，提供了绝大部分物种的原色图片，还对鱼类生态习性做了简单的介绍，并附有目、科、亚科、属、种的检索表。

　　本书在系统整理江西省水产科学研究所几十年来鱼类资源调查和近几年来的渔业资源监测结果的基础上，重新对历史资料进行了审视，并整合了目前国内外淡水鱼类分类学的相关研究进展，更新了江西省鱼类物种名录。本书的编撰可望为江西省淡水鱼类物种多样性保护和生态系统健康评价提供基础数据，对江西省鱼类资源保护和合理开发利用具有重要意义。

　　本书编撰所采用的分类系统参照了 *Fishes of the World*（《世界鱼类》）（Nelson et al.，2016）、*The Fishes of the Inland Waters of Southeast Asia: A Catalogue and Core Bibliography of the Fishes Known to Occur in Freshwaters, Mangroves and Estuaries*（《亚洲东南部内陆鱼类：淡水、红树林和河口的鱼类目录及核心参考文献》）（Kottelat，2013）、《中国动物志•硬骨鱼纲•鲤形目》（中卷）（陈宜瑜等，1998）和《中国动物志•硬骨鱼纲•鲤形目》（下卷）（乐佩琦等，2000）。采用了 Tan 和 Armbruster（2018）给出的鲤形目鱼类最新分类体系。物种名录更新在查阅已发表的相关文献的同时还依据了世界鱼类数据库（FishBase）提供的数据。物种的

识别基于系统发育物种概念（phylogenetic species concept），采用了可鉴别性标准。

本书对历史资料记载的物种分类地位采用比较审慎的态度进行处理。虽然有些物种曾记录于江西省境内，但是如果近30年来没有发现它们存活的报道，或目前已知分布区远离江西省甚至不见于中国，且在其周邻水系也未见分布的记录，或目前国内比较权威的淡水鱼类分类研究也没有采纳它们在江西省分布的结论，那么这些历史记录种类很有可能是错误物种鉴定所致，在没有标本证明这些种类存在于江西省境内之前，暂且不将它们收录在本书中。同时，本书并没有包含近年引进养殖的物种和外来物种，如各种罗非鱼（*Oreochromis* spp.）、斑点叉尾鲴（*Ictalurus punctatus*）、短盖巨脂鲤（或淡水白鲳 *Piaractus brachypomus*）和麦瑞加拉鲮（*Cirrhinus mrigala*）等。

本书编撰过程中承蒙中国水产科学研究院东海水产研究所庄平研究员，中国水产科学研究院淡水渔业研究中心刘凯研究员、徐东坡研究员，中国水产科学研究院长江水产研究所段辛斌研究员、吴金明研究员，江西省永丰县农业农村产业发展中心吴明传研究员提供照片；完稿后得到桂林理工大学吴志强教授、华中农业大学沈建忠教授、中国水产科学研究院长江水产研究所陈大庆研究员、南昌大学吴小平教授、江西生物科技职业学院李达教授以及江西省水生生物保护救助中心王生高级水产师等悉心审阅并提出宝贵意见。谨此表示衷心感谢！

尽管编撰本书参考了较多的文献资料，但由于过去的文献分散、时间短促、采集补点工作做得不够，特别是赣江、抚河、修河、信江、饶河上游、赣州南部东江源等水域采集的标本种类数量有限，因此广度与深度还是不足；加上水平有限，一些看法实属一孔之见，恳切盼望批评指正。

陈文静

2024年1月

目　录

总　论

一

鱼类研究简史

江西鱼类学研究有非常悠久的历史,可以追溯到 19 世纪晚期。Dabry de Thiersant（1872）在 *La Pisciculture et la Pêche en Chine*（《中国鱼类养殖和渔业》）一书中描述了一新种——*Philypnus cinctus* Dabry de Thiersant, 1872（目前置于小黄黝鱼属 *Micropercops*），还记录了江西境内多个目前仍然有效的物种,譬如 *Acanthorhodeus macropterus* Bleeker, 1871（目前置于鳍属 *Acheilognathus*）和 *Sarcocheilichthys sinensis* Bleeker, 1871 等。Sauvage（1878）描述了江西鄱阳湖 1 新属的新种——*Agenigobio halsoueti* Sauvage, 1878 [= *Ochetobius elongatus* (Kner, 1867)]。

基于 F. W. Styan 采自于江西九江的标本,Günther（1889）记录了 *Siniperca chuatsi*、*Ophicephalus argus* [= *Channa argus* (Cantor, 1842)]、*Eleotris potamophila* [= *Odontobutis potamophila* (Günther, 1861)]、*Pseudobagrus fulvidraco* (= *Tachysurus sinensis* Lacepède, 1803)、*Cyprinus carpio*、*Barbus labeo* [= *Hemibarbus labeo* (Pallas, 1776)]、*Barbus semibarbus* (= *Hemibarbus maculatus* Bleeker, 1871)、*Chanodichthys mongolicus*、*Culter hypselonotus* [= *Chanodichthys dabryi* (Bleeker, 1871)]、*Hypophthalmichthys nobilis*、*Rhinogobio cylindricus*、*Xenocypris argentea*、*Myloleucus aethiops* [= *Mylopharyngodon piceus* (Richardson, 1846)]、*Clupea reevesii*、*Coilia nasus*、*Salanx chinensis* 和 *Anguilla vulgaris* [= *Anguilla anguilla* (Linnaeus, 1758)] 等鱼类;此外还描述了 3 新属 [*Parapelecus*、*Rhynchocypris*（大吻鲅属）和 *Scombrocypris*] 和 5 个新种, 它们是: *Sclerognathus chinensis* sp. nov. [= *Myxocyprinus asiaticus* (Bleeker, 1864)]、*Pseudogobio styani* sp. nov. [= *Coreius heterodon* (Bleeker, 1864)]、*Rhynchocypris variegata* sp. nov. [= *Rhynchocypris oxycephalus* (Sauvage & Dabry de Thiersant, 1874)]、*Scombrocypris styani* sp. nov. [= *Elopichthys bambusa* (Richardson, 1845)] 和 *Parapelecus argenteus* sp. nov. (= *Pseudolaubuca sinensis* Bleeker, 1864)。

20 世纪上半叶多位西方学者对江西鱼类进行了研究。德国船只积架（Jugar）号的随船医生马丁·克莱茵堡（Martin Kreyenberge）,在 1901～1905 年从香港北上直至朝鲜半岛,在沿途很多地区收集过两栖类、爬行类和鱼类标本,所到地区包括江西萍乡。Regan（1908）分别将克莱茵堡和沃尔特斯托夫（Wolterstorff）采自萍乡（湘江水系）的鱼类标本描述为两新种: *Gymnostomus kreyenbergii* sp. nov. 和 *Gobio wolterstorffi* sp. nov.。前者现已归入光唇鱼属（*Acrossocheilus*）,名为克氏光唇鱼（*A. kreyenbergii*）,后者并入银鮈属（*Squalidus*）,

名为西湖银鮈（*S. wolterstorffi*）；他还记录了宽鳍马口鱼（*Opsariichthys platypus* = *Zacco* aff. *acanthogenys*）在萍乡境内的分布。Kreyenberg 和 Pappenheim（1908）报道了 *Xenocypris* (*Plagiognathops*) *microlepis* 在江西的分布。Regan（1917）记录了 *Hilsa reevesii*（现名为 *Tenualosa reevesii*）在九江的分布。Rendahl（1928）记录了 *Mylopharyngodon aethiops*（现名为 *Mylopharyngodon piceus*）、*Ctenopharyngodon idellus*、*Luciobrama macrocephalus*、*Rhinogobio typus*、*Culter dabryi*（现名为 *Chanodichthys dabryi*）和 *Parapelecus argenteus*（现名为 *Pseudolaubuca sinensis*）等在江西的分布。

　　Nichols（1928）报道了 *Phoxinus lagowskii variegatus*（现名为 *Rhynchocypris oxycephalus*）、*Varicorhinus kreyenbergii*（现名为 *Acrossocheilus kreyenbergii*）（江西萍乡）、*Parapelecus argenteus*（现名为 *Pseudolaubuca sinensis*）、*Rhinogobio vaillanti*（现名为 *Pseudogobio vaillanti*）（江西东部）和 *Micropercops cinctus* 在江西山区的分布；随后，Nichols（1930）在赣东北的河口描述了 3 新种：*Siniperca obscura*、*Sarcocheilichthys* (*Barbodon*) *parvus* 和 *Sarcocheilichthys kiangsiensis*，并记录了 *Siniperca chuatsi* 和 *Siniperca scherzeri* 两种鱼类。Clifford H. Pope 于 1926 年 6 月 22 日至 7 月 12 日在江西河口采集鱼类标本。在这些标本中，Nichols（1930）发现了 2 新种，即 *Pseudogobio bicolor*（现名为 *Microphysogobio bicolor*）和 *Leiocassis* (*Dermocassis*) *analis*（现名为 *Tachysurus analis*）（江西铅山河口镇）。Nichols（1931）还描述了河口镇虾虎鱼 1 新种 *Gobius cheni* sp. nov.（现名为 *Rhinogobius cliffordpopei*）。Kimura（1934）记录了 *Culter* (*Erythroculter*) *erythropterus*（现名为 *Chanodichthys erythropterus*）和 *Xenocypris* (*Plagiognathops*) *microlepis*（现名为 *Plagiognathops microlepis*）在江西境内的分布。Nichols（1943）在 *The Fresh-Water Fishes of China*（《中国淡水鱼类》）一书中，系统整理了美国自然历史博物馆收藏的中国淡水鱼类标本，共收录淡水鱼类 25 科 143 属近 600 种，其中包括江西境内的 35 种或亚种鱼类。Bănărescu（1961）记录了 *Gobio nummifer*（现置于似鳈属 *Belligobio*）在江西牯岭的分布。随后，Bănărescu 等于 1966 年记录了 *Rhinogobio nasutus cylindricus*（现名为 *Rhinogobio cylindricus*）在江西九江的分布。

　　自 20 世纪 30 年代开始中国学者开始了本国淡水鱼类的研究。Tchang（1933）在江西南昌记录了 *Parabramis bramula*（现名为 *Parabramis pekinensis*）的分布。Tchang（1938）还记录了 *Coilia nasus* 在九江区域和赣江水域的分布。Wu（1930）描述了江西九江鱼类 1 新种 *Paracanthobrama pingi* sp. nov.，后来确认该种是似刺鳊鮈的同物异名种。傅桐生（1938）记述了江西鱼类 62 种，标本采于南昌、九江、余干等地。

　　新中国成立以后，越来越多的学者关注江西鱼类。龙迪宗（1958）发表了《鄱阳湖鱼类初步调查报告》，共记述鱼类 57 种。中国科学院江西分院湖泊实验站（1959）报道了鄱阳湖鱼类 80 种。江西省水利厅（1960）基于文献资料和所收藏标本，编印了《江西鱼类》一书，通俗地介绍了江西鱼类。张春霖（1960）在其所著《中国鲇类志》一书里报道了江西 3 种鱼类：*Mystus macropterus*（江西，现名为 *Hemibagrus macropterus*）、*Leiocassis tenuis*（南昌，现名为 *Tachysurus tenuis*）和 *Glyptothorax fukiensis*（江西湖口，现名为 *Glyptothorax sinensis*)。郭治之等（1964）发表了《鄱阳湖鱼类调查报告（江西野生动物资源调查报告之一）》，记述 108 种鱼类。江西省农业局水产资源调查队和江西省水产科学研究所（1974）（内部资料）发表了《鄱阳湖水产资源调查报告》，记述鱼类 118 种。湖北省水生生物研究所鱼类研究室（1976）发表了《长江鱼类》，记述了江西境内鱼类 80 种。

伍献文等（1964，1977）在《中国鲤科鱼类志》（上、下卷）中报道了 52 种江西鱼类。继该书出版之后，全国各地陆续展开了地方性鱼类调查，江西也是如此。邹多录（1982）报道了江西贡水之源的九连山区鱼类 24 种（亚种），其中包含了多个新记录种，如台湾铲颌鱼（*Onychostoma barbatulus*）（现鉴定为 *O. brevibarba*）、花纹条鳅（*Nemacheilus fasciolatus*）（现置于南鳅属 *Schistura*，为横纹南鳅 *Schistura fasciolata*）、海南原缨口鳅（*Vanmanenia hainanensis*）（现鉴定为 *V. maculata*）、董氏鳅鮀（*Gobiobotia tungi*）、福建纹胸鮡（*Glyptothorax fukiensis fukiensis*）（现名为中华纹胸鮡 *Glyptothorax sinensis*）、东陂长汀拟腹吸鳅（*Pseudogastromyzon changtingensis tungpeiensis*）（现名为东陂拟腹吸鳅 *Pseudogastromyzon tungpeiensis*）和月鳢（*Channa asiatica*）等。郭治之和刘瑞兰（1983）报道了余江县境内信江鱼类 112 种。刘世平（1985）报道了抚河鱼类 84 种。田见龙（1989）记述了赣江鱼类 118 种和亚种。周孜怡和欧阳敏（1987）报道了赣江上游梅江鱼类 88 种。邹多录（1988）记录了江西寻乌水 56 种鱼类。《鄱阳湖研究》编委会（1988）在《鄱阳湖研究》一书中，记载了鄱阳湖鱼类 122 种。中国科学院国家计划委员会自然资源综合考察委员会（1992）在《南岭山区自然资源开发利用》一书中记录了江西部分赣江水系鱼类 82 种。张鹗等（1996）报道了江西信江鱼类 122 种（亚种）。傅剑夫等（1996）对江西抚州地区鱼类资源进行了调查，共发现 125 种。徐金星等（1999）对进贤鱼类进行初步调查后，记录鱼类 80 种。

有部分研究者曾基于所掌握的标本和已有的历史文献资料，尝试系统整理江西鱼类。蒋以洁（1985）基于江西省水产科学研究所收藏的鱼类标本和在鄱阳湖、彭泽、赣州、修河、贵溪、景德镇、萍乡等地所采集的鱼类标本，整理出江西鱼类共计 154 种。郭治之和刘瑞兰（1995）系统整理了以前的研究工作，记录江西鱼类 205 种。黄亮亮（2008）统计了江西鱼类共 229 种（亚种），其中 120 种为中国特有种。然而这些研究缺乏对历史资料的重新审视，难以给出江西淡水鱼类可信的物种名录。这一点可从以下事实看出，即 20 世纪 40～90 年代，江西境内只有两个鱼类新物种被描述，即江西副沙鳅（*Parabotia kiangsiensis*）和江西鳅鮀（*Gobiobotia jiangxiensis*）。

21 世纪初以来也见江西鱼类区系及资源研究的报道。刘信中等（2001～2002，2005～2006）分别对江西武夷山、九连山、官山、马头山、南矶山湿地自然保护区进行了科学考察，分别记录鱼类 36 种、36 种、13 种、34 种和 58 种。吴志强（2012）等于 2006～2012 年对江西省内 7 个自然保护区内的山区鱼类进行了调查，丰富了赣东北、赣西北、赣江源等山区溪流性鱼类研究。李晴等（2008）报道了江西省齐云山自然保护区（属赣江上游上犹江）淡水鱼类 4 目 9 科 19 属 20 种。胡茂林等（2011）对赣江源国家级自然保护区的鱼类物种多样性进行了调查研究,记录鱼类共 4 目 8 科 15 属 16 种。苗春等（2016）初步调查了金盆山自然保护区（属赣江上游支流桃江）夏季鱼类物种多样性,共记录鱼类 3 目 6 科 13 种。祝于红等（2017）对武夷山脉西坡 3 个保护区内的鱼类进行了调查,记录了鱼类 67 种。陈旭等（2020）对江西省抚河源自然保护区的鱼类进行了调查,发现鱼类 20 种。

钱新娥等（2002）对鄱阳湖区渔业资源与环境的动态进行监测,记录了 122 种鱼类。贺刚等（2015）对鄱阳湖屏峰水域的鱼类进行了调查,采集到鱼类标本 43 种。江西省水产科学研究所于 2006～2019 年对鄱阳湖区进行了 14 年鱼类资源调查,采集到鱼类标本 89 种,来自湖口、星子、吴城、南矶山、瑞洪、鄱阳、都昌等鄱阳湖水域（内部资料）。陈文静等于 2003 年和 2007～2009 年在江西长江湖口段鱼类的调查中发现鱼类 26 种,其中包含了中华鲟（*Acipenser sinensis*）和鳗鲡（*Anguilla japonica*）等鱼类。王生等（2016）对鄱阳湖湖口鱼类资源进行了调查,采集到 52 种鱼类。张堂林和李钟杰（2007）记录了 101 种鄱阳湖鱼类,包含 6 个新记录种:洞庭小鳔鮈（*Microphysogobio tungtingensis*）、亮银鮈（*Squalidus nitens*,本书未收录）、光唇蛇鮈（*Saurogobio gymnocheilus*）、方氏鳑鲏（*Rhodeus fangi*）、短须鱊（*Acheilognathus barbatulus*）和黏皮鲻虾虎鱼（*Mugilogobius myxodermus*）。

胡茂林等（2010）对赣江峡江段、泰和段干流的鱼类进行了调查,分别记录鱼类 3 目 6 科 35 属 41 种和 7 目 16 科 58 属 71 种。张建铭等（2009）对赣江中游峡江段鱼类资源现状进行过调查,共记录鱼类 7 目 16 科 58 属 71 种（亚种）。邹淑珍等（2010,2011）研究了赣江中游大型水利工程对鱼类资源等的影响;在赣州河段共记录鱼类 79 种,隶属于 7 目 17 科 68 属;在泰和河段共记录鱼类 48 种,隶属于 3 目 6 科 39 属;对峡江至新干江段调查发现鱼类 71 种,隶属于 7 目 16 科 58 属。苏念等（2012）对赣江峡江至南昌段鱼类资源现状进行了调查,记录鱼类 6 目 16 科 60 属 90 种。敖雪夫（2016）对赣江中下游鱼类进行了调查,采集到鱼类 95 种。江西省水产科学研究所等还于 2016～2017 年对赣江中下游及其支流鱼类资源进行了季节性调查,采集到鱼类标本 115 种,其中有较为少见的鱼类,如鳗鲡、似鳊（*Toxabramis swinhonis*）、广西副鱊（*Paracheilognathus meridianus*,现名为广西鱊 *Acheilognathus meridianus*）、似鮈（*Belligobio nummifer*）、江西副沙鳅（*Parabotia kiangsiensis*）和东方墨头鱼（*Garra orientalis*）等（内部资料）。王子彤和张鹗（2021）基于 2016～2017 年的调查,重新更新了赣江鱼类的物种名录。此外,邓凤云等（2013）对东江源头区域（龙南县、安远县、寻乌县、龙川县部分江段）的鱼类进行了调查,共采集到鱼类标本 74 种。

上述这些研究主要是围绕评价水利工程建设对鱼类资源影响而展开的,或基于以自然保护区为单元的鱼类多样性调查,或基于渔业资源的环境监测而开展。但这些研究均是集中于某一水域、某一时段所开展的研究和调查,未覆盖到全省范围,也没有时间延续性的调查。虽然也有部分关于江西全境鱼类多样性的研究,如 Huang 等（2013）基于多年的鱼类调查并结合历史资料,系统整理了鄱阳湖流域鱼类名录,共有鱼类 12 目 27 科 100 属 220 种;涂飞云等（2016）在整理文献资料的基础上,梳理了江西省鱼类名录,共计 251 种。但这些研究没有整合最新的分类学研究结果，且所使用的物种概念过于陈旧，其鱼类物种名录需要更新。所以，总体而言，目前对江西鱼类多样性及其现状还缺乏充分的了解。这反映在 21 世纪以来仍然有新物种被描述，绝大多数是近十年被发现的。Chen 和 Chen（2005）于信江发现了花鳅属鱼类一新种，名为信江花鳅（*Cobitis xinjiangensis*）。Chen 和 Chen（2013）于江西信江发现了该属 3 新种：粗尾花鳅（*C. crassicauda*）、横纹花鳅（*C. fasciola*）和细尾花鳅（*C. stenocauda*）。An 等（2020）于江西赣江发现鳈属鱼类 1 新种，名为条纹鳈（*Sarcocheilichthys vittatus*）。Li 等（2020a）于江西婺源乐安河发现鳑鲏属一新种，名为黄腹鳑鲏（*Rhodeus flaviventris*）；Li 等（2020b）于江西婺源的乐安河发现了鳑鲏属鱼类：黑鳍鳑鲏（*Rhodeus nigrodorsalis*）。

二

鱼类分类常用术语

（一）常用形态术语

1.1 鱼类体型

体型：鱼类体型均是为了适应各自生活的水环境进化而形成。有纺锤型、侧扁型、平扁型和鳗型（棍棒型）等（图 2-1）。

图 2-1 鱼类体型模式图

纺锤型：鲫 *Carassius auratus*；侧扁型：团头鲂 *Megalobrama amblycephala*；鳗型：黄鳝 *Monopterus albus*；
平扁型：窄体舌鳎 *Cynoglossus gracilis*

（1）纺锤型：也称为流线型；具此种体型的鱼类适于在开阔水面灵活游动。

（2）侧扁型：鱼体高远大于体宽，躯体极扁；具此种体型的鱼类主要生活于水流平稳且静的水环境中，游泳速度缓慢。

（3）平扁型：鱼体体宽极宽，体宽大于体高；平扁型鱼类一般平卧栖息于水底。

（4）鳗型：也称为棍棒型，体型圆而长，像棍棒一样。具此种体型的鱼类具有穴居习性或潜行于洞穴缝隙之间。

此外，鱼类生活于复杂多样的水环境中，为适应其栖息地环境，也相应进化出介于以上体型的中间体型，如梭型、半圆筒型等。

1.2 鱼类各部分术语

鱼类身体一般可划分为头部、躯干部和尾部三个部分（图 2-2）。

头部：鱼体最前端的吻端到鳃盖骨后缘。

躯干部：鳃盖骨后缘到肛门后缘。

尾部：肛门后缘到尾鳍末端。

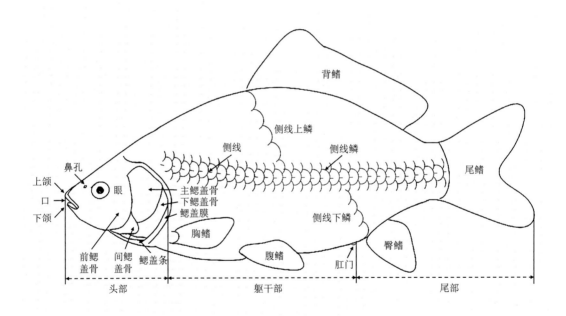

图 2-2　鱼类外形图（鲫 *Carassius auratus*）

1.2.1 头部

口的位置：口是鱼类进食和捕食的器官，也是水进入的通道。根据捕食方式和食性的不同，口的位置分为多种。依据鱼体最前端或上颌与下颌的相对长度，上颌与下颌等长，口裂朝向正前方者称为端位；上颌超出下颌，口裂位于腹面的称为下位，反之称为上位。介于上位和端位者称为亚上位，介于端位和下位者称为亚下位。

口须：由于着生的位置不同而有不同的名称。在吻部的称为吻须；在上、下颌的称为上、下颌须；在口角的称为口角须；在鼻孔上的称为鼻须；在颏部的称为颏须。

口腔齿：鱼类通常在口腔具齿，根据着生的部位而命名。着生在上颌骨的（上颌最边缘）为上颌齿；口腔背面为口盖，口盖最前端为犁骨，上面的齿为犁骨齿；口盖两侧为腭骨，上面的齿为腭齿；下颌骨着生的齿，称为下颌齿。

下咽齿：由最内一对鳃弓的下部变粗成为下咽骨，其上着生下咽齿，形状不一，数目不同，排成 1～4 行，以列式表示，如 2·3·5–5·3·2，表示下咽齿 3 行，主行齿数为 5，左右下咽骨上的咽齿数目对称。

下咽骨：由第 5 对鳃弓下鳃骨衍化而成，为弓形，有 1～3 列各种形状的齿。

围眶骨：指围绕眼的骨片系列，直接位于眼上方的称上眶骨，其余骨片自前向后依次称第 1 下眶骨（又称泪骨）、第 2 下眶骨等，通常有 5 块。

颊部：眼的后下方到前鳃盖骨后缘的部分。

颏部：下颌左右两齿骨在口下前方会合处为下颌联合，紧接下颌联合的后方的部分。

峡部：颏部与喉部之间的部分。

喉部：紧接峡部的后方，左右两鳃盖间的腹面部分。

鳃弓：在鳃腔内有着生鳃丝和鳃耙的骨条。

鳃耙：鳃弓前缘有两行刺状突起，内外侧各 1 列。鳃耙数是第 1 鳃弓外侧的刺状突起数。

伪鳃：又称假鳃。有些鱼类在鳃盖骨内侧上方与头部相贴处，有像鳃丝的或小小的圆形腺体的构造，即为伪鳃。

鳃上器：位于鳃上方的螺形构造，有辅助呼吸的作用。

鳃盖：通常由 4 块骨片组成，紧接鳃孔的最后一块为鳃盖骨，位于其前方的为前鳃盖骨，下方的为下鳃盖骨，介于前、下二骨之间的为间鳃盖骨。

鳃盖膜：包在鳃盖外面的皮质膜。通常是指露在鳃盖骨后缘、下缘的皮质膜。

1.2.2　躯干部

胸部：喉部后方，胸鳍基部附近区域。

腹部：胸部之后到臀鳍起点之间的区域。

侧线：是一根由带孔的鳞片组成的纵线，自鳃孔上角沿体侧中央或偏下向后延伸至尾鳍，但有的种类无侧线或侧线不完全。侧线是鱼类的感觉器官，具有感受振动频率从而判断水流速度、方向等的作用。

侧线鳞：从鳃盖上方直达尾部的一条带孔的鳞片。侧线鳞从鳃盖上方一直延续到尾鳍基部即为侧线完全，反之，侧线鳞从鳃盖上方不能延续到尾鳍基部即为侧线不完全。

圆鳞：鳞片的后部外缘光滑，如鲤形目鱼类的鳞片。

栉鳞：是骨鳞的 1 种。鳞的后端边缘具小刺或锯齿，较圆鳞特化。为多数鲈形目鱼类

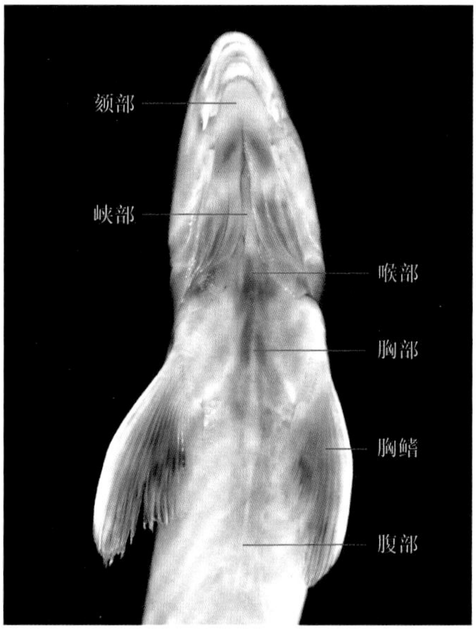

所具有。

硬鳞：成行排列而不是呈覆瓦状排列，由真皮演变形成，如白鲟尾鳍上叶的棘状鳞。

骨板：如鲟体侧及背部的 5 行块状骨片。

腋鳞：位于胸鳍或腹鳍基部与体侧交合处的狭长鳞片。

棱鳞：如鲥腹缘通常有的锯齿状鳞片。

鳞式：侧线鳞沿用两种数法。一种是计数侧线带孔的鳞，又称侧线穿孔鳞。另一种是不包含尾鳍基上鳞片的侧线穿孔鳞。本书采用前者。前者的计数要比后者多 2 ～ 3 个。侧线上鳞是指从背鳍起点往下斜数到侧线以上（不包括侧线鳞）的行数；通常有 1 枚鳞片骑跨背中线，这种情况只计 1/2 个。侧线下鳞是指从侧线（不包括侧线鳞）向下斜数至腹鳍外侧基的行数。举例说明 $32\frac{5\sim6}{4}36$，该鳞式表示侧线鳞为 32 ～ 36，侧线上鳞为 5 ～ 6，侧线下鳞为 4。

图 2-3　鱼类的头胸腹外部形态
（东方墨头鱼 *Garra orientalis*）

额部　峡部　喉部　胸部　胸鳍　腹部

腹棱：是指肛门到腹鳍基前或到胸鳍基前的腹部中线隆起的棱（图 2-4）。前者称腹棱不完全（如团头鲂），后者称腹棱完全（红鳍鲌）。

幽门垂：胃的幽门部与肠交界处的一些突起物，称为幽门盲囊或幽门垂，其数目因种类而不同。

鳔：消化道的背方的 1 个充着气体的白色或透明的囊状物，多由 1 ～ 3 室组成。鳔起着调节身体比重浮沉的作用，此外还有感觉和发声功能。由 1 ～ 3 室组成。有鳔管的为喉鳔类，无鳔管的为闭鳔类。

韦伯器：鲤形目鱼类联系鳔与内耳之间的 4 对小骨头，通过鳔内空气的振动，可以将外界水体的变化经由韦伯器传至内耳。

鳍：鱼类的运动器官，由鳍条和鳍膜组成。可分为单数的奇鳍及成对的偶鳍。奇鳍分

腹棱

图 2-4　鱼类腹棱（似鲚 *Toxabramis swinhonis*）

背鳍、臀鳍及尾鳍。背鳍一般 1 个，但也有分离为前后 2 个的情况。鳍都由分节的骨质鳍条支撑，以鳍膜相连。鳍条末端分支的称为分支鳍条，末端不分支的称为不分支鳍条。不分支鳍条随骨化程度不同转化为刺或棘。转化为刺的鳍条不论粗细，都仍保留其原有分节的特性；而转化为棘的鳍条，其原有分节的特性完全消失。各鳍鳍条的数目随种类而不同，是分类的依据之一。

背鳍：背鳍是鱼类借以维持身体平衡的器官，通常位于背部正中线上。

脂鳍：背鳍后方无鳍条支撑的皮质鳍。

胸鳍：一般位于头部后方，紧挨鳃孔或鳃盖孔附近，是左右两侧成对的偶鳍。有维持身体平衡、改变运动方向等功能。

腹鳍：一般位于腹部中线两侧的偶鳍，其位置变异大，有协助维持身体平衡的功能。

臀鳍：位于鱼体后下方的肛门与尾鳍之间，其形态和功能与背鳍相似。

1.2.3　尾部

尾鳍：在鱼体末端的奇鳍，具有推动鱼体前进和转向的作用。因有椎骨末端参与，尾鳍的内部构造有重要变化，代表着鱼类的进化过程。

正型尾：一般淡水鱼类尾鳍上、下两叶对称，大小相等，尾鳍上脊椎骨已退化萎缩的称为正型尾。正型尾在不同种类的鱼类形状多有分化，主要有下述 3 种：叉形尾、截形尾、圆形尾和凹形尾（图 2-5）。同时还有很多介于两者之间的过渡形状。

歪型尾：较为原始鱼类的尾鳍，鳍的上下两叶大小不等，脊椎骨延伸至尾鳍上叶，称为歪型尾（图 2-5），如鲟的尾鳍。

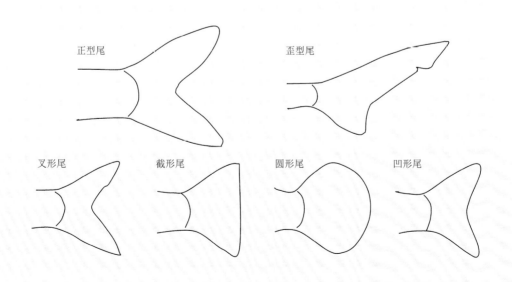

图 2-5　鱼类尾鳍类型模式图

（二）可量、可数性状术语

2.1 可量性状

全长：从鱼体最前端到尾鳍末端的直线长度（图2-6）。

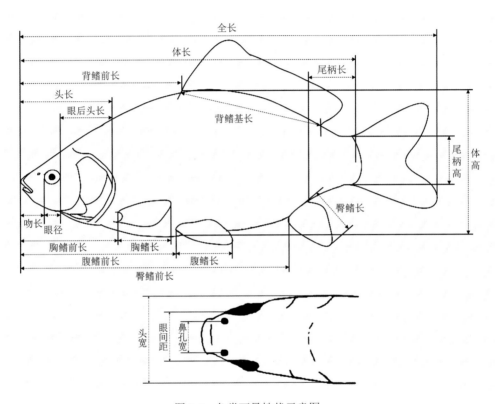

图2-6 鱼类可量性状示意图

体长：从鱼体的吻端或下颌前端到尾鳍基部最后一枚鳞片（或最后一个脊椎骨末端）的直线长度。

体高：身体躯干部的最大高度，通常采用背鳍起点处的垂直高度。

头长：从鱼体最前端到鳃盖骨后缘（不包括鳃膜）的长度；无鳃盖的鱼类是由鱼体最前端至最后一鳃孔为止。

头高：头的最大高度，通常指头与背交界处至峡部的垂直高度。

头宽：头的最大宽度，为头部左右鳃盖骨的最宽处的距离。

吻长：眼眶前缘到吻端的直线长度。

吻宽：口的最大宽度，为左右口角之间的直线长度。

眼径：眼眶前缘到后缘的长度。

眼间距：鱼体两眼眶背缘之间的距离。

眼后头长：从眼后缘到鳃盖骨后缘的直线长度。

吻须长：吻须基部到末端的长度。

口角须长：口角须基部到末端的长度。

颌须长：颌须基部到末端的长度。

鼻须长：鼻须基部到末端的长度。

颏须长：颏须基部到末端的长度。

鼻孔宽：左右鼻孔之间的直线长度。

背鳍基长：从背鳍起点到背鳍基部末端的长度。

背鳍高：背鳍最长鳍条的长度。

胸鳍长：胸鳍外侧起点到胸鳍最长鳍条末端的长度。

腹鳍长：腹鳍外侧起点到腹鳍最长鳍条末端的长度。

臀鳍基长：从臀鳍起点到臀鳍基部末端的长度。

臀鳍长：臀鳍最长鳍条的长度。

尾鳍长：尾鳍基部至末端的水平距离。

尾柄长：从臀鳍基部后端到尾鳍基部垂直线的长度。

尾柄高：尾柄部分最小的高度。

背鳍前长：从鱼体最前端到背鳍起点的直线距离。

胸鳍前长：从鱼体最前端到胸鳍起点的直线距离。

腹鳍前长：从鱼体最前端到腹鳍起点的直线距离。

臀鳍前长：从鱼体最前端到臀鳍起点的直线距离。

2.2　可数性状

鳍式：鱼类鳍条的组成和数目是分类学的主要依据之一。D 代表背鳍，P 代表胸鳍，V 代表腹鳍，A 代表臀鳍，C 代表尾鳍。鳍条的数目不论分支与不分支都用阿拉伯数字计数。但硬化为棘的不分支鳍条，则另用罗马数字书写。在分支与不分支鳍条数目之间用逗号分隔。背鳍分前后 2 基者，也以逗号隔开。例如，鲤各鳍鳍条记载方式如下：背鳍 3～4，17～22；胸鳍 1，15～16；腹鳍 2，8～9；臀鳍 3，5～6。

纵列鳞数：是指没有侧线或侧线不完全的鱼，鱼体两侧中轴一条线上的鳞片数目。

横列鳞数：由背鳍起点处向下斜数到腹鳍起点的鳞片行数。

背鳍前鳞：背鳍起点前方到头后方沿背中线纵列鳞片的数目。

围尾柄鳞：在尾柄最低处围尾柄一周的鳞片数。

脊椎骨总数：包括前面的复合椎体数（在鲤科为 4）的脊椎骨总数。本书中的脊椎骨即指总数。

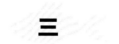

三

主要水系概况

　　江西省位于长江中下游南岸，东接浙江省和福建省，南与广东省为邻，西邻湖南省，北与湖北省和安徽省以长江为界。地理坐标为 24°29′14″N ～ 30°04′43″N，113°34′18″E ～ 118°28′56″E。东西宽 500 km，南北长 620 km，全省面积 16.69 万 km²，约占全国陆地总面积的 1.74%。江西省水系发达，水资源丰富，境内湖泊、水库和河流众多，流域面积在 10 km² 以上河流有 4521 条（韦丽等，2022）。水系由长江干流、鄱阳湖、赣江、抚河、信江、修河和饶河组成，形成"一江一湖五河"的以省界为分水岭的完整流域系统格局。除部分水系属珠江、湘江流域或直接注入长江外，其余均发源于省内山地区域，最终汇聚成赣、抚、信、饶和修五大河系后注入鄱阳湖，经湖口汇入长江。江西水系为向心水系，以鄱阳湖为中心。

（一）鄱阳湖

　　鄱阳湖古称"彭蠡泽"和"彭蠡湖"，隋代以后有"鄱阳湖"之称。鄱阳湖位于长江之南，江西北部，上纳赣江、抚河、信江、修河、饶河五河及博阳河、漳田河、潼津河等来水，下经湖口汇入长江，流域面积 16.22 万 km²，约占长江流域面积的 9%；占江西省面积的 97%。鄱阳湖是我国第二大湖泊，第一大淡水湖泊，鄱阳湖是个过水性、吞吐型、季节性的淡水湖，高水湖相，低水河相，丰水季节（湖口水位 22.0 m）湖面面积达 4078 km²，水量达 300.89×10⁸ m³，枯水季节（湖口水位 9.4 m）湖面面积仅 579 km²，水量为 14.1×10⁸ m³，有"洪水一片，枯水一线"的自然地理景观。鄱阳湖以松门山为界分成南北两部分，形似葫芦，南湖水浅湖宽为主湖区，北湖水深湖窄，为通江（长江）水道区。湖区最大长度为 173 km，最宽处为 74 km，最窄处仅 3 km（屏峰卡口）。

（二）赣江水系

　　赣江是江西省内第一大河流，长江八大支流之一，贯穿江西南北。赣江发源于石城县洋地乡石寮崬；入湖处位于永修县吴城镇望江亭；主河道长 766 km，流域面积 8.09 万 km²，约占全省面积的 48%。赣江以赣州、新干为界分为上游、中游和下游三段。赣江上游为赣州以南江段，属山区性河流，河道多弯曲，水浅流急，水力资源丰富；贡水为主河道，沿途汇入的主要支流有湘水、濂江、梅江、平江、桃江、上犹江等，流域面积 2.71 万 km²，长 312 km。赣江中游为赣州市至新干县江段，长 303 km，水流一般较为平缓，河床中多为粗、细沙及红砾岩，部分穿越山丘间的河段则多急流险滩；有孤江、乌江、遂川江、蜀水和禾水等支流汇入。赣江下游为新干以北江段，新干至吴城干流长 208 km，有袁河、锦江汇入；江水流经辽阔的冲积平原，地势平坦，河面宽阔，两岸筑有江堤。赣江下游流经区域多为冲积平原，水流平缓，江面宽阔。赣江流至南昌市城区，被扬子洲分隔为左右两汊，左股又分西、北两支，右股分中、南两支，四支分为众多细汊流入鄱阳湖。西支为主流，经新建区联圩，过铁河到永修吴城望江亭入湖。

（三）抚河水系

抚河位于江西省东部，是鄱阳湖水系的主要河流之一，江西省第二大河流，发源于抚州市广昌县驿前镇血木岭。主河道全长 349 km，流域面积约 1.72 万 km²。抚河较大，支流有黎滩河、临水、云山河等。流域内雨水丰沛，水位涨落持续时间长，年平均径流量 153 亿 m³。流域内以丘陵、山地为主。流域内河系发达，流域 10 km² 以上的河流有 437 条。抚河自南向北，流经广昌、南丰、临川、进贤等 15 个县（市、区），以南城、临川为界分为上游、中游和下游。通常称盱江为上游，长 157 km，河宽 200～400 m。中游为南城到临川河段，长 77 km，河宽 400～600 m。过临川后为下游，河长 114 km，河宽扩大，最宽处可达 900 m，下游河道水流极为紊乱。1958 年抚河干流在茌港人工改道，向东流经青岚湖入鄱阳湖。

（四）信江水系

信江又名上饶江，古名余水，唐代称信河，清代称信江。位于江西省东北部，为鄱阳湖水系五大河流之一，源自浙赣交界的怀玉山的玉山水和武夷山北麓的丰溪，于上饶汇合后称信江，自东向西流，在余干县分两支汇入鄱阳湖。长 313 km，流域面积 1.76 万 km²，信江以上饶和鹰潭为界，分为上游、中游、下游三段。信江上游主要有玉山水和丰溪河两支。中游流经信江盆地。下游流入鄱阳湖冲积平原圩区，分为东西二支。信江径流量全年分布很不均衡，季节性变化比较大，多年平均入湖水量为 178.2 亿 m³，占入湖总水量的 14.59%。信江流域属亚热带季风湿润气候区，气候温和，四季分明，光照充足，雨量充沛。

（五）饶河水系

饶河位于江西省东北部，为江西五大河流之一。饶河分南北两支，北支昌江，发源于安徽省祁门县东北部大洪岭；南支乐安河，发源于赣皖交界的婺源县北部大庾山、五龙山南麓，两支在鄱阳湖姚公渡汇合后称为饶河，主河道长 313 km，流域面积 1.55 万 km²。饶河过婺源县城到大白镇段水浅、湍急，长约 38 km，宽小于 100 m，经乐安村流向西北，与湖汊于白溪口相通后向北到角山分为两支。一支向西汇入鄱阳湖，一支向北到姚公渡与昌江汇合。汇合后，绕鄱阳县城至尧山又分两支；一支向北由太子湖汇入鄱阳湖，另一支向西由莲湖龙口汇入鄱阳湖。

（六）修河水系

修河古称建昌江，又名修水、修江。位于江西省西北部，为江西五大河流之一，发源于铜鼓县境内的修源尖东南侧。修河流经九江市、宜春市、南昌市3市的12县区，全长419 km，流域面积1.48万 km²。流域呈东西宽、南北狭的长方形。修河自发源地由南向北流，修水县马坳乡以上河段为东津水，先后纳渣津水、武宁水后流入柘林水库（庐山西海），后至永修县纳潦河（发源于宜丰县九岭山南麓，修河最大支流），于永修县吴城镇汇入鄱阳湖。

（七）长江干流

长江干流宜昌至湖口段为中游，湖口以东为下游，江西段正好处于中游与下游结合部，自瑞昌市下巢湖入境，经九江市柴桑区、浔阳区、庐山市、湖口县，终止于彭泽县的牛矶山，后流入安徽省。河段全长139 km，干流岸线长152 km，沿江地势自西向东和由南向北倾斜。长江干流江西段在湖口县由湖口通江水道与鄱阳湖相通，江水水位高于鄱阳湖水位（湖口），长江水倒灌进入鄱阳湖，江水水位低于鄱阳湖水位（湖口），鄱阳湖水汇入长江。

（八）东江水系

珠江支流——东江河源是寻乌水，寻乌水又名寻乌河，古名寻邬水。它位于江西省南部、广东省东北部。发源于江西省寻乌县桠髻钵山，河源区包括江西省的寻乌、安远、定南三县，在广东省河源市龙川县合河坝与安远水汇合后称东江，江西省境内流域面积为3500 km²。

（九）萍水河水系

萍水河位于萍乡市中部盆地，古名萍川，是萍乡的母亲河，为湘江一级支流。发源于江西省袁州区水江镇新村石岭下。自北往南流至萍乡市后又折向西流，蜿蜒流经鹅湖、湘东于湖南省醴陵市东富镇莲石村汇入渌水，萍水河在江西境内的全长为84 km，流域面积1375.5 km²，天然落差456.2 m。

各　论

江西鱼类目的检索表

1（2）体被硬鳞或裸露；歪型尾··鲟形目 Acipenseriformes

2（1）体被栉鳞、圆鳞或裸露；正型尾

3（13）鳔存在时具鳔管

4（10）前部脊椎骨正常，不形成韦伯器

5（23）体左右对称，左右各有 1 眼

6（9）体不呈鳗型；一般具腹鳍

7（8）无脂鳍；无侧线··鲱形目 Clupeiformes

8（7）一般具脂鳍；具侧线···胡瓜鱼目 Osmeriformes

9（6）体呈鳗型；无腹鳍···鳗鲡目 Anguilliformes

10（4）第 1～4 脊椎骨形成韦伯器

11（12）体被圆鳞或栉鳞；颌无齿；具顶骨和下鳃盖骨；第 3 与第 4 脊椎骨不合并······鲤形目 Cypriniformes

12（11）体裸露或被骨板；两颌有齿；无顶骨和下鳃盖骨；第 3 与第 4 脊椎骨合并········鲇形目 Siluriformes

13（3）鳔存在时无鳔管

14（24）上颌骨不与前颌骨愈合成为骨喙

15（18）背鳍一般无鳍棘

16（17）无侧线；鼻孔每侧 2 个；上下颌正常··································鳉形目 Cyprinodontiformes

17（16）具侧线；鼻孔每侧 1 个；下颌或上下颌延长如针······················颌针鱼目 Beloniformes

18（15）背鳍一般具鳍棘

19（20）腹鳍一般腹位或亚胸位；背鳍 2 个，分离较远·······················鲻形目 Mugiliformes

20（19）腹鳍一般胸位或喉位；背鳍如 2 个则相邻

21（22）体呈鳗型；左右鳃孔相连为一···合鳃鱼目 Synbranchiformes

22（21）体一般不呈鳗型；左右鳃孔分离···鲈形目 Perciformes

23（5）体不对称，两眼位于头部一侧（左或右侧）·······················鲽形目 Pleuronectiformes

24（14）上颌骨与前颌骨愈合为骨喙；通常无腹鳍·····················鲀形目 Tetraodontiformes

鲟形目 Acipenseriformes

鲟形目躯体延长，呈梭形。吻长，无眶间隔、前鳃盖骨和间鳃盖骨。骨骼大部分为软骨；鳍条数目多于它们的支鳍骨数；歪型尾；肠内具螺旋瓣。鲟形目现存鱼类发现有 27 种，隶属于 2 科 6 属，江西境内有 2 科分布。

科的检索表

1（2）体具 5 纵行骨板；头部具骨板；上下颌无齿 ··鲟科 Acipenseridae
2（1）体无纵行骨板；头部无骨板；上下颌具细齿 ·······································匙吻鲟科 Polyodontidae

（一）鲟科 Acipenseridae

鲟科体具 5 纵行骨板；口前具 4 短须；口下位，可伸缩；鳃耙数少于 50；成鱼齿消失；鳔大。本科全球发现有 4 属 25 种，江西境内有 1 属 1 种。

1）鲟属 *Acipenser* Linnaeus, 1758

【模式种】*Acipenser sturio* Linnaeus, 1758

【鉴别性状】体侧骨板状硬鳞甚大。口腹位，横裂。鳃盖膜不在峡部相连。须圆柱形。吻背具骨板。

【包含种类】本属江西有 1 种。

1. 中华鲟 *Acipenser sinensis* Gray, 1835

Acipenser sinensis Gray, 1835: 122 (中国); 郭治之等, 1964: 122 (鄱阳湖); 湖北省水生生物研究所鱼类研究室, 1976: 18 (江西湖口); 郭治之和刘瑞兰, 1995: 224 (赣江和长江).

【俗称】鲟鱼、鲟鳇鱼、鳇鱼。

检视样本数为 9 尾。样本采自九江。

【形态描述】背鳍 45 ～ 57；胸鳍 44 ～ 50；腹鳍 23 ～ 40；臀鳍 28 ～ 34。背鳍骨板 13 ～ 15；体侧骨板 31 ～ 34；腹侧骨板 9 ～ 14；臀前骨板 1 ～ 2；臀后骨板 1 ～ 2。

体长为体高的 6.9 ～ 12.9 倍，为头长的 2.9 ～ 5.7 倍。头长为吻长的 1.6 ～ 2.6 倍，为眼径的 11.1 ～ 16.6 倍，为眼间距的 3.1 ～ 6.8 倍。尾柄长为尾柄高的 1.4 ～ 3.3 倍。

体延长，粗壮，略作梭形，腹部平圆。头较大，呈锥形。吻尖，前突。口小，腹位，口前吻部中间须 2 对，须长不及须基与口前缘间距的 1/2。上下颌无齿，伸缩自如。唇发达。喷水孔呈裂缝状，与鳃盖距离大于与眼的距离。眼小，侧位。2 个鼻孔位于眼前，呈椭圆形，前鼻孔远小于后鼻孔。鳃孔宽大。鳃弓粗大，鳃耙粗短，排列稀疏。鳃膜与峡部相连，无鳃盖条、鳃盖骨和间鳃盖骨。鳔大型，只有 1 室，肠甚短，内有螺旋瓣 7 ～ 8 个。

头部背面被有骨板，表面有棘状突起。鱼体被有 5 行大型骨板，体侧各 2 行，体背中央 1 行。骨板间皮肤光滑，骨板数目随个体有变化，左右也不对称。

背鳍 1 个，位于鱼体后部与臀鳍上下相对。胸鳍宽短，下侧位，向外平展。腹鳍小，位于背鳍前方，起点约在鱼体的腹侧中点，腹鳍末端伸长可超过肛门。臀鳍基位于背鳍中部下方至背鳍后端。尾鳍歪型，尾椎轴上翘，在其背缘有 1 列棘状鳞。各鳍的鳍条均为分节的不分支鳍条，其数目在个体间存在明显差异。肛门位于腹鳍基部的前方。

【体色式样】整个背部灰褐色，腹侧灰白色，下侧黄白色。各鳍为灰黑色。

【地理分布】仅见于江西湖口和赣江。

【生态习性】为长距离溯河洄游鱼类，每年 5 ～ 8 月性成熟个体进入长江河口，溯江而上，于 10 ～ 11 月抵达长江上游产卵，繁殖后亲鱼顺流入海。幼苗随江水漂流，开始主动降海洄游，摄食生长。性成熟晚，生命期长，个体较大，已知最大年龄达 40 龄。繁殖期为 10 ～ 11 月。沉性卵。成熟卵粒绿褐色，椭圆形。喜产卵于水温较低、水流较快、流态复杂、河道宽窄相同、具有石砾底质的急滩或深潭。肉食性，成鱼主要摄食虾、蟹、小鱼、软体动物及水生昆虫。食物组成因生活环境不同而有差异。

中华鲟 *Acipenser sinensis* Gray, 1835（中国水产科学研究院长江水产研究所拍摄）

（二）匙吻鲟科 Polyodontidae

匙吻鲟科吻呈桨状；体表光滑，无骨板，但尾柄或尾鳍等区域有"鳞"。吻部须细小；鳃耙细长密集或粗短稀疏；鳃盖后缘明显突出。口下位，口裂宽而呈弧形。上下颌不能伸缩，具细齿。现发现此科只有 2 属 2 种，江西境内有 1 属 1 种。

2）白鲟属 *Psephurus* Günther, 1873

【模式种】*Polyodon gladius* Martens, 1862 = *Psephurus gladius* (Martens, 1862)

【鉴别性状】体长而光滑，无骨板；吻甚长，桨状或圆锥状；口大，下位，弧形；上下颌不能伸缩，具小齿；须 1 对，细小，位于吻部腹面；鳃孔大，鳃盖仅由下鳃盖骨组成。鳃耙细长而密，或粗短稀疏。尾鳍歪型，末端不延长。

【包含种类】本属江西有 1 种。

2. 白鲟 *Psephurus gladius* (Martens, 1862)

Polyodon gladius Martens, 1862: 476 (长江); Kimura, 1934: 17 (长江).

Psephurus gladius: 郭治之等, 1964: 122 (鄱阳湖); 郭治之和刘瑞兰, 1995: 224 (长江); 张世义, 2001: 40 (鄱阳湖).

【俗称】象鱼、象鼻鱼、箭鱼、琵琶鱼。

检视样本数为 1 尾。近年未采集到鲜活样本，依据原始记录和馆藏标本进行描述。

【形态描述】背鳍 46～60；胸鳍 33～35；腹鳍 32～40；臀鳍 48～52。

体长为体高的 7.4～10.8 倍，为头长的 1.6～2.1 倍。头长为吻长的 1.3～1.7 倍，为眼径的 47.4～86.5 倍，为眼间距的 5.8～8.0 倍。尾柄长为尾柄高的 1.4～2.3 倍。

体略呈梭形，光滑无鳞。头极长，占体长的 30%～50%。吻向前延伸成剑状，前端尖锐，基部宽阔厚实。口下位，极大，弧形。上下颌不能伸缩，具尖细小齿。口前方有细小皮须 1 对，其约与眼径等长。上唇褶狭小，仅在口角处；下唇褶极发达，后端陷入成深沟状。鼻孔 2 个，位于眼前方；前鼻孔较大，后鼻孔小。眼极小，侧位。鳃孔宽大，鳃膜后缘变大成三角形，向后延伸达胸鳍背缘的中点。鳃膜不与峡部相连。鳃耙粗短，排列紧密。喷水孔极小、呈裂隙状，位于眼后上方。侧线完全。鳔 1 室、较大。肠短，约为体长的一半，肠内有 7～8 个螺旋瓣。

背鳍位于体后方，近尾鳍基，起点约与腹鳍基后端相对。胸鳍短且宽，腹位。腹鳍短小，基部后端与背鳍起点相对。臀鳍稍长。外缘微凹。背鳍、臀鳍、胸鳍和腹鳍鳍条均为不分支鳍条。歪型尾，在尾鳍背缘有 1 列大型棘状鳞（7～10）。

白鲟 *Psephurus gladius* (Martens, 1862)（中国水产科学研究院长江水产研究所拍摄）

【体色式样】体背部、头部和吻部为青灰褐色，腹部灰白色，各鳍灰褐色。

【地理分布】长江湖口段，偶见于鄱阳湖。

【生态习性】溯河洄游性鱼类，是我国特有的珍稀鱼类，已被列为国家一级重点保护野生动物。栖息于长江干流，有时也进入沿江大型湖泊（鄱阳湖）。体型大，常见个体质量为50～100 kg，性凶猛。2～3月自沿海经河口溯河至长江上游产卵，春夏季在长江干、支流及河口区索饵。繁殖期为3～4月；卵沉性。性成熟较迟，雌鱼最小性成熟年龄为7～8龄、体重25～30 kg。肉食性，以鱼、虾、蟹等水生动物为食。

二

鳗鲡目 Anguilliformes

鳗鲡目鱼类体长，圆筒形，一般无腹鳍。部分种类缺胸鳍和肩带；若存在，则位于体侧中线。背鳍和臀鳍长，且与尾鳍相连。体裸露，有时被圆鳞。前颌骨不分离，形成上颌的前缘。上颌通常具齿。椎骨数多，可达 260 个。本目包含有 15 科，江西境内有 1 科。

（三）鳗鲡科 Anguillidae

鳗鲡科体形近似于圆柱形，后部侧扁；被细小圆鳞，埋于皮下。鳃裂星月形，侧位；身体和头部侧线完全；腹鳍发达；脊柱骨 100 ～ 119。通常为降河洄游鱼类，成体栖息于淡水或河口，主要分布于热带和温带。本科江西境内有 1 属 1 种。

3）鳗鲡属 *Anguilla* Schrank, 1798

【模式种】*Muraena anguilla* Linnaeus, 1758 = *Anguilla anguilla* (Linnaeus, 1758)
【鉴别性状】属的特征与科相同。
【包含种类】本属江西有 1 种。

3. 鳗鲡 *Anguilla japonica* Temminck & Schlegel, 1846

Anguilla japonica Temminck & Schlegel, 1846: 258 (日本); 郭治之等, 1964: 125 (鄱阳湖); 湖北省水生生物研究所鱼类研究室, 1976: 34 (鄱阳湖湖口); 郭治之和刘瑞兰, 1983: 17 (信江); 邹多录, 1988: 16 (寻乌水); 郭治之和刘瑞兰, 1995: 229 (鄱阳湖、赣江、信江).

【俗称】白鳝、蛇鱼、河鳗、鳝鱼、溪滑。
检视样本数为 21 尾。样本采自湖口、彭泽、会昌、宁都和石城。
【形态描述】体长为体高的 16 ～ 21 倍，为头长的 7.8 ～ 9.0 倍。头长为吻长的 5.3 ～ 6.0 倍，为眼径的 10.8 ～ 16.0 倍，为眼间距的 5.5 ～ 6.0 倍。
体细长，棒状，前部呈圆柱状，肛门以后逐渐侧扁。头部长，呈钝锥形。吻短，稍平扁。口大，端位，下颌略突出。口裂较平直，伸可达眼后缘下方。上、下颌及犁骨均具细齿。唇厚。舌长而尖，前端游离。鼻孔 2 对，前后分离较远，前鼻孔呈管状，接近吻端；后鼻孔紧靠眼前。眼很小,侧上位,近吻端,被透明皮膜覆盖。鳃孔小,位于胸鳍基部前方,左右分离。鳞细小,埋于皮内。侧线完全,较平直,沿体侧中部至尾鳍基正中。鳔 1 室,较小,壁厚;在腹面有 1 管与食道相通。肠短,约为体长的 1/3。腹膜白色。脊椎骨 104 ～ 110。

背鳍起点前移,其起点至尾鳍基距离大于至吻端距离的 2 倍;鳍条较短,鳍基向后延伸,与尾鳍相连。胸鳍宽圆,位于体侧正中。无腹鳍。臀鳍低而延长,与尾鳍相连。尾鳍条短,末端较尖。

【体色式样】体背部灰绿色,两侧暗灰色,略带黄褐色,腹部灰白色,无斑点。背鳍与臀鳍后部边缘及尾鳍为黑色,胸鳍浅色。

【地理分布】鄱阳湖及其入湖支流如赣江、信江。有报道在赣江上游采集到标本,可能是人工养殖逃逸的个体。

【生态习性】降河洄游性鱼类,栖息于水域的中下层。昼伏夜出,适应性很强。性情凶猛。性成熟个体会在秋季从淡水水域向河口区移动,完成渗透压调整,然后入海进行生殖性洄游。繁殖期为 2 ～ 6 月。孵出的仔鳗逐渐变态成透明的柳叶状,柳叶鳗随海流慢慢向大陆漂移,入河口前变成白色透明鳗苗。每年冬季和早春,部分鳗苗到达长江口,然后溯河而上,到长江中下游干流、支流及其附属湖泊进行索饵育肥、生长。成熟后又进行降河生殖洄游,如此周而复始。肉食性;捕食小鱼、虾、蟹、螺、蚬、水生昆虫及其幼虫,兼食水生植物碎屑和藻类,也食大型动物腐败的尸体。

鳗鲡 *Anguilla japonica* Temminck & Schlegel, 1846

三
鲱形目 Clupeiformes

脑外侧隐窝存在（脑颅耳区有 1 腔，内含多种感觉管，上颌缘一般由前颌骨和上颌骨组成）；副蝶骨无齿；前鼻腭无大孔；顶骨与枕上骨隔离。鲱形目目前发现有 5 科大约 92 属 405 种鱼类，其中有 79 种生活于淡水中。本目在江西境内有 2 科。

科的检索表

1（2）口端位，上颌骨短，口裂仅达眼前方或中下方··鲱科 Clupeidae
2（1）口下位，上颌骨较长，口裂伸达眼后缘··鳀科 Engraulidae

（四）鲱科 Clupeidae

本科多数种类具 2 个长杆状的后匙骨；口通常端位、接近端位或略为上位；齿小或不发达；腹部一般具棱鳞；臀鳍通常有 12 ～ 29 根鳍条；一般无侧线；体侧鳞 40 ～ 50；鳃盖条通常 5 ～ 10；脊椎骨通常为 37 ～ 59。本科约有 64 属 218 种；其中 57 种淡水鱼类，江西境内有 1 属。

4）鲥属 *Tenualosa* Fowler, 1934

【模式种】*Alosa reevesii* Richardson, 1846 = *Tenualosa reevesii* (Richardson, 1846)

【鉴别性状】体侧扁。腹部具强棱鳞。上颌缝合处有 1 显著缺刻。无齿。鳃耙密而长。有假鳃。鳃盖条 5 ～ 6。圆鳞，不易脱落。臀鳍基底长。

【包含种类】本属江西有 1 种。

4. 鲥 *Tenualosa reevesii* (Richardson, 1846)

Alosa reevesii Richardson, 1846: 305 (中国海).

Clupea reevesii: Günther, 1889: 229 (九江).

Hilsa reevesii: Regan, 1917: 306 (九江); Fowler, 1931: 115 (九江); 郭治之等, 1964: 122 (鄱阳湖).

Macrura reevesii (Richardson, 1846): 郭治之和刘瑞兰, 1983: 13 (信江); 湖北省水生生物研究所鱼类研究室,

1976: 28 (鄱阳湖—松门山、都昌、吴城、波阳和瑞洪); 朱松泉: 1995: 7 (长江); 陈宜瑜等, 1998: 24 (江西湖口).

Macrura ilisha: 郭治之和刘瑞兰, 1995: 224 (长江).

Tenualosa reevesii: 张世义, 2001: 93 (江西湖口).

【俗称】鲥鱼、迟鱼、三来鱼、锡箔鱼（幼鲥）。

检视样本数为5尾。近年未采集到鲜活样本，依据原始记录和馆藏标本进行描述。

【形态描述】背鳍3，14～16；胸鳍1，13～14；腹鳍1，7；臀鳍2，15～17。纵列鳞44～45；横列鳞15～17；棱鳞16～17+14～15。

体长为体高的3.1～3.4倍，为头长的3.5～3.8倍，为尾柄长的9.0～11.0倍，为尾柄高的10.9～12.0倍。头长为吻长的3.7～4.6倍，为眼径的6.1～6.7倍，为眼间距的3.2～4.0倍。尾柄长为尾柄高的1.1～1.2倍。

体长，椭圆形，腹部狭，有锐利的棱鳞；背部在背鳍前狭窄，呈嵴状隆起，背鳍后变圆。头中等大，吻尖。口稍大，端位，口裂斜；上颌骨后端呈片状游离，可延伸达眼后缘下方。前颌骨正中具1明显缺刻，下颌前端具1突起，口闭合时与上颌缺刻相吻合。上下颌均无齿。眼小，上侧位，脂眼睑发达，仅瞳孔处未被覆盖。鳃孔大，鳃盖膜不与峡部相连，假鳃发达。鳃耙细密。体被圆鳞，不易脱落。头部无鳞。背鳍和臀鳍的基部有鳞鞘。胸鳍和腹鳍各具1长形腋鳞。尾鳍基部密被小圆鳞。无侧线。肛门位于臀鳍的前方。

背鳍1个，起点与吻端距离小于距尾鳍基的距离。胸鳍不达背鳍起点之下方。腹鳍小，始于背鳍起点的稍后的下方。臀鳍起点位于腹鳍与尾鳍基中点。尾鳍深叉形。

【体色式样】体背和头部青褐色，下侧部和腹部银白色；各鳍为浅灰色。

【地理分布】鄱阳湖及其入湖支流如赣江和信江。

【生态习性】溯河洄游性鱼类。栖息于近海中上层。春末夏初溯河作生殖洄游，产卵

鲥 *Tenualosa reevesii* (Richardson, 1846)

群体陆续由海入江，远达到洞庭湖，甚至可到宜昌。繁殖期为 4 ～ 7 月。产卵后群体又返回大海，幼鱼则进入支流或湖泊中索饵，至 9 ～ 10 月才入海育肥，直至成熟。浮性卵。以浮游动物为主食，亦摄食大量的硅藻和其他有机物的碎屑等，不同生活阶段食性略有不同。

（五）鳀科 Engraulidae

鳀科悬器（suspensorium）向前倾斜，头部的舌骨下颌弓在方骨前方；下颌末端大大超过眼睛，颌关节在眼径之后；中筛骨向前突出超过犁骨；吻钝，突出，超过下颌前端；鳃耙数 10 ～ 15 或第 1 鳃弓下枝干更多；无齿，或有发达齿；7 ～ 19 根鳃盖条；体侧鳞通常 30 ～ 60；脊椎骨通常 38 ～ 49，鲚属更多；体常半透明或带银色条纹。鳀科目前发现有 17 属 146 种；其中至少有 17 种生活于淡水，部分具江海洄游习性；江西境内有 1 属 2 种。

5）鲚属 *Coilia* Gray, 1830

【模式种】*Engraulis (Coilia) hamiltonii* Gray, 1830 = *Mystus ramcarati* Hamilton, 1822

【鉴别性状】体长而侧扁，尾部向后渐窄。上颌骨向后略延长。两颌、犁骨、腭骨、翼骨和舌均具小齿。鳃耙 20 ～ 34。臀鳍位于背鳍的后方，其基底甚长，鳍条 35 ～ 116。胸鳍有 4 ～ 19 游离鳍条。尾鳍不对称，下叶与臀鳍相连。

【包含种类】本属江西有 2 种。

种的检索表

1（2）上颌骨长，向后伸达胸鳍基部 ·· 长颌鲚 *C. nasus*

2（1）上颌骨短，向后伸不超越鳃盖骨后缘 ·················· 短颌鲚 *C. brachygnathus*

5. 长颌鲚 *Coilia nasus* Temminck & Schlegel, 1846

Coilia nasus Temminck & Schlegel, 1846: 243 (日本); Günther, 1889: 219 (九江); Tchang, 1938: 325 (九江、赣江).

Coilia ectenes: 郭治之等, 1964: 122 (鄱阳湖); 湖北省水生生物研究所鱼类研究室, 1976: 21 (鄱阳湖、九江); 刘世平, 1985: 68 (抚河); 袁传宓和秦安舻, 1985: 325 (长江); 郭治之和刘瑞兰, 1995: 224 (抚河、信江、鄱阳湖).

【俗称】毛花鱼、刀鱼、毛叶。

检视样本数为 30 尾。样本采自鄱阳、余干、都昌、庐山和湖口。

【形态描述】背鳍 4，10 ～ 11；胸鳍 6，10 ～ 13；腹鳍 1，6；臀鳍 3，96 ～ 110。纵列鳞 75 ～ 84；横列鳞 11 ～ 14。

体长为体高的 5.7 ～ 5.9 倍，为头长的 6.5 ～ 7.2 倍。头长为吻长的 3.9 ～ 5.4 倍，为眼径的 6.1 ～ 8.0 倍，为眼间距的 3.3 ～ 3.8 倍。

体延长，侧扁，向后渐细尖。背部较厚，平直，腹部狭薄，弧形，呈刀刃状。胸、腹部具棱鳞。头短小侧扁。吻钝尖，向前突出成圆锥形。口下位，口裂大；上颌骨后部游离，向后延伸达胸鳍基部，其下缘具细小锯齿。两颌、腭骨、犁骨、舌和鳃弓上均具细齿。鼻孔明显，每侧 2 个，距眼前缘比距吻端稍近。眼较小，靠近吻端。鳃盖软而光滑，鳃孔大，左右鳃盖膜在前方微相连，而不与峡部相连。鳃膜骨 10。鳃耙硬而较稀。体被大而易脱落圆鳞。无侧线。鳔长梭形，具鳔管；肝发达，可后伸至腹腔的末端。胃 "Y" 形；幽门盲囊发达，环形排列。肠直管状。

背鳍起点距吻端比距尾鳍基更近，其前方具 1 小刺。胸鳍下侧位，上部具丝状游离鳍条 6，最长可超越臀鳍基底前 1/4 ～ 1/2 处。腹鳍小，始于背鳍下方，腹鳍具腋鳞。臀鳍基甚长，与尾鳍相连，起点距吻端较距尾鳍基为近。尾鳍小而不对称。上叶长于下叶，下叶与臀鳍相连。

【体色式样】体背部青灰色，其余部分银白色。

【地理分布】鄱阳湖及其入湖支流如抚河和信江。

【生态习性】溯河洄游性鱼类，多生活于水质混浊、水流缓慢的近海底层，分散生活，不集成大群。繁殖期为 2 ～ 3 月，汇集于长江河口，分批上溯进入江河及通江湖泊，最远可达湖南洞庭湖，并选择水流平缓而混浊的水体产卵，产卵后群体分批降河入海。成体食性广泛，主要摄食十足类、虾类和鱼类。幼鱼主要摄食桡足类、枝角类和十足类等。幼鱼在育肥后于 9 ～ 11 月由江河入海。

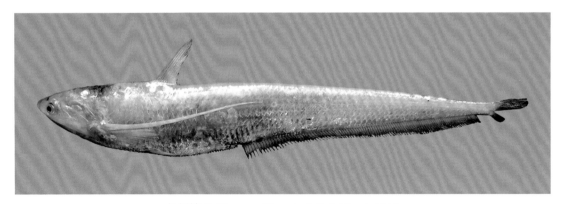

长颌鲚 *Coilia nasus* Temminck & Schlegel, 1846

6. 短颌鲚 *Coilia brachygnathus* Kreyenberg & Pappenheim, 1908

Coilia brachygnathus Kreyenberg & Pappenheim, 1908: 96 (洞庭湖); 郭治之等, 1964: 123 (鄱阳湖); 湖北省水生
　　生物研究所鱼类研究室, 1976: 24 (鄱阳湖); 郭治之和刘瑞兰, 1983: 13 (信江); 刘世平, 1985: 68 (抚河);
　　郭治之和刘瑞兰, 1995: 224 (抚河、信江、鄱阳湖).

【俗称】毛花鱼、毛鲚鱼、刀鱼。

　　检视样本数为 35 尾。样本采自彭泽、鄱阳、余干、都昌、庐山、湖口、永修和新建。

　　【形态描述】背鳍 4，10 ～ 11；胸鳍 6，10 ～ 11；腹鳍 1，6；臀鳍 3，90 ～ 103。纵列鳞 68 ～ 77。

　　体长为体高的 6.1 ～ 7.1 倍，为头长的 6.1 ～ 6.7 倍。头长为吻长的 4.0 ～ 4.6 倍，为眼径的 4.6 ～ 6.1 倍，为眼间距的 3.2 ～ 4.6 倍。

　　形态与长颌鲚相似，主要区别在于上颌骨较短，向后不超越鳃盖骨后缘；纵列鳞数目较少；胸鳍上部丝状游离鳍条较短，一般仅达臀鳍基底的起点。肝短小；幽门盲囊一般为白色。

　　【体色式样】通体银白色，体背部为浅青灰色。

　　【地理分布】鄱阳湖及其入湖支流如赣江、抚河和信江。

　　【生态习性】淡水生活的鱼类，尤喜好在水质较混浊的水区生活。繁殖期为 5 ～ 6 月。卵浮性，具油球。肉食性，主要以白虾、小鱼和昆虫幼虫为食。在鱼苗和早期幼鱼阶段以浮游动物和昆虫为食。

短颌鲚 *Coilia brachygnathus* Kreyenberg & Pappenheim, 1908

四

鲤形目 Cypriniformes

　　鲤形目有吻骨（kinethmoid）存在；前筛骨紧密连于犁骨和中筛骨之间；腭骨背中存在突起，连于翼状骨窝中；第 5 角鳃骨膨大，且与咽齿咬合；咽齿与基枕骨后突相对；第 2 脊柱骨锥体侧突延长；上颌口缘由前颌骨构成，只胭脂鱼科例外；上颌通常可以伸缩；上下颌无齿；无脂鳍；头部无鳞；鳃盖条 3 根。目前发现鲤形目有 23 科约 489 属 4205 种，江西境内有 11 科。

科的检索表

1（12）须缺，如有，则不超过 2 对（1 对吻须和 1 对口角须）

2（3）背鳍分支鳍条 50 根以上；下咽齿 1 行，齿数超过 10 ······························ 胭脂鱼科 Catostomidae

3（2）背鳍分支鳍条 30 根以下；下咽齿 1 ～ 3 行，每行齿数不超过 7

4（5）臀鳍分支鳍条不超过 5 根 ·· 鲤科 Cyprinidae

5（4）臀鳍分支鳍条一般不少于 6 根

6（7）体卵圆形，甚侧扁；背鳍基长，起点位于腹鳍起点之后，臀鳍起点位于背鳍基之下方；肠道顺时针方向盘旋；雌鱼通常有发达的产卵管 ·························· 鳍科 Acheilognathidae

7（6）体细长，圆筒形或侧扁；背鳍基短，起点约与腹鳍起点相对，臀鳍起点位于背鳍基之后方；肠道逆时针方向盘旋；雌鱼一般不具产卵管

8（9）臀鳍分支鳍条 6 根 ·· 鮈科 Gobionidae

9（8）臀鳍分支鳍条 6 根以上

10（11）无腹棱；无须；下颌前缘有锋利的角质边缘；背鳍无硬刺；臀鳍起点距腹鳍起点较距尾鳍基为近或相等 ·· 雅罗鱼科 Leuciscidae

11（10）通常有腹棱，或有须，或下颌前缘有锋利的角质边缘；臀鳍起点距尾鳍基较距腹鳍起点为近，否则体侧有垂直条纹或腹鳍位于背鳍之前 ·························· 鲴科 Xenocyprididae

12（1）口前吻部具 2 对或更多吻须

13（18）吻前无吻沟或吻褶；偶鳍不扩大，位置正常

14（15）无眼下刺；须 3 对，吻须 2 对，口角须 1 对 ····························· 条鳅科 Nemacheilidae

15（14）有眼下刺，如无，则有颏须 2 须

16（17）吻须 2 对；尾鳍深分叉 ··· 沙鳅科 Botiidae

17（16）吻须 1 对或缺；尾鳍微凹、圆形或截形·····································花鳅科 Cobitidae

18（13）吻前有吻沟或吻褶；偶鳍扩大且水平方向伸展

19（20）胸鳍和腹鳍前缘具 1 根不分支鳍条·····································腹吸鳅科 Gastromyzontidae

20（19）胸鳍和腹鳍前缘具 2 根以上不分支鳍条·····································爬鳅科 Balitoridae

（六）胭脂鱼科 Catostomidae

　　胭脂鱼科基枕骨后突有开孔；第 2 脊椎锥体腹突与悬器外侧枝缝合形成 1 横板；前鳃盖骨 - 腭骨缺感觉管；下咽齿 1 行，齿数 16 以上；唇厚且具皱褶或乳突；上颌边缘由前颌骨和颌骨共同构成；尾鳍主鳍条 18（9+9）根。本科目前发现有 13 属 78 种，江西境内有 1 属。

6）胭脂鱼属 *Myxocyprinus* Gill, 1877

　　【模式种】*Carpiodes asiaticus* Bleeker, 1864 = *Myxocyprinus asiaticus* (Bleeker, 1864)

　　【鉴别性状】体长，侧扁。头小，呈锥形。吻圆钝，具吻褶。口小，呈马蹄形。唇发达，下唇向外翻出。须缺如。背鳍基部很长，无硬刺。臀鳍较短。尾鳍叉形。鳞大，侧线完全。鳃孔大，鳃耙细密。下咽骨呈镰刀状，咽齿 1 行，数目多，排列成梳状。鳔游离，2 室。

　　【包含种类】本属江西有 1 种。

7. 胭脂鱼 *Myxocyprinus asiaticus* (Bleeker, 1864)

Carpiodes asiaticus Bleeker, 1864: 19 (中国).

Sclerognathus chinensis Günther, 1889: 223 (江西九江).

Myxocyprinus asiaticus: 郭治之等, 1964: 123 (鄱阳湖); 湖北省水生生物研究所鱼类研究室, 1976: 150 (鄱阳湖); 郭治之和刘瑞兰, 1983: 16 (信江); 郭治之和刘瑞兰, 1995: 224 (鄱阳湖和信江).

　　【俗称】黄排、紫鳊鱼、火烧鳊。

　　检视样本数为 15 尾。样本采自余干、都昌、湖口、彭泽、新建、峡江和靖安。

　　【形态描述】背鳍 3，50 ～ 57；胸鳍 1，13 ～ 15；腹鳍 1，12 ～ 15；臀鳍 3，10 ～ 12。侧线鳞 $49 \frac{12 \sim 14}{8 \cdot \cdot 10} 54$。

　　体长为体高的 2.3 ～ 3.1 倍，为头长的 3.8 ～ 4.9 倍，为尾柄长的 10.4 ～ 10.8 倍，为尾柄高的 10.1 ～ 10.9 倍。头长为吻长的 2.2 ～ 2.6 倍，为眼径的 5.2 ～ 6.2 倍，为眼间距的 1.7 ～ 2.3 倍。尾柄长为尾柄高的 0.7 ～ 1.1 倍。

　　体侧扁，背部显著隆起，背鳍起点为身体最高点，头腹面和胸腹部平坦，整个身体外形略呈三角形。在不同生产阶段，其体型变化较大。头短小，锥形。吻圆钝突出。口小，下位，马蹄形，其位置与腹面平行。唇发达，肉质，上唇与吻皮形成 1 条深沟，下唇向外翻出形成 1 肉褶，上下唇具密集的乳头状突起。无须。鼻孔距眼前缘很近。眼小，侧上位。外鳃耙较长，最长鳃耙约为最长鳃丝的一半，呈三角形，排列紧密，内侧鳃耙较短。下咽骨呈镰刀状，咽齿单行，齿细，齿端钩状作栉齿状排列。鳞中大，侧线完全，平直。鳔 2 室，后室细长，其长度约为前室的 2.3 倍。

　　背鳍无硬刺，基部较长，起点位于胸鳍基部的后上方，前几根鳍条特别延长，使背鳍外缘明显内凹。胸鳍侧位，末端达到或超过腹鳍起点。腹鳍腹位，末端不达肛门。臀鳍较短，后端平截，其基部末端约与背鳍基部末端相对。尾鳍叉形，分叉较浅。肛门紧靠臀鳍起点。性成熟个体有明显的生殖突；头部和胸鳍、体侧和尾柄鳞片上有白色珠星，雄鱼的珠星比雌鱼大且明显，非生殖季节不易区分雌雄。

　　【体色式样】体色随个体大小而变化，幼鱼阶段体呈深褐色，体侧各有 3 条黑色横条纹。背鳍、胸鳍和臀鳍呈深褐色并有浅红色斑点。成熟个体，雄鱼体侧为胭脂红色，雌鱼体侧为深紫色或褐色，背鳍、尾鳍均呈淡红色。

　　【地理分布】鄱阳湖、赣江、信江和修水。

　　【生态习性】栖息于长江干流、支流及其附属湖泊中，多生活于水体上层。喜生活在水质清新的水体中，要求较高的溶氧量。幼鱼行动缓慢，成鱼性活泼，行动敏捷。胭脂鱼生长较快。繁殖期为 3～4 月，逆水至长江干流上游急流中繁殖，秋季陆续返回干流越冬。卵黏性。杂食性，食物组成随栖息环境的不同而有差异，主要以底栖动物、昆虫幼虫和蠕虫为食，兼食藻类及有机腐屑等物。

胭脂鱼 *Myxocyprinus asiaticus* (Bleeker, 1864)

（七）爬鳅科 Balitoridae

头体均扁平，口亚端位，偶鳍通常相连成吸盘，须 3 对，鳃孔退化或无。外枕骨被上枕骨分离，间舌骨缺，中喙状骨与膨大的匙骨相融合。腹鳍基鳍骨及与其相连的腹肋膨大。偶鳍扩大且水平伸展；腹鳍在腹部分离或融合。本科目前发现有 14 属约 100 种，江西境内有 1 属。

7）犁头鳅属 *Lepturichthys* Regan, 1911

【模式种】*Homaloptera fimbriata* Günther, 1888 = *Lepturichthys fimbriata* (Günther, 1888)

【鉴别性状】体细长，尾柄圆杆状，细长，尾柄高小于眼径。口下位，口角须 3 对，唇具发达的须状突；腹鳍后缘左右分开，不连成吸盘状。头、胸和腹部裸露无鳞。侧线完全平直。鳃裂扩展至头部腹面。尾鳍叉形。

【包含种类】本属江西有 2 种。

种的检索表

1（2）偶鳍较短，体长为胸鳍长的 6.5 ～ 7.9 倍，为腹鳍长的 6.5 ～ 8.3 倍⋯⋯⋯⋯⋯⋯⋯⋯犁头鳅 *L. fimbriata*

2（1）偶鳍较长，体长为胸鳍长的 4.2 ～ 4.8 倍，为腹鳍长的 4.8 ～ 5.7 倍⋯⋯⋯⋯大鳍犁头鳅 *L. dolichopterus*

8. 犁头鳅 *Lepturichthys fimbriata* (Günther, 1888)

Homaloptera fimbriata Günther, 1888: 433 (宜昌)。

Lepturichthys fimbriatus: 郭治之和刘瑞兰，1983: 16 (信江); 郭治之和刘瑞兰，1995: 228 (鄱阳湖、赣江、信江); 张鹗等，1996: 10 (赣东北); 王子彤和张鹗，2021: 1264 (赣江)。

【俗称】铁丝鱼、长尾鳅、细尾鱼、铁扫把、燕鱼、石扒子。

检视样本数为 25 尾。样本采自遂川、峡江和樟树。

【形态描述】背鳍 3，8；胸鳍 7，10 ～ 13；腹鳍 3，8 ～ 9；臀鳍 2，5。侧线鳞 84 ～ 95。

体长为体高的 8.3 ～ 12.2 倍，为头长的 6.0 ～ 7.3 倍。头长为头高的 2.1 ～ 2.7 倍，为头宽的 1.1 ～ 1.4 倍，为吻长的 1.6 ～ 1.8 倍，为眼径的 5.5 ～ 7.8 倍，为眼间距的 2.0 ～ 2.6 倍。尾柄长为尾柄高的 15.5 ～ 25.3 倍。

体长，呈半圆筒形，腹面平坦，尾柄细长成圆柱形。背部呈弧形隆起。头低平，呈犁头状。吻端稍尖细，边缘较厚；吻长大于眼后头长。口下位，较小，弧形。唇肉质，具发达的须状乳突；颏部有 3 ～ 5 对小须。上下唇在口角处相连。下颌稍外露。上唇与吻端之间具深吻沟。吻沟前的吻褶分 3 叶，中叶叶端一般有 2 个须状突，个体特大者则可分化出多达 5 个乳突。

吻褶叶间有 2 对吻须,外侧 1 对较粗大。口角须 3 对,外侧 2 对稍粗大,略小于眼径;内侧 1 对细小,位于口角内侧。鼻孔较大,约与眼径等大,具鼻瓣。鳃裂较宽,自胸鳍基部背侧延伸到头部腹侧。眼侧上位,较小。眼间宽阔,弧形。鳞细圆,大部分鳞片表面具有角质疣突,头背部及臀鳍起点之前的腹部无鳞。侧线完全,自体侧中部平直地延伸到尾鳍基部。

背鳍基长略小于头长,起点约在吻端至尾鳍基之间的 2/5 处。胸鳍起点在眼后下方,末端仅达胸鳍起点至腹鳍起点间的 2/3。腹鳍起点约与背鳍起点相对,末端延伸不达肛门。偶鳍平展。臀鳍末端不达尾鳍基部。尾鳍末端深叉形,下叶稍长。肛门约在腹鳍腋部至臀鳍起点间的 2/3 处。

【体色式样】体背侧呈灰褐色,背面有 7 ~ 9 个黑色斑纹,腹面淡黄色。各鳍灰黄色,有黑斑。

【地理分布】鄱阳湖、赣江和信江。

【生态习性】底层小型鱼类。生活于山涧溪流或水流湍急的滩上。体长一般为 90 ~ 100 mm。繁殖期为 4 ~ 5 月。成熟卵巢为黄色,在水流湍急的峡谷江段产漂流性卵。摄食藻类、水生昆虫及岩石上的周丛生物。

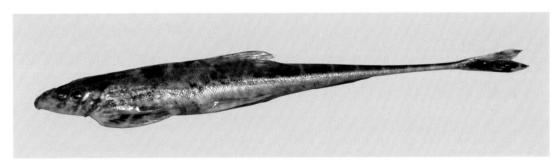

犁头鳅 *Lepturichthys fimbriata* (Günther, 1888)

9. 大鳍犁头鳅 *Lepturichthys dolichopterus* Dai, 1985

Lepturichthys dolichopterus Dai (戴定远), 1985: 221 (福建南平); 王子彤和张鹗, 2021: 1264 (赣江).

【俗称】铁丝鱼、长尾鳅、细尾鱼、铁扫把。

检视样本数为 6 尾。样本采自遂川和樟树。

【形态描述】背鳍 3,8;胸鳍 7 ~ 8,10 ~ 13;腹鳍 3,8 ~ 9;臀鳍 2,5。侧线鳞 81 ~ 87。

体长为体高的 9.5 ~ 10.6 倍,为头长的 5.5 ~ 6.0 倍。头长为头高的 2.0 ~ 2.5 倍,为头宽的 1.0 ~ 1.5 倍,为吻长的 1.4 ~ 1.9 倍,为眼径的 5.3 ~ 7.5 倍,为眼间距的 2.0 ~ 2.5 倍。尾柄长为尾柄高的 15.5 ~ 26.0 倍。

　　体长，稍侧扁，腹部平坦，尾柄细长。头低平。吻端尖细，边缘薄；吻长大于眼后头长。口下位，中等大，弧形。唇肉质，具发达的须状乳突；上唇乳突，2～3排较长，呈流苏状；下唇1排稍短；颏部有2～4对小须。上下唇在口角处相连。下颌稍外露。上唇与吻端之间具深吻沟，延伸到口角。吻沟前的吻褶分3叶，较宽的中叶叶端一般有2个须状突，两侧叶叶端细。吻褶叶间有2对吻须，外侧1对较粗大。口角须3对，外侧2对稍粗大，略小于眼径；内侧1对细小，位于口角内侧。鼻孔小，约为眼径的1/2，具鼻瓣。鳃裂较宽，自胸鳍基部背侧延伸到头部腹侧。眼小，侧上位。眼间距宽，呈弧形。鳞细小，大部分鳞片表面具有易于脱落的角质疣突，头背部和腹部无鳞。侧线完全。肛门约在腹鳍腋部至臀鳍起点间的2/3处。

　　背鳍基长略小于头长，起点约在吻端至尾鳍基之间的2/5处。偶鳍平展。胸鳍起点在眼后缘的下方，胸鳍长略大于头长，末端靠近腹鳍起点。腹鳍起点约与背鳍起点相对，末端延伸靠近或超过肛门。臀鳍基长约与吻长相等，最长臀鳍略短于背鳍条。尾鳍末端深叉形，下叶较长。

　　【体色式样】体深棕色，头及体侧密布黑色斑点，背中线有7～8个深褐色大斑点。各鳍均具由黑斑组成的条纹。

　　【地理分布】赣江。

　　【生态习性】底层小鱼类。生活于山涧溪流或水流湍急的滩上。繁殖期为4～6月。产漂流性卵。摄食固生藻类。

大鳍犁头鳅 *Lepturichthys dolichopterus* Dai, 1985

（八）沙鳅科 Botiidae

　　体侧扁，吻须2对，头部侧线系统不明显，尾鳍深分叉。本科目前发现有8属约60种，均栖息于淡水；江西境内有2属。

属的检索表

1（2）眼下刺不分叉···薄鳅属 *Leptobotia*

2（1）眼下刺分叉···副沙鳅属 *Parabotia*

8）薄鳅属 *Leptobotia* Bleeker, 1870

【模式种】*Botia elongata* Bleeker, 1870 = *Leptobotia elongata* (Bleeker, 1870)

【鉴别性状】颊部具鳞，眼下刺不分叉。颏下不具突起或具 1 对肉质突起。颅顶囟门缺如。吻长短于眼后头长，眼位于头的前半部或中部。

【包含种类】本属江西有 5 种。

种的检索表

1（8）体上具条纹或斑点

2（5）背中线带有 1 列圆形的斑点，通常融合形成 1 条条纹

3（4）尾鳍分叉较深，尾鳍最长鳍条为其最短鳍条的 1.7 ～ 2.3 倍·····················橘黄薄鳅 *L. citrauratea*

4（3）尾鳍分叉较浅，尾鳍最长鳍条为其最短鳍条的 1.3 ～ 1.4 倍······················小体薄鳅 *L. micra*

5（2）背中线无圆形的斑点或条纹

6（7）体呈紫色，体表具有许多蠕虫形花纹···紫薄鳅 *L. taeniops*

7（6）体呈灰黄褐色，体背部具有 6 ～ 8 个马鞍形黑色大斑·······················衡阳薄鳅 *L. hengyangensis*

8（1）体上无任何条纹或斑点···似美尾薄鳅 *L.* aff. *bellacauda*

10. 衡阳薄鳅 *Leptobotia hengyangensis* Huang & Zhang, 1986

Leptobotia hengyangensis Huang & Zhang (黄宏金和张卫), 1986: 99 (湖南衡阳).

Leptobotia tchangi: 郭治之和刘瑞兰, 1995: 228 (赣江).

Leptobotia sp.: 王子彤和张鹗, 2021: 1264 (赣江).

【俗称】花泥鳅。

检视样本数为 2 尾。样本采自遂川。

【形态描述】背鳍 4，8；胸鳍 1，11 ～ 13；腹鳍 1，7；臀鳍 3，5。

体长为体高的 4.3 ～ 5.6 倍，为头长的 3.8 ～ 4.5 倍。头长为吻长的 2.2 ～ 2.7 倍，为眼后头长的 1.9 ～ 2.3 倍，为眼径的 5.6 ～ 11.5 倍，为眼间距的 5.0 ～ 8.0 倍。尾柄长为尾柄高的 1.1 ～ 1.4 倍。

体长，侧扁。背部稍微隆起成低弧形，腹侧平圆。尾柄较低，中间的背腹两侧微凹。头略呈三角形侧扁，后部较高。吻尖钝。口下位。吻须 2 对，长度相等；口角须 1 对，末端延伸可达鼻孔下方。鼻孔靠近眼前上方，鼻瓣发达，呈半圆形，竖立在鼻孔后缘。眼较大，

侧上位，眼下刺不分叉，末端达眼后缘。鳃孔小，鳃膜在头侧下方与胸部前端相连。体被细小圆鳞，颊部有鳞。侧线完整平直，由体侧延伸至尾鳍基。鳔2室。

　　背鳍外缘凸出，末根不分支鳍条柔软，背鳍起点约位于吻端至尾鳍末端正中，吻端至背鳍起点的距离约为体长的1/2。胸鳍末端不达胸、腹鳍起点距的中点。腹鳍起点与背鳍起点大致相对，腹鳍末端延伸超过肛门。胸鳍与腹鳍的腋部都有1枚小皮瓣。臀鳍后伸不达尾鳍基部。尾鳍分叉较浅，上下叶等长，末端钝。肛门约位于腹鳍起点至臀鳍起点的中点。

　　【体色式样】体色在个体间有较大的差异。体灰黄褐色，带有深灰色调。在头部后方至背鳍起点有2～4块（多为3块）近方形的黑褐色斑块。斑块之间由3～5条灰黄褐色横带隔开，横带宽度为斑块宽度的1/3～1/2。背鳍基具1狭长黑斑，有的分为相连的2段；背鳍后至尾鳍基有3个黑斑，分隔开但轮廓较模糊。背部黑斑多在侧线上方并逐渐变小，边缘模糊消失。部分个体黑斑向侧线下方延伸后分散成不规则的黑斑。紧靠眼间距后有灰黄褐色的1个小斑。吻端至臀鳍腹侧为淡黄色。背鳍、臀鳍基部灰黑色。胸鳍、腹鳍上侧有1条淡黑色带纹。尾鳍基部黑色，在其后半有3～5条由黑色小点组成的带纹。

　　【地理分布】仅见于赣江中游支流——遂川江。

　　【生态习性】底栖小型鱼类，喜栖息在水质澄清、缓流河段的底层。繁殖期为5～7月。以底栖无脊椎动物为食。

衡阳薄鳅 *Leptobotia hengyangensis* Huang & Zhang, 1986

11. 橘黄薄鳅 *Leptobotia citrauratea* (Nichols, 1925)

Botia citrauratea Nichols in Nichols et al., 1925: 5 (湖南洞庭湖).

Leptobotia citrauratea: Bohlen & Šlechtová, 2017: 90 (江西南昌); 王子彤和张鹗, 2021: 1264 (赣江).

　　检视样本数为12尾。样本采自南昌和宁都。

　　【形态描述】背鳍4，8；胸鳍1，10～11；腹鳍1，7；臀鳍3，5。

体长为体高的 5.2 ～ 6.4 倍，为头长的 3.7 ～ 4.2 倍。头长为吻长的 2.0 ～ 2.5 倍，为眼后头长的 1.9 ～ 2.2 倍，为眼径的 6.5 ～ 9.5 倍，为眼间距的 5.0 ～ 7.0 倍。尾柄长为尾柄高的 1.2 ～ 1.5 倍。

头短，体侧扁，头长大于体高。吻略短于眶后头部。眼小，在头上半部；眼径小于眶间距。口下部，开口横向延伸超过鼻孔前缘。在角状区域无纽扣状肉质突起。吻须 2 对，颌须 1 对，位于口角，延伸可超过鼻孔后缘之外，但不达眼前缘。眼下刺位于眼前缘腹侧，长度达眼后缘。肛门位置相比于腹鳍更靠近臀鳍。

鳍条柔软。背鳍远端边缘稍凹，起点约位于吻端至尾鳍基之间的中点，而偏近尾鳍基。胸鳍延伸可达胸鳍和腹鳍起点之间的中点。腹鳍延伸可达腹鳍与臀鳍起点之间距离的一半，刚好到肛门位置。臀鳍延伸不达尾鳍基部，外侧边缘略凹。尾鳍深分叉，上下两叶对称，外角宽尖。

【体色式样】头部和身体大体为黄褐色或橙色。头部侧面和体侧有暗灰色斑点，带有一些圆形的浅橙色斑点，通常汇合形成 1 条橙色条纹，沿背中线从后颈延伸至尾鳍基部。一条淡灰色条纹从吻尖延伸到眼前缘。尾鳍基部有 1 灰条纹，宽度与眼径相等。背鳍上有 1 排暗灰色条纹。

【地理分布】赣江。

【生态习性】底层鱼类，喜栖息在水深较深的缓流水域中。

橘黄薄鳅 *Leptobotia citrauratea* (Nichols, 1925)

12. 小体薄鳅 *Leptobotia micra* Bohlen & Šlechtová, 2017

Leptobotia micra Bohlen & Šlechtová, 2017: 91 (广西桂林).

近年未采集到鲜活样本，依据原始记录和馆藏标本进行描述。

【形态描述】背鳍 4，7 ～ 8；胸鳍 11 ～ 13；腹鳍 8；臀鳍 3，5。侧线鳞 66 ～ 86。

体长为体高的 4.4 ～ 6.1 倍，为头长的 3.8 ～ 4.2 倍。头长为吻长的 2.3 ～ 3.0 倍，为眼径的 12.0 ～ 14.0 倍，为眼间距的 5.9 ～ 7.0 倍。尾柄高为尾柄长的 1.0 ～ 1.2 倍。

　　体细长。躯干、头部和尾柄侧扁。吻张开的高和宽相近。上唇后缘超过鼻孔前缘。有不明显的齿突，大致为圆形。下唇无缺口。唇厚，无皱纹，上唇中间有非常小的切口；下唇中间分隔。上颌触须达鼻孔后缘，不达眼前缘。吻须长为吻须基部到口角距离的1/2左右。眼小。体被细小鳞片，头部和肛门之间的腹侧除外。侧线几乎完整。肛门距臀鳍起点约3倍眼径的长度。

　　背侧轮廓从吻部到背鳍基部末端先隆起再下降，呈弧形。最大体高处位于胸鳍和腹鳍之间。头部的腹面略凸，身体的腹部轮廓和尾柄几乎笔直，腹部除外，腹部因胃和性腺而呈弓形。从腹侧看，鼻翼圆形或略尖。沿尾柄的背侧和腹侧中线有非常小的脂肪嵴。

　　背鳍的远端边缘直或稍凸。胸鳍不达到胸鳍基和腹鳍起点距离的1/2。腹鳍起点位于背鳍起点下方或稍前，腹鳍延伸达到腹鳍基和臀鳍起点之间距离的1/2，不达肛门。臀鳍延伸不达尾鳍基部，外侧边缘凸起。尾鳍中等分叉，两叶圆形或稍尖。

　　【体色式样】固定标本的头部和身体大体为浅米色，头部和身体背侧为灰色，从后颈部到尾鳍基部背部中线位置有1排白点，斑点大小与眼睛差不多。从口到眼睛有1条暗灰色条纹，宽度略小于眼径。尾鳍基部有1条深灰色带，宽度与眼径相似，可达背侧和腹侧中线。尾鳍上有2或3排深灰色淡斑，背鳍上有1或2排这样的斑点，臀鳍上有单个斑点，偶鳍没有颜色。

　　【地理分布】仅见于赣江中游的支流——遂川江。

　　【生态习性】底栖小型鱼类。

小体薄鳅 *Leptobotia micra* Bohlen & Šlechtová, 2017

13. 似美尾薄鳅 *Leptobotia* aff. *bellacauda* Bohlen & Šlechtová, 2016

Leptobotia bellacauda Bohlen & Šlechtová, 2016: 65 (安徽石台县).

Leptobotia tientainensis: 王子彤和张鹗, 2021: 1264 (赣江).

检视样本数为 5 尾。样本采自兴国、赣县和宁都。

【形态描述】背鳍 3，8；胸鳍 1，11 ～ 12；腹鳍 1，7；臀鳍 2，5。侧线鳞 41 ～ 76。

体长为体高的 4.5 ～ 5.9 倍，为头长的 4.2 ～ 5.2 倍，为尾柄长的 5.2 ～ 7.0 倍，为尾柄高的 8.3 ～ 9.2 倍。头长为吻长的 2.0 ～ 2.6 倍，为眼径的 6.0 ～ 9.0 倍，为眼间距的 4.0 ～ 6.3 倍。尾柄长为尾柄高的 1.1 ～ 1.4 倍。

体长条形，侧扁。吻尖钝，吻长小于眼后头长，吻须 2 对。口下位，马蹄形；上颌作弧形弯曲，光滑，略长于下颌。颌须 1 对，延伸达眼后缘。鼻孔靠近眼前缘，前鼻孔在瓣膜内。眼小，上侧位，位于头部中间，偏近吻端，眼下刺不分叉，末端不达眼的后缘。眼间距较狭，背侧明显隆起。鳃孔小，鳃膜在头侧下方与胸部前端相连。体被细小圆鳞，颊部有鳞，鳞片清晰。侧线完全。肛门位于腹鳍腋部至臀鳍起点之间的中点。鳔 2 室，后室长于前室。

背鳍短，外缘稍凸，起点相比于尾鳍基点更靠近吻端。胸鳍较短，末端圆形，延伸不达胸腹起点距离的中点。腹鳍起点与背鳍起点大体上下相对或稍后，末端圆形，延伸可达肛门。臀鳍延伸不达尾鳍基部。尾鳍深分叉，上下两叶对称，末端尖钝。

【体色式样】头部和身体为浅棕色或橙色。从吻尖延伸到眼前缘有 1 条淡灰色条纹，通常比眼径宽。背鳍基部有 1 条黑色条纹。尾鳍基部有 1 条较宽的深色条纹。背鳍上有 1 条暗灰色条纹。尾鳍基部有 1 灰条纹，宽度与眼径相近。臀鳍、腹鳍有浅色条纹。

【地理分布】见于赣江中上游支流。

【生态习性】常见于山区溪流。繁殖期为 5 ～ 6 月。以水生无脊椎动物为食。

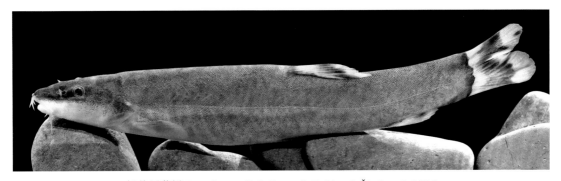

似美尾薄鳅 *Leptobotia* aff. *bellacauda* Bohlen & Šlechtová, 2016

14. 紫薄鳅 *Leptobotia taeniops* (Sauvage, 1878)

Parabotia taeniops Sauvage, 1878: 90 (长江).

Leptobotia taeniops: Fang, 1936: 421-458 (重庆奉节); 郭治之等, 1964: 125 (鄱阳湖); 郭治之和刘瑞兰, 1995: 228 (鄱阳湖、赣江、信江); 王子彤和张鹗, 2021: 1264 (赣江).

【俗称】红针、玄鱼。

检视样本数为 5 尾。样本采自吉州和于都。

【形态描述】背鳍 3，8；胸鳍 1，12 ～ 13；腹鳍 1，7 ～ 8；臀鳍 3，5。

体长为体高的 4.1 ～ 5.2 倍，为头长的 3.8 ～ 4.3 倍，为尾柄长的 7.4 ～ 8.1 倍。头长为吻长的 2.3 ～ 2.8 倍，为眼径的 13.5 ～ 16.0 倍，为眼间距的 4.3 ～ 4.7 倍。尾柄长为尾柄高的 1.1 ～ 1.4 倍。

体中等长，纺锤形，侧扁。头较尖。吻锥形，稍钝，吻长远小于眼后头长。口下位，呈马蹄形。上唇中央被 1 细缝分隔，两侧呈皮片状向上翻卷。下唇中间有 1 小缺口，由此向后隐显缝隙。上下颌分别与上下唇分离。吻须 2 对，聚生吻端。口角须 1 对，后伸仅达鼻孔下方。鼻靠近眼前缘；前、后鼻孔紧相邻，前鼻孔在鼻瓣中。眼小，头长为眼径的 15 倍以下，侧上位。眼下刺不分叉，末端超过眼后缘。体被细鳞，颊部有鳞。鳞片薄、陷于皮内。侧线完全，且平直。肛门位于腹鳍基后缘至臀鳍起点距的中点。鳔 2 室，前室包于骨质囊内，与后室长度相等。肠较短，呈“Z”形。

背吻距大于背尾距。背鳍末根不分支鳍条软，背鳍外缘斜截或稍凹。胸鳍末端超过胸、腹鳍起点距的中点；雄鱼胸鳍外缘平，末端尖；雌鱼胸鳍外缘略微弧形，末端圆。腹鳍起点与背鳍的 1 ～ 2 分支鳍条相对，腹鳍末端超过肛门。臀鳍后伸不达尾鳍基部。尾鳍分叉较深，上叶较长，末端尖。

【体色式样】背部和体侧紫褐色或肉紫色，腹部肉紫色。背部有紫褐色斑和黄色横纹。背部和体侧有不规则的紫褐色虫纹。头背部有 1 “U” 形黄斑。奇鳍上均有 1 ～ 2 列紫褐色斑纹，其他各鳍灰白色。

【地理分布】鄱阳湖、赣江和信江。

【生态习性】底层鱼类，生活在水流较湍急的江河中。小型鱼类，数量不多。繁殖期为 4 ～ 7 月，产漂流性卵。偏肉食的杂食性鱼类。

紫薄鳅 *Leptobotia taeniops* (Sauvage, 1878)

9）副沙鳅属 *Parabotia* Guichenot, 1872

【模式种】*Parabotia fasciatus* Guichenot, 1872

【鉴别性状】颊部有鳞，眼下刺分叉，颏下无突起。尾柄长等于或大于尾柄高。头长大于体高。吻长大于或约等于眼后头长。颅顶囟门存在。侧线完全，平直。背鳍分支鳍条 8 ～ 10；胸、腹鳍基部具肉质鳍瓣。多数种类尾鳍基中央有 1 明显黑斑。

【包含种类】本属江西有 5 种。

种的检索表

1（8）尾鳍上下叶等长

2（5）吻长大于眼后头长

3（4）腹鳍末端不达肛门；颌须后伸超过眼前缘·······························花斑副沙鳅 *P. fasciatus*

4（3）腹鳍末端后伸达到或超过肛门；颌须后伸不达眼前缘·······················武昌副沙鳅 *P. banarescui*

5（2）吻长等于眼后头长

6（7）下唇前缘中央无"V"形缺刻；尾柄高小于尾柄长·······················漓江副沙鳅 *P. lijiangensis*

7（6）下唇前缘中央有"V"形缺刻；尾柄高大于尾柄长·······················江西副沙鳅 *P. kiangsiensis*

8（1）尾鳍上叶短于下叶··点面副沙鳅 *P. maculosa*

15. 花斑副沙鳅 *Parabotia fasciatus* Guichenot, 1872

Parabotia fasciatus Guichenot, 1872: 191 (长江); 郭治之和刘瑞兰, 1983: 16 (信江); 郭治之和刘瑞兰, 1995: 227
　　(鄱阳湖、赣江、抚河、信江); 王子彤和张鹗, 2021: 1264 (赣江).

Botia fasciata: 湖北省水生生物研究所鱼类研究室, 1976: 163 (鄱阳湖: 南湖).

Botia kwangsiensis: 郭治之等, 1964: 125 (鄱阳湖).

Botia xanthi: 郭治之等, 1964: 125 (鄱阳湖).

【俗称】花沙鳅、黄鳅、黄沙鳅、斑马鱼。

检视样本数为 25 尾。样本采自鄱阳、余干、都昌、湖口、永修、彭泽、新建、弋阳、贵溪、临川、兴国、遂川、安福、吉安、泰和、峡江、袁州、新余、高安、樟树和靖安。

【形态描述】背鳍 4，9；胸鳍 1，12 ～ 13；腹鳍 1，7；臀鳍 3，5。

体长为体高的 5.2 ～ 6.4 倍，为头长的 3.6 ～ 4.5 倍。头长为吻长的 2.1 ～ 2.3 倍，为眼径的 7.3 ～ 9.3 倍，为眼间距的 5.8 ～ 6.3 倍。尾柄长为尾柄高的 1.1 ～ 1.4 倍。

体延长，侧扁。头长而尖。吻尖，吻长稍大于眼后头长。口小，下位，马蹄形。须 3 对，其中吻须 2 对，颌须 1 对；颌须后伸超过眼前缘下方。上下唇与上下颌分离。前后鼻孔较近。眼小，侧上位。眼下刺分叉，末端达眼部中下方。鳞片细小，颊部具鳞。侧线完全。肛门靠近臀鳍起点。鳔 2 室。肠较短。

　　背鳍起点距吻端大于距尾鳍基的距离，背鳍末根不分支鳍条柔软，外缘斜截。胸鳍远离腹鳍。雄鱼胸鳍较宽大，末端尖，延伸超过胸鳍和腹鳍起点间隔的中点。雌鱼胸鳍较短圆，延伸不达胸鳍和腹鳍起点间隔的中点。腹鳍起点略后于背鳍起点，腹鳍末端延伸不达肛门。臀鳍短小，无硬刺，延伸不达尾鳍基部。尾鳍深分叉，两叶末端尖。

　　【体色式样】体灰黄色，腹部黄白色。体侧具 12 ～ 16 个垂直褐色条纹。头部两侧各有1 条褐色纵条纹自吻端到眼上缘。尾鳍基底中央有 1 黑色斑点。背鳍、尾鳍各有数行暗色斜纹。

　　【地理分布】鄱阳湖、赣江、抚河、信江和修水。

　　【生态习性】溪涧性鱼类，喜栖息于水流湍急环境，白天隐匿，晚间活动。繁殖期为 5 ～ 7月。漂流性卵。摄食底栖生物、水生昆虫、藻类。

花斑副沙鳅 *Parabotia fasciatus* Guichenot, 1872

16. 武昌副沙鳅 *Parabotia banarescui* (Nalbant, 1965)

Leptobotia banarescui Nalbant, 1965: 2 (湖北武昌).

Parabotia banarescui: 郭治之和刘瑞兰, 1983: 16 (信江); 王子彤和张鹗, 2021: 1264 (赣江).

　　【俗称】沙鳅、黄鳅、斑马鱼。

　　检视样本数为 15 尾。样本采自鄱阳、都昌、湖口、永修、彭泽、新建、遂川、吉安、吉州、泰和、峡江、袁州、高安、樟树和靖安。

　　【形态描述】背鳍 4，9 ～ 10；胸鳍 1，12；腹鳍 1，7；臀鳍 3，5。

　　体长为体高的 5.4 ～ 6.3 倍，为头长的 3.8 ～ 4.1 倍，为尾柄长的 7.0 ～ 8.6 倍，为尾柄高的 12 ～ 13 倍。头长为吻长的 1.9 ～ 2.1 倍，为眼径的 7.2 ～ 7.6 倍，为眼间距的 5.2 ～ 5.7倍。尾柄长为尾柄高的 1.2 ～ 1.3 倍。

体延长,侧扁,背部宽平。头长而尖。吻端突出,吻长远大于眼后头长。眼间距较狭,稍凸。口小,下位,马蹄形。上颌长于下颌。唇发达,上唇褶中央内凹。下唇中央有 1 缺口。上下唇与上下颌分离。头部具须 3 对,吻须 2 对,集生于吻端,外侧吻须长于内侧;颌须 1 对,较短,位于口角,末端不达眼前缘。鼻孔每侧 2 个。前鼻孔小,后缘具 1 圆形鼻瓣覆盖后鼻孔。眼小,上侧位,眼下刺末端伸达眼中部下方。鳃孔小,侧位。鳃盖膜与峡部相连,鳃孔到胸鳍基下缘为止。体被细小圆鳞,颊部有鳞,侧线平直。肛门约位于腹鳍起点至臀鳍的中点。鳔 2 室,后室小。腹膜黑褐色。

背鳍起点到吻端略大于至尾鳍基中点的距离,末端斜截。胸鳍远不达腹鳍。腹鳍末端可达肛门或超过,腹鳍基到肛门的距离略小于肛门至臀鳍起点的距离。尾鳍叉形,两叶等长。

【体色式样】体黄褐色,腹部黄白色。背侧具 14 ～ 16 条深褐色横带。头背面和侧面各有 1 对自吻端到眼间距或至眼前缘的灰黑色纵带。尾鳍基中间具 1 黑色斑块。

【地理分布】鄱阳湖、赣江和信江。

【生态习性】底层鱼类,多栖息于泥沙底质的河边浅水处。以水生昆虫和藻类为食。

武昌副沙鳅 *Parabotia banarescui* (Nalbant, 1965)

17. 漓江副沙鳅 *Parabotia lijiangensis* Chen, 1980

Parabotia lijiangensis Chen (陈景星), 1980: 11 (广西桂林); 王子彤和张鹗, 2021: 1264 (赣江).

【俗称】花泥鳅、斑马鱼。

检视样本数为 5 尾。样本采自临川、遂川、吉安、泰和、峡江、袁州、高安和靖安。

【形态描述】背鳍 4,9;胸鳍 1,10 ～ 11;腹鳍 1,7;臀鳍 3,5。

体长为体高的 4.5 ～ 5.5 倍,为头长的 4.0 ～ 4.4 倍,为尾柄长的 7.2 ～ 8.2 倍,为尾柄高的 7.6 ～ 8.4 倍。头长为吻长的 2.1 ～ 2.5 倍,为眼径的 4.5 ～ 6.3 倍,为眼间距的 4.5 ～ 5.5 倍。尾柄长为尾柄高的 1.1 ～ 1.2 倍。

体长，稍侧扁。尾柄短，约等于尾柄高。头较短，稍长于体高，颅顶具囟门。吻圆钝，吻长等于眼后头长。口下位，下唇为纵沟隔开成为两半。须短，3 对，其中吻须 2 对，口角须 1 对，其长稍短于眼径。眼大，侧上位，位于头的中部；眼间距等于眼径或稍大。眼下刺分叉，埋于皮内，末端达到或稍超过眼中央。鳃孔止于胸鳍基下缘。鳞片较大，易脱落，颊部有鳞。侧线完全平直。鳔甚发达，前室为膜质囊，后室圆锥形，长度约为前室的 2 倍。肠短，约为体长的 0.85 倍。

背鳍无硬刺，背鳍起点距吻端稍大于距尾鳍基的距离；最长背鳍约等于背鳍基长。腹鳍起点稍后于背鳍起点，约位于背鳍第 2 或第 3 根分支鳍条下方，末端达到或超过肛门。臀鳍无硬刺，臀鳍起点距尾鳍基距离小于距腹鳍起点的距离。尾鳍叉形，两叶等长，末端尖。肛门位置相比于腹鳍更靠近臀鳍。

【体色式样】体上部为灰褐色，下部浅黄色。体具 10～13 条棕黑色横带纹，在幼鱼身上明显，在成鱼身上或明显或模糊。吻端背面具倒"U"形黑带纹。尾鳍基中央具 1 黑斑。背鳍具 2 条由斑点组成的斜行黑条纹；尾鳍具 3～4 列斜行黑带纹；靠近臀鳍起点具 1 条不明显黑色带纹，鳍间具 1 条黑带纹；腹鳍具 2 条不很明显的黑色带纹。胸鳍背面暗色。

【地理分布】信江和赣江。

【生态习性】栖息在底层水域，摄食水生昆虫和藻类。

漓江副沙鳅 *Parabotia lijiangensis* Chen, 1980

18. 江西副沙鳅 *Parabotia kiangsiensis* Liu & Guo, 1986

Parabotia kiangsiensis Liu & Guo (刘瑞兰和郭治之), 1986: 69 (江西信江); 郭治之和刘瑞兰, 1995: 228 (信江); 王子彤和张鹗, 2021: 1264 (赣江).

【俗称】花泥鳅。

检视样本数为 9 尾。样本采自弋阳、临川、遂川、安福、吉安、泰和、峡江、袁州和靖安。

【形态描述】背鳍 3，9；胸鳍 1，13；腹鳍 1，7；臀鳍 3，5。

体长为体高的 4.5 ～ 5.0 倍，为头长的 4.4 ～ 4.8 倍，为尾柄长的 8.6 ～ 10.2 倍，为尾柄高的 6.5 ～ 7.1 倍。头长为吻长的 2.1 ～ 2.4 倍，为眼径的 5.5 ～ 5.9 倍，为眼间距的 3.0 ～ 3.3 倍。尾柄长为尾柄高的 0.7 ～ 0.8 倍。

体长，稍侧扁。尾柄短而宽，头长与体高相近。颅顶具囟门。吻圆钝。口弧形，下位，较宽。下颌薄，有角质边缘，露于下唇外，下唇前缘中央有 1 不明显的 "V" 形缺刻，两侧叶扩大成片状，在口角处与上唇相连，后缘游离。颊部无突起。吻须 2 对；口角须 1 对，长度稍短于眼径。眼侧上位。眼下刺分叉，末端可达眼中下方。鳞小而明显，颊部具鳞。侧线完全，平直。鳔较发达，后室圆锥形，约为前室的 1.3 倍。

背鳍短，外缘平截，背鳍起点距吻端稍大于距尾鳍基的距离。腹鳍起点在背鳍第 3 根分支鳍条基部的下方，末端不达肛门。臀鳍起点距腹鳍基远于距尾鳍基，末端达尾鳍基。尾鳍分叉，下叶略长于上叶，末端稍圆。肛门靠近臀鳍。

【体色式样】体背部棕黄色，腹部较淡。头部散布许多黑色斑点。背部具 15 条黑色垂直条纹。胸鳍中央灰黑色，边缘淡橘黄色，其余各鳍为浅橘黄色。奇鳍上有黑色斑点组成的条纹，背鳍上 3 行，臀鳍上 2 行。尾鳍基部有 3 个黑斑，中央 1 个色较淡，上下 2 个较深。

【地理分布】信江和赣江。

【生态习性】栖息在底层水域，摄食水生昆虫和藻类。

江西副沙鳅 *Parabotia kiangsiensis* Liu & Guo, 1986

19. 点面副沙鳅 *Parabotia maculosa* (Wu, 1939)

Botia maculosa Wu, 1939: 92-142 (阳朔).

Parabotia maculosa: 郭治之和刘瑞兰, 1995: 228 (赣江); 王子彤和张鹗, 2021: 1264 (赣江).

【俗称】花泥鳅、长沙鳅。

检视样本数为 5 尾。样本采自遂川、安福、吉州、泰和和靖安。

【形态描述】背鳍 4，8 ～ 9；胸鳍 1，11 ～ 12；腹鳍 1，7；臀鳍 3，5。

体长为体高的 7.5 ～ 8.6 倍，为头长的 4.2 ～ 4.5 倍，为尾柄长的 5.6 ～ 6.6 倍，为尾柄高的 13.6 ～ 15.6 倍。头长为吻长的 1.9 ～ 2.3 倍，为眼径的 7.3 ～ 8.5 倍，为眼间距的 6.5 ～ 7.4 倍。尾柄长为尾柄高的 2.1 ～ 2.5 倍。

体长而圆，头长而尖。吻长大于眼后头长。口下位，马蹄形。上唇中央具 1 缝隙，两侧呈皮片状向上翻卷，下唇前端中央有 1 小缺口，由此向后隐显缝隙，两侧瓣在近唇端的两侧各有 1 裂缝。上下颌分别与上下唇分离。吻须 2 对，相互靠拢，位于吻端：靠前的 1 对较长，延伸稍超过鼻孔后缘；后 1 对较短，其长度接近或略超过眼前缘。口角须 1 对，位于口角。鼻孔距吻端远于距眼。眼小，侧上位。眼径小于眼间距。眼下方有 1 根尖端向后的叉状细刺，一般埋于皮内。鳞片细小，深陷皮内，侧线完全。

背鳍末缘斜截，起点与腹鳍起点相对，或稍前。背鳍起点距吻端等于或稍大于距尾鳍基的距离。胸鳍末端离臀鳍较远。腹鳍起点位于胸鳍起点和臀鳍之间的中点，或稍后。腹鳍末端靠近肛门。臀鳍起点距腹鳍基末端较距尾鳍基稍远。尾鳍分叉，下叶长于上叶。肛门位于腹鳍基末端和臀鳍间的中点，或稍后。

【体色式样】背部灰黄色，腹部黄白色。头部散布许多黑点。背侧有 10 多条垂直黑斑带。背鳍和尾鳍上有数列不连续的深灰斑条。臀鳍条纹较少。其余各鳍灰白色。

【地理分布】赣江。

【生态习性】栖息在底层水域。繁殖期为 4 ～ 9 月，可多次性产卵。

点面副沙鳅 *Parabotia maculosa* (Wu, 1939)

（九）花鳅科 Cobitidae

花鳅科体呈纺锤型，口下位，须 3 ～ 6 对，吻须 1 对或缺；眼下有直立的倒刺，下咽齿 1 行，头部侧线系统不明显，尾鳍圆或稍微凹，美克耳氏板小骨缺失，眶蝶骨不与翼蝶骨接触，内翼骨退化成杆状，与后翼骨松散相连，鳃盖骨后腹部边缘凹陷。第 1 尾前椎与尾干骨和尾下骨融合，第 2 尾前椎椎体与最后脉弓融合。本科目前发现有约 21 属近 200 种，江西境内有 3 属。

属的检索表

1（2）具眼下刺；须 3 对······································花鳅属 Cobitis

2（1）无眼下刺；须 5 对

3（4）纵列鳞 140 以上；尾鳍基具 1 大黑斑；尾柄背缘皮褶不发达················泥鳅属 Misgurnus

4（3）纵列鳞 130 以下；尾鳍基无黑斑；尾柄背缘皮褶发达············副泥鳅属 Paramisgurnus

10）花鳅属 *Cobitis* Linnaeus, 1758

【模式种】*Cobitis taenia* Linnaeus, 1758

【鉴别性状】体长而侧扁，头极侧扁。眼位于头的中部，眼上缘与头背轮廓线平行；眼间距等于或稍小于眼径。眼下刺分叉。口下位。须 3 对，其中吻须 2 对，分生，成一行排列；口角须 1 对。颏叶发达。尾鳍截形。侧线不完全，其长不超过胸鳍末端上方。体被细鳞，头部裸露无鳞。

【包含种类】本属江西有 6 种。

种的检索表

1（10）雌雄两性异形，雄性个体第 1 根分支鳍条变长变宽

2（5）葛氏斑纹分界不明显

3（4）雄性胸鳍基部骨质突起延长，其长为宽的 7.0 倍以上；头长为吻长的 2.5～2.9 倍··粗尾花鳅 *C. crassicauda*

4（3）雄性胸鳍基部骨质突起宽大，其长为宽的 2.3 倍以下；头长为吻长的 2.0～2.6 倍··横纹花鳅 *C. fasciola*

5（2）葛氏斑纹分界明显

6（9）体较纤细，雌性体长为体高的 6.8 倍以上，雄性在 6.3 倍以上；尾柄较长，其长比高雌雄均在 1.7 倍以上

7（8）体侧中线上斑纹大，5～9 个··大斑花鳅 *C. macrostigma*

8（7）体侧中线上斑纹小，9 个以上··细尾花鳅 *C. stenocauda*

9（6）体较粗壮，雌性体长为体高的 6.8 倍以下，雄性在 6.3 倍以下；尾柄较短，其长比高雌雄均在 1.7 倍以下··中华花鳅 *C. sinensis*

10（1）雌雄无两性异形，雄性第 1 根分支鳍条不变长变宽················信江花鳅 *C. xinjiangensis*

20. 中华花鳅 *Cobitis sinensis* Sauvage & Dabry de Thiersant, 1874

Cobitis sinensis Sauvage & Dabry de Thiersant, 1874: 16 (四川西部); 王子彤和张鹗, 2021: 1264 (赣江).

Cobitis taenia: 郭治之等, 1964: 125 (鄱阳湖); 湖北省水生生物研究所, 1976: 159 (鄱阳湖: 波阳和姑塘); 郭治之和刘瑞兰, 1983: 16 (信江); 刘世平, 1985: 70 (抚河); 郭治之和刘瑞兰, 1995: 228 (鄱阳湖、赣江、抚河、信江).

【俗称】花泥鳅、花鳅、沙鳅、沙溜。

检视样本数为 15 尾。样本采自彭泽、上饶、临川、宜黄、广昌、石城、宁都、于都、遂川、安福、永新、吉安、吉州、泰和、峡江、袁州、新余、高安、万载、靖安、莲花和寻乌。

【形态描述】背鳍 3，6 ～ 7；胸鳍 1，8；腹鳍 1，6；臀鳍 3，5。侧线鳞 6 ～ 14。

体长为体高的 5.3 ～ 6.8 倍，为头长的 4.6 ～ 5.2 倍，为尾柄长的 6.3 ～ 7.8 倍。头长为吻长的 2.1 ～ 2.5 倍，为眼径的 5.7 ～ 7.2 倍，为眼间距的 4.9 ～ 5.5 倍。尾柄长为尾柄高的 1.3 ～ 1.8 倍。

体长，侧扁。腹部平直。头侧扁。吻突出而尖。口小，下位。唇光滑，上下唇在口角处相连接，唇后沟中断，下唇分两叶。吻须 2 对，口角须 1 对，须长等于或短于眼径。前、后鼻孔紧相邻，前鼻孔在短管中。眼小，侧上位。眼下刺分叉。鳃盖膜连于峡部。体被细鳞，头部无鳞。侧线不完全，仅存在于鳃盖后缘至胸鳍中部上方之间。鳃耙短小。腹膜灰黑色。鳔小，前室包于骨囊内，后室退化。肠短，长度为体长的 1/2 左右。

背鳍末根不分支鳍条柔软，外缘突出，背鳍起点距吻端距离大于距尾鳍基的距离。胸鳍小，末端距腹鳍较远；雄鱼胸鳍长而尖，雌鱼胸鳍短圆。腹鳍起点在背鳍起点之后。臀鳍起点位于腹鳍起点至尾鳍起点连线的中点，末端延伸不达尾鳍基部。尾鳍稍呈圆形或平截。尾柄皮褶不发达。肛门靠近臀鳍。

【体色式样】体呈黄棕色，腹部白色或淡黄色。头部自吻端经眼至头顶有 1 条黑色斜纹，在头顶后左右相连。头部上方及体背侧有不规则虫蚀纹。在体侧沿中线有 11 ～ 15 个较大斑块。背鳍及尾鳍灰色，各有数条断续条纹。尾鳍基上角有 1 大黑斑。

【地理分布】鄱阳湖、赣江、抚河、信江、修水和寻乌水。

【生态习性】溪流性的底栖小型鱼类。多栖息于溪流中水流清澈和平缓的泥砂底质水域。春夏季产卵繁殖，受精卵为微黏性的沉性卵。以底栖生物及有机腐屑为食。

中华花鳅 *Cobitis sinensis* Sauvage & Dabry de Thiersant, 1874

21. 大斑花鳅 *Cobitis macrostigma* Dabry de Thiersant, 1872

Cobitis macrostigma Dabry de Thiersant, 1872: 191 (长江); 郭治之等, 1964: 125 (鄱阳湖); 湖北省水生生物研究所鱼类研究室, 1976: 169 (鄱阳湖: 姑塘、松门山); 郭治之和刘瑞兰, 1995: 227 (鄱阳湖、抚河、信江); 王子彤和张鹗, 2021: 1264 (赣江).

【俗称】花泥鳅。

检视样本数为 5 尾。样本采自彭泽、余干和永新。

【形态描述】背鳍 3，6～7；胸鳍 1，8；腹鳍 1，6；臀鳍 3，5～6。

体长为体高的 8.0～9.0 倍，为头长的 5.7～6.2 倍，为尾柄长的 5.4～6.1 倍。头长为吻长的 2.1～2.4 倍，为眼径的 6.5～7.3 倍，为眼间距的 8.5～9.6 倍。尾柄长为尾柄高的 2.1～2.3 倍。

体长，侧扁。背部微显背脊，腹部较圆。头小，侧扁。口小，下位。吻端较尖。须 4 对，短小。前后鼻孔靠近，距眼前缘较距吻端稍近，前鼻孔呈管眼状，后鼻孔呈平眼状。眼小，侧上位。眼径大于眼间距。眼下方有 1 尖端向后的叉状细刺，埋于皮内。鳃孔仅开口于胸鳍基部区域。鳞细小。侧线不完全，仅存在于鳃盖后缘和胸鳍中部之间。

背鳍无硬刺，起点距吻端距离小于距尾鳍基距离。胸鳍末端距腹鳍较远。腹鳍起点位于背鳍基中部稍后，鳍条末端与背鳍末端相齐或稍前。臀鳍起点距腹鳍起点距离小于距尾鳍基距离。尾鳍后缘稍圆或平齐。肛门更靠近臀鳍。

【体色式样】体暗黄色。头部散布黑斑。从吻端到眼睛有 1 斜条纹。体侧有 5～9 个近方形大褐斑。背部有 10 多个褐色斑块。尾鳍基上部有 1 个黑斑。背鳍、尾鳍各有数条不连续的斑条，其他各鳍淡黄色。

【地理分布】鄱阳湖、赣江、抚河、信江。

【生态习性】底层鱼类，喜栖息于山溪急流中，于静水水体中少见。个体小，数量少。

大斑花鳅 *Cobitis macrostigma* Dabry de Thiersant, 1872

22. 粗尾花鳅 *Cobitis crassicauda* Chen & Chen, 2013

Cobitis crassicauda Chen & Chen, 2013: 88 (江西余江).

近年未采集到鲜活样本，依据原始记录和馆藏标本进行描述。

【形态描述】背鳍 3，7；胸鳍 1，8；腹鳍 2，5；臀鳍 3，5。

体长为体高的 4.8～5.5 倍，为头长的 4.8～5.3 倍，为尾柄长的 7.5～8.5 倍。头长为吻长的 2.5 ～ 2.9 倍，为眼径的 6.0 ～ 7.2 倍，为眼间距的 5.8 ～ 7.2 倍。尾柄长为尾柄高的 1.1 ～ 1.2 倍。

体长，侧扁。雄性比雌性体型小。体高从头背部和背鳍基部相等，至尾鳍基略微减小。头小，鼻部钝圆。口小，下位，须 3 对。吻长略小于眼后头长。上唇薄，下唇分成两个尖的颏叶。前、后鼻管靠拢，相比于吻端更靠近眼部。眼小，位于头上部，相比于鳃部更靠近吻端。眼间距等于或略宽于眼径。眼下刺分叉，位于眼睛前方，向后延伸达眼中下部。身体被细长的鳞片覆盖，鳞焦面积稍小，有 32 ～ 35 个初级鳞沟，有 6 ～ 10 个次级鳞沟；部分鳃盖上被覆鳞片。侧线短，不超过胸鳍后部。

背鳍起点位于眼睛前部的中间和尾鳍基部。雄性比雌性的胸鳍、腹鳍和臀鳍长。雄性的胸鳍长，胸鳍第 2 条更长更厚，而雌性的第 3 条胸鳍长。腹鳍短小，起点与背鳍第 3 分支大致在同一水平面。臀鳍短，远在背鳍后面，雄性的臀鳍基部比雌性长。尾鳍较长，末端微缺。肛门靠近臀鳍。皮褶位于臀鳍和尾鳍之间。

【体色式样】在背侧从头背部到尾鳍基部有 12 ～ 16 条长横带，横带宽度大于其间隙，背鳍通常位于中间两个斑点处；侧线上方有 2 条条纹，背外侧散布斑点；沿身体的中线有 1 排 10 ～ 13 个长椭圆形斑点，达肛门后面的腹部；尾鳍基部有明显的黑色细长或半圆形斑点；背鳍和尾鳍上有 3 ～ 4 行褐色斑点；头部有许多黑色斑点，从头背部穿过眼睛延伸到吻端有 1 条黑色条纹。

【地理分布】信江下游。

【生态习性】小型底层鱼类,栖息于江边或湖泊的浅水处。以藻类和高等植物的碎屑为食。

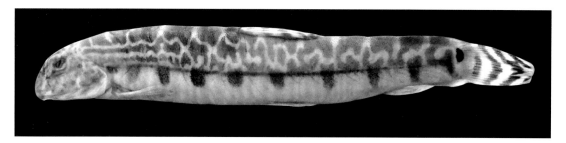

粗尾花鳅 *Cobitis crassicauda* Chen & Chen, 2013（图片引自 Chen and Chen, 2013）

23. 横纹花鳅 *Cobitis fasciola* Chen & Chen, 2013

Cobitis fasciola Chen & Chen, 2013: 85 (江西余江).

近年未采集到鲜活样本，依据原始记录和馆藏标本进行描述。

【形态描述】背鳍 3，7；胸鳍 2，5；腹鳍 1，8；臀鳍 3，5。

体长为体高的 5.6 ～ 6.6 倍，为头长的 4.6 ～ 5.7 倍，为尾柄长的 6.1 ～ 8.2 倍，为尾柄高的 8.6 ～ 10.9 倍。头长为吻长的 2.0 ～ 2.6 倍，为眼径的 5.1 ～ 7.5 倍,为眼间距的 5.6 ～ 8.6

倍。尾柄长为尾柄高的 1.1～1.6 倍。

体细长，侧扁。雄性比雌性体型小。体高从头背部和背鳍基部相等，至尾鳍基略微减小。头部稍长，侧扁，鼻圆钝，吻长略大于眼后头长。口小，下位，呈弧形。须 3 对，吻须 1 对，颌须 2 对，须长等于或略短于眼径。颏叶不发达。眼睛位于头中上部。眼间距等于或略大于眼径。眼下刺分叉，位于眼前方，向后延伸至眼中下方。头部无鳞，鳞圆形，有 25～33 个初级鳞沟和 9～11 个次级鳞沟。侧线短。

背鳍起点位于体中间或靠近尾端。背鳍长，末端钝。背鳍长小于头长。雄性比雌性的胸鳍、腹鳍和臀鳍长。雄性的胸鳍较长，胸鳍第 2 根鳍条更长更厚；雌性胸鳍第 3 根鳍条更长。腹鳍短，与背鳍第 2 根分支鳍条大致位于同一水平面。臀鳍小，位于腹鳍和尾鳍中间，雄性的臀鳍基部比雌性长。尾鳍长，末端微缺。肛门靠近臀鳍。皮褶位于肛门和尾鳍之间。

【体色式样】从头背部到尾鳍基部的背部有 12～16 条大的垂直条纹，第 1 条条纹小，背鳍基前部有 6～7 条粗条纹，背鳍基部有 2 条粗条纹，背鳍基后部到尾鳍基部之间有 5～7 条粗条纹。雌性头部后面有 4～5 条垂直粗条纹。体中线下方有 8～11 个大的椭圆形长斑点，椭圆形斑点的间隙比椭圆形斑点宽。背侧通常有不超过 10 条的不规则细条纹，细条纹向尾鳍基部减少。尾鳍基部上半部有 1 个明显的弧形黑色斑点。背鳍和尾鳍上有 3～4 排褐色斑点。头部散布多条蠕虫状条纹，从头背部穿过眼睛延伸到吻端有 1 条黑色条纹。

【地理分布】信江和乐安河下游。

【生态习性】小型底层鱼类，栖息于江边或湖泊的浅水处。以藻类和高等植物的碎屑为食。

横纹花鳅 *Cobitis fasciola* Chen & Chen, 2013

24. 细尾花鳅 *Cobitis stenocauda* Chen & Chen, 2013

Cobitis stenocauda Chen & Chen, 2013: 90 (江西贵溪)。

近年未采集到鲜活样本，依据原始记录和馆藏标本进行描述。

【形态描述】背鳍 3，7；胸鳍 2，5；腹鳍 1，8；臀鳍 3，5。

体长为体高的 5.6～7.6 倍，为头长的 4.6～6.3 倍，为尾柄长的 5.4～7.1 倍，为尾柄高的 10.5～13.3 倍。头长为吻长的 1.6～2.3 倍，为眼径的 5.0～7.3 倍，为眼间距的 5.3～10.6 倍。尾柄长为尾柄高的 1.7～2.3 倍。

体细长，侧扁，腹部圆形，背部和腹部几乎平行。雄性比雌性体型小。头小，侧扁。吻长大于眼后头长。须 3 对，长度等于或略长于眼径。颏叶发达。眼睛位于头中上部。眼间距等于或略小于眼径。眼下刺分叉，位于眼前方，向后延伸至眼中下部。头部无鳞，体被圆鳞，鳞片有 1 个大的偏心鳞焦，有 26～29 个初级鳞沟和 8～12 个次级鳞沟。侧线不完全，较短。

背鳍位于体中部，背鳍稍长，末端钝。背鳍长小于头长。雄性比雌性的胸鳍和腹鳍长。雄性的胸鳍较长，胸鳍第 2 根鳍条更长更厚；雌性胸鳍第 3 根鳍条更长。腹鳍短而小，起点与背鳍起点位置相当，雌性的腹鳍位于更后部。臀鳍小，相比于腹鳍距尾鳍更近。尾鳍条长，末端微缺。雄性的尾柄较高。臀鳍和尾鳍之间有腹鳍。肛门靠近臀鳍。

【体色式样】在体侧从背部到腹部分别由 5 行不同花纹组成：第 1 行由 17～25 较窄的方形斑点组成；第 2 行由不规则的点组成，但这些点不会聚拢成条带；第 3 行是 1 条窄的深色条纹延伸到臀鳍处，后面则是 1 行斑点；第 4 行是较为发达的宽条纹，延伸可超过臀鳍；第 5 行由 13～15 个大椭圆形斑点组成。尾部上部斑点形成 1 个黑色大斑点。背鳍和尾鳍上有 4～5 条条纹。头部散布着许多黑点，且有 1 条黑色条纹从枕骨处穿过眼睛到口角须处。

【地理分布】信江。

【生态习性】小型底层鱼类，栖息于江边或湖泊的浅水处。以藻类和高等植物的碎屑为食。

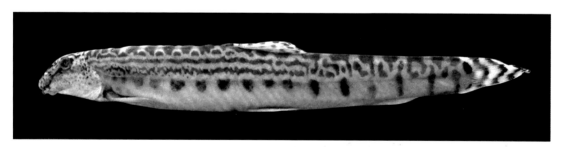

细尾花鳅 *Cobitis stenocauda* Chen & Chen, 2013（图片引自 Chen and Chen, 2013）

25. 信江花鳅 *Cobitis xinjiangensis* (Chen & Chen, 2005)

Niwaella xinjiangensis Chen & Chen, 2005: 1649 (江西广丰); Chen et al., 2017: 505.

近年未采集到鲜活样本，依据原始记录和馆藏标本进行描述。

【形态描述】背鳍 4，6；胸鳍 1，6；腹鳍 1，7；臀鳍 3，5。

体长为体高的 5.8～7.7 倍，为头长的 5.2～6.1 倍，为尾柄长的 6.4～8.0 倍，为尾柄高的 9.1～12.2 倍。头长为吻长的 1.9～2.7 倍，为眼径的 6.7～8.5 倍，为眼间距的 5.1～7.2

倍。尾柄长大于花鳅属的其他物种，尾柄长为尾柄高的 1.2 ～ 1.7 倍（平均 1.4 倍）。

身体中等偏小，细长且侧扁。背面和腹部几乎平行。头小，略扁平，吻圆钝，吻长大于眼后头长。口小，下位，颏叶发达。须粗，短于眼径。眼间距等于或大于眼径。眼下刺稍微弯曲。体被细鳞，鳞片圆形或接近方形，有 1 个大的偏心鳞焦（更靠近基部），初级鳞沟 24 ～ 25 个，次级鳞沟很少。鳞片正面和侧面的初级鳞沟宽且稀疏，在鳞片底部紧密间隔。侧线短，超过胸鳍长。

背鳍中等长，末端钝，位于头后部到尾鳍之间的前半部。腹鳍短而小，与背鳍起点位置相当，腹鳍长超过腹鳍和臀鳍之间距离的 1/3。臀鳍短而小，靠近尾鳍，末端钝。尾柄长，顶端微缺，脂鳍发达。

【体色式样】体呈淡黄色。头部散布黑点，从头背部穿过眼睛到第 1 对须基部有 1 条黑色条纹。背部有黑色条纹，背外侧表面有 17 ～ 20 条大而长的深褐色垂直条纹，外侧中线上有 1 条黑色条纹，然后逐渐向下到低于外侧中线。尾鳍和背鳍上有 3 ～ 5 条条纹，尾鳍基部上部有 1 个明显的黑点。

【地理分布】仅见于信江广丰段。

【生态习性】底层鱼类，通常栖息在河流和溪流的上游，溪流底部是石质的，尤其是清澈的急流中。

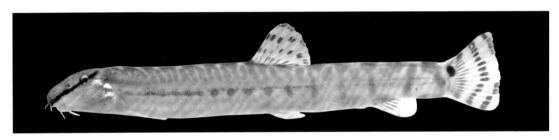

信江花鳅 *Cobitis xinjiangensis* (Chen & Chen, 2005)

11）泥鳅属 *Misgurnus* Lacepède, 1803

【模式种】*Cobitis fossilis* Linnaeus, 1758 = *Misgurnus fossilis* (Linnaeus, 1758)

【鉴别性状】体长，稍侧扁。吻短，眼后头长约等于吻长与眼径之和。基枕骨的咽突分叉。无眼下刺。眼间距大于眼径。须 5 对，其中吻须 2 对，口角须 1 对，颏须 2 对。尾柄皮褶棱不发达，与尾鳍相连。尾鳍圆形。侧线不完全，其末端不超过胸鳍末端上方。

【包含种类】本属江西有 1 种。

26. 泥鳅 *Misgurnus anguillicaudatus* (Cantor, 1842)

Cobitis anguillicaudata Cantor, 1842: 485 (舟山岛).

Misgurnus anguillicaudatus: Nichols, 1943: 206 (江西河口); 郭治之等, 1964: 125 (鄱阳湖); 湖北省水生生物研

各 论 55

究所鱼类研究室, 1976: 166 (鄱阳湖: 都昌); 邹多录, 1982: 51 (赣江); 郭治之和刘瑞兰, 1983: 16 (信江);
刘世平, 1985: 70 (抚河); 邹多录, 1988: 16 (寻乌水); 郭治之和刘瑞兰, 1995: 228 (鄱阳湖、赣江、抚
河、信江、饶河、修水、寻乌水); 王子彤和张鹗, 2021: 1264 (赣江).

Misgurnus elongatus: 湖北省水生生物研究所鱼类研究室, 1976: 165 (鄱阳湖).

【俗称】泥鳅、鳅、鳅鱼。

检视样本数为 75 尾。样本采自弋阳、宜黄、临川、会昌、兴国、石城、宁都、信丰、大余、上犹、崇义、于都、瑞金、遂川、永新、袁州、新余、高安、宜丰、万载、靖安、修水、莲花、寻乌、鄱阳、余干、都昌、庐山、湖口、永修和新建。

【形态描述】背鳍 3, 7; 胸鳍 1, 8 ~ 9; 腹鳍 1, 5 ~ 6; 臀鳍 3, 5。纵列鳞 156 ~ 169; 脊椎骨 44 ~ 46。

体长为体高的 5.9 ~ 8.6 倍，为头长的 5.5 ~ 6.7 倍。头长为吻长的 2.4 ~ 2.8 倍，为眼径的 6.1 ~ 7.5 倍，为眼间距的 4.0 ~ 5.2 倍。尾柄长为尾柄高的 1.2 ~ 1.7 倍。

体长，腹鳍前部圆柱状，尾部侧扁。头尖。口下位，马蹄形。上唇发达，内缘有浅褶皱；下唇分两叶。须 5 对，吻须 2 对，口角须 1 对，颌须 2 对。最长的是 1 对颌须，向后延伸可达眼前缘下方。鼻孔近眼前缘。眼小，上侧位，无眼下刺。鳃孔小。鳞细小，侧线不完全。尾柄上下有较发达的皮褶。

背鳍末根不分支鳍条柔软，外缘突出，位于体中点后方靠近尾鳍基。胸鳍较短，末端远离腹鳍，雄鱼胸鳍宽长，前端尖；雌鱼胸鳍短圆。腹鳍末端不达肛门。臀鳍小，延伸不达肛门。尾鳍圆形。肛门距臀鳍起点近。

【体色式样】背部及体侧为深灰色或黄色。腹部白色或浅黄色，散布黑色斑点，背鳍、尾鳍和臀鳍有较密的黑斑，尾鳍基部上侧有 1 黑斑。

【地理分布】江西全境均有分布，如鄱阳湖、信江、赣江、抚河、修水、饶河、寻乌水、萍水河。

【生态习性】喜栖息于静水底层富含植物碎屑等有机质的淤泥表层，适应性极强。2 冬龄的雄鱼可达性成熟，雌鱼体型稍大。繁殖期为 4 ~ 9 月，6 ~ 7 月最盛。受精卵为弱黏性的沉性卵。杂食性，以底栖小型甲壳动物、昆虫、扁螺、藻类及植物碎屑为食，有时也食水底腐殖质或泥渣。

泥鳅 *Misgurnus anguillicaudatus* (Cantor, 1842)

12）副泥鳅属 *Paramisgurnus* Dabry de Thiersant, 1872

【模式种】*Paramisgurnus dabryanus* Dabry de Thiersant, 1872

【鉴别性状】身体延长、侧扁，腹部圆。头较短，头长小于体高。吻短而钝。口下位。具须5对，均较长，其中吻须2对，口角须1对，颏须2对。眼小，位于体轴上方，眼间的宽度大于眼径。背鳍短，其起点位于体中部偏后方。腹鳍起点位于背鳍起点之后。臀鳍短小。尾鳍后缘圆形。尾柄皮褶棱特别发达。体被鳞，鳞片较大，侧线不完全，纵列鳞130以下。下咽齿1行。无眼下刺。鳃耙排列稀疏。鳔前室发达，后室退化。

【包含种类】本属江西有1种。

27. 大鳞副泥鳅 *Paramisgurnus dabryanus* Dabry de Thiersant, 1872

Paramisgurnus dabryanus Dabry de Thiersant, 1872: 191 (中国长江); 郭治之和刘瑞兰, 1983: 16 (信江); 邹多录, 1988: 16 (寻乌水); 郭治之和刘瑞兰, 1995: 228 (赣江、抚河、寻乌水); 王子彤和张鹗, 2021: 1264 (赣江).

Misgurnus mizolepis: 湖北省水生生物研究所鱼类研究室, 1976: 165 (鄱阳湖: 姑塘).

【俗称】大鳞泥鳅、板鳅、大泥鳅。

检视样本数为25尾。样本采自鄱阳、都昌、庐山、余干、兴国、石城、信丰、南康、遂川、吉州、泰和、新余、万载、樟树、靖安和上栗。

【形态描述】背鳍4，6；臀鳍3，5；胸鳍1，9～10；腹鳍1，5～6。纵列鳞100～130。

体长为体高的5.3～5.9倍，为头长的5.8～6.8倍。头长为吻长的2.0～2.5倍，为眼径的6.2～9.1倍，为眼间距的3.9～4.5倍。尾柄长为尾柄高的0.9～1.2倍。

体长，侧扁。口下位。上唇发达。须5对，颇长，颌须末端伸达或超过鳃盖骨后缘。鼻孔靠近眼前缘。无眼下刺。头部裸露，体鳞较泥鳅稍大。侧线不完全。尾柄皮褶极为发达。上皮褶较高而长，起点靠近背鳍基末端；下皮褶起点与臀鳍基末相接，末端均与尾鳍相连。

大鳞副泥鳅 *Paramisgurnus dabryanus* Dabry de Thiersant, 1872

背鳍小，末根不分支鳍条软，外缘凸出，位于体中点后方靠近尾鳍基。胸鳍末端不达腹鳍；雄鱼胸鳍宽长，前端尖；雌鱼胸鳍短圆。腹鳍起点在背鳍基中下方，腹鳍后伸不达肛门。臀鳍小，后伸不达尾鳍基部。尾鳍圆形。肛门距臀鳍起点较近。

【体色式样】体灰褐色，腹部浅黄色。头及体侧散布许多不规则斑点。背鳍和尾鳍各有数列不连续的斑点。

【地理分布】鄱阳湖、赣江、修水、萍水河、信江、寻乌水。

【生态习性】生态习性和生物学特征与泥鳅接近。栖息于静水底层富含植物碎屑等有机质的淤泥表层，适应性极强。个体较大。繁殖期为 4 ～ 6 月，杂食性。

（十）腹吸鳅科 Gastromyzontidae

腹吸鳅科体呈圆筒形或平扁形，头和体前部扁薄。口下位，口前具有吻褶，吻褶与上唇之间有吻沟。胸鳍和腹鳍联合演变成 1 吸附器，借此可吸附在流水溪流物体的表面。胸鳍和腹鳍前缘只有单一不分支鳍条。本科目前发现约 18 属 125 种，江西境内有 3 属。

属的检索表

1（4）鳃裂较宽，下角延伸到头部腹面

2（3）唇肉质，吻褶分 3 叶；无次级吻须，或仅在叶端分化出须状乳突，下唇边缘具 4 个分叶乳突⋯⋯⋯⋯⋯⋯⋯⋯⋯⋯⋯⋯⋯⋯⋯⋯⋯⋯⋯⋯⋯原缨口鳅属 *Vanmanenia*

3（2）唇肉质，吻褶特化出次级吻须，下唇侧后乳突特化成 1 对疣突⋯⋯⋯⋯⋯⋯缨口鳅属 *Formosania*

4（1）鳃裂窄，下角止于胸鳍基部边缘或其上方的背面⋯⋯⋯⋯⋯⋯⋯⋯ 拟腹吸鳅属 *Pseudogastromyzon*

13）原缨口鳅属 *Vanmanenia* Hora, 1932

【模式种】*Homalosoma stenosoma* Boulenger, 1901 = *Vanmanenia stenosoma* (Boulenger, 1901)

【鉴别性状】口前具吻沟。吻褶分 3 叶，叶间有 2 对吻须，有些种吻褶叶端呈须状，或分离出 3 条初级吻须。唇肉质，下唇边缘具 4 个分叶乳突。口角须 2 对，内侧 1 对很小。鳃裂伸展到头部腹面。

【包含种类】本属江西有 4 种。

种的检索表

1（4）尾柄较高，尾柄高大于或等于尾柄长

2（3）体背具 9 ～ 11 个较大的圆形黑斑，尾鳍基具 1 大黑斑点⋯⋯⋯⋯⋯⋯⋯⋯原缨口鳅 *V. stenosoma*

3（2）体背正中自背鳍基部前方至头后具 1 黑色纵带⋯⋯⋯⋯⋯⋯⋯⋯纵纹原缨口鳅 *V. caldwelli*

4（1）尾柄较低，尾柄高小于尾柄长

5（6）腹部裸露区不超过胸鳍和腹鳍起点间的中点；肛门位于腹鳍基末至臀鳍起点之间的后 1/3 处，或稍前
……………………………………………………………………… 似大斑原缨口鳅 *V. aff. maculata*

6（5）腹部裸露区接近腹鳍起点；肛门位于腹鳍基部至臀鳍起点之间的 3/5 处 …………………………………
…………………………………………………………………………………… 裸腹原缨口鳅 *V. gymnetrus*

28. 原缨口鳅 *Vanmanenia stenosoma* (Boulenger, 1901)

Homalosoma stenosoma Boulenger, 1901: 270 (中国宁波).

Vanmanenia stenosoma: 王子彤和张鹗, 2021: 1264 (赣江).

【俗称】石壁鱼、石钢鳅。

检视样本数为 37 尾。样本采自信丰、大余、新余和莲花。

【形态描述】背鳍 3，7；胸鳍 1，13 ～ 14；腹鳍 1，7；臀鳍 2，5。侧线鳞 83 ～ 100。

体长为体高的 4.6 ～ 6.9 倍，为体宽的 4.7 ～ 7.5 倍，为头长的 4.3 ～ 4.9 倍。头长为吻长的 1.6 ～ 2.2 倍，为眼径的 5.6 ～ 6.6 倍，为眼间距的 2.1 ～ 2.7 倍。尾柄长为尾柄高的 0.7 ～ 0.8 倍。

体长，前段近圆筒形，其后稍侧扁，背部轮廓弧形，腹部平坦。头平扁。口下位，呈弧形。上唇与吻端具吻沟，须 4 对，其中吻须 2 对，外侧 1 对较长；颌须 2 对，内侧 1 对甚小。唇肉质，上唇无明显乳突，具宽而深的吻沟；吻褶位于吻沟前，分 3 叶，边缘多呈短须状。下唇边缘具 4 个分叶乳突，上下唇在口角处相连。鼻孔距靠近眼部。眼小，侧上位。鳃孔较大，下角达头部腹侧的胸鳍基部下方。鳞细小，埋于皮下，头背部及胸腹鳍起点的前 1/3 的腹面无鳞。侧线完全。

背鳍起点位于吻端至尾鳍基中点或稍后，稍前于腹鳍。胸鳍延伸不达腹鳍。腹鳍延伸不达肛门。偶鳍平展。臀鳍靠近尾鳍。尾鳍凹形，下叶稍长。肛门靠近臀鳍。

【体色式样】体侧及头背部散布许多虫蚀状斑纹或斑块。体背具 9 ～ 11 个较大的圆形黑

原缨口鳅 *Vanmanenia stenosoma* (Boulenger, 1901)

斑，尾鳍基具 1 大黑斑点。奇鳍有明显的褐色斑纹条纹。

【地理分布】赣江、萍水河。

【生态习性】溪洞性鱼类，栖息于水急、底质为石砾的地方，利用胸鳍、腹鳍吸附在石块上，刮食石块上的附生藻类。

29. 似大斑原缨口鳅 *Vanmanenia* aff. *maculata* Yi, Zhang & Shen, 2014

Vanmanenia maculata Yi, Zhang & Shen, 2014: 86 (湖北恩施); 王子彤和张鹗, 2021: 1264 (赣江).

Vanmanenia pingchowensis: 邹多录, 1988: 16 (寻乌水); 郭治之和刘瑞兰, 1995: 228 (抚河、寻乌水).

【俗称】内子鱼。

检视样本数为 61 尾。样本采自宜黄、临川、广昌、南丰、会昌、安远、兴国、石城、宁都、龙南、信丰、大余、上犹、崇义、于都、瑞金、遂川、安福、永新、泰和、峡江、袁州、新余、万载、修水、靖安、上栗和寻乌。

【形态描述】背鳍 3，8；胸鳍 1，13 ～ 18；腹鳍 1，8 ～ 9；臀鳍 2，5。侧线鳞 89 ～ 109。

体长为体高的 5.2 ～ 6.1 倍，为头长的 4.6 ～ 5.2 倍，为尾柄长的 9.9 ～ 11.2 倍。头长为头高的 1.6 ～ 2.2 倍，为吻长的 1.6 ～ 2.0 倍，为眼径的 4.3 ～ 6.7 倍，为眼间距的 2.0 ～ 2.7 倍。尾柄长为尾柄高的 1.2 ～ 1.4 倍。

体长，前段平扁，后段稍侧扁，背缘呈弧形，腹面平坦。头低矮。吻圆钝，较扁；吻长约为眼后头长的 2 倍。口小，下位，弧形。唇肉质，上唇无明显乳突，下唇前缘表面具 4 个分叶状乳突，上下唇连于口角处。上唇与吻端之间具吻沟，延伸到口角。吻沟前的吻褶分 3 叶，叶端较尖细。吻褶叶间具吻须 2 对，内侧 1 对短，外侧 1 对较长；口角须 2 对，外侧 1 对较长，内侧 1 对很小。下颌前缘稍外露，表面具放射状的沟和脊。鼻孔较大，具发达的鼻瓣。眼侧上位。鳃裂止于胸基下方。鳞细小，头背部及胸鳍腋部前区域的腹面无鳞，部分个体腹面裸露区域可达胸腹鳍起点间的中点。侧线完全，自体侧中部平直地延伸到尾鳍基部。

背鳍平直，无硬刺，外缘平截，起点距吻端大于距尾鳍基部的距离。偶鳍平展，较宽大，末端圆钝。胸鳍外缘弧形，末端延伸至胸腹鳍起点间的约 2/3 处。腹鳍起点在背鳍起点的稍后方，末端延伸达肛门。臀鳍末端接近或略超过尾鳍基部。尾鳍末端凹形，下叶较大且长。肛门靠近腹鳍。

【体色式样】固定标本中头背部被黑褐色的虫蚀状斑纹，头后至尾鳍基部的背中线具 7 ～ 10 个黑褐色斑块。各鳍均具数量不等的由黑斑组成的条纹。体背背鳍基两侧各具 1 个明显的白色亮斑。腹鳍鳍瓣和尾鳍基部各有 1 黑斑。

【地理分布】赣江、抚河、修水、萍水河和寻乌水。

【生态习性】底层鱼类。栖息于山涧急流中，用胸鳍和腹鳍紧贴于水流湍急的岩石上。摄食附生于石上的底栖生物。个体较小，数量不多。

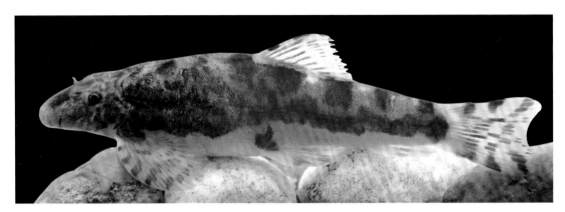

似大斑原缨口鳅 *Vanmanenia* aff. *maculata* Yi, Zhang & Shen, 2014

30. 裸腹原缨口鳅 *Vanmanenia gymnetrus* Chen, 1980

Vanmanenia gymnetrus Chen (陈宜瑜), 1980: 100 (福建龙岩); 邹多录, 1988: 16 (寻乌水); 郭治之和刘瑞兰,
　　1995: 228 (赣江); 王子彤和张鹗, 2021: 1264 (赣江).

检视样本数为 16 尾。样本采自龙南、崇义和宜丰。

【形态描述】背鳍 3，8；胸鳍 1，15 ～ 16；腹鳍 1，8；臀鳍 2，5。侧线鳞 92 ～ 104。

体长为体高的 6.2 ～ 8.7 倍，为头长的 4.4 ～ 4.9 倍。头长为吻长的 1.6 ～ 2.0 倍，为眼
径的 5.2 ～ 7.0 倍，为眼间距的 2.5 ～ 3.0 倍。尾柄长为尾柄高的 1.4 ～ 1.6 倍。

体细长，前段平扁，后段渐侧扁。背部轮廓呈弧形，腹面平坦。头低平。吻圆钝，口下位，
呈弧形。唇肉质，上唇无乳突，下唇前缘具 4 个分叶乳突。上唇与吻端之间具深而宽的吻
沟，吻沟前的吻褶分 3 叶。吻褶叶间的小吻须和次级吻须不易区分。鼻孔距眼较距吻端为近。
眼侧上位。鳞细小，头部无鳞，腹面无鳞区域接近腹鳍起点。侧线完全。

背鳍起点稍前于腹鳍，位于吻端至尾鳍基部中点。胸鳍、腹鳍宽大而平展。胸鳍后缘尖。

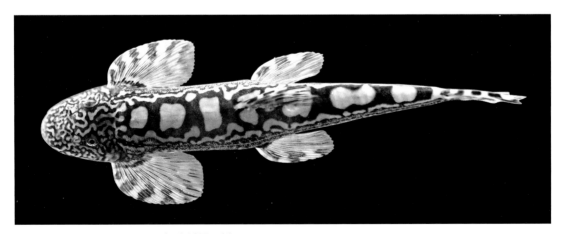

裸腹原缨口鳅 *Vanmanenia gymnetrus* Chen, 1980

腹鳍起点稍后于背鳍起点。臀鳍延伸达尾鳍基部。尾鳍凹形，下叶较长。肛门位于腹鳍基部至臀鳍起点之间的 3/5 处。

【体色式样】背部深褐色，腹部淡红色。体侧及头背部散布许多虫蚀状斑纹或斑块。背中线具 7 ~ 8 个深褐色斑纹。各鳍均具由黑斑点组成的条纹。

【地理分布】赣江、寻乌水。

【生态习性】底层鱼类。栖息于水质清澈、底多卵石、水流急的山涧溪流中，用胸鳍和腹鳍紧贴于水流湍急的岩石上。摄食附生于石上的底栖生物。

31. 纵纹原缨口鳅 *Vanmanenia caldwelli* (Nichols, 1925)

Homaloptera caldwelli Nichols, 1925a: 1 (福建).

检视样本数为 21 尾。样本采自宜黄、临川和于都。

【形态描述】背鳍 3，7；胸鳍 1，13 ~ 15；腹鳍 1，7；臀鳍 2，5。侧线鳞 $75\frac{28 \sim 29}{18 \sim 19}86$。

体长为体高的 4.6 ~ 5.5 倍，为体宽的 4.6 ~ 6.3 倍，为头长的 5.3 ~ 6.0 倍。头长为吻长的 1.8 ~ 2.0 倍，为眼径的 4.5 ~ 6.0 倍，为眼间距的 1.9 ~ 2.6 倍。尾柄长为尾柄高的 0.9 ~ 1.1 倍。

体延长，前部圆筒形，后部侧扁；背部轮廓在背鳍前方隆起，后方平直；腹部平。头短小，平扁。吻长，圆钝，吻长大于眼后头长。吻褶发达，由吻沟与上唇分离，吻褶分为 3 叶，叶端弧形，无次级吻须。口小，下位，弧形。唇发达，上下唇在口角相连，上唇覆盖上颌；下唇边缘游离，具 4 个不明显的分叶状乳突。吻褶间具吻须 2 对，内侧须细短，外侧须较长。口角须 2 对。鼻孔每侧 2 个，位于眼的前方，前鼻孔圆，具鼻瓣，后鼻孔大。眼中等大，圆形，侧上位。眼间距宽，微突。鳃孔较宽，腹侧位，自胸鳍基部前上方伸达腹面。鳞细小，头部和胸腹部无鳞。侧线完全平直。

背鳍距吻端大于或等于距尾鳍基距离。胸鳍宽圆，平展，末端延伸近达胸鳍至腹鳍。

纵纹原缨口鳅 *Vanmanenia caldwelli* (Nichols, 1925)

腹鳍较小，平展，起点位于背鳍第 2 分支鳍条的下方，末端延伸超过肛门，不达臀鳍起点。臀鳍起点约位于腹鳍与尾鳍基之间的中点，末端延伸达或接近尾鳍基。尾鳍凹，上叶较短。肛门靠近腹鳍，位于腹鳍基部至臀鳍起点之间前 2/5 处。

【体色式样】固定标本体背侧浅褐色，腹部灰色。背部正中自头后到背鳍基部具 1 黑色纵带，横跨背中线具 7 ～ 8 个黑褐色横斑。沿侧线也具 1 黑色纵带。背鳍鳍条上具黑色小点，排列成 4 行。尾鳍基的中央具 1 黑色小斑。各鳍均具数条由黑色斑点组成的条纹。

【地理分布】抚河。

【生态习性】淡水底层鱼类。栖息于山涧急流中，用胸鳍和腹鳍紧贴于水流湍急的岩石上。摄食附生在岩石上的底栖生物。

14）拟腹吸鳅属 *Pseudogastromyzon* Nichols, 1925

【模式种】*Hemimyzon zebroidus* Nichols, 1925 = *Pseudogastromyzon fasciatus* (Sauvage, 1878)

【鉴别性状】体圆筒形或近于平扁。口前具吻褶与吻沟。吻褶分 3 叶，每叶边缘具 2 ～ 5 个小乳突，叶间有 2 对吻须。唇肉质，下唇形成特殊的皮质吸附器。口角须 1 对。鳃裂很小，仅限于头背侧。胸鳍 1，16 ～ 20；起点约在眼垂直线下方，末端盖过腹鳍起点。腹鳍 1，8 ～ 9；左右分开，不连成吸盘状，基部具发达的肉质鳍瓣。尾鳍斜截。泪骨与感觉管骨愈合，吻端内弯，左右相近。锁骨近正方形，中部连接面大。腹鳍鳍条骨宽大，前中部内凹，两侧具稍尖的前角；侧角尖，稍内弯；后中部尖而突出；背面前侧缘有 1 刺状棘。

【包含种类】本属江西有 3 种。

种的检索表

1（2）背鳍 6 ～ 7 和腹鳍 9 ～ 10 根不分支鳍条；下唇吸附器为 3 条斜走皮褶……………拟腹吸鳅 *P. fasciatus*

2（1）背鳍 8 ～ 9 和腹鳍 8 根不分支鳍条；下唇皮质吸附器呈"品"字形

3（4）体侧具排列整齐的竖纹；尾柄较长，体长为尾柄长的 7.7 ～ 8.9 倍………东陂拟腹吸鳅 *P. tungpeiensis*

4（3）体侧在背鳍前密布细小斑点，背鳍后为不规则竖纹；尾柄短，体长为尾柄长的 8.5 ～ 9.4 倍……………
………………………………………………………………………………… 方氏拟腹吸鳅 *P. fangi*

32. 拟腹吸鳅 *Pseudogastromyzon fasciatus* (Sauvage, 1878)

Psilorhynchus fasciatus Sauvage, 1878: 88 (越南河口).

Pseudogastromyzon fasciatus fasciatus: 郭治之和刘瑞兰, 1995: 228 (信江).

Pseudogastromyzon fasciatus jiulongjiangensis: 张鹗等, 1996: 10 (信江).

【俗称】石扁、伏石、仆石鱼、壁虎。

近年未采集到鲜活样本，依据原始记录和馆藏标本进行描述。

【形态描述】背鳍3，7；胸鳍1，17～18；腹鳍1，9～10；臀鳍2，5。侧线鳞68～79。

体长为体高的5.3～6.9倍，为体宽的4.7～5.8倍，为头长的4.6～5.5倍。头长为头宽的1.0～1.1倍，为吻长的1.9～2.0倍，为眼径的6.5～8.0倍，为眼间距的1.6～1.8倍。尾柄长为尾柄高的0.8～1.3倍。

体长形，前部略平扁，后部侧扁。背部轮廓呈弧形，腹面平坦。头平扁，稍宽。吻圆钝，雄性繁殖期吻端具许多珠星。口下位，弧形。唇肉质，上唇具细小乳突；下唇宽厚；上下唇连于口角处。下颌前缘外露，表面具沟和脊。上唇与吻端间吻沟细小，吻沟前吻褶中叶边缘裂为5个小乳突，两侧叶裂为3～4个小乳突。吻褶间吻须极小。口角须1对。鼻孔小。眼中等大，侧上位。鳃孔甚小，位于胸鳍基部上方。鳞细小。腹侧裸露无鳞，侧线完全，平直延伸至尾鳍基。

背鳍起点至吻端的距离小于或等于至尾鳍基的距离。胸鳍宽大，平展，末端超过腹鳍起点。腹鳍左右间距小，起点几与背鳍起点相对或稍后，末端延伸达肛门。臀鳍短，后伸略超过尾鳍基部。尾鳍斜截，下叶稍长。肛门位于腹鳍至臀鳍间2/3处。

【体色式样】固定标本体褐色，头部略深。腹部黄白色。体侧具10多条垂直条斑或黑斑。背鳍具数行黑色点列。胸鳍、腹鳍及尾鳍均有数条由黑色斑点组成的条纹。

【地理分布】信江。

【生态习性】底层鱼类。栖息于溪涧急流中，静伏于石上或沿石壁匍匐爬行。冬季在深水处越冬。活动范围狭小，夜间活动，在浅滩觅食。体长一般为50～60 mm，最大个体长达100 mm。为小型鱼类，数量不多。繁殖期为3月，产卵后分散活动。摄食水生昆虫及附于石上或沙中的生物。

拟腹吸鳅 *Pseudogastromyzon fasciatus* (Sauvage, 1878)

33. 东陂拟腹吸鳅 *Pseudogastromyzon tungpeiensis* Chen & Liang, 1949

Pseudogastromyzon tungpeiensis Chen & Liang, 1949: 158 (广东).

Pseudogastromyzon changtingensis tungpeiensis: 邹多录, 1982: 51 (赣江); 邹多录, 1988: 16 (寻乌水); 郭治之和
刘瑞兰, 1995: 228 (信江、寻乌水).

Pseudogastromyzon changtingensis: 王子彤和张鹗, 2021: 1264 (赣江).

【俗称】石扁、伏石、仆石鱼、壁虎。

检视样本数为 43 尾。样本采自崇义、宜丰和寻乌。

【形态描述】背鳍 3, 8 ～ 9; 胸鳍 1, 18 ～ 20; 腹鳍 1, 8; 臀鳍 2, 5。侧线鳞 74 $\frac{25 \sim 26}{10 \sim 11}$ 79。

体长为体高的 4.7 ～ 6.4 倍, 为头长的 4.2 ～ 4.9 倍, 为尾柄长的 7.7 ～ 8.9 倍。头长为吻长的 1.6 ～ 1.7 倍, 为眼径的 5.5 ～ 7.1 倍, 为眼间距的 1.7 ～ 2.0 倍; 头宽为口裂的 3.2 ～ 4.1 倍。尾柄长为尾柄高的 1.1 ～ 1.3 倍。

体长, 前部略平扁, 后部侧扁。体高稍大于体宽。背部轮廓较平直, 腹面平坦。头低平。吻端圆钝, 边缘较厚; 吻长大于眼后头长; 成年雄性吻侧及眼下缘具刺状瘤突; 口下位, 弧形。唇肉质, 上唇较厚, 具细小乳突; 下唇颏吸附器呈 "品" 字形; 下颌前缘外露, 表面具沟和脊。上唇与吻端间具吻沟, 延伸至口角。吻沟前的吻褶分 3 叶, 叶端具须状乳突。吻褶具吻须 2 对, 较小。口角须 1 对。鼻孔小, 有鼻瓣。眼较小, 侧上位; 眼间距宽。鳃裂小, 仅达胸鳍基部。鳞小, 埋于皮下; 头背及胸鳍基部上方的体背侧无鳞。侧线完全。

背鳍起点距吻端小于距尾鳍基, 外缘弧形。偶鳍平展。胸鳍末端圆钝, 起点在眼前缘下方, 延伸超过腹鳍起点。腹鳍延伸超过肛门; 腹鳍基部背面具 1 肉质瓣膜, 长度约为眼径的 2 倍。臀鳍延伸达尾鳍基部。尾鳍斜截形, 下叶较长。肛门距腹鳍腋部略小于距臀鳍起点。

【体色式样】固定标本体背褐色, 腹部灰黄色, 头部具深灰色小圆斑。体侧有 13 ～ 18 条垂直的横带条纹。背鳍与偶鳍边缘有黑条纹; 尾鳍有 4 ～ 5 列条纹。

东陂拟腹吸鳅 *Pseudogastromyzon tungpeiensis* Chen & Liang, 1949

【地理分布】赣江、信江和寻乌水。

【生态习性】底层鱼类。栖息于水流湍急水域，静伏于石头或石壁上。繁殖生物学特征不明。

34. 方氏拟腹吸鳅 *Pseudogastromyzon fangi* (Nichols, 1931)

Crossostoma fangi Nichols, 1931a: 263 (广州附近).

Pseudogastromyzon fangi: 郭治之和刘瑞兰, 1995: 228 (寻乌水); 王子彤和张鹗, 2021: 1264 (赣江).

【俗称】小爬石鱼。

检视样本数为 20 尾。样本采自龙南、大余和寻乌。

【形态描述】背鳍 2，7 ～ 8；胸鳍 1，18 ～ 20；腹鳍 1，8 ～ 9；臀鳍 2，5。侧线鳞 77 ～ 83。

体长为体高的 6.0 ～ 6.5 倍，为头长的 4.7 ～ 5.1 倍，为尾柄长的 8.5 ～ 9.4 倍。头长为吻长的 1.8 ～ 2.2 倍，为眼径的 5.4 ～ 6.5 倍，为眼间距的 1.6 ～ 1.9 倍。尾柄长为尾柄高的 1.0 ～ 1.2 倍。

体长，稍侧扁。背部轮廓稍隆起，腹部平。头宽，平扁。雄性头侧及吻部散布许多刺状珠星。吻圆钝。口下位，弧形。唇肉质，上唇较厚，具细小乳突；下唇颏吸附器呈"品"字形；下颌前缘外露，表面具沟和脊。上唇与吻端间具吻沟，延伸至口角。吻沟前吻褶分 3 叶，中叶有 3 条吻须，两侧叶各有 2 条吻须。口角须 1 对。鼻孔小，有鼻瓣。眼较大，侧上位；眼间距宽。鳃孔很小，鳃裂止于胸鳍基部上方。鳞小，埋于皮下；头背及胸鳍基部上方的体背侧无鳞。侧线完全。

背鳍起点距吻端小于距尾鳍基，外缘弧形。胸鳍前部平展，外缘弧形，延伸超过腹鳍起点处。腹鳍平展，起点与背鳍起点相对，延伸达到肛门；腹鳍基上方具 1 后端游离的肉质瓣膜，长度与眼径相近。臀鳍末端到达或超过尾鳍基部。尾鳍末端斜截。肛门位于腹鳍

方氏拟腹吸鳅 *Pseudogastromyzon fangi* (Nichols, 1931)

至臀鳍的中点。

【体色式样】固定标本头部、背侧棕色，腹面灰褐色。头背部及体侧具有许多黑色斑点，体侧背鳍后为不规则竖纹。尾鳍均具黑色斑点组成的条纹。

【地理分布】赣江和寻乌水。

【生态习性】山溪性底层鱼类，通常栖息于急流浅滩的卵石洞中。刮食各种水藻和无脊椎动物。

15）缨口鳅属 *Formosania* Oshima, 1919

【模式种】*Formosania gilberti* Oshima, 1919 = *Formosania lacustris* (Steindachner, 1908)

【鉴别性状】口前具吻褶与吻沟。吻褶特化出次级吻须，共有吻须 13 条。唇肉质，下唇前缘分为 2 叶，后侧有 1 对疣突；无发达的唇片和连续的唇后沟。口角须 1 对或 2 对。鳃裂扩展至头部腹面。

【包含种类】本属江西有 1 种。

35. 少鳞缨口鳅 *Formosania paucisquama* (Zheng, 1981)

Crossostoma paucisquama Zheng, 1981: 57 (广州普宁); Novák et al., 2006: 92.

检视样本数为 10 尾。样本采自会昌、兴国、石城、于都、瑞金和寻乌。

【形态描述】背鳍 3，8；胸鳍 1，15；腹鳍 1，8；臀鳍 2，5。侧线鳞 76 ～ 83。

体长为体高的 6.0 ～ 6.6 倍，为头长的 4.2 ～ 4.9 倍。头长为头高的 1.2 ～ 1.5 倍，为头宽的 0.8 ～ 1.1 倍，为吻长的 1.8 ～ 2.0 倍，为眼径的 2.2 ～ 3.1 倍。尾柄长为尾柄高的 2.7 ～ 3.3 倍。

体长，前段平扁，后段侧扁。头低平。吻圆钝，边缘薄。吻端及其两侧有细小的角质疣突。口中等大，下位，弧形。唇肉质，上唇无明显乳突。下唇分两叶，其下有 1 对疣状突。上下唇在口角相连。下颌稍外露。上唇与吻端间具吻沟，延伸到口角。吻沟前吻褶特化出次级吻须，共有吻须 13 条，分成两排，前排 6 条，后排 7 条。口角须 1 对。鼻孔小，具鼻瓣。眼较小，侧上位。鳃裂较宽。鳞小，头背面及腹鳍基部前的腹面无鳞。侧线完全平直。

背鳍起点距吻端与距尾鳍基距离相等。胸鳍平展，末端弧形，延伸超过腹鳍起点。腹鳍基具 1 不发达的肉质瓣膜，末端延伸超过肛门。臀鳍末端达或接近尾鳍基。尾鳍微凹，下叶稍长。肛门位于腹鳍起点到臀鳍之间中点稍后。

【体色式样】固定标本头部、背侧灰褐色，两侧背部有许多黑斑。体背具 6 ～ 7 个不规则横斑，沿侧线有 1 条黑色横条纹。背鳍和尾鳍有 2 ～ 3 列黑色点状线条，胸鳍和腹鳍各有 1 ～ 3 条黑色弧形条纹，臀鳍灰黄色。

【地理分布】赣江、寻乌水。

【生态习性】山溪性鱼类，通常栖息于水质清澈、多砾石底质环境中。以固着藻类和底栖无脊椎动物为食。

少鳞缨口鳅 *Formosania paucisquama* (Zheng, 1981)

（十一）条鳅科 Nemacheilidae

条鳅科体长，呈圆筒形或侧扁，前腭骨存在，眼前或眼下无刺，口亚端位，吻须 2 对，颌须 1 对。胸、腹鳍仅有单一不分支鳍条，体鳞片有或缺。本科目前发现至少有 42 属 618 种，江西境内有 3 属。

属的检索表

1（2）鼻孔在鼻瓣膜中，骨质鳔囊侧囊的后壁为骨质··································南鳅属 Schistura

2（1）前鼻孔在短的管状突起中，骨质鳔囊侧囊的后壁是一层薄膜，非骨质

3（4）前鼻孔与后鼻孔分开 1 短距····································平头岭鳅属 Oreonectes

4（4）前鼻孔与后鼻孔紧相邻····································猫鳅属 Traccatichthys

16）南鳅属 Schistura McClelland, 1838

【模式种】*Cobitis* (*Schistura*) *rupecula* McClelland, 1838

【鉴别性状】体稍延长，前躯较宽，后躯侧扁。头部稍平扁。吻钝。须 3 对。前后鼻孔紧相邻，前鼻孔在鼻瓣膜中。体被小鳞，常有垂直横纹。鳔后室退化，仅留 1 很小的室或 1 突起。骨质鳔囊侧囊的后壁为骨质。

【包含种类】本属江西有 2 种。

种的检索表

1（2）身体一色，无斑纹····································无斑南鳅 S. incerta

2（1）体侧有横斑条，斑条从背部下延至体侧····································横纹南鳅 S. fasciolata

36. 无斑南鳅 *Schistura incerta* (Nichols, 1931)

Barbatula (*Homatula*) *incerta* Nichols, 1931b: 458 (广东龙头山).

Schistura incerta: 张鹗等, 1996: 10 (赣江); 王子彤和张鹗, 2021: 1264 (赣江).

检视样本数为 20 尾。样本采自宜黄、兴国、龙南、大余、上犹、崇义、瑞金、遂川、宜丰、靖安和寻乌。

【形态描述】背鳍 3, 8; 胸鳍 1, 9 ~ 10; 腹鳍 1, 6 ~ 7; 臀鳍 3, 5。

体长为体高的 5.7 ~ 7.5 倍, 为头长的 3.8 ~ 4.5 倍, 为尾柄长的 5.6 ~ 7.4 倍。头长为吻长的 2.3 ~ 2.6 倍, 为眼径的 5.2 ~ 6.8 倍, 为眼间距的 3.3 ~ 4.1 倍。尾柄长为尾柄高的 1.1 ~ 1.3 倍。

体长, 稍侧扁。头部稍平, 颊部膨大, 头宽大于体宽。吻圆钝, 吻长与眼后头长相近。口下位。唇薄。上颌中央有 1 突起, 下颌中央有缺刻。须 3 对, 其中吻须 2 对, 位于吻端, 外吻须伸长可达后鼻孔下方或超过; 颌须 1 对, 位于口角, 后伸可达眼后缘下方或超过眼后缘。雄性在繁殖期两颊比雌性膨出, 唇、须、吻和胸鳍外侧鳍条具少数珠星。眼侧上位。体被细鳞, 胸部无鳞。侧线完全。

背鳍稍外凸, 圆弧形, 起点距吻端大于距尾鳍基距离。胸鳍不达腹鳍。腹鳍起点与背鳍起点相对或稍后方, 延伸可达肛门; 腹鳍腋部具 1 肉质瓣膜。尾鳍微凹, 两叶圆。尾柄高, 具尾柄脊。肛门靠近臀鳍。

【体色式样】体灰黄色, 头部和背部深褐色, 无斑纹。各鳍为橘红色。

【地理分布】抚河、赣江、修水、寻乌水。

【生态习性】数量稀少, 个体小, 繁殖期为 3 ~ 5 月, 卵黏性。

无斑南鳅 *Schistura incerta* (Nichols, 1931)

37. 横纹南鳅 *Schistura fasciolata* (Nichols & Pope, 1927)

Nemacheilus fasciolatus: 邹多录, 1982: 51 (赣江); 邹多录, 1988: 16 (寻乌水); 郭治之和刘瑞兰, 1995: 228 (赣江).

Schistura fasciolata: 王子彤和张鹗, 2021: 1264 (赣江).

【俗称】钢鳅、花带鳅、红尾巴。

检视样本数为 20 尾。样本采自宜黄、会昌、兴国、龙南、瑞金、遂川、靖安、萍乡、莲花和寻乌。

【形态描述】背鳍 4，7 ～ 8；胸鳍 1，8 ～ 10；腹鳍 1，6 ～ 8；臀鳍 4，5 ～ 6。侧线鳞 80 ～ 86。

体长为体高的 4.4 ～ 7.5 倍，为头长的 4.2 ～ 5.4 倍，为尾柄长的 5.9 ～ 7.4 倍。头长为吻长的 2.2 ～ 2.7 倍，为眼径的 5.2 ～ 6.8 倍，为眼间距的 3.0 ～ 3.9 倍。尾柄长为尾柄高的 1.1 ～ 1.5 倍。

体长，略侧扁。头部稍平，颊部膨大，头宽大于头高。成熟个体两颊部膨出，雄鱼更明显。吻钝圆，吻长与眼后头长相近。口下位，马蹄形。上、下颌发达，有硬角质。上颌中央有 1 突起，下颌前端中央有缺刻。须 3 对，均较细长，其中吻须 2 对，位于吻端，颌须 1 对，位于口角，外吻须延伸达眼前缘下方，颌须延伸达眼后缘下方。眼小，侧上位。鳞细小，胸部无鳞。侧线完全。

背鳍末根不分支鳍条软，外缘稍外凸，弧形，起点距吻距离大于或等于距尾鳍基距离。胸鳍不达腹鳍。腹鳍与背鳍相对或稍后方，延伸不达肛门；腹鳍腋部具 1 肉质瓣膜。尾鳍微凹，两叶圆。尾柄高，具尾柄脊。肛门靠近臀鳍。

【体色式样】固定标本体黄褐色，背部在背鳍前、后分别具有 4 ～ 5 条和 4 ～ 6 条褐色横条纹，体侧有 10 ～ 16 条横条纹，多数由背部的条纹延伸。尾鳍基具 1 垂直深褐色斑条，背鳍、尾鳍为灰色，其余各鳍为灰白色。

【地理分布】抚河、赣江、修水、萍水河、寻乌水。

【生态习性】多栖息于水草茂盛的流速缓慢水域。繁殖期为 3 ～ 5 月，卵黏性。

横纹南鳅 *Schistura fasciolata* (Nichols & Pope, 1927)

17）平头岭鳅属 *Oreonectes* Günther, 1868

【模式种】*Oreonectes platycephalus* Günther, 1868

【鉴别性状】体稍延长，前躯似圆筒形，后躯短而侧扁。头部稍平扁。吻钝。须 3 对。前、后鼻孔分开，前鼻孔在 1 短管状突起中，末端延长成须状。体被小鳞或裸露，无垂直横纹。鳔后室长卵圆形。骨质鳔囊侧囊的后壁为膜骨质。

【包含种类】本属江西有 1 种。

38. 平头岭鳅 *Oreonectes platycephalus* Günther, 1868

Oreonectes platycephalus Günther, 1868: 369 (中国香港); 王子彤和张鹗, 2021: 1264 (赣江).

【俗称】扁头鳅、扁头平鳅、小鳅。

检视样本数为 5 尾。样本采自龙南。

【形态描述】背鳍 3，6 ～ 7；胸鳍 1，10；腹鳍 1，6 ～ 7；臀鳍 3，5。

体长为体高的 5.5 ～ 7.4 倍，为头长的 4.8 ～ 5.1 倍，为尾柄长的 6.7 ～ 7.5 倍，为吻长的 2.3 ～ 2.8 倍，为眼径的 5.6 ～ 8.5 倍，为眼间距的 1.8 ～ 2.3 倍。眼间距为眼径的 2.5 ～ 3.6 倍。尾柄长为尾柄高的 1.0 ～ 1.2 倍。

体延长，前部呈圆筒形，后部侧扁，尾柄较高，其高度向尾鳍方向几乎相同。头部平扁，顶部宽平，头宽大于头高。吻长等于或短于眼后头长。口下位或亚下位。下唇前端正中具 1 对缺刻，腹面具浅沟与唇后沟连通。下颌匙状，一般不露出。须 3 对，其中吻须 2 对，较长，内侧吻须较短，外吻须延伸达眼后缘下方；口角须 1 对，延伸达主鳃盖骨。前、后鼻孔分开，前鼻孔位于 1 短的管状突起中，管状突起的顶端延长如须，延伸达后鼻孔；后鼻孔圆孔状。眼小，侧上位，眼间距宽。鳃盖与峡部相连。体被细鳞，头部无鳞。侧线不完全，极短，仅到胸鳍上方。

背鳍短小，边缘外凸，起点与腹鳍起点相对或稍后，距吻端大于距尾鳍基距离。胸鳍外缘锯齿状，延伸达胸、腹鳍起点之间的中点。腹鳍延伸达肛门。臀鳍外凸，延伸不达尾鳍基部。尾鳍后缘外凸，圆弧形。肛门靠近腹鳍。鳔分前后两室，前室分左右侧室，由短

平头岭鳅 *Oreonectes platycephalus* Günther, 1868

横管相连，被骨质鳔囊包裹。后室为长卵圆形的膜质室，前端通过 1 长的细管与前室相连。

【体色式样】洞穴内生存的个体体色浅，为浅黄色，体侧具斑点，腹面及鳃盖为红色；各鳍浅灰色。洞穴外生存一段时间后，体色明显加深，呈黑褐色，体侧中间具褐色条纹；各鳍深灰色；尾鳍基具 1 条纹。

【地理分布】赣江。

【生态习性】底层鱼类，栖息于山溪中，昼伏夜出。个体小。繁殖期为 4 ～ 9 月，可多次产卵。摄食水生昆虫。

18）猫鳅属 *Traccatichthys* Freyhof & Servo, 2001

【模式种】*Nemacheilus taeniatus* Pellegrin & Chevey, 1936 = *Traccatichthys taeniatus* (Pellegrin & Chevey, 1936)

【鉴别性状】体稍延长，前躯似圆筒形，后躯短而侧扁。头部稍平扁。吻尖。口下位。须 3 对；吻须 2 对，口角须 1 对。前、后鼻孔相邻，前鼻孔短管状。眼大，头部无鳞，体被细鳞。鳔 2 室；前室可分为左右两侧室，包于骨质囊内；后室长卵圆形。骨质鳔囊的后壁为膜质。

【包含种类】本属江西有 1 种。

39. 美丽猫鳅 *Traccatichthys pulcher* (Nichols & Pope, 1927)

Nemacheilus pulcher Nichols & Pope, 1927: 338 (海南那大).

Micronoemacheilus pulcher: 成庆泰和郑葆珊, 1987: 185; 朱松泉, 1995: 105 (韩江和珠江).

近年未采集到鲜活样本，依据原始记录和馆藏标本进行描述。

【形态描述】背鳍 3 ～ 4, 9 ～ 13；胸鳍 1, 10 ～ 12；腹鳍 1, 6 ～ 7；臀鳍 3, 5 ～ 6。侧线鳞 106 ～ 116。

体长为体高的 3.8 ～ 5.2 倍，为头长的 4.0 ～ 4.7 倍，为尾柄长的 5.7 ～ 8.0 倍。头长为吻长的 2.2 ～ 2.8 倍，为眼径的 3.8 ～ 5.7 倍，为眼间距的 2.6 ～ 3.4 倍。尾柄长为尾柄高的 0.9 ～ 1.3 倍。

体略呈纺锤形，侧扁，尾柄短。头稍平扁，头宽大于头高；繁殖期头部具珠星。吻部较长，等于或稍短于眼后头长。口亚下位，口裂小。唇厚，表面有许多乳头状突起，上唇乳突有 1 ～ 4 行，末端乳突较大，呈流苏状；下唇中部有多个较大的乳头状突起。上颌中部有 1 齿形突起；下颌匙状。须较长，外吻须延伸达眼中心或眼后缘下方；颌须伸达眼后缘之下或稍超过，少数可伸达主鳃盖骨之下。前后鼻孔紧相邻，前鼻孔位于 1 短管状突起中，后鼻孔椭圆形。眼较大，侧上位。体被小鳞。侧线完全。鳔 2 室；前室包裹在骨质囊中，鳔后室发达，呈长卵圆形。肠从胃到肛门几乎呈一条直线。

背鳍基较长，外缘平截或略呈圆弧形；背鳍起点至吻端的距离小于或等于至尾鳍基部的距离。胸鳍侧位，延伸不达腹鳍；繁殖期雄性胸鳍的不分支鳍条和 7 ～ 9 根分支鳍条表面散布有珠星。腹鳍基部起点稍后于背鳍起点，腹鳍基部有 1 腋鳞状鳍瓣。尾鳍后缘略凹。

【体色式样】体浅红色，背部和体侧多棕红色斑，沿侧线有 1 行蓝绿色的横斑条。各鳍均为橘红色，自尾鳍其基部向两叶各有 1 褐色条纹，尾鳍基部有 1 深褐色圆斑。

【地理分布】赣江。

【生态习性】栖息于静水或流速慢的水草茂盛河区。因体色艳丽，可作观赏鱼类。

美丽猫鳅 *Traccatichthys pulcher* (Nichols & Pope, 1927)

（十二）鲤科 Cyprinidae

鲤科下咽齿 1 ～ 3 行，每行不超过 8 个齿；1 ～ 2 上鳃骨无钩状突；第 1 咽鳃骨缺；第 2、3 咽鳃骨重叠；须有或无；上颌边缘仅由前颌骨组成；上颌骨通常可以伸缩；有些种类背鳍有硬刺。它是淡水中最大的科级类群，本科目前发现大约有 367 属 3000 余种，江西境内有 5 个亚科。

亚科的检索表

1（8）臀鳍末根不分支鳍条柔软

2（3）背鳍起点之前有 1 平卧的倒刺条························ 刺鲃亚科 Spinibarbinae

3（2）背鳍起点之前无倒刺

4（5）吻皮发达，流苏状；上唇消失；上颌具角质鞘·············· 野鲮亚科 Labeoninae

5（4）吻皮简单，光滑；上唇存在，包裹上颌

6（7）下唇若存在，通常与下颌分离；下颌中部缺失下唇，或下唇退化，或下颌前缘有锋利的角质鞘········
··· 光唇鱼亚科 Acrossocheilinae

7（6）下唇完全，下颌前缘无角质鞘················ 棱腹亚科 Smiliogastrinae

8（1）臀鳍末根不分支鳍条为硬刺···鲤亚科 Cyprininae

刺鲃亚科 Spinibarbinae

体延长，稍侧扁。腹圆无棱。口亚下位或下位。吻皮与上唇分离，并止于上颌基部。唇简单。须 2 对。背鳍起点前有 1 平卧的倒刺，末根不分支鳍条细软或粗硬，其后缘光滑或有锯齿，分支鳍条 8～9。臀鳍不分支鳍条细软，分支鳍条通常 5 根。侧线完全，延伸到尾柄中央。下咽齿 3 行。基枕骨后突呈侧扁状。本亚科目前发现有 42 属 618 种，江西境内有 1 属。

19）倒刺鲃属 *Spinibarbus* Oshima, 1919

【模式种】*Spinibarbus hollandi* Oshima, 1919

【鉴别性状】体延长，圆柱形或中等侧扁。腹部圆，无腹棱。口亚下位或下位，呈弧形。吻皮止于上唇基部，与上唇分离。上下唇简单，紧包在上下颌的外表，唇、颌不分离，上下唇在口角处相连，唇后沟至颏部中断。须 2 对。鳃膜在前鳃盖骨后缘下方连于峡部。下咽齿 3 行。鳃耙短小。侧线完全，向后伸至尾柄侧中线或在最后几枚鳞片到达尾鳍基中点。背鳍分支鳍条 8～9，末根不分支鳍条为后缘带细齿的硬刺或为光滑的软条。背鳍前方有埋于皮下的倒刺。臀鳍分支鳍条 5。

【包含种类】本属江西有 1 种。

40. 喀氏倒刺鲃 *Spinibarbus caldwelli* (Nichols, 1925)

Barbus caldwelli Nichols, 1925b: 2 (福建延平); Nichols, 1943: 72 (江西湖口)。

Barbodes (*Spinibarbus*) *caldwelli*: 湖北省水生生物研究所鱼类研究室, 1976: 36 (波阳); 郭治之和刘瑞兰, 1983: 15 (信江); 刘世平, 1985: 68 (抚河); 邹多录, 1988: 15 (寻乌水); 郭治之和刘瑞兰, 1995: 226 (鄱阳湖、赣江、抚河、信江、饶河、修水、寻乌水)。

Spinibarbus hollandi: 乐佩琦等, 2000: 38 (长江)。

Spinibarbus caldwelli: 郭治之等, 1964: 123 (鄱阳湖); 王子彤和张鹗, 2021: 1264 (赣江)。

【俗称】洋筒根、洋草鱼、军鱼、洋葱子、青波。

检视样本数为 71 尾。样本采自鄱阳、余干、都昌、庐山、湖口、新建、临川、会昌、安远、兴国、石城、宁都、龙南、信丰、于都、遂川、安福、永新、泰和、峡江、新余、万载、靖安和寻乌。

【形态描述】背鳍 3，9～10；胸鳍 1，5；腹鳍 1，8；臀鳍 3，5。侧线鳞 $24\frac{4\sim5}{3}25$。

体长为体高的 3.7～4.3 倍，为头长的 3.6～3.9 倍。头长为吻长的 3.0～3.4 倍，为眼径的 4.3～5.3 倍，为眼间距的 2.1～2.7 倍。尾柄长为尾柄高的 1.1～1.4 倍。

  体稍长,较粗壮,略呈纺锤形。腹部平圆,无腹棱。头顶弧形突起。吻较短,圆钝,稍前突。上下唇紧贴于颌外,在口角相连。口亚下位,弧形,口角与眼前缘相对。须2对,吻须短小,颌须发达。眼大小适中,侧上位,偏近吻端。眼间距较宽。鳃膜与峡部相连。鳞大,背鳍及臀鳍基具鳞鞘,腹鳍基外侧具狭长的腋鳞。侧线完全,前段在胸鳍上方略向下作弧形弯曲,而后沿体侧平直延伸至尾鳍基中央。下咽齿侧扁,尖端略弯。鳃耙短小,呈锥形,排列稀疏。鳔2室。腹膜黑色。

  背鳍起点位于体背部中间,稍偏近吻端。最后不分支鳍条为细弱的软刺;背鳍基部前方有1倒刺,深埋于皮下,外部不能分辨。胸鳍较短,末端延伸达胸鳍基部至腹鳍起点之间的中点。腹鳍起点在背鳍起点的后下方。臀鳍起点约在腹鳍起点至尾鳍基之间的中点。尾叉形。肛门位于臀鳍起点前方。

  【体色式样】背部深黄褐色,至体侧颜色逐渐变浅,腹部白色。各鳍深灰色。体侧鳞片边缘为黑色。

  【地理分布】鄱阳湖、抚河、赣江、信江、饶河、修水、寻乌水。

  【生态习性】生活于河流干流的上游及支流的中下游较大溪流的中下层水体中。平时多分散活动,冬季聚集在深潭岩石间隙中越冬。繁殖期为3～6月,产沉性卵,受精卵弱黏性。杂食性,主食动物性饵料,兼食植物碎屑及藻类。

喀氏倒刺鲃 *Spinibarbus caldwelli* (Nichols, 1925)

光唇鱼亚科 Acrossocheilinae

属的检索表

1(4)下唇无发达的中叶;口裂弧形或横直

2(3)体侧具5～9个垂直条纹;下颌前缘不披锋利角质鞘··················光唇鱼属 *Acrossocheilus*

3（2）体侧无垂直条纹（成体）；下颌前缘披锋利角质鞘⋯⋯⋯⋯⋯⋯⋯⋯⋯⋯⋯白甲鱼属 *Onychostoma*

4（1）下唇有发达的中叶；口裂马蹄形⋯⋯⋯⋯⋯⋯⋯⋯⋯⋯⋯⋯⋯⋯⋯⋯⋯瓣结鱼属 *Folifer*

20）光唇鱼属 *Acrossocheilus* Oshima, 1919

【模式种】*Gymnostomus formosanus* Regan, 1908 = *Acrossocheilus paradoxus* (Günther, 1868)

【鉴别性状】体延长，侧扁。吻皮止于上唇基部，有的往前突出使吻端超过上唇基部。上唇与上颌尚未分离，上唇包在上颌之外；下唇与下颌趋向分层，下唇呈双瓣状，两下唇瓣或者由于肥厚多褶形成相互接触状态，或者较薄中间被下颌相隔开。两唇后沟在颏部中央中断，间距狭宽不一。须 2 对或 1 对。背鳍末根不分支鳍条后缘光滑或有锯齿，分支鳍条 8 根。背鳍分支鳍条 5 根。侧线完全。尾鳍叉形。下咽齿 3 行。鳔 2 室。

【包含种类】本属江西有 2 种。

种的检索表

1（2）吻须不达眼前缘；背鳍间膜黑色⋯⋯⋯⋯⋯⋯⋯⋯⋯⋯⋯⋯⋯⋯克氏光唇鱼 *A. kreyenbergii*

2（1）吻须超过眼前缘；背鳍间膜无色透明⋯⋯⋯⋯⋯⋯⋯⋯⋯⋯⋯⋯⋯侧条光唇鱼 *A. parallens*

41. 克氏光唇鱼 *Acrossocheilus kreyenbergii* (Regan, 1908)

Gymnostomus kreyenbergii Regan, 1908: 109 (江西萍乡).

Acrossocheilus styani: 郭治之等, 1964: 123 (鄱阳湖).

Acrossocheilus formosanus: 郭治之等, 1964: 123 (鄱阳湖).

Acrossocheilus (*Lissochilichthys*) *hemispinus*: 邹多录, 1988: 15 (寻乌水); 郭治之和刘瑞兰, 1995: 226 (赣江、抚河、寻乌水).

Acrossocheilus (*Lissochilichthys*) *hemispinus cinctus*: 邹多录, 1988: 15 (寻乌水).

Acrosscheilus hemispinus hemispinus: 张鹗等, 1996: 8 (赣东北).

Acrossocheilus (*Acrossocheilus*) *kreyenbergii*: 郭治之和刘瑞兰, 1995: 226 (抚河、信江).

Acrossocheilus kreyenbergii: Yuan et al., 2012: 168 (江西信江、昌江和乐安河).

【俗称】石斑鱼。

检视样本数为 57 尾。样本采自广丰、安福、靖安、莲花和寻乌。

【形态描述】背鳍 4，8；胸鳍 1，15 ～ 17；腹鳍 2，8；臀鳍 3，5。侧线鳞 38 ～ 41。

体长为体高的 3.0 ～ 3.7 倍，为头长的 3.6 ～ 4.1 倍。头长为吻长的 2.4 ～ 2.9 倍，为眼径的 4.3 ～ 5.6 倍，为眼间距的 2.5 ～ 3.2 倍。尾柄长为尾柄高的 1.3 ～ 1.6 倍。

体侧扁，体高最大处为背鳍前缘，腹部圆，稍显弧形。头稍小，头后背部稍隆起。吻前突。繁殖期雄鱼珠星较发达，吻端和眼眶前缘珠星多于雌鱼。口小，下位，马蹄形。上颌后伸达鼻孔垂直线下方。唇肉质肥厚，上唇完整，下唇分两侧瓣，雌性中央相互靠近或接近；雄性间隙稍宽，但不超过口宽的1/3。须2对，稍短，吻须延伸不超过口角须起点，口角须延伸达眼睛中部的下方。鼻孔在眼前上角，近眼前缘，鼻孔前背部稍凹陷。眼中等大，侧上位。鳃耙短而尖，排列稀疏。胸部被小鳞，背部和体侧被鳞，背鳞未包埋于皮肤内。侧线完全，达尾鳍基中央。鳔2室，前室圆，后室长圆形，约为前室长的2倍。

背鳍外缘微内凹，末根不分支鳍条骨化变粗，后缘具锯齿，末端柔软分节；起点距吻端与距尾鳍基距离相近。胸鳍稍长于腹鳍，末端延伸不达腹鳍起点。腹鳍起点与背鳍第1根分支鳍条相对，雌性腹鳍末端不达肛门，雄性肛门离腹鳍末端较近。臀鳍起点位于腹鳍与尾鳍基的中点（雄性）或靠近尾鳍（雌鱼）；繁殖期雄鱼臀鳍第2～4根分支鳍条上也有明显的珠星分布，雌鱼则没有。尾鳍叉形。

【体色式样】背部深棕色，腹部淡黄色。背鳍灰色，其余各鳍呈淡黄色，末端呈透明状。繁殖期成年雄鱼呈现婚姻色，头、胸、腹部的腹面和侧面及胸鳍和腹鳍上出现艳丽的红色。

【地理分布】鄱阳湖及其入湖支流如赣江、抚河、信江、饶河、萍水河及寻乌水。

【生态习性】栖息于水质清澈的溪流中的中下层水体中。生活于河流上游、丘陵山区的大小溪流、海拔近千米的高山峡谷中的山涧急流中。2龄鱼开始成熟，在急滩中卵石下产黏性卵。自春夏季至秋季分批产卵。杂食性，刮食附生于岩石上的藻类，兼食昆虫水栖的幼虫。

克氏光唇鱼 *Acrossocheilus kreyenbergii* (Regan, 1908)

42. 侧条光唇鱼 *Acrossocheilus parallens* (Nichols, 1931)

Barbus (Lissochilichthys) parallens Nichols, 1931b: 455 (广东龙头山北江).

Acrossocheilus (Lissochilichthys) parallens: 郭治之和刘瑞兰, 1983: 15 (信江); 邹多录, 1988: 15 (寻乌水); 郭治之和刘瑞兰, 1995: 226 (赣江、抚河、信江、寻乌水).

Acrossocheilus (Acrossocheilus) parallens: 张鹗等, 1996: 8 (赣东北、赣江).

Acrossocheilus parallens: 王子彤和张鹗, 2021: 1264 (赣江).

【俗称】火烧鲮。

检视样本数为32尾。样本采自宜黄、广昌、南丰、会昌、安远、兴国、石城、宁都、龙南、信丰、全南、大余、南康、上犹、崇义、于都、瑞金、遂川、安福、永新、吉安、泰和、峡江、袁州、宜丰、万载、修水、靖安、萍乡、莲花和寻乌。

【形态描述】背鳍4，8；胸鳍1，14～16；腹鳍2，8；臀鳍3，5。侧线鳞36～38。

体长为体高的3.1～3.6倍，为头长的3.3～4.0倍。头长为吻长的2.6～3.5倍，为眼径的3.8～4.8倍，为眼间距的2.4～3.1倍。尾柄长为尾柄高的1.3～1.7倍。

体延长且侧扁。头中等大，侧扁，头后背部稍隆起。雌鱼体型比雄鱼稍大。吻锥形，端部钝圆而前突。雄性珠星较发达，吻端和眼眶前缘珠星多于雌性；口下位，马蹄形。上颌末端达鼻孔下方。上唇完整，包于上颌外表，下唇肥厚，分左右两瓣，中央以裂缝分隔。须2对，较发达，口角须稍长于吻须，长度大于或等于眼径。鼻孔位于眼前上角，近眼前缘。眼中等大，侧上位。鳃耙短尖，排列稀疏。鳞较大，胸部鳞略小。侧线完全，达尾鳍基中央。鳔2室，前室圆，后室长圆形，约为前室长的2倍。

背鳍外缘斜截或微凹，末根不分支鳍条细弱，后缘细锯齿，末端柔软分节；背鳍起点距尾鳍基小于距吻端距离。胸鳍较腹鳍略长，末端延伸不达腹鳍起点。腹鳍起点相对于背鳍第1根分支鳍条，雌鱼腹鳍末端不达肛门。臀鳍紧接肛门之后，外缘弧形或斜截，起点位于腹鳍起点至尾鳍基的中点。雄鱼臀鳍第2～4根分支鳍条上也有明显的珠星分布，雌鱼无。雌鱼臀鳍长大于雄鱼，雄鱼臀鳍起点相对靠前。尾鳍叉形。雄鱼肛门近腹鳍末端或被其遮盖。

【体色式样】背部青黑色，腹部灰白色；背鳍和尾鳍微黑，其余各鳍呈灰白色，末端呈透明状。背鳍间膜透明，无黑色斑纹。雌鱼较雄鱼垂直条纹显著，而雄鱼沿侧线纵纹较雌鱼显著。

【地理分布】赣江、抚河、信江、修水、萍水河、寻乌水。

【生态习性】为溪涧性鱼类。喜流水，卵产在石砾上面，仔鱼不降河。冬天在深潭或有温泉水的江段越冬。

侧条光唇鱼 *Acrossocheilus parallens* (Nichols, 1931)

21）白甲鱼属 *Onychostoma* Günther, 1896

【模式种】*Onychostoma laticeps* Günther, 1896 = *Barbus simus* Sauvage & Dabry de Thiersant, 1874

【鉴别性状】体纺锤形，侧扁。口下位，成 1 横裂，或两侧稍向后弯，口裂很宽。下颌中部在唇后沟之间的唇极薄，下唇侧瓣较肥厚，在口角处与上唇相连，下颌外露，有锐利的角质边缘。上唇紧贴上颌外表，与吻皮分离，之间有 1 较深的沟裂。吻皮盖于上唇的基部；与前眶骨分界处有 1 侧沟，向后走向口角。须 2 对、1 对或无。背鳍分支鳍条 7 ～ 9 根，末根不分支鳍条成为硬刺，后缘具锯齿，或细弱柔软而后缘光滑。臀鳍分支鳍条 5 根。鳃耙短小，排列较密。下咽齿 3 行。

【包含种类】本属江西有 3 种。

种的检索表

1（2）背鳍末根不分支鳍条柔软，不成为硬刺·······················短须白甲鱼 *O. brevibarba*

2（1）背鳍末根不分支鳍条为粗壮的硬刺，且其后缘具锯齿

3（4）体长为尾柄高的 9.5 ～ 11.3 倍，头长为眼间距的 2.0 ～ 2.3 倍·············纵纹白甲鱼 *O. virgulatum*

4（3）体长为尾柄高的 7.9 ～ 9.1 倍，头长为眼间距的 2.5 ～ 2.9 倍·················小口白甲鱼 *O. lini*

43. 纵纹白甲鱼 *Onychostoma virgulatum* Xin, Zhang & Cao, 2009

Onychostoma virgulatum Xin, Zhang & Cao, 2009: 256 (安徽石台县).

Varicorhinus (Onychostoma) lini: 邹多录, 1988: 16 (寻乌水); 郭治之和刘瑞兰, 1995: 226 (赣江、信江、寻乌水).

【俗称】台湾突吻鱼、山隐鱼、隐鱼。

检视样本数为 5 尾。样本采自遂川。

【形态描述】背鳍 3，8；胸鳍 1，15 ～ 16；腹鳍 1，9；臀鳍 3，5。侧线鳞 $47 \frac{6.5 \sim 7.5}{4 \sim 5} 51$。

体长为体高的 4.2 ～ 4.8 倍，为头长的 4.7 ～ 5.2 倍，为尾柄长的 4.3 ～ 5.2 倍，为尾柄高的 9.5 ～ 11.3 倍。头长为吻长的 2.6 ～ 3.1 倍，为眼径的 3.6 ～ 4.6 倍，为眼间距的 2.0 ～ 2.3 倍。体高为尾柄高的 2.2 ～ 2.5 倍。尾柄长为尾柄高的 1.9 ～ 2.6 倍。

体长而侧扁。腹部圆。头略长，圆锥形。吻钝，前突，吻端有珠星。口下位，马蹄形；口裂宽适中，下位，横列。鼻孔近眼前缘。眼较小，侧上位，眼眶弧形。鳃耙短小，排列紧密。体被鳞片，胸被小鳞。侧线完全，伸达尾柄中央。须 2 对，口角须稍长，约为眼径的 1/2，颌须较短。

背鳍外缘内凹，末根不分支鳍条为粗壮硬刺且后缘具强锯齿，后部柔软分节；起点距吻端较尾鳍基近。胸鳍略尖，末端未达腹鳍，距离 3 ～ 4 枚鳞片。腹鳍起点在背鳍后，末

端未达肛门。臀鳍外缘平截，末端几达尾鳍基。尾鳍深叉形，上下叶相等，末端稍尖，最长鳍条为最短鳍条的 2 ～ 3 倍。肛门紧接臀鳍之前。

【体色式样】体银白色，背部灰黑色。福尔马林浸泡样本背部青灰色，腹部浅黄色，体侧鳞片基部有新月形黑斑，沿侧线有 1 暗色条纹。背鳍条间膜外缘部分有黑色条纹，尾鳍内缘微黑，外缘较深，其余鳍浅黄色，鳃盖骨后缘有 1 褐色斑点。

【地理分布】赣江、信江、寻乌水。

【生态习性】栖息于水流湍急、水质清澈的溪流与高山峡谷的山涧中。雄鱼最小性成熟个体体长约 100 mm，吻部有珠星。繁殖期为 3 ～ 5 月，在傍晚前后至上半夜产卵，卵黏性。主要摄食藻类及腐殖质等。

纵纹白甲鱼 *Onychostoma virgulatum* Xin, Zhang & Cao, 2009

44. 短须白甲鱼 *Onychostoma brevibarba* Song, Cao & Zhang, 2018

Onychostoma brevibarba Song, Cao & Zhang, 2018: 154 (湖南衡东); 王子彤和张鹗, 2021: 1264 (赣江).

Varicorhinus (Scaphesthes) barbatulus: 邹多录, 1982: 51 (赣江); 郭治之和刘瑞兰, 1983: 15 (信江); 邹多录, 1988: 15 (寻乌水); 郭治之和刘瑞兰, 1995: 226 (赣江、信江、寻乌水); 张鹗等, 1996: (赣东北).

检视样本数为 5 尾。样本采自广丰、龙南、信丰、南康、遂川、宜丰、靖安和寻乌。

【形态描述】背鳍 4，8；胸鳍 1，14 ～ 17；腹鳍 2，8 ～ 9；臀鳍 3，5。侧线鳞 43 $\frac{6.0 \sim 6.5}{4 \sim 4.5}$ 45。

体长为体高的 2.8 ～ 3.4 倍，为头长的 4.6 ～ 5.4 倍，为尾柄长的 4.9 ～ 6.0 倍，为尾柄高的 7.9 ～ 9.1 倍。头长为吻长的 2.6 ～ 3.1 倍，为眼径的 3.4 ～ 5.0 倍，为眼间距的 1.7 ～ 2.2 倍，为口宽的 1.8 ～ 3.0 倍。尾柄长为尾柄高的 1.4 ～ 1.7 倍。

体细长，侧扁；体中等高，背鳍起点前端为最高点。尾柄向后逐渐下降至尾鳍基，尾鳍基稍前方为最低。吻端至背鳍起点的背部轮廓隆起成弧形，背鳍基之后向后逐渐下降至尾鳍基。吻端至臀鳍基后方的腹面轮廓圆。头中等大，头长大于头高，头高大于头宽。吻部侧面观呈三角形。繁殖期的雄性在吻部和鳃盖，有时在臀鳍上具珠星。口下位，横列，两端稍向下弯。吻皮简单，向下包裹住上唇基部。上唇薄且光滑，紧贴上颌，在口角处与下唇相连。下唇仅限于口角处，与下颌融合，下颌有锋利的角质边缘。唇后沟向前延伸，超过吻须基部垂直面。须2对，吻须短小，口角须位于口角处，比吻须略长。眼较小，眼间距略外凸，位于头部的前半部。鳞片中等大，体胸腹被鳞，体背部、腹部鳞片略小于体侧鳞片。侧线完全。侧线在胸鳍中部之前向下倾斜，之后接近平直。鳔2室，前室呈椭圆形，后室细长。

　　背鳍外缘略内凹，末根不分支鳍条柔软无锯齿；背鳍起点在腹鳍起点前，距吻端较尾鳍基为近。胸鳍第2根分支鳍条最长，长度超过胸腹距一半。腹鳍起点在背鳍起点之后，第1和第2根分支鳍条最长，长度超过腹臀距一半。臀鳍起点距腹鳍起点和尾鳍基的距离相等。雌性的臀鳍末根不分支鳍条和第1、第2根分支鳍条显著延长，雌性臀鳍长大于雄性。尾鳍深叉形，两叶相等，末端较尖。

　　【体色式样】头及背部呈黄绿色，头部眼下缘及身体侧线以下呈银白色。体侧鳞片在未覆盖的外缘为黑色。从眼上缘至尾柄基沿侧线有1条亮黄色的条带。背鳍橘褐色，鳍间膜外缘有黑色条纹，与鳍条平行。胸鳍和腹鳍橘色，末根不分支鳍条颜色较亮，鳍间膜透明。臀鳍和尾鳍橘褐色，眼球上方有1红色斑纹。幼体体侧没有灰黑色斑点。

　　【地理分布】赣江、信江、修水和寻乌水。

　　【生态习性】底层鱼类，喜栖息于流水中。以着生藻类为食物。

短须白甲鱼 *Onychostoma brevibarba* Song, Cao & Zhang, 2018

45. 小口白甲鱼 *Onychostoma lini* (Wu, 1939)

Varicorhinus lini Wu, 1939: 103 (广西阳朔); Bănărescu, 1971: 246.

Varicorhinus (Onychostooma) lini: 邹多录, 1988: 16 (寻乌水).

检视样本数为 26 尾。样本采自遂川。

【形态描述】背鳍 4，8；胸鳍 1，14 ～ 16；腹鳍 1，8 ～ 9；臀鳍 3，5。侧线鳞 47 $\frac{6.5 \sim 7.5}{4 \sim 5}$ 51。

体长为体高的 3.8 ～ 4.3 倍，为头长的 4.6 ～ 4.9 倍，为尾柄长的 5.4 ～ 5.8 倍，为尾柄高的 7.9 ～ 9.1 倍。头长为吻长的 2.6 ～ 2.8 倍，为眼径的 3.8 ～ 4.9 倍，为眼间距的 2.5 ～ 2.9 倍。尾柄长为尾柄高的 1.8 ～ 2.0 倍。

体长，较矮，稍侧扁，腹部圆。头短小，略呈锥形。吻圆钝，较短，小于眼后头长。吻皮向下垂至口前方，盖住上唇，边缘光滑，与上唇分离。口较宽，下位，马蹄形，口裂后端达鼻孔后缘下方。下颌前缘平直，边缘有角质。唇薄，光滑，上唇与上颌紧靠在一起；下唇与下颌不分离，唇后沟短，不相连。须 2 对，均短小，末端后伸几达眼前缘下方。眼小，侧上位。眼间距较宽，微凹。鼻孔 2 对，距眼前缘较近。鳃孔大，鳃膜在前鳃盖骨后下方和峡部相连。鳃耙短小，呈三角形，排列紧密。下咽齿细长，略侧扁，末端稍弯曲。鳞片较大，圆鳞，胸、腹部鳞片稍小，背鳍和臀鳍基部有鳞鞘，腹鳍基部有狭长的腋鳞。侧线完全，平直，伸达尾柄中央。

背鳍较大，外缘内凹，最后 1 根不分支鳍条为粗壮的硬刺，后缘有锯齿，末端柔软，其起点距吻端较距尾鳍基为近。胸鳍小，末端尖，延伸不达腹鳍起点。腹鳍短小，外缘平截，其起点在背鳍起点之后，与背鳍第 3 ～ 4 根分支鳍条基部相对，延伸不达肛门。臀鳍稍长，外缘斜截，其起点距腹鳍起点与距尾鳍基部约相等。尾鳍深分叉，上、下叶末端尖。尾柄细。肛门紧靠于臀鳍起点之前。

【体色式样】固定标本体灰色，背部灰黑色，腹部淡黄色。体侧鳞片基部有新月形黑斑，沿侧线有 1 条暗色条纹。背鳍条间膜靠外缘的部分有黑色条纹，尾鳍外缘淡红色。

【地理分布】赣江、信江、寻乌水。

【生态习性】底层鱼类，具有半洄游习性，栖息于江河流域的急流、底多砾石的江段。刮食藻类，以硅藻、绿藻为主。

小口白甲鱼 *Onychostoma lini* (Wu, 1939)

22）瓣结鱼属 *Folifer* Wu, 1977

【模式种】*Barbus* (*Labeobarbus*) *brevifilis* Peters, 1881 = *Folifer brevifilis* (Peters, 1881)

【鉴别性状】体长，稍侧扁。吻尖，吻皮与上唇分离，向前伸或稍向下垂，但止于上唇基部。口下位，马蹄形，前上颌骨能伸缩；唇厚，一般为肉质，紧贴于上下颌的外表；上下唇在口角处相连，被吻皮包盖少部分；下唇与下颌不分离，下唇在颐部侧瓣之间有发达的中叶，一般呈舌状；唇后沟在颐部中间被中叶遮盖，两侧的唇后沟在中叶的背面相通。须2对，吻须较微弱，或完全退化，颌须较粗壮。眼中等大，中上位。鳃膜连于鳃峡；鳃耙短小。下咽齿3行。背鳍末根不分支鳍条稍变粗或变成硬刺。尾柄细长，尾鳍叉形。侧线完全，伸入尾鳍的中轴。

【包含种类】本属江西有1种。

46. 瓣结鱼 *Folifer brevifilis* (Peters, 1881)

Barbus (*Labeobarbus*) *brevifilis* Peters, 1881: 1033 (中国).

Tor (*Folifer*) *brevifilis brevifilis*: 郭治之和刘瑞兰, 1983: 15 (信江); 郭治之和刘瑞兰, 1995: 226 (赣江、信江);
　　张鹗等, 1996: 8 (赣东北).

Folifer brevifilis: 王子彤和张鹗, 2021: 1264 (赣江).

【俗称】哈鱼、马嘴、重口。

检视样本数为32尾。样本采自莲花。

【形态描述】背鳍3，8；胸鳍1，17；腹鳍1，8；臀鳍2，5。侧线鳞 $45\frac{7}{5}46$。

体长为体高的4.1～4.4倍，为头长的3.6～3.8倍，为尾柄长的4.9～5.4倍，为尾柄高的10.6～13.0倍。头长为吻长的2～2.3倍，为眼径的5.3～6.3倍，为眼间距的3～3.4倍。尾柄长为尾柄高的1.9～2.2倍。

体长稍侧扁，尾部细。头较长，但小于体高。吻尖而突出，吻端呈皮片状。吻侧在前眶骨的前缘各有1裂纹，将吻部分成向前伸出的1中叶和裂纹后2侧叶。口大，下位，马蹄形。上颌较下颌突出，下颌边缘革质。须2对，均很短小。吻须位于吻部中叶后的裂纹中，颌须位于口角。眼较大，侧上位。鳃盖膜与峡部相连。鳃耙较短，排列紧密。下咽齿齿端尖而带钩状。鳞中等大，胸部鳞片稍小。侧线完全。

背鳍外缘内凹呈弧形，背鳍末根不分支鳍条为粗壮硬刺，后缘有锯齿。背鳍起点距吻端较距尾鳍基稍近。胸鳍条末端未达腹鳍。腹鳍起点位于背鳍起点稍后，鳍末不达肛门。臀鳍紧靠肛门，不达尾鳍基。尾鳍深叉形。

【体色式样】背深灰，腹灰白，尾鳍红，其他各鳍浅灰。

【地理分布】赣江、信江和萍水河。

【生态习性】为江水中下层鱼类。3 冬龄鱼达性成熟，繁殖季节在洪水期。主要食物为底栖软体动物和水生昆虫。

瓣结鱼 *Folifer brevifilis* (Peters, 1881)

棱腹亚科 Smiliogastrinae

23）小鲃属 *Puntius* Hamilton, 1822

【模式种】*Cyprinus sophore* Hamilton, 1822 = *Puntius sophore* (Hamilton, 1822)

【鉴别性状】体小，侧扁，体侧有不规则斑纹。尾柄较高。口小，弧形，近下位。颌须 1 对，无吻须。吻皮止于上颌基部。唇较肥厚；上唇包于上颌外表，下唇紧贴下颌腹面，下唇与下颌之间有明显缝痕。唇后沟在颐部中间隔断。背鳍不分支鳍条为细的硬刺，臀鳍无硬刺。鳞片大。侧线完全。下咽齿 3 行。

【包含种类】本属江西有 1 种。

47. 条纹小鲃 *Puntius semifasciolatus* (Günther, 1868)

Barbus semifasciolatus Günther, 1868: 484 (中国).

Capoeta semifasciolata: 邹多录, 1988: 15 (寻乌水); 郭治之和刘瑞兰, 1995: 226 (赣江、寻乌水).

Barbodes semifasciolatus: 王子彤和张鹗, 2021: 1264 (赣江).

【俗称】半间鲫、南瓜子、七星鱼、黄金条、五线小鲃、红眼圈。

检视样本数为 37 尾。样本采自会昌、安远、兴国、石城、龙南、信丰、大余、于都、瑞金、安福和寻乌。

【形态描述】背鳍 3，8；胸鳍 1，12；腹鳍 1，7；臀鳍 3，5。侧线鳞 32 ～ 43。

体长为体高的 2.2 ～ 2.6 倍，为头长的 3.3 ～ 3.8 倍。头长为吻长的 3 ～ 3.6 倍，为眼径的 3.5 ～ 3.7 倍，为眼径距的 2.5 ～ 2.7 倍。尾柄长为尾柄高的 1.0 ～ 1.2 倍。

体高而侧扁，略呈卵圆形。体高、侧扁，略呈卵圆形，吻短钝，吻长小于眼后头长。

口近下位，斜裂，呈半圆形。颌须短小，须长小于眼径的一半。唇薄，唇后沟在颐部中断。鼻孔位于眼前上方，距眼前缘较吻端近。眼较大，眼间较平坦。鳞片较大。鳃耙短小，锥形，排列稀疏。下咽齿尖而钩曲。侧线完全，达尾柄中央。

背鳍不分支鳍条为细的硬刺，起点距吻端与尾鳍基的距离相近。胸鳍条末端接近或达到腹鳍。腹鳍起点和背鳍起点相对。肛门紧靠臀鳍。尾鳍分叉。

【体色式样】体色金黄。一般背侧有 4 条垂直斑条。各鳍黄色。尾柄基部有 1 个大斑点。

【地理分布】见于赣江、寻乌水。

【生态习性】生活于水体中层。栖息于江河中下游的水渠、田沟、水塘的缓流区中。杂食性，以小型无脊椎动物及丝藻为食。

条纹小鲃 *Puntius semifasciolatus* (Günther, 1868)

野鲮亚科 Labeoninae

吻皮向头的腹面后方扩展，形成外口前室（部分属）。上唇存在或消失。上唇存在时紧包于上颌外表或彼此分离，下唇与下颌分离。唇后沟伸至颐部中段或相通。须 1 对、2 对或缺如。背鳍无硬刺，分支鳍条多数为 8～12 根，有的可达到 18 或 27 根。臀鳍分支鳍条一般为 5 根。基枕骨突特化，其后突向后扩展成平扁状，以及左右上下颌骨的背突彼此相连，与前上颌骨构成内口前室这两个性状而与鲃亚科相区别。本亚科江西有 2 属。

属的检索表

1（2）下唇不向颐部扩张形成 1 个椭圆形吸盘 ·· 异华鲮属 *Parasinilabeo*

2（1）下唇向颐部扩张形成 1 个椭圆形吸盘 ·· 墨头鱼属 *Garra*

24）异华鲮属 *Parasinilabeo* Wu, 1939

【模式种】*Parasinilabeo assimilis* Wu & Yao, 1977

【鉴别性状】吻皮下包，边缘平整；吻皮在口角处与下唇相连。上唇消失。上颌与吻皮分离，其侧端连于吻皮和下唇相连处的内面，但没有系带。唇后沟短，限于口角之后，两侧不相通。口下位；下颌前缘成薄锋。须 2 对，上颌须较粗壮，口角须较细小。

【包含种类】本属江西有 1 种。

48. 大斑异华鲮 *Parasinilabeo maculatus* Zhang, 2000

Parasinilabeo maculatus Zhang, 2000: 268 (安徽石台县): 王子彤和张鹗, 2021: 1264 (遂川江).

【俗称】油鱼、线鱼。

检视样本数为 10 尾。样本采自安福。

【形态描述】背鳍 3，7；胸鳍 1，13 ～ 14；腹鳍 1，8；臀鳍 3，5。侧线鳞 $38 \frac{4 \sim 5}{4} 40$。

体长为体高的 3.7 ～ 4.8 倍，为头长的 4.3 ～ 5.1 倍，为尾柄长的 5.3 ～ 7.0 倍，为尾柄高的 7.1 ～ 8.8 倍。头长为吻长的 2.0 ～ 2.5 倍，为眼径的 3.7 ～ 4.5 倍，为眼间距的 1.9 ～ 2.5 倍。

大斑异华鲮 *Parasinilabeo maculatus* Zhang, 2000

体长稍侧扁。吻前突略尖，吻皮厚。口下位，弧形。上下颌有薄锋，上下颌连于吻皮与下唇相连处的内面，缺乏系带。鼻孔近眼前缘。唇后沟短，平直，限于口角。眼小，侧上位。鳃盖膜在前鳃盖之后下方连于峡部。鳃耙细小，呈三角形，排列稀疏。鳞中等大，胸部鳞小，隐埋于皮下。侧线平直，径行于尾柄的中轴。须2对，吻须粗壮，口角须短细弱。下咽齿细长，齿冠呈斜切面，顶端侧扁。腹膜微黑。鳔小，2室，前室长圆形，后室细长，约为前室长的2倍。

背鳍外缘内凹，无硬刺，基部短，第1根分支鳍条最长，其较头长略短；背鳍起点在吻端与尾鳍基中间或靠前。胸鳍长较头长略小，未达腹鳍基，距离6～7枚侧线鳞。腹鳍起点在背鳍起点后，后伸几达肛门，距臀鳍起点约3枚侧线鳞。臀鳍外缘微凹或斜截，起点较距尾鳍基距腹鳍基更近。尾鳍叉形，中央最短鳍条约为最长鳍条的一半。肛门近臀鳍起点前。

【体色式样】体侧沿侧线有1条黑色纵带，侧线以下的第2行鳞片起至背部为青黑色，有时侧线下有2～3条直行浅色条纹，腹部乳白或带浅黄色。背鳍、尾鳍外缘微黑，其他鳍为灰白色，背鳍尖端有1小黑点。

【地理分布】见于赣江支流——泸水、遂川江和萍水河。

【生态习性】个体不大，多栖息于河流小溪中，可食用藻类。

25）墨头鱼属 *Garra* Hamilton, 1822

【模式种】*Cyprinus* (*Garra*) *lamta* Hamilton, 1822 = *Garra lamta* (Hamilton, 1822)

【鉴别性状】口下位，横裂。吻皮边缘分裂成流苏状，在口角处与下唇相连。上唇消失，而下唇向颏部扩展成吸盘。吸盘中央为1肉质垫，周边薄而游离，被有细小乳突，以1弧形深沟与肉质垫前部和前侧部相分隔，而与后侧部及后部无明显界线。须2对、1对或全部退化而消失。背鳍无硬刺，具7～10根分支鳍条。臀鳍分支鳍条5根。下咽齿3行。

【包含种类】本属江西有1种。

49. 东方墨头鱼 *Garra orientalis* Nichols, 1925

Garra orientalis Nichols, 1925b: 4 (福建南平): 郭治之和刘瑞兰, 1995: 226 (赣江); 王子彤和张鹗, 2021: 1264 (赣江).

【俗称】狮子鱼、崩鼻鱼、墨鱼、乌鱼、癞鼻子鱼。

检视样本数为83尾。样本采自兴国、于都、遂川、泰和、峡江和高安。

【形态描述】背鳍2，8；胸鳍1，14～15；腹鳍1，8；臀鳍2，5。侧线鳞 $32\frac{4～4.5}{3～3.5}34$。

体长为体高的4.0～5.1倍，为头长的3.9～4.7倍，为尾柄长的6.2～7.8倍，为尾柄高的6.9～9.0倍。头长为吻长的1.8～2.2倍，为眼径的3.8～5.9倍，为眼间距的2.2～2.8倍。尾柄长为尾柄高的1.0～1.1倍。

体短粗，前部略呈圆筒形。头中等大，略宽。吻略尖，可分为前部、两侧部和吻突四部分，吻突稍向前翘。口下位，横裂，新月形。上下颌具角质薄锋。鼻长近眼正前方。眼侧上位，在头后半部，眼间呈弓形。鳃孔在眼后缘的垂直下方与鳃峡相连。鳃耙短小，排列紧密。鳞片中等大，腹面鳞片仅在胸鳍前部，退化埋于皮下。侧线完全，平直，延伸至尾柄正中。须 2 对，吻须较口角须长，但均不发达。下咽骨窄小，下咽齿纤细，齿面光滑，顶端尖细。腹膜灰黑色。鳔小，2 室。

背鳍外缘浅凹，起点至吻端的距离小于或等于至尾鳍基的距离。胸鳍平展，起点紧靠鳃孔，未达腹鳍起点，距离 3 ～ 4 枚鳞片。腹鳍后伸达到或超过肛门。臀鳍后伸未达尾鳍基。尾鳍叉形。肛门距离臀鳍起点 2 枚鳞片。

【体色式样】全身青黑色，腹部淡白色，胸、腹和臀鳍橘红色。幼体色彩显著，体侧后半部有平行的黑色纵条纹 5 ～ 6 条。

【地理分布】仅见于赣江。

【生态习性】底层鱼类。生活于水流湍急的山涧、溪流和江河的上游。以吸盘附着于岩石上，营穴居生活，活动范围小。生长较慢。产量少。2 龄鱼性腺开始成熟，体长为 100 ～ 120 mm，吻部具不规则的珠星。繁殖期为 4 ～ 5 月。夜间在急流浅滩中产卵。主要摄食附着藻类。

东方墨头鱼 *Garra orientalis* Nichols, 1925

鲤亚科 Cyprininae

体长，侧扁，纺锤形，腹部无棱。吻圆钝。口小，端位或亚下位。唇简单，上、下唇紧包于上、下颌外表，唇后沟在颏部分开。须 2 对，少数 1 对或无。眼中等大，上侧位。鳃孔大。体被较大圆鳞。侧线完全。背鳍基长。臀鳍短。肛门紧靠在臀鳍起点。本亚科江西有 2 属 2 种。

属的检索表

1（2）有须；下咽齿 3 行···鲤属 *Cyprinus*

2（1）无须；下咽齿 1 行···鲫属 *Carassius*

26）鲤属 *Cyprinus* Linnaeus, 1758

【模式种】*Cyprinus carpio* Linnaeus, 1758

【鉴别性状】口下位、端位或上位。须 2 对、1 对或全缺。下咽齿一般为 3 行（个别 4 行）。背鳍分支鳍条 9 ~ 22 根。臀鳍分支鳍条 5 根。背鳍、臀鳍均具硬刺，最后 1 根硬刺后缘具锯齿。鳔 2 室。

【包含种类】本属江西有 1 种。

50. 鲤 *Cyprinus rubrofuscus* Lacepède, 1803

Cyprinus rubrofuscus Lacepède, 1803: 490, 530 (中国).

Cyprinus carpio var. *specularis*: Tchang, 1930: 209 (江西).

Cyprinus carpio: 郭治之等, 1964: 123 (鄱阳湖); 湖北省水生生物研究所鱼类研究室, 1976: 44 (鄱阳湖); 邹多录, 1982: 51 (赣江); 郭治之和刘瑞兰, 1983: 15 (信江); 刘世平, 1985: 68 (抚河); 邹多录, 1988: 15 (寻乌水); 郭治之和刘瑞兰, 1995: 226 (鄱阳湖、赣江、抚河、信江、饶河、修水、寻乌水); 张鹗等, 1996: 9 (赣东北); 乐佩琦等, 2000: 412 (江西湖口).

Cyprinus rubrofuscus: 王子彤和张鹗, 2021: 1264 (赣江).

【俗称】鲤鱼、鲤拐子。

检视样本数为 55 尾。样本采自鄱阳、余干、都昌、庐山、湖口、永修、新建、兴国、宁都、新余和万载。

【形态描述】背鳍 4，16 ~ 21；胸鳍 1，14 ~ 16；腹鳍 1，8；臀鳍 3，5。侧线鳞 $34\frac{5\sim6}{5\sim6}38$。

体长为体高的 2.9 ~ 3.3 倍，为头长的 3.7 ~ 4.0 倍，为尾柄高的 7.6 ~ 8.0 倍，为尾柄长的 5.4 ~ 5.7 倍。头长为吻长的 2.6 ~ 2.7 倍，为眼径的 5.5 ~ 5.7 倍，为眼间距的 2.4 ~ 2.7 倍。尾柄长为尾柄高的 1.3 ~ 1.5 倍。

体侧扁，背部隆起。腹圆，体呈纺锤形。头较小。吻短钝，吻长大于眼径。口亚下位，马蹄形。上颌包着下颌。眼中等大，侧上位；眼间宽且略突。鳃耙短，呈三角形，排列稀疏；鳃膜与峡部相连。体被圆鳞。侧线完整，在腹鳍上方稍弯，伸达尾鳍基。下咽骨短，咽齿发达。须 2 对，吻须较短，颌须较长。鳔 2 室，前室大而长，后室末端尖。肠长约为体长的 2 倍。脊椎骨 37 ~ 39。

背鳍外缘内凹，基部较长，起点在腹鳍起点前，至吻端较尾鳍基较近，最后 1 根硬刺后缘具锯齿。胸鳍末端圆，未达腹鳍基部。腹鳍末端未达肛门。臀鳍短小，最后 1 根后缘也有锯齿，鳍末端可达尾鳍基部。尾鳍分叉较深，上下叶对称。肛门靠近臀鳍。

【体色式样】鲤体色随环境的不同而有较大的变异。背部色深，腹部色浅。背鳍浅灰色，体侧金黄色，腹部灰白色，臀鳍、尾鳍下叶呈橘红色。

【地理分布】鄱阳湖、赣江、抚河、信江、饶河、修水、寻乌水和萍水河。

【生态习性】广适性定居鱼类，适应性强。多栖息于水体中下层，尤其是水草丛生和底质松软的水体。繁殖季节和个体性成熟年龄因地区、环境和气候不同而不同。繁殖期为 2 ～ 4 月。性成熟鲤喜在水草丛生的浅水处产卵繁殖，卵黏性，呈黄绿色。杂食性，以螺、蚌、蚬等软体动物、水生昆虫和水草为主食。

鲤 *Cyprinus rubrofuscus* Lacepède, 1803

27）鲫属 *Carassius* Jarocki, 1822

【模式种】*Cyprinus carassius* Linnaeus, 1758

【鉴别性状】口端位；无须。下咽齿 1 行。侧线鳞 27 ～ 35。背鳍 3，15 ～ 20。臀鳍 3，5 ～ 8。背鳍与臀鳍最后 1 根硬刺的后缘均具有锯齿。

【包含种类】本属江西有 1 种。

51. 鲫 *Carassius auratus* (Linnaeus, 1758)

Cyprinus auratus Linnaeus, 1758: 322 (中国).

Carassius auratus: 郭治之等, 1964: 123 (鄱阳湖); 郭治之和刘瑞兰, 1983: 15 (信江); 湖北省水生生物研究所鱼类研究室, 1976: 49 (鄱阳湖); 邹多录, 1982: 51 (赣江); 刘世平, 1985: 68 (抚河); 邹多录, 1988: 15 (寻乌水); 郭治之和刘瑞兰, 1995: 226 (鄱阳湖、赣江、抚河、信江、饶河、修水、寻乌水); 张鹗等, 1996: 9 (赣东北); 王子彤和张鹗, 2021: 1264 (赣江).

【俗称】鲫、鲫拐子、鲫壳子、喜头鱼、鲫瓜子。

检视样本数为 60 尾。样本采自鄱阳、余干、都昌、庐山、湖口、永修、新建、弋阳、临川、会昌、兴国、石城、宁都、龙南、信丰、于都、瑞金、遂川、安福、永新、袁州、新余、万载、修水、靖安、萍乡、莲花和寻乌。

【形态描述】背鳍3，16～18；胸鳍1，13～15；腹鳍1，7～8；臀鳍3，5。侧线鳞 $29\frac{5～6}{5～6}30$。

体长为体高的 2.5～2.9 倍，为头长的 3.4～3.7 倍，为尾柄长的 4.6～5.7 倍，为尾柄高的 5.8～7.3 倍。头长为吻长的 3.1～3.6 倍，为眼径的 4.5～6.5 倍，为眼间距的 2.3～2.6 倍，为眼后头长的 1.6～2.1 倍。尾柄长为尾柄高的 0.9～1.2 倍。

体高而侧扁，呈卵圆形。头短小。吻短，圆钝。口小，端位，弧形。唇较厚。无须。下颌稍上斜。眼中等大，侧上位；眼间距较宽，突起。鳃膜与峡部相连。鳃耙较长，排列紧密。鳞较大。侧线平直，位于体侧中央。下咽齿第 1 齿锥形，其后各齿侧扁，咀嚼面倾斜下凹。无须。腹膜黑色。鳔 2 室，后室较前室大。脊椎骨 28～30。

背鳍外缘平直或微凹，基部较长，末根不分支鳍条后缘具有粗锯齿的硬刺，起点位于吻端至尾鳍基部的中点或靠前。胸鳍末端可达腹鳍的起点。腹鳍未达臀鳍和肛门。臀鳍基部较短，末端几达尾鳍基部，末根不分支鳍条后缘有锯齿的硬刺。尾鳍浅分叉，上下叶末端尖。肛门近臀鳍。

【体色式样】体侧银灰色，背部深灰色，腹部白色，各鳍为灰色。

【地理分布】鄱阳湖、赣江、抚河、信江、饶河、修水、寻乌水和萍水河。

【生态习性】适应性强，生活于各种水体中，喜栖息在水草丛生的浅水处。繁殖期为 2～8 月。性成熟个体喜在沿岸带水草丛生的浅水区产卵，卵黏性，黄色，个体小。杂食性，食性广。不同生长阶段摄食食物不同，鱼苗以轮虫、枝角类和底栖动物为主，成鱼主食植物性饵料。

鲫 *Carassius auratus* (Linnaeus, 1758)

（十三）鲴科 **Xenocyprididae**

　　鲴科背鳍第 1 根不分支鳍条呈细小的骨瘤状，镶嵌于背鳍基骨与第 2 根不分支鳍条基部之间（Gosline，1978）；腹鳍骨浅分叉（陈湘粦等，1984）；为二倍体（48 条染色体）。本科是东亚特有类群，其所含种类先前归入不同的亚科中，如鲌亚科、鲢亚科、赤眼鳟亚科和鲴亚科等。现总结本科约 43 属 150 种鱼类；江西境内有 24 属。

属的检索表

1（8）下颌前缘有锋利的角质鞘

2（5）腹鳍基至肛门具腹棱

3（4）侧线鳞不超过 50；鳃耙超过 100·······························似鳊属 *Pseudobrama*

4（3）侧线鳞超过 70；鳃耙不超过 50···························斜颌鲴属 *Plagiognathops*

5（2）腹鳍基至肛门缺腹棱或非常短

6（7）口横裂；胸鳍基具腋鳞·····································圆吻鲴属 *Distoechodon*

7（6）口弧形；胸鳍基无腋鳞·······································鲴属 *Xenocypris*

8（1）下颌前缘无锋利的角质鞘

9（32）有腹棱

10（11）具有鳃上器······································鲢属 *Hypophthalmichthys*

11（10）无鳃上器

12（13）胸鳍基部腋鳞发达，等于或大于眼径·····················飘鱼属 *Pseudolaubuca*

13（12）胸鳍基部腋鳞甚小，呈乳突状

14（25）鳔 2 室

15（22）腹棱存在于腹鳍与臀鳍之间

16（17）侧线不完全；腹棱存在于腹鳍至肛门之间······················细鲫属 *Aphyocypris*

17（16）侧线完全

18（19）侧线在胸鳍上方和缓向下弯折，一般位于体下半部或近中部··············华鳊属 *Sinibrama*

19（18）侧线在胸鳍上方急速向下弯折

20（21）背鳍末根不分支鳍条柔软或仅基部变硬，与第 1 根分支鳍条粗细相等·········半䱗属 *Hemiculterella*

21（20）背鳍末根不分支鳍条为硬刺，且比第 1 根分支鳍条粗壮得多·········拟䱗属 *Pseudohemiculter*

22（15）腹棱存在于胸鳍与臀鳍之间

23（24）咽齿 2 行；背鳍最后 1 根硬刺后缘具锯齿························似鲚属 *Toxabramis*

24（23）咽齿 3 行；背鳍最后 1 根硬刺后缘光滑··························䱗属 *Hemiculter*

25（14）鳔 3 室

26（29）体较低，体长为体高的 3.5 倍以上；肠短，其长等于或稍大于体长

27（28）腹棱位于腹鳍与臀鳍之间 ·· 原鲌属 *Chanodichthys*

28（27）腹棱位于胸鳍与臀鳍之间 ·· 鲌属 *Culter*

29（26）体高，略呈菱形，体长为体高的 3.5 倍以下；肠长，为体长的 2 倍以上

30（31）腹棱自胸鳍至肛门 ·· 鳊属 *Parabramis*

31（30）腹棱自腹鳍至肛门 ·· 鲂属 *Megalobrama*

32（9）无腹棱

33（36）体侧有垂直斑纹

34（35）相邻垂直斑纹不融合 ·· 马口鱼属 *Opsariichthys*

35（34）相邻垂直斑纹融合 ·· 鱲属 *Zacco*

36（33）体侧无垂直斑纹

37（44）侧线鳞 100 以下

38（43）背鳍分支鳍条 7；鳃耙 20 以下；侧线鳞 50 以下

39（42）无须；活体眼上无红斑

40（41）下咽齿 1 行，臼齿状；鳍深黑色 ·· 青鱼属 *Mylopharyngodon*

41（40）下咽齿 2 行，侧扁梳状；鳍灰黄色 ·· 草鱼属 *Ctenopharyngodon*

42（39）须 2 对；活体眼上缘有红斑 ·· 赤眼鳟属 *Squaliobarbus*

43（38）背鳍分支鳍条 9～10；鳃耙 20 以上；侧线鳞 80 以下 ··············· 鳡属 *Ochetobius*

44（37）侧线鳞 100 以上

45（46）头呈鸭嘴形；上颌能伸缩；口裂小，伸达眼前缘 ···················· 鳤属 *Luciobrama*

46（45）头呈锥形；上颌不能伸缩；口裂大，伸越眼前缘 ···················· 鳤属 *Elopichthys*

28）鱲属 *Zacco* Jordan & Evermann, 1902

【模式种】*Leuciscus platypus* Temminck & Schlegel, 1846 = *Zacco platypus* (Temminck & Schlegel, 1846)

【鉴别性状】口端位，无口须；侧线完全，在胸鳍上方显著下弯，入尾柄后回升到体侧中部。背鳍具 7 根分支鳍条；起点约与腹鳍起点相对。臀鳍具 9～10 根分支鳍条（多数为 9）。体侧有垂直条纹，条纹之间可融合而成较宽的斑纹。

【包含种类】本属江西有 1 种。

52. 似棘颊鱲 *Zacco* aff. *acanthogenys* (Boulenger, 1901)

Opsariichthys acanthogenys Boulenger, 1901: 269 (宁波).

Opsariichthys platypus: Kreyenberg & Pappenheim, 1908: 101 (江西萍乡).

Zacco platypus: 郭治之等, 1964: 123 (鄱阳湖); 邹多录, 1982: 51 (赣江); 郭治之和刘瑞兰, 1983: 13 (信江); 刘世平, 1985: 69 (抚河); 邹多录, 1988: 16 (寻乌水); 郭治之和刘瑞兰, 1995: 224 (鄱阳湖、赣江、抚河、

信江、饶河和修水); 张鹗等, 1996: 6 (赣东北).

Zacco acanthogenys: 王子彤和张鹗, 2021: 1264 (赣江).

【俗称】鲹鱼、红师鲃、红车公、七色鱼、桃花板、桃花鱼。

　　检视样本数为45尾。样本采自庐山、永修、新建、弋阳、宜黄、临川、广昌、南丰、黎川、会昌、安远、兴国、石城、宁都、龙南、信丰、南康、大余、崇义、于都、瑞金、遂川、安福、永新、泰和、峡江、袁州、新余、高安、宜丰、万载、樟树、修水、靖安、萍乡、莲花和寻乌。

　　【形态描述】背鳍3，6～7；胸鳍1，14；腹鳍1，8；臀鳍3，7～8。侧线鳞 $40\frac{7\sim8}{3\sim4}45$。

　　体长为体高的3.2～3.7倍，为头长的3.7～4.2倍，为尾柄长的5.5～6.6倍，为尾柄高的9.0～10.5倍。头长为吻长的2.2～3.0倍，为眼径的4.0～5.4倍，为眼间距的2.4～3.1倍。尾柄长为尾柄高的1.7～2.0倍。

　　体长而侧扁。腹部圆。头短，中等大。吻钝且短。口端位，略向上倾斜。上颌较下颌略长，延伸达眼前缘。鼻孔在两眼前上方。眼侧上位，近吻端。鳃耙短而尖，排列稀疏。鳞较大，圆形。侧线完全，在腹鳍处微弯，伸达尾鳍基中央。下咽齿末端稍呈钩状。腹部基部有腋鳞。鳔2室，前室短，后室长；肠长为体长的1.5～2.0倍。脊椎骨36～37。

　　背鳍无硬刺，起点与腹鳍起点相对，距吻端较尾鳍基近。胸鳍尖长，可达腹鳍。腹鳍未达臀鳍，但距臀鳍较胸鳍近。臀鳍起点在胸鳍基和尾鳍基中间，雄鱼臀鳍延长可伸达尾鳍基。尾鳍分叉较深，下叶较上叶略长。肛门位于臀鳍前。

似棘颊鲹 *Zacco* aff. *acanthogenys* (Boulenger, 1901)

【体色式样】背部黑灰色，腹部银白色。背鳍、臀鳍灰色，腹鳍粉红色，胸鳍上有黑斑点，尾鳍后缘呈黑色。在生殖期间，雄性体色鲜艳，头部和臀鳍带珠星，条带间夹杂粉红色斑点；雌鱼通体素色。

【地理分布】鄱阳湖及其入湖支流如赣江、抚河、信江、饶河、修水、萍水河和寻乌水。

【生态习性】溪流性鱼类，喜栖息于水流湍急的溪中或浅滩上，是经济性鱼类。性成熟年龄为 2 龄，春夏季分批产卵，卵黏性。杂食性，以水生昆虫幼虫、甲壳类和小鱼虾等为主食，兼食附生藻类及有机腐屑。

29）马口鱼属 *Opsariichthys* Bleeker, 1863

【模式种】*Leuciscus uncirostris* Temminck & Schlegel, 1846= *Opsariichthys uncirostris* (Temminck & Schlegel, 1846)

【鉴别性状】口亚上位，无口须。侧线完全，在胸鳍上方向下弯曲，入尾柄后回升到体侧中部。背鳍具 7 根分支鳍条，起点约与腹鳍起点相对或稍前。臀鳍具 9～10 根分支鳍条，成熟个体向后延伸可达尾鳍基部。体侧有垂直条纹，相邻条纹之间不融合而成较宽的斑纹。

【包含种类】本属江西有 2 种。

种的检索表

1（2）上颌前侧面有 1 非常明显的深凹陷 ·· 马口鱼 *O. bidens*

2（1）上颌前侧面无凹陷 ··· 尖鳍马口鱼 *O. acutipinnis*

53. 马口鱼 *Opsariichthys bidens* Günther, 1873

Opsariichthys bidens Günther, 1873: 249 (上海); 张鹗等, 1996: 6 (赣东北); 王子彤和张鹗, 2021: 1264 (赣江).

Opsariichthys uncirostris bidens: Kreyenberg & Pappenheim, 1908: 100 (长江); 邹多录, 1982: 51 (赣江); 郭治之和刘瑞兰, 1983: 13 (信江); 刘世平, 1985: 69 (抚河); 郭治之和刘瑞兰, 1995: 224 (鄱阳湖、赣江、抚河、信江、饶河和修水，以及长江干流和东江源—寻乌水).

Opsariichthys uncirostris: 郭治之等, 1964: 123 (鄱阳湖).

【俗称】马口、扯口婆、红车公、红师鲃、桃花鱼、山鳇。

检视样本数为 55 尾。样本采自鄱阳、湖口、新建、宜黄、临川、广昌、南丰、黎川、会昌、兴国、石城、宁都、龙南、信丰、南康、大余、上犹、于都、瑞金、遂川、安福、永新、吉安、泰和、袁州、新余、高安、宜丰、万载、樟树、修水、靖安、萍乡、莲花和寻乌。

【形态描述】背鳍 3，6～7；胸鳍 1，14；腹鳍 1，8；臀鳍 3，7～9。侧线鳞 $47 \frac{8 \sim 10}{4 \sim 5} 48$。

体长为头长的 3.2～3.8 倍，为体高的 3.1～3.8 倍，为尾柄长的 6.1～7.5 倍，为尾柄高的 9.8～10.8 倍。头长为吻长的 2.7～3.0 倍，为眼径的 5.6～6.8 倍，为眼间距的 2.6～2.8

倍。尾柄长为尾柄高的 1.6 ～ 2.1 倍。

体延长而侧扁。头尖，中等大，头长略大于体高。吻钝。口大，端位，向上倾斜。上下颌两侧边缘呈波浪状，正好嵌合，下颌前端突起。眼小，位于头侧上方，近吻端。鳃耙短，排列稀疏。鳞中等大，略圆。侧线完全，前部向下弯曲，后达尾鳍基中央。下咽齿顶端呈钩状。腹膜银白色，有较多黑点。鳔 2 室，后室长，末端尖。肠稍短，仅为体长的 0.59 ～ 0.77 倍。

背鳍起点距吻端和尾鳍基部相近，约与腹鳍基部起点相对。胸鳍末端尖，未达腹鳍。腹鳍稍圆，未达臀鳍，起点距胸鳍较臀鳍起点远。臀鳍起点距腹鳍较尾鳍基近，其前部 1 ～ 4 根分支鳍条后伸可达尾鳍基部。尾鳍叉形。肛门在臀鳍起点之前。

【体色式样】背部灰蓝色，腹部银白色，体侧有 10 余条蓝绿色垂直条纹，但互不融合。背鳍和臀鳍间膜上有蓝黑色小斑点。其他各鳍橘黄色。眼上方有 1 块红色斑点。在繁殖期间，雄鱼头部和臀鳍有显著珠星，鱼体出现鲜艳的婚姻色；雌鱼保持素色，无珠星。

【地理分布】鄱阳湖及其入湖支流如赣江、抚河、信江、饶河和修水，以及长江干流、萍水河和寻乌水。

【生态习性】喜栖息于江河、湖泊、水库及砂石底质的溪流环境中，为小型经济鱼类。繁殖期为 4 ～ 6 月。最小性成熟年龄为 1 龄。肉食性鱼类。幼鱼以浮游动物为食，成鱼捕食小鱼、小虾及其他无脊椎动物。

马口鱼 *Opsariichthys bidens* Günther, 1873

54. 尖鳍马口鱼 *Opsariichthys acutipinnis* (Bleeker, 1871)

Opsariichthys acanthogenys Boulenger, 1901: 269 (中国宁波).

Zacco platypus: 陈宜瑜等, 1998: 41 (江西九江).

近年未采集到鲜活样本，依据原始记录和馆藏标本进行描述。

【形态描述】背鳍 3，6 ～ 7；胸鳍 1，14；腹鳍 1，8；臀鳍 3，9 ～ 10。侧线鳞 $45\dfrac{8\sim9}{4}49$。

体长为头长的 3.2 ～ 4.2 倍，为体高的 3.1 ～ 4.0 倍。头长为吻长的 3.0 ～ 3.3 倍，为眼径的 4.0 ～ 4.8 倍，为眼间距的 2.9 ～ 3.3 倍。尾柄长为尾柄高的 1.6 ～ 2.0 倍。

体长而侧扁，纺锤形，背部较圆。头中等大，顶部较平。吻钝。口端位。口裂大，向上倾斜。下颌末端后延达眼中部正下方，下颌前端正中无突起，上颌前端无凹陷。无须。鼻距眼前缘近，前后鼻孔相邻。眼小，侧上位。鳞较大。侧线完全，前部向下弯曲，向后延伸至尾鳍基中央。鳔分 2 室，后室长，末端尖；肠长度约等于体长。腹膜银白色，上有许多黑点。

背鳍起点在吻端与尾鳍基部中间或稍近于前方。胸鳍末端尖；雄性胸鳍向后可达腹鳍起点，雌鱼胸鳍末端不达腹鳍起点。腹鳍稍圆；雄性腹鳍末端达或超过臀鳍，雌鱼腹鳍末端不达臀鳍起点。雄性臀鳍宽大，延伸超过尾鳍基部；雌鱼臀鳍较短小。尾鳍叉形，下叶长。肛门在臀鳍起点之前。

【体色式样】背部灰蓝色，腹部银白色，眼上方有 1 块红色斑点。雄性体侧有 10 ～ 14 条蓝绿色垂直条纹，胸鳍、腹鳍和臀鳍橘黄色。雌性体侧有 11 ～ 14 条暗色垂直条纹。繁殖期雄性头部、臀鳍上有粗大珠星，鱼体出现鲜艳的婚姻色。雌鱼保持素色，无发达的珠星。

【地理分布】赣江。

【生态习性】喜栖息于砂石底质的流速大的环境中。性凶猛，贪食。繁殖期为 3 ～ 6 月。成鱼捕食小鱼、小虾及其他无脊椎动物。

尖鳍马口鱼 *Opsariichthys acutipinnis* (Bleeker, 1871)

30）青鱼属 *Mylopharyngodon* Peters, 1880

【模式种】*Leuciscus aethiops* Basilewsky, 1855 = *Mylopharyngodon piceus* (Richardson, 1846)

【鉴别性状】口端位，上颌略长于下颌。无须。下咽齿 1 行，呈臼齿状。侧线完全。鳞较大。背鳍无硬刺，具 7～8 根分支鳍条。臀鳍中等长，具 8～9 根分支鳍条。尾鳍分叉浅，上下叶末端钝。

【包含种类】本属江西有 1 种。

55. 青鱼 *Mylopharyngodon piceus* (Richardson, 1846)

Leuciscus piceus Richardson, 1846: 298 (广州); Bleeker, 1871a: 45 (长江).

Myloleucus aethiops: Günther, 1873: 247 (江西九江).

Mylopharyngodon aethiops: Rendahl, 1928: 54 (江西九江).

Mylopharyngodon piceus: 郭治之等, 1964: 123 (鄱阳湖); 湖北省水生生物研究所鱼类研究室, 1976: 93 (鄱阳湖湖口); 郭治之和刘瑞兰, 1983: 13 (信江); 刘世平, 1985: 69 (抚河); 郭治之和刘瑞兰, 1995: 224 (鄱阳湖及其入湖支流如赣江、抚河、信江、饶河和修水, 以及东江源—寻乌水); 张鹗等, 1996: 6 (赣东北); 王子彤和张鹗, 2021: 1264 (赣江).

【俗称】青鲩、螺蛳青、乌草、黑鲩、乌鲩、钢青。

检视样本数为 46 尾。样本采自鄱阳、余干、都昌、庐山、湖口、永修、新建、兴国、宁都、遂川、吉州和新余。

【形态描述】背鳍 3，7; 胸鳍 1，16～18; 腹鳍 2，8; 臀鳍 3，8～9。侧线鳞 $39\frac{6}{4～5}44$。

体长为体高的 3.3～4.1 倍，为头长的 3.4～4.4 倍，为尾柄长的 6.8～8.6 倍，为尾柄高的 6.3～7.9 倍。头长为吻长的 3.4～4.6 倍，为眼径的 5.1～8.8 倍，为眼间距的 2.0～2.6 倍，为尾柄长的 1.7～2.2 倍，为尾柄高的 1.7～2.1 倍。尾柄长为尾柄高的 0.8～1.1 倍。

体延长，略呈柱状。头中等大，略尖。吻短钝且尖，吻长与颊部宽度相近。口端位，弧形。上颌稍长于下颌，后伸达眼前缘下方。鼻孔近眼前缘下方。眼中等大，在头部正中两侧。鳃孔大，前伸达前鳃孔后缘下方。鳃耙短细，排列稀疏。鳞大，圆形。侧线完全，稍作弧形，后伸达尾鳍基中央。下咽齿短粗，呈臼状，齿面光滑。腹膜呈灰黑色。鳔 2 室，前室短，后室较长。肠长盘曲，为全长的 1.2～2.0 倍。脊椎骨 37～40。

背鳍短且无硬刺，起点距吻端和尾鳍基部相近。胸鳍短，末端钝，未达腹鳍。腹鳍起点在背鳍起点下方。臀鳍后伸未达尾鳍基部。尾鳍叉形，上下叶等长，末端圆钝。肛门近臀鳍前方。

【体色式样】体青黑色，背部较深，腹部灰白色。各鳍黑色。

【地理分布】鄱阳湖及其入湖支流如赣江、抚河、信江、饶河和修水，以及东江源—寻乌水。

【生态习性】底层鱼类，栖息于江河、湖泊等中下层。生长迅速，1 龄体重 0.5～1 kg; 2 龄 1.5～2.5 kg; 3 龄达 3.5～4 kg; 4～5 龄达 10～15 kg。具江湖洄游习性，产漂流性卵。主食螺类、蚌、蚬等软体动物，兼食水生昆虫幼虫和虾类等水生动物。

青鱼 *Mylopharyngodon piceus* (Richardson, 1846)

31）草鱼属 *Ctenopharyngodon* Steindachner, 1866

【模式种】*Ctenopharyngodon laticeps* Steindachner, 1866

【鉴别性状】腹部圆，无腹棱。口大，下颌稍短。无须。侧线完全，浅弧形下弯，入尾柄升至体侧中线。背鳍无硬刺，具7根分支鳍条，起点稍前于腹鳍起点。臀鳍无硬刺，具7～8根分支鳍条，起点距尾鳍基较距腹鳍起点为近。鳃盖膜与峡部相连。鳃耙短小。下咽齿2行，主行齿侧扁，梳状。

【包含种类】本属江西有1种。

56. 草鱼 *Ctenopharyngodon idella* (Valenciennes, 1844)

Leuciscus idella Valenciennes in Cuvier & Valenciennes, 1844: 362 (中国).

Ctenopharyngodon idellus: Günther, 1888: 429 (长江); Rendahl, 1928: 54 (江西); Kimura, 1934: 51 (江西); 郭治之等, 1964: 123 (鄱阳湖); 湖北省水生生物研究所鱼类研究室, 1976: 98 (鄱阳湖湖口); 邹多录, 1982: 51 (赣江); 郭治之和刘瑞兰, 1983: 13 (信江); 刘世平, 1985: 69 (抚河); 郭治之和刘瑞兰, 1995: 224 (鄱阳湖、赣江、抚河、信江、饶河、修水和寻乌水).

Ctenopharyngodon idella: 伍献文等, 1964: 13 (长江); 张鹗等, 1996: 6 (赣东北); 王子彤和张鹗, 2021: 1264 (赣江).

【俗称】鲩鱼、草鲩、白鲩、混子。

检视样本数为44尾。样本采自鄱阳、余干、都昌、庐山、湖口、永修、新建、弋阳、兴国、遂川、安福、广昌和南丰。

【形态描述】背鳍3, 7; 胸鳍1, 16～18; 腹鳍2, 8; 臀鳍3, 8～9。侧线鳞 $38\frac{6}{5～6}44$。

体长为体高的3.4～4.3倍，为头长的3.7～4.7倍，为尾柄长的7.4～7.9倍，为尾柄高的6.8～8.2倍。头长为吻长的3.1～4.1倍，为眼径的5.3～7.9倍，为眼间距的1.7～1.9

倍。尾柄长为尾柄高的 0.8 ～ 1.2 倍。

体延长，扁圆形，前部圆柱形，后部略侧扁。头中等大，眼前部稍扁平。吻短而宽钝，吻长较眼径略大。口端位，弧形。上颌较下颌稍突出，后端伸达鼻孔下方。鼻孔近眼前缘上方。眼适中，侧位，眼间距等于或稍大于眼后头长。鳃耙短小，排列稀疏；鳃孔大，鳃盖膜连于峡部。鳞大，圆形。侧线完全，体中部稍弯，延伸达尾柄中央。下咽齿内行较外行发达，齿形侧扁，齿冠倾斜，呈梳状。腹膜灰黑色。鳔 2 室，后室较前室长。肠盘曲，其长为全长的 2.3 ～ 3.3 倍。脊椎骨 40 ～ 42。

背鳍外缘平直，基部略短，无硬刺，起点与腹鳍起点相对，近吻端。胸鳍末端钝，未达腹鳍。腹鳍短，末端未达肛门。臀鳍末端伸达尾鳍基。尾鳍叉形，上下叶等长，叶端钝。肛门紧接臀鳍前。

【体色式样】体茶黄色，背部青灰色，腹部灰白色，胸、腹鳍带灰黄色，其余各鳍较淡。

【地理分布】鄱阳湖及其入湖支流如赣江、抚河、信江、饶河和修水，以及东江源—寻乌水。

【生态习性】生活于江河湖泊和水库中的水体中下层，有江湖洄游习性，是我国四大重要养殖鱼之一，具有重大经济效益。生长迅速。性成熟个体年龄一般为 4 龄，繁殖期为 3 ～ 6 月，在江河流水中产卵，卵浮性。草食性鱼类。以高等水生植物为食。

草鱼 *Ctenopharyngodon idella* (Valenciennes, 1844)

32）赤眼鳟属 *Squaliobarbus* Günther, 1868

【模式种】*Leuciscus curriculus* Richardson, 1846 = *Squaliobarbus curriculus* (Richardson, 1846)

【鉴别性状】背、腹轮廓线平直，无腹棱。口端位，口裂稍斜。须短小，2 对。下咽齿 3 行。侧线完全。背鳍短，无硬刺，起点稍前于腹鳍，具 7 ～ 8 根分支鳍条。臀鳍短，具 7 ～ 8 根分支鳍条。

【包含种类】本属江西有 1 种。

57. 赤眼鳟 *Squaliobarbus curriculus* (Richardson, 1846)

Leuciscus curriculus Richardson, 1846: 299 (广州).

Squaliobarbus curriculus: 郭治之等, 1964: 123 (鄱阳湖); 伍献文等, 1964: 52 (鄱阳湖); 湖北省水生生物研究所
鱼类研究室, 1976: 89 (鄱阳湖); 郭治之和刘瑞兰, 1983: 13 (信江); 刘世平, 1985: 69 (抚河); 郭治之和刘
瑞兰, 1995: 224 (鄱阳湖、赣江、抚河、信江、饶河和修水, 以及长江干流); 张鹗等, 1996: 6 (赣东北);
王子彤和张鹗, 2021: 1264 (赣江).

【俗称】红眼草鱼、野草鱼、红眼鱼、红眼棒。

检视样本数为 70 尾。样本采自鄱阳、余干、都昌、庐山、湖口、永修、新建、广昌、南丰、
临川、崇仁、遂川、安福、泰和、峡江、袁州、新余和樟树。

【形态描述】背鳍 3, 7 ~ 8; 胸鳍 1, 14 ~ 16; 腹鳍 2, 8; 臀鳍 3, 8 ~ 9。侧线鳞
$41 \dfrac{6 \sim 7}{3 \sim 4} 47$。

体长为头长的 4.0 ~ 4.9 倍, 为体高的 4.0 ~ 5.0 倍, 为尾柄长的 6.1 ~ 7.4 倍, 为尾柄
高的 7.9 ~ 9.2 倍。头长为吻长的 2.9 ~ 3.8 倍, 为眼间距的 2.0 ~ 2.8 倍, 为眼径的 4.3 ~ 6.7
倍。尾柄长为尾柄高的 1.2 ~ 1.5 倍。

体长筒形, 外形酷似草鱼。头锥形。吻钝, 吻长较眼径略大。口端位, 口裂宽, 弧
形。上下颌等长或稍长, 上颌骨伸达鼻孔下方。鼻孔近眼端, 距吻端更远。眼侧位, 位
于头前半部。鳃耙短, 末端尖, 排列稀疏; 鳃孔宽; 鳃盖膜连于峡部。体被中大圆鳞。侧
线完全, 伸达尾鳍基中央。下咽骨短宽, 稍呈弓形; 下咽齿基部粗, 顶端稍呈勾形。腹膜
黑色。鳔 2 室, 前室短粗, 后室尖长, 为前室的 2.5 倍; 肠长盘曲, 其长为体长的 1.2 ~
1.5 倍。

赤眼鳟 *Squaliobarbus curriculus* (Richardson, 1846)

背鳍外缘平直，基部稍短，无硬刺，起点与腹鳍相对或靠前，距吻端较尾鳍基略近。胸鳍短，三角形，未达腹鳍。腹鳍基距胸鳍基和臀鳍起点相近。臀鳍短，距腹鳍基较尾鳍基较远。尾鳍深分叉，上下叶几乎等长。肛门紧靠臀鳍起点。

【体色式样】背部灰黄带青绿色，体侧银白色，腹部白色。背鳍、尾鳍灰黑色，尾鳍有 1 条黑色边缘，其余鳍灰白色。侧线鳞片基部带 1 黑斑，形成纵纹。眼上缘有 1 明显红斑。

【地理分布】鄱阳湖及其入湖支流如赣江、抚河、信江、饶河和修水，以及长江干流。

【生态习性】栖息于河流中下游广阔的水体及湖泊中下层。生长缓慢。2 龄成熟，繁殖期为 6 ～ 8 月，盛产期为 7 月，有集群现象。在水草水域产卵，卵沉性，浅绿色。杂食性，以藻类和水草为主食，兼食水生昆虫、小鱼、虾、底栖软体动物和有机碎屑等。

33）鳡属 *Ochetobius* Günther, 1868

【模式种】*Opsarius elongatus* Kner, 1867 = *Ochetobius elongatus* (Kner, 1867)

【鉴别性状】体细长，呈圆筒形。头小，稍尖。口小而端位；无须。鳞较小，侧线完全。鳃耙长而密。下咽齿 3 行。背鳍无硬刺，约位于体的中部，具 9 ～ 10 根分支鳍条。臀鳍具 9 ～ 10 根分支鳍条。尾鳍深分叉。

【包含种类】本属江西有 1 种。

58. 鳡 *Ochetobius elongatus* (Kner, 1867)

Opsarius elongatus Kner, 1867: 358 (上海).

Agenigobio halsoueti Sauvage, 1878: 87 (江西鄱阳湖).

Ochetobius elongatus: 郭治之等, 1964: 123 (鄱阳湖); 伍献文等, 1964: 44 (鄱阳湖); 湖北省水生生物研究所鱼类研究室, 1976: 91 (鄱阳湖); 郭治之和刘瑞兰, 1983: 13 (信江); 刘世平, 1985: 69 (抚河); 张鹗等, 1996: 6 (赣东北); 王子彤和张鹗, 2021: 1264 (赣江).

【俗称】笔杆刁、粗笔刁、刁子、刁杆、麦穗刁、莲花条、香花鳡、钻心鳡、银鳡、长鳡。检视样本数为 34 尾。样本采自都昌、新建和峡江。

【形态描述】背鳍 3，9；胸鳍 1，16；腹鳍 2，9；臀鳍 3，9 ～ 10。侧线鳞 $66\frac{9}{4}68$。

体长为体高的 5.6 ～ 7.4 倍，为头长的 4.4 ～ 5.6 倍，为尾柄高的 12.8 ～ 15.5 倍，为尾柄长的 5.7 ～ 7.2 倍。头长为吻长的 3.2 ～ 4.0 倍，为眼径的 4.2 ～ 7.6 倍，为眼间距的 2.8 ～ 2.9 倍。尾柄长为尾柄高的 1.9 ～ 2.6 倍。

体细长，稍侧扁，腹部圆，整体呈圆杜形。头短小。吻突出，略呈圆锥形。口端位。口裂斜，上颌后端可达鼻孔与眼前缘之间的下方。无须。眼较大，侧上位。眼间距稍突起。鼻孔 1 对，较大，中间有瓣膜隔开。鳃膜与峡部分离。鳃耙细长而尖。鳞小。侧线完全，较平直，沿体侧中部延伸至尾鳍基正中。腹鳍基部有 1 大型腋鳞。下咽齿光滑阔大，末端稍呈钩状，齿面有沟纹。腹膜银白色。鳔 2 室，后室长，约为前室的 4 倍。肠短，其长仅为体长的 0.59 ～ 0.71 倍。

背鳍外缘微凹，无硬刺，起点在吻端和尾鳍基中间或靠前，约与腹鳍起点相对。胸鳍短小，末端尖，伸达胸腹鳍起点中间。腹鳍短小，腹鳍起点与背鳍起点约相对。臀鳍短，起点距尾鳍基较腹鳍基近。尾鳍深分叉，两叶末端尖且几乎等长。肛门紧靠臀鳍。

【体色式样】背部深灰色，腹部银白色，背鳍、臀鳍、尾鳍略带黄色。

【地理分布】鄱阳湖、赣江、信江、抚河。

【生态习性】栖息于江河湖泊敞水区中下层。有洄游习性，7 ～ 9 月摄食育肥，繁殖季节溯河洄游。繁殖期为 4 ～ 6 月，在急流中产卵，卵为漂流性。以枝角类为主食，兼食小鱼、小虾。

鳡 *Ochetobius elongatus* (Kner, 1867)

34）鳡属 *Luciobrama* Bleeker, 1870

【模式种】*Luciobrama typus* Bleeker, 1871 = *Luciobrama macrocephalus* (Lacepède, 1803)

【鉴别性状】体长，稍侧扁，腹部圆，无腹棱。头尖长，前部呈鸭嘴形，后部侧扁。吻略平扁。眼中大，上侧位，位于头的前半部。口上位，斜裂。上颌短于下颌，上颌骨伸达眼前缘下方。无须。体被细小圆鳞。侧线完全，弧形下弯，后部行于尾柄中央。背鳍无硬刺，具 8 根分支鳍条，起点后于腹鳍起点。臀鳍无硬刺，具 9 ～ 11 根分支鳍条，起点距尾鳍基较距腹鳍基为近。胸、腹鳍均短小。尾鳍深分叉。鳃盖膜与峡部相连。鳃耙短小。下咽齿 1 行，齿细长，末端略弯。鳔大，2 室，后室较长。腹膜银白色。

【包含种类】本属江西有 1 种。

59. 鳡 *Luciobrama macrocephalus* (Lacepède, 1803)

Synodus macrocephalus Lacepède, 1803: 320 (中国).

Luciobrama typus Bleeker, 1871a: 51 (长江).

Luciobrama macrocephalus: Bleeker, 1871b: 89 (长江); Rendahl, 1928: 59 (长江); 伍献文等, 1964: 21 (江西); 郭治之等, 1964: 123 (鄱阳湖); 湖北省水生生物研究所鱼类研究室, 1976: 90 (鄱阳湖); 郭治之和刘瑞兰, 1983: 13 (信江); 刘世平, 1985: 69 (抚河); 郭治之和刘瑞兰, 1995: 224 (鄱阳湖及其入湖支流如赣江、抚河、信江); 张鹗等, 1996: 6 (赣东北); 王子彤和张鹗, 2021: 1264 (赣江).

【俗称】吹火筒、尖头鳡、马头鲸、鸭嘴鲸、马脑鲸、长头鳡、尖头鳡、喇叭鱼。

检视标本数为29尾。近年未采集到鲜活样本，依据原始记录和馆藏标本进行描述。

【形态描述】背鳍3，8；臀鳍3，10～11；胸鳍1，14～16；腹鳍2，8～9。侧线鳞 $150\dfrac{21\sim26}{10\sim12}152$。

体长为体高的5.9～7.3倍，为头长的3.1～3.5倍，为尾柄长的7.9～9.8倍，为尾柄高的13.6～15.5倍。头长为吻长的4.9～5.3倍，为眼径的11.4～14.1倍，为眼间距的6.1～7.4倍。尾柄长为尾柄高的1.5～1.9倍。

体延长而稍侧扁，略呈圆筒形。头小微尖，长管状。吻长，平扁略似鸭嘴。口上位，口裂斜。下颌较上颌略长，上颌骨伸达眼前缘下方。鼻孔近眼前缘上方。眼小，近吻端；眼间宽平。鳃耙短且少；鳃孔大，伸达鳃盖骨前下方；鳃盖膜连于峡部。体被细小鳞。侧线完全，略呈弧形，伸达尾柄中央。下咽骨狭长，咽齿锥形。腹膜银白色。鳔2室，后室长约为前室的2倍。肠长较体长短，在体腔后半弯曲。

背鳍短，无硬刺，起点距吻端约为尾鳍基距离的2倍。胸鳍短尖，末端距腹鳍距离为胸鳍长的1.5倍。腹鳍在背鳍的前下方，腹鳍长短于胸鳍长，起点距臀鳍起点的距离为腹鳍长的2倍多。臀鳍在背鳍的后下方，起点距腹鳍和尾鳍基相近。尾鳍深分叉，上叶较下叶略短，末端尖。

【体色式样】背部深灰色，体侧及腹部银白色，胸鳍呈淡红色。背鳍、尾鳍灰色，腹鳍、臀鳍浅灰色，尾鳍后缘黑色。

【地理分布】鄱阳湖及其入湖支流如赣江、抚河、信江。

【生态习性】大型凶猛性鱼类，栖息于江湖敞水区中上层。具江湖洄游习性。繁殖期为4～7月，卵浮性，淡黄色。肉食性鱼类，以小型鱼虾类为食。

鳡 *Luciobrama macrocephalus* (Lacepède, 1803)

35）鳡属 *Elopichthys* Bleeker, 1860

【模式种】*Leuciscus bambusa* Richardson, 1845 = *Elopichthys bambusa* (Richardson, 1845)

【鉴别性状】体长而稍侧扁，腹部圆；头长而呈锥形；吻尖长而如喙。口端位，口裂大，下颌前端中央有 1 突起，与上颌中央凹陷相吻合。鳃孔宽大，鳃耙短而稀少。下咽齿 3 行，齿端钩状，咽骨狭长。鳞小，侧线鳞 100 以上。背鳍无硬刺，位于腹鳍后上方，具 9 ～ 10 根分支鳍条。臀鳍具 10 ～ 12 根分支鳍条。尾鳍深分叉，上下叶狭长。

【包含种类】本属江西有 1 种。

60. 鳡 *Elopichthys bambusa* (Richardson, 1845)

Leuciscus bambusa Richardson, 1845: 141 (中国广州).

Scombrocypris styani Günther, 1889: 226 (九江).

Elopichthys bambusa: 郭治之等, 1964: 123 (鄱阳湖); 伍献文等, 1964: 39 (鄱阳湖); 湖北省水生生物研究所鱼类研究室, 1976: 83 (鄱阳湖); 郭治之和刘瑞兰, 1983: 13 (信江); 刘世平, 1985: 69 (抚河); 郭治之和刘瑞兰, 1995: 224 (鄱阳湖、赣江、抚河、信江、饶河和修水); 张鹗等, 1996: 6 (赣东北); 王子彤和张鹗, 2021: 1264 (赣江).

【俗称】横鱼、横杆子、竿鱼、鳡棒、水老虎、齐口鳡、黄口鳡、宽头鳡。

检视样本数为 34 尾。样本采自余干、永修、新建、湖口、峡江。

【形态描述】背鳍 3，9 ～ 10；胸鳍 1，13 ～ 14；腹鳍 1，9；臀鳍 3，9 ～ 11。侧线鳞 $106 \frac{17 \sim 18}{7} 113$。

体长为体高的 5.8 ～ 7.0 倍，为头长的 4.4 ～ 4.5 倍，为尾柄高的 13.4 ～ 13.7 倍，为尾柄长的 5.4 ～ 5.6 倍。头长为吻长的 3.1 ～ 3.7 倍；为眼径的 6.5 ～ 7.3 倍；为眼间距的 3.6 ～ 3.8 倍。尾柄长为尾柄高的 1.7 ～ 2.1 倍。

体延长，稍侧扁，略呈圆柱状。头小，锥形。吻尖，喙状，吻长为眼径的 2.5 ～ 3 倍。口端位，口裂大，口角伸达眼中部下方。上下颌等长，上颌前端缝合处内凹，下颌前端有 1 突起，正好嵌合。鼻孔位于眼前缘下方。眼小，位于头侧上方。鳃耙稀疏，长矛状；鳃孔大；鳃盖膜连于峡部。身被小鳞，腹鳍基部有 2 ～ 3 腋鳞。侧线完全，弧形，伸达尾鳍基中央。下咽齿稍扁，顶端稍弯，钩状。腹膜银白色。鳔 2 室，后室圆且长，末端尖。肠短，为体长的 0.5 ～ 0.6 倍，脊椎骨 49 ～ 50。

背鳍短，起点在腹鳍后，距尾鳍基较吻端近。胸鳍尖，末端与胸鳍和腹鳍基部的距离相近。腹鳍在胸鳍和臀鳍中间。臀鳍外缘内凹，起点距腹鳍和尾鳍相近。尾鳍深分叉，上下叶末端尖形，上叶较下叶略短。肛门紧靠臀鳍起点。

【体色式样】背部灰黑色，腹部银白色，背、尾鳍深灰色，尾鳍后缘颜色较深，颊部及其余鳍黄色。

　　【地理分布】鄱阳湖及其入湖支流如赣江、抚河、信江、饶河和修水，以及长江干流。

　　【生态习性】江湖洄游性鱼类，生活于江河、湖泊敞水区中上层，经济效益较高。繁殖期为 4 ～ 6 月，盛产期为 5 月。在急流中分批产卵，卵为漂流性。肉食性鱼类，以其他鱼类为食，也存在同类相残现象。

鱤 *Elopichthys bambusa* (Richardson, 1845)

36）华鳊属 *Sinibrama* Wu, 1939

　　【模式种】*Chanodichthys wui* Lin, 1932 = *Sinibrama macrops* (Günther, 1868)

　　【鉴别性状】体侧扁而稍高，腹鳍后具腹棱。口端位，口裂稍斜；胸鳍基部腋鳞甚小，呈乳突状；侧线在胸鳍上方和缓向下弯折，一般位于体的下半部或近中部；下咽齿 3 行。鳔 2 室，后室大，末端圆钝。背鳍末根不分支鳍条为硬刺，后缘光滑，具 7 根分支鳍条。臀鳍位于背鳍基后下方，具 18 ～ 26 根分支鳍条。

　　【包含种类】本属江西有 1 种。

61. 大眼华鳊 *Sinibrama macrops* (Günther, 1868)

Chanodichthys macrops Günther, 1868: 326 (台湾).

Sinibrama wui: 陈宜瑜等, 1998: 142 (广西).

Sinibrama wui wui: 邹多录, 1988: 16 (寻乌水); 张鹗等, 1996: 6 (赣东北).

Sinibrama wui polylepis: 郭治之和刘瑞兰, 1983: 13 (信江); 郭治之和刘瑞兰, 1995: 225 (信江).

Sinibrama macrops: 郭治之和刘瑞兰, 1983: 13 (信江); 郭治之和刘瑞兰, 1995: 225 (赣江、抚河、信江、饶河、寻乌水); Xie et al., 2003: 407 (长江); 王子彤和张鹗, 2021: 1264 (赣江).

　　【俗称】圆眼、大眼睛、大眼鳊、圆眼鳊、大眼吊。

　　检视样本数为 54 尾。样本采自弋阳、贵溪、抚州、广昌、崇仁、宜黄、会昌、安远、兴国、石城、宁都、龙南、信丰、南康、于都、遂川、安福、永新、吉州、吉安、泰和、峡江、袁州、新余、高安、万载、修水、靖安、奉新、九江、萍乡和寻乌。

【形态描述】背鳍3，7；胸鳍1，15 ～ 16；腹鳍1，8；臀鳍3，20 ～ 24。侧线鳞 $58\frac{10 \sim 11}{5 \sim 6}62$。

体长为体高的 2.9 ～ 3.8 倍，为头长的 4.3 ～ 4.6 倍，为尾柄长的 7.7 ～ 9.4 倍，为尾柄高的 8.8 ～ 10.0 倍。头长为吻长的 3.2 ～ 3.8 倍，为眼径的 2.5 ～ 3.5 倍，为眼间距的 2.8 ～ 3.4 倍。

体侧扁，略高。头小而尖，侧扁，头长较体高小。吻短钝，吻长较眼径小。口端位，口裂斜。上颌等于或略长于下颌，后端伸达鼻孔下方。鼻孔每侧 2 个。距吻端和眼前缘相近。眼大，眼间距圆凸。鳃耙短小，排列稀疏；鳃孔伸达眼前缘下方；鳃盖膜连于峡部。鳞中等大。侧线完全，前部弧形，后伸达尾柄中央。下咽骨中长，弓形。腹膜银白色，带稀疏黑点。鳔 2 室，后室较长，末端圆钝。肠长盘曲，为体长的 2.0 ～ 2.2 倍。

背鳍具硬刺，起点距吻端和尾鳍基相近。胸鳍短，末端几达腹鳍起点。腹鳍起点在背鳍前，腹鳍长短于胸鳍长，末端几达肛门。臀鳍外缘微凹，起点在背鳍基部末端稍后下方。尾鳍分叉，上下叶等长，末端尖。

【体色式样】背部灰色，体侧及腹部灰白色。除胸腹鳍无色外，各鳍稍带灰黑色。沿侧线上下方的鳞片具暗色斑点。

【地理分布】赣江、抚河、信江、饶河、修水、萍水河和寻乌水。

【生态习性】栖息于溪河岸边水流缓慢的浅水中。繁殖期为 3 ～ 6 月，在水流较急和有砾石底质的浅水区产卵，卵稍带黏性。杂食性。以藻类和小鱼为主食，兼食植物碎屑。

大眼华鳊 *Sinibrama macrops* (Günther, 1868)

37）飘鱼属 *Pseudolaubuca* Bleeker, 1864

【模式种】*Pseudolaubuca sinensis* Bleeker, 1864

【鉴别性状】体侧扁而薄；腹棱自峡部延伸至肛门。口端位，口裂斜，下颌缝合处有 1 突起，与上颌凹陷相吻合。下咽齿 3 行。侧线在胸鳍上方向下弯折，成 1 明显角度，或和缓弯折，无明显角度。背鳍无硬刺，位于腹鳍后上方，具 7 根分支鳍条；臀鳍具 17 ～ 28 根分支鳍条。鳔 2 室，后室长。

【包含种类】本属江西有 2 种。

种的检索表

1（2）侧线鳞 60 以上；侧线在胸鳍上方急剧向下弯折成明显角度；体极扁薄··················银飘鱼 *P. sinensis*

2（1）侧线鳞 60 以下；侧线在胸鳍上方缓慢向下弯折成广弧形；体侧扁··················寡鳞飘鱼 *P. engraulis*

62. 银飘鱼 *Pseudolaubuca sinensis* Bleeker, 1865

Pseudolaubuca sinensis Bleeker, 1864: 29 (中国); 刘世平, 1985: 69 (抚河); 郭治之和刘瑞兰, 1995: 225 (赣江、抚河、信江、饶河、长江干流和鄱阳湖); 张鹗等, 1996: 6 (赣东北); 王子彤和张鹗, 2021: 1264 (赣江).

Parapelecus argenteus Günther, 1889: 227 (江西九江); 郭治之等, 1964: 124 (鄱阳湖); 伍献文等, 1964: 82 (鄱阳湖); 湖北省水生生物研究所鱼类研究室, 1976: 126 (鄱阳湖); 郭治之和刘瑞兰, 1983: 13 (信江).

Parapelecus machaerius Kimura, 1934: 108 (长江流域).

【俗称】飘鱼、马连刀、蓝刀皮、薄鳘、毛叶刀、杨白刀、羊麦刀、鳞刀。

检视样本数为 58 尾。样本采自抚州、遂川、吉州、泰和、峡江、袁州、高安、樟树、鄱阳、余干、都昌、庐山、湖口、永修和新建。

【形态描述】背鳍 3, 7; 胸鳍 1, 13 ～ 14; 腹鳍 1, 8; 臀鳍 3, 24 ～ 26。侧线鳞 $63\frac{8 \sim 10}{2}72$。

体长为体高的 4.1 ～ 5.0 倍，为头长的 4.9 ～ 5.5 倍，为尾柄长的 9.3 ～ 11.2 倍，为尾柄高的 12.6 ～ 14.9 倍。头长为吻长的 3.2 ～ 4.0 倍，为眼径的 3.5 ～ 4.0 倍，为眼间距的 3.3 ～ 4.6 倍。尾柄长为尾柄高的 1.1 ～ 1.4 倍。

体长而侧扁。背部平直。腹缘弧形，腹棱锐薄。头尖而侧扁。口端位，口裂斜，后伸达鼻孔后缘下方。唇薄，下唇褶不连续。上下颌等长，上颌凹陷，下颌中央有 1 凸起，互为吻合。鼻孔位于吻端和眼前缘之间。眼大，眼后缘距吻端距离较眼后头长大。鳃耙短小，排列稀疏；鳃孔宽；鳃盖膜连于峡部。体被中大圆鳞，腋部有 1 腋鳞。侧线完全，在胸鳍上方急剧向下弯折，伸达尾鳍基部。下咽齿尖端呈钩状。腹膜银灰色。鳔 2 室，后室细长，约为前室长的 2 倍，末端尖细。肠弯曲，肠长仅为体长的 0.6 ～ 0.9 倍。

背鳍短小且无硬刺，起点距鳃盖后缘和尾鳍基相等。胸鳍尖长，未达腹鳍。腹鳍短于胸鳍，起点距眼前缘和臀鳍基部后端相近。臀鳍外缘内凹，起点相对于背鳍基部末端。尾鳍深分叉，下叶较上叶稍长，叶端尖。肛门紧接臀鳍前。

【体色式样】体背部灰色，腹部银白色。胸鳍和腹鳍淡黄色，背鳍、臀鳍和尾鳍灰黑色。

【地理分布】长江干流和鄱阳湖，以及入湖支流如赣江、抚河、信江和饶河。

【生态习性】江河、湖泊常见小型鱼类，喜群集于浅水处上层。生长较快，常见体长为

100 ～ 200 mm，最大可达 260 mm。繁殖力强，繁殖期为 5 ～ 7 月。杂食性，主食小鱼虾，兼食甲壳动物、水生昆虫、高等水生植物碎屑和丝状藻类等。

银飘鱼 *Pseudolaubuca sinensis* Bleeker, 1865

63. 寡鳞飘鱼 *Pseudolaubuca engraulis* (Nichols, 1925)

Hemiculterella engraulis Nichols, 1925a: 7 (湖南岳阳).

Parapelecus engraulis: 郭治之等, 1964: 124 (鄱阳湖); 伍献文等, 1964: 83 (长江干流).

Pseudolaubuca engraulis: 湖北省水生生物研究所鱼类研究室, 1976: 127 (鄱阳湖); 郭治之和刘瑞兰, 1995: 225 (鄱阳湖); 张鹗等, 1996: 6 (赣东北); 王子彤和张鹗, 2021: 1264 (赣江).

【俗称】游刁子、蓝片子、大脑壳刁子、蓝刀。

检视样本数为 52 尾。样本采自鄱阳、余干和都昌。

【形态描述】背鳍 3，7; 胸鳍 1，13 ～ 14; 腹鳍 1，8; 臀鳍 3，18 ～ 22。侧线鳞 $45 \frac{9 \sim 10}{2} 50$。

体长为体高的 4.7 ～ 5.2 倍，为头长的 4.0 ～ 4.4 倍，为尾柄长的 7.6 ～ 9.5 倍，为尾柄高的 11.7 ～ 14.5 倍。头长为吻长的 3.5 ～ 3.8 倍，为眼径的 3.9 ～ 4.4 倍，为眼间距的 4.3 ～ 5.0 倍。

体延长而侧扁。头中等大而侧扁。吻稍尖，吻长较眼径大。口端位，口裂斜，后伸达眼前缘下方。上下颌等长，上颌中央凹陷，下颌具 1 突起，互为吻合。鼻孔在吻端和眼前缘之间，近吻端。眼中等大，眼间宽且隆起。鳃耙短小稀疏; 鳃孔大; 鳃盖膜连于峡部。体被中大圆鳞，腋部有 1 腋鳞。侧线完全，前部呈开口向上的广弧形，在臀鳍基后上方上折伸达尾柄中央。下咽齿尖端呈钩状。腹膜银白色。鳔 2 室，后室较长，末端尖细。鳔管粗长，在腹腔内食道后 5 次盘曲后开口入肛门。肠长与体长相近。

背鳍小，无硬刺，起点距眼后缘和尾鳍基最后鳞片相近。胸鳍尖，末端未达腹鳍。腹鳍短于胸鳍，末端未达肛门。臀鳍外缘稍凹，起点在背鳍基部末端后下方。尾鳍深分叉，叶端尖，上叶短于下叶。

【体色式样】体背部青褐色，侧面和腹部银白色。

【地理分布】长江干流和鄱阳湖及其入湖支流如赣江、信江、饶河等。

【生态习性】小型鱼类，生活在水域的中上层，经济效益不大。性成熟年龄为 2 龄，繁殖期为 4～6 月，通常在浅水处缓流产卵。杂食性，以水生昆虫、桡足类、枝角类、藻类等为主食。

寡鳞飘鱼 *Pseudolaubuca engraulis* (Nichols, 1925)

38）似鲚属 *Toxabramis* Günther, 1873

【模式种】*Toxabramis swinhonis* Günther, 1873

【鉴别性状】腹部自胸鳍基部前下方至肛门有腹棱。口端位，口裂斜，上下颌约等长。侧线在胸鳍上方急速向下倾斜，在臀鳍上方又弯而向上行于尾柄正中。下咽齿 2 行。背鳍最后 1 根不分支鳍条为硬刺，后缘具锯齿，具 7 根分支鳍条。臀鳍具 15～19 根分支鳍条。鳔 2 室，后室末端尖形。

【包含种类】本属江西有 1 种。

64. 似鲚 *Toxabramis swinhonis* Günther, 1873

Toxabramis swinhonis Günther, 1873: 250 (中国上海); 湖北省水生生物研究所鱼类研究室, 1976: 103 (鄱阳湖); 刘世平, 1985: 69 (抚河); 郭治之和刘瑞兰, 1995: 225 (赣江、抚河、信江和鄱阳湖).

【俗称】游击子、薄餐、游刁子、薄鳊、史式锯齿鳊。

检视样本数为 43 尾。样本采自鄱阳、吉安、余干、都昌和湖口。

【形态描述】背鳍 3，7；胸鳍 1，13；腹鳍 1，7；臀鳍 3，16～20。侧线鳞 $57\frac{10}{1～2}59$。

体长为体高的 3.8～4.6 倍，为头长的 4.4～5.1 倍，为尾柄长的 6.9～8.7 倍，为尾柄高的 9.8～11.1 倍。头长为吻长的 4.0～4.8 倍，为眼径的 3.0～4.1 倍，为眼间距的 3.5～4.8 倍。尾柄长为尾柄高的 1.5～2.3 倍。

　　体长，极侧扁。头侧扁。吻端和眼上缘在同一水平线上。口端位，口裂斜，口角未达眼前缘。眼大，等于或稍大于吻长。鳃耙细长，排列紧密。体被中大圆鳞。侧线完全，在胸鳍上方急剧下弯，后沿腹侧平缓向上伸达尾鳍基部。腹棱完全，从胸鳍基部前方至肛门。腹膜银白色，具稀疏黑点。鳔2室，后室较大，末端具1细小乳突。肠短，稍短于体长，具2个弯曲。

　　背鳍起点距吻端和尾鳍基相等或稍近尾鳍基，最后1根硬刺后缘有明显锯齿。胸鳍未达腹鳍。腹鳍起点距鼻孔和臀鳍基部末端相等，末端未达肛门。臀鳍在背鳍的后下方。尾鳍深分叉，上叶稍短于下叶。

　　【体色式样】体背部灰褐色，侧面和腹部银白色。尾鳍灰黑色，其余各鳍浅黄色。

　　【地理分布】鄱阳湖及其入湖支流如赣江、抚河、信江。

　　【生态习性】小型淡水鱼，栖息于江河和湖泊敞水区中上层。生长缓慢，3龄鱼一般只有148 mm。性成熟早，一般1龄即达性成熟，繁殖期为6～7月，卵小，卵漂流性。主要摄食枝角类、水生昆虫和藻类。

似鳂 *Toxabramis swinhonis* Günther, 1873

39）鲦属 *Hemiculter* Bleeker, 1860

　　【模式种】*Culter leucisculus* Basilewsky, 1855 = *Hemiculter leucisculus* (Basilewsky, 1855)

　　【鉴别性状】腹棱自胸鳍下方至肛门。口端位。侧线在胸鳍上方急速下弯到体侧下半部，至臀鳍上方向上行入尾柄正中，或自头后平缓下降成深弧形。下咽齿3行。背鳍最后1根不分支鳍条为光滑的硬刺，具7根分支鳍条，起点约位于吻端与尾鳍基的中点。臀鳍无硬刺，具11～19根分支鳍条。鳔2室，后室末端常具乳头状突起。

　　【包含种类】本属江西有2种。

种的检索表

1（2）侧线鳞48以上；侧线在胸鳍上方急剧向下弯折；鳃耙16～20·····················鲦 *H. leucisculus*

2（1）侧线鳞 48 以下；侧线在胸鳍上方平缓下弯；鳃耙 22 ～ 28··············贝氏鲚 *H. bleekeri*

65. 鲚 *Hemiculter leucisculus* (Basilewsky, 1855)

Culter leucisculus Basilewsky, 1855: 238 (中国北京).

Hemiculter leucisculus: 郭治之等, 1964: 124 (鄱阳湖); 吴清江和易伯鲁, 1959: 162 (长江); 伍献文等, 1964: 90 (长江); 湖北省水生生物研究所鱼类研究室, 1976: 93 (鄱阳湖: 湖口); 郭治之和刘瑞兰, 1983: 13 (信江); 刘世平, 1985: 69 (抚河); 邹多录, 1988: 16 (寻乌水); 郭治之和刘瑞兰, 1995: 225 (鄱阳湖、赣江、抚河、信江、饶河、修水、寻乌水); 张鹗等, 1996: 7 (赣东北).

Hemiculter clupeoides: 郭治之等, 1964: 124 (鄱阳湖).

【俗称】白条、鲚子、游刁子、刀片鱼、差鱼、鲚条鱼、青鳞子、蓝刀、青背、鳞刀。

检视样本数为 50 尾。样本采自宜黄、临川、广昌、南丰、会昌、兴国、石城、宁都、信丰、崇义、会昌、瑞金、遂川、安福、吉州、吉安、峡江、袁州、新余、高安、万载、樟树、修水、靖安、奉新、九江、上栗、萍乡、莲花、寻乌、鄱阳、余干、都昌、庐山、湖口、永修和新建。

【形态描述】背鳍 3，7；臀鳍 3，11 ～ 12；胸鳍 1，12 ～ 13；腹鳍 1，8。侧线鳞 $49\frac{8\sim10}{2\sim3}54$。

体长为体高的 4.1 ～ 5.1 倍，为头长的 4.4 ～ 5.1 倍，为尾柄长的 5.5 ～ 7.8 倍，为尾柄高的 10.5 ～ 12.2 倍。头长为吻长的 3.4 ～ 4.6 倍，为眼径的 3.4 ～ 4.3 倍，为眼间距的 3.1 ～ 4.0 倍。尾柄长为尾柄高的 1.1 ～ 1.6 倍。

体长而侧扁。头尖，三角形。吻长较眼径大。口端位，口裂斜。上下颌几近等长。眼后缘距吻端和眼后头长相等或稍近吻端。鳃耙稀疏，粗短尖锐。体被中大圆鳞，薄且易脱落。侧线完全，在胸鳍上方急剧下弯，后沿腹侧平缓伸达臀鳍基部，而后上弯伸达尾鳍基部。下咽骨中长，咽齿圆锥形。腹膜灰黑色。鳔 2 室，后室较长，末端具 1 附属小室。肠较短，具 2 个弯曲，相近或稍短于体长。

背鳍具后缘光滑的末根不分支鳍条，起点距鼻孔和尾鳍基相等。胸鳍尖，末端未达腹鳍。腹鳍短，起点距臀鳍起点和胸鳍起点相等，末端未达肛门。臀鳍外缘微凹，起点在最后 1 根分支鳍条末端正下方。尾鳍深分叉，叶端尖，上叶短于下叶。

鲚 *Hemiculter leucisculus* (Basilewsky, 1855)

【体色式样】背部青灰色，侧面和腹面银白色。尾鳍边缘灰黑色，其余各鳍均为浅黄色。

【地理分布】鄱阳湖、赣江、抚河、信江、饶河、修水、寻乌水和萍水河。

【生态习性】小型鱼类，栖息于流水或静水上层。个体较小，体长一般为 100 ～ 140 mm，大的可达 240 mm。最早性成熟年龄为 1 龄，繁殖期为 5 ～ 7 月，分批产卵，卵黏性。杂食性，食物组成因个体大小而不同。幼鱼以枝角类、桡足类及水生昆虫为食，成鱼则以水生昆虫、水生高等植物为食。

66. 贝氏鳘 *Hemiculter bleekeri* Warpachowsky, 1888

Hemiculter bleekeri Warpachowski, 1888: 20 (长江); 郭治之等, 1964: 124 (鄱阳湖); 郭治之和刘瑞兰, 1983: 13 (信江); 刘世平, 1985: 69 (抚河); 郭治之和刘瑞兰, 1995: 225 (赣江、抚河、信江、饶河和鄱阳湖).

Hemiculter bleekeri bleekeri: 张鹗等, 1996: 7 (赣东北).

Toxabramis argentifer: 郭治之等, 1964: 124 (鄱阳湖).

Pseudohemiculter kinghwaensis: 郭治之和刘瑞兰, 1983: 13 (信江); 郭治之和刘瑞兰, 1995: 225 (赣江、抚河、信江和饶河).

【俗称】油鳘条、油鳘、白条、硬脑壳刁子、刁子、油刁子、短头白鲦、白漂子。

检视样本数为 55 尾。样本采自兴国、赣州、崇义、遂川、吉州、吉安、泰和、峡江、袁州、新余、高安、樟树、新建、靖安、修水、鄱阳、余干、都昌和永修。

【形态描述】背鳍 3，7；臀鳍 3，12 ～ 13；胸鳍 1，12 ～ 13；腹鳍 1，8。侧线鳞 $40\frac{7 \sim 8}{2 \sim 3}47$。

体长为体高的 3.8 ～ 4.9 倍，为头长的 4.3 ～ 4.7 倍，为尾柄长的 6.3 ～ 8.3 倍，为尾柄高的 9.8 ～ 11.1 倍。头长为吻长的 3.5 ～ 4.3 倍，为眼径的 3.5 ～ 4.2 倍，为眼间距的 3.0 ～ 4.0 倍。尾柄长为尾柄高的 1.6 ～ 2.0 倍。

体长而侧扁。头尖。口端位，口裂斜。上颌凹陷，下颌具 1 突起，互为吻合。眼大，等于或稍大于吻长。鳃耙粗短稀疏。体被中大圆鳞，薄且易脱落。侧线在胸鳍上方缓慢下弯，后沿腹侧伸达臀鳍基部后端，而后上折伸达尾鳍基部。腹棱自胸鳍基部至肛门。腹膜深黑色。鳔 2 室，后室长，末端尖细，具 1 小突。肠具 2 个弯曲，肠长为体长的 1.2 ～ 1.3 倍。

贝氏鳘 *Hemiculter bleekeri* Warpachowsky, 1888

　　背鳍具光滑硬刺，起点距吻端较尾鳍基略近。胸鳍未达腹鳍。腹鳍起点距胸鳍起点较臀鳍起点相等或稍近胸鳍，末端未达肛门。尾鳍深分叉，下叶较上叶略长。

　　【体色式样】背部稍带淡灰色，体侧和腹部银白色，各鳍灰白色。

　　【地理分布】鄱阳湖及其入湖支流如赣江、抚河、信江、修水和饶河。

　　【生态习性】小型鱼类。常栖息于河流、湖泊、天然池塘等水体浅水区，行动迅速，喜集群。个体小，数量多，经济效益不大。1龄鱼即性成熟，繁殖期为5～6月。杂食性。主食水生昆虫，兼食昆虫卵、高等水生植物碎屑、枝角类、桡足类和浮游植物。

40）半䱗属 *Hemiculterella* Warpachowski, 1888

　　【模式种】*Hemiculterella sauvagei* Warpachowski, 1888

　　【鉴别性状】腹棱位于腹鳍与肛门之间。口端位，口裂斜，下颌中央有1不显著突起，与上颌缺刻相吻合。侧线完全，在胸鳍上方向下弯行于体侧下半部，至尾柄处又向上弯行入尾柄正中。下咽齿3行。背鳍无硬刺，具7根分支鳍条。臀鳍具11～14根分支鳍条。鳔2室，后室末端呈乳突状。

　　【包含种类】本属江西有2种。

种的检索表

1（2）臀鳍外缘凹入，其最长鳍条长小于基部长；鳃耙7～11……………………半䱗 *H. sauvagei*

2（1）臀鳍外缘截形，其最长鳍条长大于或等于基部长；鳃耙12～15…………伍氏半䱗 *H. wui*

67. 半䱗 *Hemiculterella sauvagei* Warpachowski, 1888

Hemiculterella sauvagei Warpachowski, 1888: 23 (四川西部); 郭治之和刘瑞兰, 1995: 224 (赣江、抚河、信江);
　　王子彤和张鹗, 2021: 1264 (赣江).

　　【俗称】蓝片子、蓝刀皮。

　　检视样本数为41尾。样本采自临川、广昌、安远、兴国、石城、宁都、龙南、信丰、遂川、新余、高安和万载。

　　【形态描述】背鳍3，7；胸鳍1，12；腹鳍1，8；臀鳍8，11～13。侧线鳞 $47\frac{7～8}{1.5～2}54$。

　　体长为体高的4.6～5.0倍，为头长的4.1～4.7倍，为尾柄长的4.3～5.0倍，头长为吻长的3.0～3.2倍，为眼径的3.2～3.5倍，为眼间距的2.8～3.2倍。尾柄长为尾柄高的2.2～2.7倍。

　　体长而侧扁。头尖，头背面平直，背部轮廓成1直线。吻较尖。口端位，口裂斜，后端伸达鼻孔后缘正下方。下颌前端1突起，与上颌凹陷处吻合。鼻孔位于眼前缘上方。眼较大，侧上位。体被中大鳞。侧线在胸鳍上方急剧下弯，在胸腹鳍间成1明显角度。腹鳍基部至肛门有腹棱。腹膜灰黑色。鳔 2 室，后室较长，具乳头状突起。肠长约等于体长。

背鳍末根不分支鳍条柔软，起点距鼻孔和最后鳞片相等。胸鳍末端超过胸腹鳍起点间距的 2/3 处，未达腹鳍起点。腹鳍起点距眼后缘和臀鳍基部末端相等，末端未达肛门。臀鳍起点在最后 1 根分支鳍条末端正下方，未达尾鳍基部。尾鳍深分叉，上叶稍短于下叶。肛门紧靠臀鳍起点。

【体色式样】体背部灰色，腹面及体侧下半部银白色。背鳍、尾鳍和胸鳍呈浅灰色，其余鳍白色。

【地理分布】赣江、抚河和信江。

【生态习性】栖息于江河、湖泊和水库的中上层。个体小，一般个体为 65 ～ 130 mm。繁殖期 3 ～ 6 月，产黏性卵。杂食性。

半鰲 *Hemiculterella sauvagei* Warpachowski, 1888（来源：《中国淡水鱼类原色图集（1）》）

68. 伍氏半鰲 *Hemiculterella wui* (Wang, 1935)

Nicholsiculter wui Wang, 1935: 46 (浙江金华).

Hemiculterella wui: 张鹗等, 1996: 7 (赣东北); 陈宜瑜等, 1998: 173 (湖南); 王子彤和张鹗, 2021: 1264 (赣江).

【俗称】蓝刀、鰲条。

检视样本数为 28 尾。样本采自弋阳、临川、广昌、南城、会昌、安远、兴国、石城、宁都、龙南、瑞金、泰和、袁州、修水、新余、靖安、奉新、萍乡、莲花和寻乌。

【形态描述】背鳍 3，7；胸鳍 1，12；腹鳍 1，8；臀鳍 8，11 ～ 13。侧线鳞 47 ～ 54。

体长为体高的 4.6 ～ 5.0 倍，为头长的 4.1 ～ 4.7 倍，为尾柄长的 4.3 ～ 5.0 倍，头长为吻长的 3.0 ～ 3.2 倍，为眼径的 3.2 ～ 3.5 倍，为眼间距的 2.8 ～ 3.2 倍。尾柄长为尾柄高的 2.2 ～ 2.7 倍。

体长而侧扁。头尖形。吻略尖，较眼径稍长。口端位，口裂斜，后端伸达鼻孔后缘正下方。上下颌等长，下颌中央有 1 突起，与上颌凹陷处吻合。鼻孔每侧 2 个，在吻端和眼前缘之间。眼中等大，眼后缘距吻端较眼后头长远，眼间宽而微凸。鳃孔大，鳃盖膜连于峡部。侧线在胸鳍上方急剧下弯，在腹胸鳍间成明显角度。自腹鳍基部至肛门有腹棱。下咽骨和咽齿尖端都呈钩状。腹膜灰黑色，带黑色小点。鳔 2 室，后室较长，具乳头状突起。肠管具 2 弯曲，其长稍大于体长。

　　鳍无硬刺，起点距吻端远于尾鳍基。胸鳍尖，末端未达腹鳍起点。腹鳍短，起点距眼后缘和臀鳍基部末端距离相等，末端远未达肛门。臀鳍外缘平直，起点在背鳍基部后下方。尾鳍深分叉，上叶较下叶稍短。

　　【体色式样】体背部灰色，腹侧面银白色，背鳍及尾鳍深灰色，其余鳍白色。

　　【地理分布】赣江、抚河、饶河、修水、萍水河和寻乌水。

　　【生态习性】中上层鱼类。个体小。

伍氏半鳘 *Hemiculterella wui* (Wang, 1935)

41）拟鳘属 *Pseudohemiculter* Nichols & Pope, 1927

　　【模式种】*Hemiculter hainanensis* Nichols & Pope, 1927 = *Pseudohemiculter hainanensis* (Boulenger, 1900)

　　【鉴别性状】腹棱自腹鳍基部至肛门。口端位，下颌中央有 1 小突起，和上颌中央的凹陷相吻合。侧线自头后向下倾斜，至胸鳍后端的上方折成与腹部平行，至臀鳍后上方又折而向上，伸入尾柄中央。下咽齿 3 行，尖端钩状。背鳍最后不分支鳍条为后缘光滑的硬刺，具 7 根分支鳍条，臀鳍具 13 ～ 18 根分支鳍条。鳔 2 室，后室较长，末端具乳头状突起。

　　【包含种类】本属江西有 2 种。

种的检索表

1（2）体长为体高的 3.9 ～ 4.4 倍；臀鳍分支鳍条 16 ～ 17；鳃耙 10 ～ 12⋯⋯⋯⋯⋯⋯⋯南方拟鳘 *P. dispar*

2（1）体长为体高的 4.8 ～ 5.2 倍；臀鳍分支鳍条 13 ～ 15；鳃耙 13⋯⋯⋯⋯⋯⋯⋯海南拟鳘 *P. hainanensis*

69. 南方拟鳘 *Pseudohemiculter dispar* (Peters, 1881)

Hemiculter dispar Peters, 1881: 1035 (香港).

Pseudohemiculter dispar: 郭治之和刘瑞兰, 1995: 224 (赣江、抚河、信江和饶河); 王子彤和张鹗, 2021: 1264 (赣江).

【俗称】南方拟白鲦、刁子、白条鱼、白鱼、青鲦、木鲦、蓝刀。

检视样本数为 53 尾。样本采自南丰、会昌、石城、宁都、龙南、信丰、南康、泰和、袁州、新余和万载。

【形态描述】背鳍 3，7；臀鳍 3，16～17；胸鳍 1，14；腹鳍 2，8。侧线鳞 $49\frac{8}{2}52$。

体长为体高的 3.9～4.4 倍，为头长的 4.3～4.7 倍，为尾柄长的 7.0～8.1 倍，为尾柄高的 10.6～11.2 倍。头长为吻长的 2.8～3.3 倍，为眼径的 4.0～4.5 倍，为眼间距的 2.9～3.2 倍。尾柄长为尾柄高的 1.4～1.6 倍。

体长而侧扁。头尖而侧扁，呈等腰三角形。吻尖，吻长较眼径大。口端位，口裂斜，伸达鼻孔后缘下方。上下颌约等长，下颌中央有 1 突起，与上颌中央凹陷相吻合。眼中等大。鳃耙短小稀疏；鳃孔大；鳃盖膜连于峡部。峡部窄。体被中大鳞片。侧线完全，在胸鳍后端急剧下弯折后平行于腹部轮廓；至尾鳍基末端向上折，伸达尾柄中央。下咽骨和咽齿尖端呈钩状。腹膜灰黑色，带有黑色小点。鳔 2 室，后室较长，末端具乳头状突起。

背鳍外缘斜直，起点距吻端和最后鳞片距离相等；末根不分支鳍条为光滑硬刺。胸鳍尖，末端未达腹鳍起点。腹鳍较胸鳍短，末端远未达臀鳍。臀鳍外缘凹入，起点近腹鳍基而稍远尾鳍基。尾鳍深分叉，末端尖，上叶较下叶短。

【体色式样】体背部浅灰色，侧面银白色，尾鳍边缘灰黑色。

【地理分布】赣江、抚河、饶河、信江和修水。

【生态习性】中层鱼类。体型小。繁殖期在 6～7 月。杂食性。常摄取藻类、高等植物碎屑、水生昆虫幼虫及成虫等。

南方拟鲹 *Pseudohemiculter dispar* (Peters, 1881)

70. 海南拟鲹 *Pseudohemiculter hainanensis* (Boulenger, 1900)

Barilius hainanensis Boulenger, 1900: 961 (海南岛五指山).

Pseudohemiculter hainanensis: 郭治之和刘瑞兰, 1995: 224 (寻乌水); 张鹗等, 1996: 7 (赣东北); 王子彤和张鹗,
　　2021: 1264 (赣江).

【俗称】餐条、差鱼、洋餐白条、蓝刀。

检视样本数为 10 尾。样本采自宁都、龙南、信丰、于都、奉新、广昌、宜黄、黎川、崇仁。

【形态描述】背鳍 3，7；腹鳍 1，8；胸鳍 1，13 ～ 15；臀鳍 3，13 ～ 15。侧线鳞 $46\frac{7 \sim 8}{1 \sim 2}48$。

体长为体高的 4.8 ～ 5.2 倍，为头长的 4.1 ～ 4.5 倍，为尾柄长的 5.6 ～ 6.4 倍，为尾柄高的 11.5 ～ 12.8 倍。头长为吻长的 3.0 ～ 3.5 倍，为眼径的 3.2 ～ 3.9 倍，为眼间距的 3.1 ～ 3.6 倍。尾柄长为尾柄高的 1.8 ～ 2.0 倍。

体长而侧扁。头尖。吻尖，吻长较眼径大。口端位，口裂斜，后伸达眼前缘正下方。上颌较下颌略短，后端伸达鼻孔后缘正下方，下颌中央具 1 突起，与上颌凹陷处吻合。眼中等大，眼间宽而微凸。鳃耙短小稀疏；鳃盖膜连于峡部。体被大鳞。侧线完全，在胸鳍后端急剧下弯，后伸达尾柄中央。腹棱不完全，自腹鳍基部至肛门。下咽齿尖端呈钩状。腹膜灰黑色。鳔 2 室，后室长，末端钝圆或具乳头状突起。肠长为体长的 0.9 ～ 1.6 倍。

背鳍后缘光滑，具硬刺，起点距吻端和尾鳍基相等。胸鳍尖，末端未达腹鳍。腹鳍较胸鳍短，末端远未达肛门。臀鳍起点距腹鳍基较尾鳍基近。尾鳍深分叉，下叶较上叶略长。

【体色式样】体背部青灰色，向腹部颜色逐渐变淡，下侧部至腹部呈白色。背鳍和尾鳍淡灰色。胸鳍、腹鳍和臀鳍为白色。

【地理分布】饶河、信江、赣江修水和寻乌水。

【生态习性】多生活于山溪溪流中，生活在水体上层，好集群。个体小。生活在水库的体长可达 200 mm 以上。杂食性。

海南拟餐 *Pseudohemiculter hainanensis* (Boulenger, 1900)

42）鲌属 *Culter* Basilewsky, 1855

【模式种】*Culter alburnus* Basilewsky, 1855

【鉴别性状】腹棱位于胸鳍下方至肛门。口亚上位；下颌突出于上颌之前，口裂近垂直。下咽齿 3 行，齿侧扁，顶端钩状。侧线平直，约位于体侧中央。背鳍末根分支鳍条为光滑的硬刺，具 7 根分支鳍条。臀鳍无硬刺，具 25 ～ 28 根分支鳍条。鳔 3 室。

【包含种类】本属江西有 1 种。

71. 红鳍鲌 *Culter alburnus* Basilewsky, 1855

Culter alburnus Basilewsky, 1855: 236 (华北); 王子彤和张鹗, 2021: 1264 (赣江).

Culter erythropterus: 郭治之等, 1964: 124 (鄱阳湖); 伍献文等, 1964: 113 (长江); 湖北省水生生物研究所鱼类
研究室, 1976: 116 (鄱阳湖: 湖口和波阳); 郭治之和刘瑞兰, 1983: 13 (信江); 刘世平, 1985: 69 (抚河); 郭
治之和刘瑞兰, 1995: 225 (鄱阳湖、赣江、抚河).

【俗称】短尾鲌、翘嘴巴、红梢子、圹鲌子。

检视样本数为 63 尾。样本采自广昌、南丰、兴国、宁都、龙南、瑞金、遂川、安福、吉安、高安、万载、永修、上栗、鄱阳、余干、都昌、湖口、新建、莲花。

【形态描述】背鳍 3, 7; 胸鳍 1, 14 ～ 16; 腹鳍 2, 8; 臀鳍 3, 24 ～ 29。侧线鳞 $62 \frac{11 \sim 12}{5 \sim 6} 66$。

体长为体高的 3.5 ～ 4.3 倍, 为头长的 3.5 ～ 4.5 倍。头长为吻长的 3.3 ～ 4.9 倍, 为眼径的 3.6 ～ 5.6 倍, 为眼间距的 4.0 ～ 5.3 倍。尾柄长为尾柄高的 0.8 ～ 1.1 倍。

体长, 侧扁, 体腹缘弯凸, 在腹鳍基部处则向内凹进, 背缘平直或微凹, 腹棱自胸鳍基部至肛门。头小, 头后背部显著隆起。吻短且钝, 吻长小于等于眼径。口上位, 口裂几乎垂直。无须。下颌突出向上翘, 长于上颌。鼻孔下缘在眼上缘之上。眼大, 侧位。鳃孔向前延伸至眼后缘下方, 鳃盖膜与峡部相连, 峡部窄。鳃耙细长而较坚硬, 排列较密。鳞中大。侧线前部弧形, 后部平直, 伸至尾柄正中。鳔 3 室, 中室最大, 后室极小, 乳头状。肠短, 具 2 个弯曲, 约等于体长。腹膜银白色或银灰色。

背鳍硬刺后缘光滑, 起点在腹鳍起点与臀鳍起点中点的上方, 距尾鳍基较距吻端为近或略相等。胸鳍尖形, 末端接近或刚达腹鳍起点。腹鳍起点稍前于背鳍起点, 距胸鳍起点较距臀鳍起点为近, 短于胸鳍。臀鳍外缘平直或微凹, 起点在背鳍基部后端的后下方。尾鳍分叉深。上叶长于下叶, 末端尖。

【体色式样】体背部银灰色, 侧面和腹部银白色, 体侧上半部每一鳞片的后缘各具 1 黑色小点。背鳍、尾鳍的上叶呈青灰色, 腹鳍、臀鳍和尾鳍的下叶呈浅橙红色。

【地理分布】鄱阳湖及其入湖支流如赣江、抚河、信江、修水和萍水河。

红鳍鲌 *Culter alburnus* Basilewsky, 1855

【生态习性】喜栖息于湖泊或江河水草繁茂缓流区中上层。红鳍鲌生长缓慢,体型较小。3龄性成熟。繁殖期为5～7月;产卵多在水草茂盛静水区。卵黏性,产出后黏附于水草上发育。肉食性;成鱼主要捕食小型鱼类,亦食少量水生昆虫、虾和枝角类等无脊椎动物。幼鱼主要摄食枝角类、桡足类和水生昆虫,常群集在沿岸浅水区觅食。常见食用经济鱼类。

43）原鲌属 *Chanodichthys* Bleeker, 1860

【模式种】*Leptocephalus mongolicus* Basilewsky, 1855 = *Chanodichthys mongolicus* (Basilewsky, 1855)

【鉴别性状】腹棱明显,自腹鳍基部延至肛门。口端位、亚上位或上位。侧线在胸鳍上方未见有显著弯折。背鳍末根不分支鳍条为光滑的硬刺,其起点位于腹鳍起点至臀鳍起点中央的上方。臀鳍基较长,分支鳍条18～30根。下咽齿3行。鳔3室,中室最大,后室细小。

【包含种类】本属江西有4种。

种的检索表

1（2）口上位;口裂几与体垂直;侧线鳞80以上 ···翘嘴原鲌 *C. alburnus*
2（1）口端位或亚上位;口裂斜;侧线鳞80以下
3（4）臀鳍分支鳍条18～22 ···蒙古原鲌 *C. mongolicus*
4（3）臀鳍分支鳍条23～29
5（6）鳃耙22～23;体厚;尾鳍橘红色 ···尖头原鲌 *C. oxycephalus*
6（5）鳃耙20～22;体薄;尾鳍青灰色 ···达氏原鲌 *C. dabryi*

72. 翘嘴原鲌 *Chanodichthys erythropterus* (Basilewsky, 1855)

Culter erythropterus Basilewsky, 1855: 236 (华北).

Culter illishaeformis Bleeker, 1871a: 67 (长江); Günther, 1889: 227 (九江); 郭治之等, 1964: 124 (鄱阳湖); 张鹗等, 1996: 7 (赣东北).

Culter (Erythroculter) erythropterus Kimura, 1934: 101 (九江).

Erythroculter illishaeformis: 湖北省水生生物研究所鱼类研究室, 1976: 119 (鄱阳湖: 湖口和波阳); 郭治之和刘瑞兰, 1983: 14 (信江); 刘世平, 1985: 69 (抚河); 郭治之和刘瑞兰, 1995: 225 (鄱阳湖、赣江、抚河、信江、饶河).

Culter alburnus: 陈宜瑜等, 1998: 188 (长江).

Chanodichthys erythropterus: 王子彤和张鹗, 2021: 1264 (赣江).

【俗称】翘嘴巴、白鱼、翘壳、翘鲌子、白刁。
　　检视样本数为59尾。样本采自临川、南丰、会昌、宁都、于都、遂川、峡江、袁州、新余、高安、万载、修水、奉新、鄱阳、余干、都昌、庐山、湖口、永修和新建。

【形态描述】背鳍3，7；胸鳍1，15～16；腹鳍1，8；臀鳍3，21～24。侧线鳞 $86\dfrac{16\sim19}{6\sim7}93$。

体长为体高的4.6～5.2倍，为头长的3.9～4.7倍，为尾柄长的6.7～7.4倍，为尾柄高的11.3～13.7倍。头长为吻长的2.7～3.5倍，为眼径的3.3～5.4倍，为眼间距的4.0～6.6倍。尾柄长为尾柄高的1.3～1.8倍。

体较长，侧扁，背缘较平直，腹棱自腹鳍基部至肛门。头中大，顶平，头后背部稍隆起。体背平直，腹缘向下微呈弧形。吻钝。口上位，口裂垂直。无须。下颌坚厚，向前突出上翘。下咽齿尖端钩状。眼大，眼间距窄。鳃孔宽大，鳃盖膜与峡部相连，峡部窄。鳃耙稀疏，细长而坚硬。鳞较小。侧线完全，前部浅弧形，后部较平直，纵贯于体侧中部下方。鳔3室，中室最大，后室最小，呈细长圆锥形，伸入尾部肌肉中。肠较短，具2个弯曲，为体长的0.9～1.2倍。腹膜银白色。

背鳍最后1根硬刺强大，后缘光滑；背鳍起点在胸鳍基部和臀鳍起点之间的上方，偏近吻端。胸鳍末端接近腹鳍。腹鳍末端不达肛门。臀鳍长，起点与背鳍基部末端相对。尾鳍深叉，上叶短于下叶，末端尖。

【体色式样】体背部和上侧部为灰褐色，腹部为银白色。各鳍灰色。

【地理分布】鄱阳湖及其入湖支流如赣江、抚河、信江、饶河和修水。

【生态习性】栖息于河流、湖泊及大型水库敞水区中上层。2～3龄性成熟。繁殖期为5～7月，在江河湖泊中均能繁殖，产微黏性卵，先附着于漂浮的水草或其他物体上，易脱落。为凶猛鱼类；幼鱼主要以枝角类等浮游动物为食，成鱼以小型鱼类（如鲚、鳑鲏类、鮈类、鲌类等）为主食。大型食用经济鱼类，肉质鲜美。已人工养殖。

翘嘴原鲌 *Chanodichthys erythropterus* (Basilewsky, 1855)

73. 蒙古原鲌 *Chanodichthys mongolicus* (Basilewsky, 1855)

Leptocephalus mongolicus Basilewsky, 1855: 234 (蒙古和中国满洲里).

Erythroculter mongolicus: 郭治之等，1964: 124 (鄱阳湖)；伍献文等，1964: 100 (鄱阳湖)；湖北省水生生物研究

所鱼类研究室, 1976: 121 (鄱阳湖: 湖口、波阳和都昌); 郭治之和刘瑞兰, 1983: 14 (信江); 刘世平, 1985: 69 (抚河); 郭治之和刘瑞兰, 1995: 225 (鄱阳湖、赣江、抚河、信江、饶河、修水).

Chanodichthys mongolicus: 王子彤和张鹗, 2021: 1264 (赣江).

【俗称】红尾巴、红梢子、尖头红梢、齐嘴红梢。

检视样本数为 67 尾。样本采自兴国、信丰、赣州、于都、吉安、泰和、袁州、樟树、新建、修水、靖安、奉新、鄱阳、余干、都昌和湖口。

【形态描述】背鳍3，7；胸鳍1，14 ～ 16；腹鳍1，8；臀鳍3，18 ～ 21。侧线鳞69 $\frac{13 \sim 16}{6}$ 77。

体长为体高的 4.1 ～ 5.4 倍，为头长的 3.8 ～ 4.3 倍，为尾柄长的 6.7 ～ 8.1 倍，为尾柄高的 10.3 ～ 11.3 倍。头长为吻长的 3.0 ～ 3.4 倍，为眼径的 4.8 ～ 6.9 倍，为眼间距的 3.3 ～ 3.9 倍。尾柄长为尾柄高的 1.0 ～ 1.6 倍。

体延长，侧扁，腹棱自腹鳍基部至肛门。头中大，钝尖，头部背面平坦而倾斜，头后背部斜平，微隆起。吻中长，较尖。口端位，口裂斜，后端伸至鼻孔后缘正下方。下颌稍突出，略比上颌长，中央略圆凸，与上颌中央的圆凹相吻合。鼻孔下缘与眼上缘在一水平线上。眼中等大。下咽齿尖端呈钩状。鳃孔宽，鳃盖膜与峡部相连，峡部窄。鳞小。侧线完全且平直，中间微向腹部弯曲。鳔 3 室，中室最大，后室最小，呈细长圆锥形，向后伸入尾部肌肉中。肠短于或约等于体长。腹膜银白色。

背鳍最后 1 根硬刺粗大，后缘光滑；其起点在吻端与尾鳍基部的中点。胸鳍短，伸达胸、腹鳍间距的 1/2 ～ 2/3 处。腹鳍不达肛门。臀鳍较长，起点在背鳍最后鳍条基部下方之后。尾鳍分叉深。

【体色式样】体上半部浅棕色，下半部和腹部银白色。背鳍灰白色，胸鳍、腹鳍和臀鳍均为浅黄色，尾鳍上叶浅黄色，下叶橙红色。

【地理分布】鄱阳湖及其入湖支流如赣江、抚河、信江、饶河、修水。

【生态习性】生活于河湾、湖泊缓流处中上层。喜集群生活，繁殖期常集聚产卵，冬季

蒙古原鲌 *Chanodichthys mongolicus* (Basilewsky, 1855)

多集中于河流或湖泊的深潭越冬。2 龄达初次性成熟。繁殖期为 5 ～ 7 月，产黏性卵，黏附在石块或其他物体上，但黏性不强，易脱落附着物继续发育。性凶猛。肉食性，主要摄食小鱼、水生昆虫、甲壳类和虾等，也食少量的高等植物。食用经济鱼类，肉质鲜美。幼鱼可作为观赏鱼类。

74. 尖头原鲌 *Chanodichthys oxycephalus* (Bleeker, 1871)

Culter oxycephalus Bleeker, 1871a: 74 (长江); 罗云林, 1994: 47 (长江).

Erythroculter oxycephalus: 郭治之等, 1964: 124 (鄱阳湖); 郭治之和刘瑞兰, 1995: 225 (鄱阳湖).

Erythroculter oxycephoides: 湖北省水生生物研究所鱼类研究室, 1976: 118 (鄱阳湖: 姑塘和都昌); 郭治之和刘
　　瑞兰, 1983: 14 (信江); 郭治之和刘瑞兰, 1995: 225 (鄱阳湖、信江、饶河).

Chanodichthys oxycephalus: 王子彤和张鹗, 2021: 1264 (赣江).

【俗称】鸭嘴红梢。

检视样本数为 12 尾。样本采自新建、都昌和鄱阳。

【形态描述】背鳍 3，7；胸鳍 1，15；腹鳍 1，8；臀鳍 3，26 ～ 29。侧线鳞 $66\frac{14 \sim 15}{6}69$。

体长为体高的 3.0 ～ 3.6 倍，为头长的 4.2 ～ 4.5 倍。头长为吻长的 3.8 ～ 4.2 倍，为眼径的 5.8 ～ 6.6 倍，为眼间距的 3.2 ～ 3.8 倍，为尾柄长的 2.1 ～ 2.3 倍，为尾柄高的 1.9 ～ 2.3 倍。尾柄长为尾柄高的 0.8 ～ 1.0 倍。

体长，侧扁，较厚，头后背部隆起，呈弧形，腹部自腹鳍基后缘至肛门具腹棱，尾柄较高。头稍小，尖形，侧扁。吻较尖。口裂斜，亚上位。无须。下颌略长于上颌。眼中等大，侧上位。眼间宽，微凸，眼间距大于眼径。鳃孔宽，向前约伸至眼后缘下方。鳃盖膜与峡部相连。鳃耙中长，排列较密。咽骨狭长，钩状。咽齿近锥形，末端尖且略呈钩状。鳞较小。侧线完全，约位于体侧中央，前部略呈弧形，后部平直，伸达尾柄中央。鳔 3 室，中室最大，后室细尖。肠短，前后弯曲，肠长短于体长。下腹膜灰白色。

背鳍位于腹鳍基后上方，外缘倾斜，末根不分支鳍条为光滑硬刺；背鳍起点距吻端距离大于距尾鳍基距离。胸鳍较短，尖形，末端延伸不达腹鳍起点。腹鳍位于背鳍的前下方，末端延伸不达臀鳍起点。臀鳍位于背鳍基的后下方，外缘凹，起点距腹鳍基距离小于距尾鳍基距离。尾鳍分叉深，末端尖。

【体色式样】体背侧灰黑色，腹侧银白色，尾鳍橘红色，后缘具窄的黑边。繁殖期时，雄鱼头部、胸鳍条等处存在白色珠星。

【地理分布】鄱阳湖及其入湖支流如赣江、信江和饶河。

【生态习性】喜栖息于湖泊和江河中下层。2 ～ 3 龄即达性成熟。繁殖期为 5 ～ 7 月，产黏性卵，附着于水草上发育。肉食性；幼鱼以浮游动物、昆虫的幼虫为食，成鱼则以小鱼和甲壳类为主要食物。体型较大的食用经济鱼类。

尖头原鲌 *Chanodichthys oxycephalus* (Bleeker, 1871)

75. 达氏原鲌 *Chanodichthys dabryi* (Bleeker, 1871)

Culter dabryi Bleeker, 1871a: 70 (长江).

Culter hypselonotus: Günther, 1889: 219 (江西九江).

Culter dabryi dabryi: 陈宜瑜等, 1998: 195 (长江).

Erythroculter dabryi: 郭治之等, 1964: 124 (鄱阳湖); 湖北省水生生物研究所鱼类研究室, 1976: 124 (鄱阳湖: 都昌); 郭治之和刘瑞兰, 1983: 14 (信江); 刘世平, 1985: 69 (抚河); 郭治之和刘瑞兰, 1995: 225 (鄱阳湖、赣江、抚河、信江).

Chanodichthys dabryi: 王子彤和张鹗, 2021: 1264 (赣江).

【俗称】青梢、青梢鱼、青鳘、戴氏鲌、大眼红鲌。

检视样本数为 62 尾。样本采自临川、南丰、会昌、兴国、宁都、于都、永新、吉州、吉安、泰和、袁州、高安、永修、修水、余干、都昌、庐山、湖口和新建。

【形态描述】背鳍3，7；胸鳍1，14 ～ 16；腹鳍1，8；臀鳍3，24 ～ 30。侧线鳞 $64\frac{14 \sim 16}{6 \sim 7}70$。

体长为体高的 3.6 ～ 4.4 倍，为头长的 3.8 ～ 4.2 倍。头长为吻长的 3.0 ～ 3.9 倍，为眼径的 3.6 ～ 5.9 倍，为眼间距的 3.7 ～ 5.1 倍。尾柄长为尾柄高的 1.0 ～ 1.3 倍。

体长，侧扁。腹棱不完全，自腹鳍基部至肛门，腹鳍基部的腹部稍向内凹。头后背部明显隆起，随个体生长更为显著，头尖较小。吻钝，吻长大于眼径。口次上位，口斜裂，后端伸至鼻孔中点的正下方。无须。下颌稍突出。眼中等大，微凸。鼻孔下缘在眼上缘水平线之下。下咽齿的末端呈钩状。鳃孔宽，鳃盖膜与峡部相连。鳃耙细长而坚硬，排列稀疏。鳞中大。侧线完全，较平直。鳔 3 室，中室最大，呈长圆筒形；后室最小，呈长圆锥形，向后伸入尾部肌肉之中。肠较短，2 个弯曲，略短于体长。腹膜银白色，有少量黑色小点。

背鳍具硬刺，长度短于头长，最长鳍条的长度约等于背鳍基底长的 2 倍；背鳍起点在吻端至尾鳍基的中点，或稍近吻端。胸鳍末端超过或刚达腹鳍的基部。腹鳍起点远在背鳍起点下方之前，距吻端较距臀鳍基部后端为近，末端不达肛门。臀鳍起点在鳃盖后缘至尾基的中点。尾鳍分叉深，下叶稍长于上叶。

【体色式样】体灰黑色，背部色较深，腹部银白色，各鳍均青灰色。

【地理分布】鄱阳湖及其入湖支流如赣江、抚河、修水和信江。

【生态习性】栖息于河流湖泊敞水区中上层，常集群于水草丛生的近岸湖湾中。1 龄鱼可达性成熟。繁殖期为 5 ～ 7 月，6 月中旬为产卵盛期。产黏性卵，附着于水草上发育。肉食性。幼鱼主要以浮游动物为食；成鱼则主要摄食鲚、银鱼等小鱼及虾。食用经济鱼类，体型较大且肉质细嫩。

达氏原鲌 *Chanodichthys dabryi* (Bleeker, 1871)

44）鳊属 *Parabramis* Bleeker, 1864

【模式种】*Abramis pekinensis* Basilewsky, 1855 = *Parabramis pekinensis* (Basilewsky, 1855)

【鉴别性状】腹部自胸鳍下方至肛门有显著腹棱。口端位，口裂小，上颌略长于下颌。下咽齿 3 行。侧线较平直，位于体侧中央。背鳍末根分支鳍条为光滑的硬刺，刺长大于头长，分支鳍条 7 根。臀鳍长，无硬刺，分支鳍条 27 ～ 35 根。鳔 3 室，中室最大，后室小。

【包含种类】本属江西有 1 种。

76. 鳊 *Parabramis pekinensis* (Basilewsky, 1855)

Abramis pekinensis Basilewsky, 1855: 239 (华北).

Chanodichthys pekinensis: Günther, 1889: 227 (九江).

Parabramis bramula Tchang, 1933: 176 (江西南昌).

Parabramis pekinensis: 郭治之等, 1964: 124 (鄱阳湖); 伍献文等, 1964: 115 (长江); 湖北省水生生物研究所鱼类研究室, 1976: 104 (鄱阳湖: 湖口、波阳、都昌和瑞洪); 郭治之和刘瑞兰, 1983: 13 (信江); 刘世平, 1985: 69 (抚河); 郭治之和刘瑞兰, 1995: 225 (鄱阳湖、赣江、抚河、信江、饶河和修水); 张鹗等, 1996: 6 (赣东北); 王子彤和张鹗, 2021: 1264 (赣江).

【俗称】鳊鱼、长身鳊、草鳊。

检视样本数为 100 尾。样本采自吉州、吉安、泰和、新余、万载、新建、鄱阳、余干、都昌、庐山、湖口和永修。

【形态描述】背鳍 3，7；胸鳍 1，16～17；腹鳍 1，8；臀鳍 3，28～33。侧线鳞 $54 \frac{11 \sim 12}{6 \sim 7} 59$。

体长为体高的 2.5～3.0 倍，为头长的 4.8～5.8 倍。头长为吻长的 3.5～4.8 倍，为眼径的 3.5～4.3 倍，为眼间距的 2.4～3.9 倍。尾柄长为尾柄高的 0.6～1.0 倍。

体高而较侧扁，头后背部隆起，呈长菱形，腹棱自胸部至肛门。头小，略尖。吻短钝，吻长大于或等于眼径。口端位，口裂斜。无须。上颌略长于下颌，后端伸至鼻孔的正下方。眼中大，侧位，眼间距宽而隆起。下咽骨呈弓形，宽且短。咽齿侧扁，末端微弯。鳃孔宽大，延伸至前鳃盖骨后缘稍前的下方。鳃耙呈三角形，且短小。鳞片大而圆，不易脱落。侧线直，纵贯于体侧中央，中部稍下弯，向后延伸至尾鳍基。鳔 3 室，中室最大，后室最小，后室呈细长圆锥形，向后深入尾部肌肉中。肠长，在腹腔内作多次盘曲，其长为体长的 2.3～2.8 倍。腹膜灰黑色。

背鳍位于身体最高处，起点在吻端与尾鳍基部的中点。背鳍最后硬刺强大，后缘光滑，第 1 根分支鳍条最长，一般长于头长。胸鳍尖，末端不达腹鳍起点。腹鳍不达肛门。臀鳍长，外缘稍凹，起点位于背鳍基部后端的正下方。尾鳍深分叉，上叶短于下叶，末端尖。

【体色式样】体背部青灰色，略带有绿色光泽，体侧银灰色，腹部银白色。各鳍均镶以灰色边缘。

【地理分布】鄱阳湖及其入湖支流如赣江、抚河、信江、饶河和修水。

【生态习性】中下层鱼类，一般栖息于多水草水体或在静水或流水区生活。一般 2 龄鱼即可性成熟，繁殖期为 5～8 月。分批产卵，卵漂流性。草食性，幼鱼以浮游藻类和浮游动物为食，成鱼以水生维管植物为食，亦食少量藻类、浮游动物和昆虫等。该种鱼已人工养殖，其脂肪丰富，肉味鲜美，为常见的食用鱼类。

鳊 *Parabramis pekinensis* (Basilewsky, 1855)

45）鲂属 *Megalobrama* Dybowski, 1872

【模式种】*Megalobrama skolkovii* Dybowski, 1872

【鉴别性状】体侧扁而高，略呈菱形，腹部自腹鳍至肛门之间有腹棱。头小，侧扁。口端位，上下颌覆盖角质。吻短，圆钝。眼位于头的前半部。鳃耙短小，排列稀。下咽齿 3 行，侧扁。鳞中大。侧线较平直，约位于体侧中央。背鳍第 3 根不分支鳍条为光滑的硬刺，刺强大，具 7 根分支鳍条。臀鳍长，具 24 ～ 32 根分支鳍条。尾鳍分叉。鳔 3 室，后室最小。

【包含种类】本属江西有 2 种。

种的检索表

1（2）背鳍刺长大于头长；上下颌角质发达 ···三角鲂 *M. terminalis*

2（1）背鳍刺长短于头长；上下颌角质不发达 ·····························团头鲂 *M. amblycephala*

77. 团头鲂 *Megalobrama amblycephala* Yih, 1955

Megalobrama amblycephala Yih (易伯鲁), 1955: 116 (湖北梁子湖); 郭治之等, 1964: 124 (鄱阳湖); 湖北省水生
   生物研究所鱼类研究室, 1976: 107 (鄱阳湖); 郭治之和刘瑞兰, 1983: 14 (信江); 刘世平, 1985: 69 (抚河);
   郭治之和刘瑞兰, 1995: 225 (鄱阳湖、赣江、抚河、信江、饶河、寻乌水); 张鹗等, 1996: 6 (赣东北);
   王子彤和张鹗, 2021: 1264 (赣江).

【俗称】鳊鱼、团头鳊、武昌鱼、草鳊。

检视样本数为 38 尾。样本采自鄱阳、余干、都昌、庐山、湖口、永修和新建。

【形态描述】背鳍 3，7; 胸鳍 1，14 ～ 17; 腹鳍 1，8; 臀鳍 3，26 ～ 30。侧线鳞 $52 \frac{11 \sim 12}{7 \sim 8} 56$。

体长为体高的 2.0 ～ 2.4 倍，为头长的 4.0 ～ 4.7 倍。头长为吻长的 3.3 ～ 4.1 倍，为眼径的 3.4 ～ 4.9 倍，为眼间距的 2.0 ～ 2.5 倍。尾柄长为尾柄高的 0.6 ～ 0.9 倍。

体短而高，甚侧扁，全体呈菱形，腹棱自腹鳍基部至肛门。头短而小。吻较圆钝。口端位，口裂较宽。无须。上下颌等长，较为平直，被有较薄的角质边缘。眼较小，眼间距甚宽，呈弧形隆起。下咽骨宽短，弓形。咽齿略侧扁，末端尖，钩状。鳃孔向前延伸至前鳃盖骨后缘的下方。鳃盖膜连于峡部。鳃耙短小，片状。鳞中大。侧线较直，纵贯于体侧中部下方，侧线在胸鳍上方稍向腹部弯曲。尾柄较短，随个体增长，尾柄相对高度增大。鳔 3 室，中室最大，后室短小，伸入尾部肌肉之中。肠长为体长的 2.7 ～ 3.7 倍。腹膜灰黑色乃至深黑色。

背鳍起点在吻端与尾鳍基部的中点，最后 1 根硬刺后缘光滑，其长度一般短于头长。胸鳍末端接近腹鳍起点。腹鳍起点在背鳍起点下方之前，末端不达肛门。臀鳍较长，起点约与背鳍基部末端相对。尾鳍分叉深，上下叶等长，末端稍钝。肛门紧位于臀鳍之前。

【体色式样】体灰黑色，背部和上侧部色较深。体侧每一鳞片的外缘灰黑色，使体侧呈现多条平行的黑色纵纹。

【地理分布】鄱阳湖、赣江、抚河、信江、饶河、修水、寻乌水。

【生态习性】栖息于江河、湖泊敞水区中下层。性温和。性成熟比鲂早，2 龄鱼即达性成熟。繁殖期为 5 ～ 6 月，卵黏性，附着于水草或其他外物上。卵粒淡黄而微绿。草食性。幼鱼阶段主要以枝角类、甲壳动物为食。成鱼则以水生维管植物为主，兼食少量的浮游动物。食用经济鱼类，肉质细嫩。

团头鲂 *Megalobrama amblycephala* Yih, 1955

78. 三角鲂 *Megalobrama terminalis* (Richardson, 1846)

Abramis terminalis Richardson, 1846: 294 (中国广州).

Megalobrama terminalis: 郭治之等, 1964: 124 (鄱阳湖); 湖北省水生生物研究所鱼类研究室, 1976: 109 (鄱阳湖); 郭治之和刘瑞兰, 1983: 13 (信江); 刘世平, 1985: 69 (抚河); 郭治之和刘瑞兰, 1995: 225 (鄱阳湖、赣江、抚河、信江、饶河); 王子彤和张鹗, 2021: 1264 (赣江).

Megalobrama skolkovii: 张鹗等, 1996: 6 (赣东北).

Megalobrama mantschuricus: 王子彤和张鹗, 2021: 1264 (赣江).

【俗称】鳊鱼、三角鳊、乌鳊。

检视样本数为 51 尾。样本采自鄱阳、都昌、永修、庐山、新建、彭泽、吉州、泰和和湖口。

【形态描述】背鳍 3，7；胸鳍 1，17；腹鳍 1，8；臀鳍 25 ～ 30。侧线鳞 50 ～ 58。

体长为体高的 2.0 ～ 2.5 倍，为头长的 3.8 ～ 4.4 倍。头长为吻长的 3.7 ～ 4.2 倍，为眼径的 3.9 ～ 4.9 倍，为眼间距的 2.0 ～ 2.5 倍。尾柄长为尾柄高的 0.7 ～ 1.0 倍。

体高而侧扁，略呈斜方形；腹棱不完全，自腹鳍基到肛门。头小而尖，头长远小于体高。吻短且圆钝，吻长大于等于眼径。口小，端位，口裂呈马蹄形。无须。颌角达于鼻孔的正下方。上下颌盖以较厚的角质。鼻孔位于眼上缘前方。眼大，侧位，略凸；眼间头背圆隆。下咽骨宽短，弓形。咽齿侧扁，末端尖而弯。鳃孔向前延伸至前鳃盖骨后缘下方。鳃盖膜连于峡部。鳃耙短，排列稀疏。鳞中大，背腹部鳞小于体侧鳞。侧线完全，较平直，位于体侧中央。背部高度隆起，背鳍起点处为身体最高处。腹部在腹鳍以前向上倾斜。鳔 3 室，中室最大，后室小且尖。肠长，多次盘曲，约为体长的 2.5 倍。腹膜灰白色。

背鳍不分支鳍条为强大硬刺，最长硬刺一般大于头长；背鳍起点稍后于腹鳍起点。胸鳍末端接近腹鳍。腹鳍接近肛门。臀鳍基较长，臀鳍条由前向后渐短，鳍缘齐整。尾鳍深分叉，上叶稍短于下叶，末端尖。

【体色式样】体背侧青灰色，腹部灰白色。鳞片边缘密集黑点，形成许多网眼状黑圈。鳍条深灰色。

【地理分布】鄱阳湖及其入湖支流如赣江、抚河、信江、饶河、修水，以及东江源—寻乌水。

【生态习性】栖息于江河、湖泊敞水区中下层，喜栖息于水草丛生处。生长较快，3 冬龄鱼即达性成熟。繁殖期为 4 ～ 6 月；于流水环境中产卵。卵为黏性，卵粒淡黄略带红色。草食性；幼鱼以浮游动物为食，成鱼多以水生植物和淡水壳菜、小虾等为食。食用经济鱼类，其脂肪丰富，肉质鲜美。

三角鲂 *Megalobrama terminalis* (Richardson, 1846)

46）鲴属 *Xenocypris* Günther, 1868

【模式种】*Xenocypris argentea* Günther, 1868

【鉴别性状】口下位，下颌前缘有锐薄的角质层；无须；侧线完全；下咽齿 3 行；肛门前方有或长或短的腹棱。背鳍最后 1 根不分支鳍条为光滑的硬刺，分支鳍条 7 根；臀鳍末根不分支鳍条为硬刺，有 8 ～ 14 根分支鳍条。

【包含种类】本属江西有 2 种。

种的检索表

1（2）侧线鳞 54 ～ 64；体长为体高的 3.9 ～ 4.5 倍；新鲜标本鳃盖膜后缘有橘黄色斑，尾鳍灰黑色……
 ………………………………………………………………… 大鳞鲴 *X. macrolepis*

2（1）侧线鳞 63 ～ 68；体长为体高的 3.3 ～ 3.8 倍；新鲜标本鳃盖上有黄色斑，尾鳍黄色… 黄尾鲴 *X. davidi*

79. 大鳞鲴 *Xenocypris macrolepis* Bleeker, 1871

Xenocypris macrolepis Bleeker, 1871a: 53 (中国长江).

Xenocypris argentea: Günther, 1889: 225 (九江); 郭治之等, 1964: 123 (鄱阳湖); 湖北省水生生物研究所鱼类研究室, 1976: 133 (鄱阳湖); 刘世平, 1985: 69 (抚河); 郭治之和刘瑞兰, 1983: 13 (信江); 郭治之和刘瑞兰, 1995: 225 (鄱阳湖、赣江、抚河、信江、饶河); 张鹗等, 1996: 6 (赣东北); 王子彤和张鹗, 2021: 1264 (赣江).

【俗称】银鲹、刁子、水鱼密子、白尾、菜包子。

检视样本数为 57 尾。样本采自贵溪、会昌、宁都、龙南、于都、遂川、永新、吉州、峡江、袁州、新余、高安、樟树、奉新、永修、上栗、寻乌、鄱阳、都昌、湖口和新建。

【形态描述】背鳍 3，7；胸鳍 1，13 ～ 15；腹鳍 1，8；臀鳍 3，8 ～ 10。侧线鳞 $54\frac{10 \sim 14}{6 \sim 7}64$。

体长为体高的 3.9 ～ 4.5 倍，为头长的 4.8 ～ 5.2 倍，为尾柄长的 6.0 ～ 7.9 倍，为尾柄高的 9.4 ～ 9.8 倍。头长为吻长的 2.8 ～ 3.4 倍，为眼径的 3.8 ～ 5.0 倍，为眼间距的 1.8 ～ 2.7 倍，为尾柄长的 1.2 ～ 1.6 倍，为尾柄高的 1.8 ～ 2.0 倍。体高为尾柄高的 2.3 ～ 2.7 倍。尾柄长为尾柄高的 1.2 ～ 1.6 倍。

体长，侧扁，腹圆，腹棱不明显，或仅在肛门前可见。头较小。吻钝。口下位，横裂。上颌边缘光滑，下颌前缘稍有角质薄锋。口角无须。鼻孔位于眼前缘与吻端中间。眼侧位，近吻端，眼间距宽。下咽齿主行侧扁，齿尖钩状。鳃膜与峡部相连。鳃耙较短，三角形，排列紧密。鳞较大，腹鳍基部有 1 较大腋鳞。侧线完全，略呈弧形，在胸鳍上方略下弯，后延至尾柄正中。鳔 2 室，前室短，后室长，后室长约为前室长的 2 倍。肠为体长的 1.5 ～ 5.0 倍，盘曲状。腹膜黑色。

背鳍末根不分支鳍条为粗壮的硬刺，起点大体与腹鳍起点相对，近吻端。胸鳍略尖，末端不达腹鳍起点。腹鳍起点约在胸鳍起点至臀鳍起点中央。臀鳍起点在背鳍后，在腹鳍基部与尾鳍基部中央。尾鳍叉形，上下叶等长。肛门位于臀鳍起点前。

【体色式样】体银白色，背部灰黄褐色或灰黑色，各背、尾鳍灰黑色，其余各鳍淡黄色或浅灰黄色。

【地理分布】鄱阳湖及其入湖支流如赣江、抚河、信江、饶河、修水、萍水河和寻乌水。

【生态习性】底层鱼类，栖息于河流中下游或湖泊缓流处。2龄个体可达性成熟。初夏开始繁殖，每当雨后河水暴涨，鱼群就逆流而上至溪急滩产卵。卵漂流性。杂食性；以下颌前缘角质边缘刮食岩石上附生的藻类，兼食沉积水底的高等植物碎屑、有机腐屑、轮虫、浮游动物和腐殖质，也食小型甲壳动物和浮游动物。

大鳞鲴 *Xenocypris macrolepis* Bleeker, 1871

80. 黄尾鲴 *Xenocypris davidi* Bleeker, 1871

Xenocypris davidi Bleeker, 1871a: 56 (长江); 郭治之等, 1964: 123 (鄱阳湖); 湖北省水生生物研究所鱼类研究
　　室, 1976: 132 (鄱阳湖); 郭治之和刘瑞兰, 1983: 13 (信江); 刘世平, 1985: 69 (抚河); 邹多录, 1988: 16 (寻
　　乌水); 郭治之和刘瑞兰, 1995: 225 (鄱阳湖、赣江、抚河、信江、饶河、修水、寻乌水).

【俗称】黄尾、黄片、黄姑子、黄尾刁。

检视样本数为46尾。样本采自宁都、南康、泰和、袁州、新建、永修、修水、莲花、鄱阳、余干、都昌、庐山、湖口、永修、新建、南丰、黎川和南城。

【形态描述】背鳍3，7；胸鳍1，15～16；腹鳍1，8；臀鳍3，9～11。侧线鳞 $63\frac{10\sim11}{5\sim6}68$。

体长为体高的3.3～3.8倍，为头长的4.4～5.6倍。头长为吻长的2.7～3.7倍，为眼径的3.6～4.7倍，为眼间距的2.3～2.6倍。尾柄长为尾柄高的1.0～1.5倍。

体长而侧扁，较银鲴为厚；腹部无腹棱或在肛门前有短腹棱。头较小。吻钝。口下位，略呈弧形。无须。下颌前缘存在薄的角质层。鼻孔处于眼的前上部，在吻端至眼前缘的中点。眼较大，侧上位，眼后头长大于吻长。下咽骨较窄，近弧形。下咽齿 3 行，主行齿侧扁，上端有长咀嚼面，末端稍尖；外侧两行咽齿细条状。鳃耙短，扁平，三角形，排列紧密。鳞中大。侧线完全，在胸鳍上方稍下弯，向后伸至尾柄中央。鳔 2 室，后室长约为前室长的 2.3 倍。成鱼肠长为体长的 3.8 ～ 6.9 倍。腹膜黑色。

背鳍末根不分支鳍条光滑且硬；起点约与腹鳍起点相对或稍前，至吻端距离小于至尾鳍基距离。胸鳍尖，末端后伸不达腹鳍起点。腹鳍末端不达肛门，其基部有 1 ～ 2 较长腋鳞。臀鳍末端不达尾鳍基部。尾鳍分叉深。肛门近尾鳍。

【体色式样】体背部灰黑色，腹部及体下半部银白色，尾鳍黄色。鳃盖骨后缘有 1 浅黄色斑块。

【地理分布】鄱阳湖及其入湖支流如赣江、抚河、信江、饶河、修水、寻乌水和萍水河。

【生态习性】栖息于江河湖泊缓流区中下层。1 ～ 2 龄即可达性成熟。繁殖期为 4 ～ 7月，产黏性卵，黏着于砾石和水草上发育。以下颌的角质缘刮摄食物。食物以高等植物碎屑、硅藻和丝状藻类为主，其次是甲壳动物和水生昆虫等。食用经济鱼类，种群数量大。

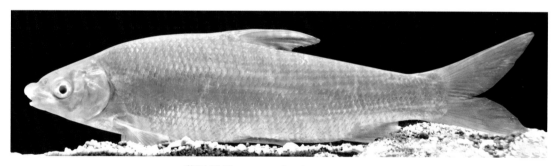

黄尾鲴 *Xenocypris davidi* Bleeker, 1871

47）斜颌鲴属 *Plagiognathops* Berg, 1907

【模式种】*Plagiognathus jelskii* Dybowski, 1872 = *Plagiognathops microlepis* (Bleeker, 1871)

【鉴别性状】口下位，浅弧形，下颌前缘有锐薄的角质层；无须；侧线完全；下咽齿 3 行；具腹棱，自腹鳍基至肛门前；侧线鳞超过 70；鳃耙不超过 50。背鳍最后 1 根不分支鳍条为光滑的硬刺，分支鳍条 7 根；臀鳍末根不分支鳍条为硬刺，有 8 ～ 14 根分支鳍条。

【包含种类】本属江西有 1 种。

81. 细鳞鲴 *Plagiognathops microlepis* (Bleeker, 1871)

Xenocypris microlepis Bleeker, 1871a: 58（长江）.

Xenocypris (*Plagiognathops*) *microlepis* Kreyenberg & Pappenheim, 1908: 100; Rendahl, 1928: 102（江西）;
　　Kimura, 1934: 67（长江）.

Plagiognathus microlepis: 郭治之等, 1964: 123 (鄱阳湖); 湖北省水生生物研究所鱼类研究室, 1976: 130 (鄱阳湖); 郭治之和刘瑞兰, 1983: 13 (信江); 刘世平, 1985: 69 (抚河); 郭治之和刘瑞兰, 1995: 225 (鄱阳湖、赣江、抚河、信江、饶河).

【俗称】黄板刁、黄尾巴、沙姑子、黄片、青片、黄川。

检视样本数为 42 尾。样本采自会昌、兴国、龙南、信丰、于都、瑞金、遂川、泰和、峡江、袁州、万载、修水、奉新、寻乌、鄱阳、都昌、余干、庐山、南城、黎川和崇仁。

【形态描述】背鳍 3, 7; 胸鳍 1, 14 ～ 16; 腹鳍 1, 8; 臀鳍 3, 11。侧线鳞 $70 \frac{14}{6 \sim 7} 72$。

体长为体高的 3.6 ～ 3.8 倍，为头长的 5.2 ～ 5.5 倍。头长为吻长的 3.3 ～ 3.4 倍，为眼径的 4.4 ～ 5.0 倍，为眼间距的 2.3 ～ 2.5 倍，为尾柄长的 1.2 ～ 1.4 倍，为尾柄高的 1.6 ～ 1.7 倍。尾柄长为尾柄高的 1.0 ～ 1.6 倍。

体稍侧扁，背较高，腹圆形;腹棱发达，由腹鳍基部延伸达肛门前方。头较小。吻圆钝。口下位，横裂，呈弧形。无须。下颌具比较坚硬锐利的角质边缘。鼻孔位于眼前上方，至吻端与眼前缘距离相等。眼小，侧位，偏近吻端。下咽骨近弧形，主行齿侧扁，末端略尖，外侧 2 行啮齿纤细。鳃盖膜与峡部相连。鳃耙扁平，三角形，排列紧密。鳞较小，在腹鳍基部有 1 大型的腋鳞。侧线略呈弧形，沿体侧中间延伸至尾鳍基正中。鳔 2 室，后室长约为前室长的 3 倍或稍多于 3 倍。肠细长，盘曲状。腹膜黑色。

背鳍起点位于鱼体的中点，稍偏近吻端;其最后的不分支鳍条骨化为粗壮的硬刺。胸鳍较短，末端在其基部至腹鳍起点之间的中点。腹鳍大体与背鳍上下相对，其起点位置稍后于背鳍起点的后方。臀鳍短，不达尾鳍基部。尾叉形，分叉较深，上下叶等长。肛门位于臀鳍起点的前方。

【体色式样】体银白色，背侧青灰黑色。胸鳍、腹鳍和臀鳍为浅黄色，背鳍和尾鳍黄灰色，尾鳍后缘黑色。

细鳞鲴 *Plagiognathops microlepis* (Bleeker, 1871)

【地理分布】鄱阳湖及其入湖支流如赣江、抚河、信江、饶河、修水和萍水河。

【生态习性】栖息于河流中下游和湖泊缓流区中下层。2 龄即可性成熟。繁殖期为 4 ～ 6 月，5 月为产卵盛期。产黏性卵，怀卵量大，黏附于滩中卵石上发育。杂食性。常以下颌前缘角质边缘刮食；主要以水生高等植物枝叶碎屑、硅藻、丝状藻类、枝角类、桡足类、水生昆虫及有机物腐屑为食，兼食浮游动物及底栖动物。食用经济鱼类。个体较大、肉味鲜美。

48）圆吻鲴属 *Distoechodon* Peters, 1881

【模式种】*Distoechodon tumirostris* Peters, 1881

【鉴别性状】体长而扁，腹部圆，无腹棱。口下位，横裂或略弧形，无锋利的角质边缘，吻圆，胸鳍基有腋鳞，下咽齿 2 行。侧向弯曲，侧线鳞超过 60。

【包含种类】本属江西有 1 种。

82. 圆吻鲴 *Distoechodon tumirostris* Peters, 1881

Distoechodon tumirostris Peters, 1881: 925 (宁波); 郭治之和刘瑞兰, 1983: 13 (信江); 刘世平, 1985: 69 (抚河);
周孜怡和欧阳敏, 1987: 7 (赣江).

【俗称】蜜鲴、青片。

检视样本数为 33 尾。样本采自临川、广昌、南丰、会昌、安远、兴国、石城、宁都、龙南、信丰、南康、崇义、于都、瑞金、吉安、泰和、峡江、袁州、新余、万载、靖安、奉新、上栗、萍乡和寻乌。

【形态描述】背鳍 3，7；胸鳍 1，14 ～ 15；腹鳍 1，8；臀鳍 3，8 ～ 9。侧线鳞 $68 \frac{12 \sim 14}{5 \sim 8} 79$。

体长为体高的 3.4 ～ 4.2 倍，为头长的 3.8 ～ 5.4 倍，为尾柄长的 5.0 ～ 7.3 倍，为尾柄高的 8.4 ～ 11.1 倍。头长为吻长的 2.5 ～ 3.8 倍，为眼径的 4.0 ～ 5.6 倍，为眼间距的 2.0 ～ 2.9 倍，为尾柄长的 1.0 ～ 1.6 倍，为尾柄高的 1.5 ～ 2.7 倍。体高为尾柄高的 2.2 ～ 2.7 倍。尾柄长为尾柄高的 1.4 ～ 2.0 倍。

体长侧扁，腹圆；无腹棱。头较小。吻部圆钝突出，吻端膨大略呈球状。口下位，横裂平直。无须。下颌具十分发达的角质锐利边缘，其两端在口角处稍稍突出。下咽齿侧扁，齿尖呈钩状。鼻孔位于眼前缘上方。眼大小适中，位于头侧，偏近吻端。鳃膜与峡部相连。鳃耙短而扁薄，排列紧密，上下两端鳃耙逐渐变小，排列更加紧密，使不易观察，极易漏检。鳞较小，在腹鳍基部上方有 1 大型腋鳞。侧线前部稍向下弯曲，在胸鳍以后大体作平直的沿体侧正中延伸至尾鳍基。

背鳍末根不分支鳍条为光滑硬刺，起点在吻端与尾鳍基之间的中点。胸鳍较短，其末端在腹鳍起点至胸鳍起点之间的中点稍偏后方。腹鳍起点与背鳍起点上下相对。臀鳍起点约在腹鳍基部至臀鳍基部之间的中点。尾鳍叉形，上下叶等长。肛门位于臀鳍起点的前面。

【体色式样】背部深黑褐色，腹侧银白色。背鳍和尾鳍灰黑色，胸、腹鳍基部橘黄色；胸、腹鳍及臀鳍前部淡红色，后部白色。

【地理分布】鄱阳湖、赣江、抚河、信江、饶河、修水、萍水河和寻乌水。

【生态习性】底层鱼类，栖息于河流干流及支流上游大溪流或深潭中下层。秋冬溪流水位下降，鱼群下移至大溪深潭或至河流干流中下游深水中集群越冬。2 冬龄成熟。繁殖期为 4～8 月，春末夏初大雨后溪流水位暴涨时，鱼群在急滩卵石上产卵繁殖，产黏性卵，绿色，附着石上发育。常以下颌前缘角质边缘刮食附生石上的藻类。还可以苔藓及水生生物碎屑为食。食用经济鱼类。肉厚味美，饲养简便，可作为混养对象。

圆吻鲴 *Distoechodon tumirostris* Peters, 1881

49）似鳊属 *Pseudobrama* Bleeker, 1870

【模式种】*Pseudobrama dumerili* Bleeker, 1871

【鉴别性状】口下位，口裂弧形，下颌角质不发达，眼大，侧上位，无须，侧线完全，侧线鳞不超过 50。背鳍末根不分支鳍条为光滑的硬刺，分支鳍条 7 根。臀鳍末根不分支鳍条不为光滑的硬刺，分支鳍条 9～12 根。肛门紧靠臀鳍起点。肛门至腹鳍基之间有腹棱，下咽齿 1 行；鳃耙纤细，鳃耙超过 100，排列非常紧密。

【包含种类】本属江西有 1 种。

83. 似鳊 *Pseudobrama simoni* (Bleeker, 1864)

Acanthobrama simoni Bleeker, 1864: 25 (中国)；湖北省水生生物研究所鱼类研究室，1976: 129 (鄱阳湖)；郭治之和刘瑞兰，1983: 13 (信江)；刘世平，1985: 69 (抚河).

Acanthobrama (*Pseudobrama*) *simoni*: 郭治之等，1964: 123 (鄱阳湖).

Pseudobrama simoni: 郭治之和刘瑞兰，1995: 225 (鄱阳湖、赣江、抚河、信江、饶河).

【俗称】鳊鲴刁、扁脖子、逆片、逆鱼。

检视样本数为 85 尾。样本采自临川、南丰、赣州、遂川、泰和、袁州、新余、高安、新建、修水、奉新、余干、都昌和庐山。

【形态描述】背鳍 3，7；胸鳍 1，13 ～ 14；腹鳍 1，8；臀鳍 3，10。侧线鳞 $43\dfrac{8\sim9}{4\sim5}47$。围尾柄鳞 17 ～ 18。

体长为体高的 3.5 ～ 4.0 倍，为头长的 4.2 ～ 4.8 倍，为尾柄长的 5.9 ～ 7.0 倍，为尾柄高的 8.2 ～ 10.2 倍。头长为吻长的 3.3 ～ 4.7 倍，为眼径的 3.7 ～ 4.3 倍，为眼间距的 2.5 ～ 3.3 倍，为尾柄长的 1.2 ～ 1.5 倍，为尾柄高的 1.8 ～ 2.2 倍。体高为尾柄高的 2.3 ～ 2.7 倍。尾柄长为尾柄高的 1.1 ～ 1.4 倍。

体较短，侧扁，腹圆，在腹鳍后至肛门前有发达的腹棱。头较为短小。吻略尖而钝。口下位，唇较薄，口缘没有发达的角质边缘。无须。下咽齿侧扁，尖端略呈钩状。鼻孔位于眼前上方。眼位于头侧，偏近吻端。鳃膜与峡部相连。鳃耙排列整齐。鳞片稍大，有腋鳞。侧线略呈弧形，沿体侧延伸至尾鳍基正中。鳔 2 室，后室较前室长，末端尖，为前室的 2.2 ～ 2.5 倍。肠细长，盘曲状。腹膜黑色。

背鳍末根不分支鳍条为光滑硬刺，位置偏近吻端。胸鳍稍长，末端达其起点至腹鳍起点之间的 2/3。腹鳍起点在背鳍起点的下方。臀鳍起点在腹鳍基部至尾鳍基之间的中点而稍偏近尾鳍基，不达肛门。尾鳍叉形，上下叶等长。肛门紧靠在臀鳍起点的前方。

【体色式样】体银白色，背部灰黄褐色或青灰褐色。各鳍浅灰黑色，尾鳍及臀鳍略带淡黄色。

【地理分布】鄱阳湖及其入湖支流如赣江、抚河、信江、饶河和修水。

【生态习性】栖息于河流和湖泊开阔水体中下层。为小型鱼类，喜集群逆水而游，故有"逆鱼"之称。性成熟较早，2 龄鱼能繁殖。繁殖期为 6 ～ 7 月。卵无黏性，淡黄色。主要以底层藻类如硅藻、丝状藻为食，兼食水生高等植物碎屑、枝角类等浮游动物和水草。为常见小型食用经济鱼类。

似鳊 *Pseudobrama simoni* (Bleeker, 1864)

50）鲢属 *Hypophthalmichthys* Bleeker, 1860

【模式种】*Leuciscus molitrix* Valenciennes, 1844

【鉴别性状】背鳍分支鳍条 7～8（多数为 7）根；臀鳍分支鳍条 10～15 根；鳃上器存在；腹部有腹棱，完全或不完全。眼位于头侧中轴下方。口端位，下颌稍向上倾斜。唇薄。无须。

【包含种类】本属江西有 2 种。

种的检索表

1（2）腹棱不完全，仅存在于腹鳍基部至肛门之间；鳃耙互不相连······················鳙 *H. nobilis*

2（1）腹棱完全，自胸鳍基部前下方延伸至肛门；鳃耙互相连接······················鲢 *H. molitrix*

84. 鳙 *Hypophthalmichthys nobilis* (Richardson, 1845)

Leuciscus nobilis Richardson, 1845: 140 (广州).

Hypophthalmichthys nobilis: Günther, 1889: 225 (江西九江).

Aristichthys nobilis: 郭治之等, 1964: 123 (鄱阳湖); 湖北省水生生物研究所鱼类研究室, 1976: 142 (湖口); 郭治之和刘瑞兰, 1983: 15 (信江); 刘世平, 1985: 70 (抚河); 郭治之和刘瑞兰, 1995: 226 (鄱阳湖、赣江、抚河、信江、饶河、修水、寻乌水).

【俗称】花鲢、麻鲢、胖头鱼、雄鱼。

检视样本数为 72 尾。样本采自会昌、石城、鄱阳、余干、都昌、庐山、湖口、永修和新建。

【形态描述】背鳍 3，7；胸鳍 1，7；腹鳍 1，8；臀鳍 3，12～13。侧线鳞 $99\dfrac{21\sim23}{14\sim15}108$。

体长为头长的 2.7～3.5 倍，为体高的 3.1～3.4 倍，为尾柄长的 4.8～5.4 倍，为尾柄高的 7.5～9.7 倍。头长为吻长的 3.2～4.5 倍，为眼径的 6.5～7.4 倍，为眼间距的 1.8～2.4 倍。尾柄长为尾柄高的 1.2～1.9 倍。

体长侧扁，背部圆，腹部在腹鳍基部之前平圆。腹鳍至肛门间有腹棱。头特别大，头长大于体高，前部宽阔。吻短而宽。口大，端位无须。口裂向上倾斜，下颌向上略翘。上唇中间部分很厚。下咽齿扁平，光滑。鼻孔在眼的前上方。眼小，下侧位，眼下缘在口角之下。眼间距离宽阔。鳃孔大，鳃耙细密但不相连，鳃膜不与峡部相连。有鳃上器。鳞小。侧线完全，前段弯向腹方，臀鳍中部之后平直，后延至尾鳍基正中。鳔 2 室，前室长约为后室的 1.8 倍。肠较长，约为体长的 5 倍，盘曲状。腹膜呈黑色。

背鳍短，无硬刺，外缘略凹，其起点在腹鳍起点之后，至尾鳍基较至吻端为近。胸鳍大，鳍条长，末端远超过腹鳍基部。性成熟的雄鱼在胸鳍不分支鳍条外缘具尖利的细齿。雌性光滑无刺。腹鳍短小，末端不达臀鳍起点，其起点距胸鳍起点较距臀鳍为近。臀鳍无硬刺，鳍条较长，略呈三角形，起点距腹鳍起点较距尾鳍基为近。尾鳍分叉很深，两叶等长，末端尖。

肛门位于臀鳍前。

【体色式样】体背部及体侧上部为灰黑色，间有浅黄色光泽，腹部银白色，体侧有许多不规则的黑色斑点。

【地理分布】鄱阳湖及其入湖支流如赣江、抚河、信江、饶河、修水，以及寻乌水和萍水河。

【生态习性】生活于江河、湖泊等水体中上层。性温顺，行动缓慢，平时喜栖息于敞水区或有流水的港湾内。个体大，最大个体可达 35～40 kg。4～5 龄达性成熟，繁殖期为 4～6月，产漂流性卵。以浮游动物为主食，兼食部分浮游植物。生长速度快，疾病少，易养殖，为水库渔业和池塘养殖的主要对象之一，经济价值较高。

鳙 *Hypophthalmichthys nobilis* (Richardson, 1845)

85. 鲢 *Hypophthalmichthys molitrix* (Valenciennes, 1844)

Leuciscus molitrix Valenciennes in Cuvier & Valenciennes, 1844: 360 (中国).

Hypophthalmichthys molitrix: Günther, 1888: 429 (长江); Günther, 1889: 225 (江西九江); 郭治之等, 1964: 123 (鄱阳湖); 伍献文, 1964: 225 (长江); 湖北省水生生物研究所鱼类研究室, 1976: 145 (湖口); 郭治之和刘瑞兰, 1983: 15 (信江); 刘世平, 1985: 70 (抚河).

【俗称】白鲢、鲢子、鲢鱼。

检视样本数为 95 尾。样本采自会昌、安远、兴国、石城、宁都、龙南、信丰、大余、上犹、崇义、于都、鄱阳、余干、都昌、庐山、湖口、永修和新建。

【形态描述】背鳍 3，7；胸鳍 1，15～17；腹鳍 1，6～8；臀鳍 3，12～13。侧线鳞 $108\frac{28\sim32}{16\sim20}120$。

体长为头长的 3.2～3.3 倍，为体高的 3.1～3.4 倍。头长为吻长的 4.0～4.6 倍，为眼径的 4.5～5.6 倍，为眼间距的 2.2～2.3 倍。尾柄长为尾柄高的 1.6～2.0 倍。

体长，侧扁，稍高，背部宽，腹部窄，自胸鳍基部至肛门有发达的腹棱。头较大，侧扁。吻短钝。口端位。口裂较宽，略向上斜，口角不达眼前缘之下。无须。下咽齿1行，阔而平扁，呈杓状。鼻孔小，在吻部上侧。眼较小，位于头侧中轴之下。眼间距较宽，中央稍隆起。鳃膜不与峡部相连。鳃孔大，鳃耙细密愈合成筛状滤器。有鳃上器。鳞细小，不易脱落。侧线完全，在腹鳍前方向下弯曲，腹鳍以后较平直，向后延至尾鳍基正中。鳔2室，前室粗短，后室细长。肠很长，约为体长的6倍，盘曲状。腹膜黑色。

背鳍基部短，外缘微凹，无硬刺，起点距尾鳍基部较距吻端为近。胸鳍较长，末端可达腹鳍基部。性成熟的雄性胸鳍不分支鳍条外缘具骨质尖刺。雌性光滑无刺。腹鳍较短，末端不达肛门。其起点距胸鳍起点较距肛门为近。臀鳍起点在背鳍末端的下方，距腹鳍较距尾鳍基为近，尾鳍分叉很深，两叶等长，末端较尖。肛门靠近臀鳍起点。

【体色式样】活鱼背部浅灰色，略带黄色，体侧及腹部为银白色。各鳍浅灰色。

【地理分布】鄱阳湖、赣江、信江、抚河。

【生态习性】生活于江河、湖泊等敞水区中上层。性活泼，善跳跃，稍受惊动即四处逃窜。常见于长江干流及其附属水体。个体大，最大可超过40 kg。3～4龄性成熟，繁殖期4～6月。产漂流性卵。终生以浮游植物为食，幼体主食轮虫、枝角类、桡足类等浮游动物，成体则滤食硅藻类、绿藻等浮游植物兼食浮游动物等。生长快，抗病强，成本低，易饲养，为水库、湖泊及池塘养殖的主要对象，经济价值高。

鲢 *Hypophthalmichthys molitrix* (Valenciennes, 1844)

51）细鲫属 *Aphyocypris* Günther, 1868

【模式种】*Aphyocypris chinensis* Günther, 1868

【鉴别性状】腹鳍基部之后至肛门有不完全的腹棱。口端位，下颌或突出或与上颌相等。无须。下咽齿2行，齿细长，末端稍弯曲。鳃耙短小，排列稀疏。侧线不完全，或没有。背臀和臀鳍无硬刺。背鳍分支鳍条6～7；臀鳍分支鳍条7～8；尾鳍叉形。

【包含种类】本属江西有1种。

86. 中华细鲫 *Aphyocypris chinensis* Günther, 1868

Aphyocypris chinensis Günther, 1868: 201 (浙江).

【俗称】万年鯵。

检视样本数为 5 尾。样本采自安福。

【形态描述】背鳍 3，6 ～ 7；胸鳍 1，11 ～ 13；腹鳍 1，6 ～ 7；臀鳍 3，6 ～ 7。侧线鳞 3 ～ 8。

体长为头长的 3.5 ～ 4.0 倍，为体高的 3.2 ～ 4.3 倍。头长为吻长的 3.3 ～ 4.7 倍，为眼径的 3.0 ～ 4.3 倍，为眼间距的 2.0 ～ 2.6 倍。尾柄长为尾柄高的 1.5 ～ 1.9 倍。

体小，侧扁，前腹圆，腹鳍基部至肛门具腹棱。头中大。吻钝。口亚上位，口裂中等大小且向上倾斜。无须。下颌突出，上颌末端后延至眼前缘下方。鼻近眼前缘，前后鼻孔紧相邻。眼大，侧上位，眼径约等于吻长。下咽骨弧形，较窄。下咽齿细长，圆锥形，末端稍弯。鳃耙短小，排列稀疏。鳞中大。侧线不完全，最长不达胸鳍末端，个别无侧线。鳔 2 室，后室长约为前室的 2 倍。肠短，肠长稍小于体长。腹膜灰白，带有小黑点。

背鳍末根不分支鳍条软，起点位于腹鳍基部之后。胸鳍末端尖，近腹鳍起点。腹鳍末端不达肛门。臀鳍末端不达尾鳍基部。尾鳍叉形，上下叶等长，末端稍尖。肛门靠近臀鳍起点。

【体色式样】体背和体侧上部青灰色，体侧下部和腹部银白色。体侧具有较多黑色小斑点。各鳍无明显斑纹。眼球上部有 1 黄斑。

【地理分布】赣江。

【生态习性】栖息于小溪、沟渠、水田和池塘等较小水体中。小型鱼类，最大仅 60 mm。1 龄性成熟。繁殖期为 3 ～ 10 月，怀卵量少，连续产卵，受精卵无或有微黏性。杂食性。

中华细鲫 *Aphyocypris chinensis* Günther, 1868

（十四）鳑科 Acheilognathidae

　　鳑科多为小型鱼类，全长多在 50 ～ 100 mm。体高而侧扁，似菱形或卵圆形。雌鱼有产卵管，雄鱼有生殖结节。尾神经骨缺，喙骨孔缩小或无。本科目前发现有 4 属 80 余种，江西境内有 3 属。

属的检索表

1（2）侧线不完全；口角无须···鳑鲏属 Rhodeus

2（1）侧线完全；口角须有或无

3（4）背鳍鳍条有白色斑点形成的 2 列横纹···鳑属 Acheilognathus

4（3）背鳍鳍条无白色斑点形成的 2 列横纹···似田中鳑属 Paratanakia

52）鳑属 *Acheilognathus* Bleeker, 1860

　　【模式种】*Acheilognathus melanogaster* Bleeker, 1860

　　【鉴别性状】侧线完全（除模式种外）；有须或无须；背鳍有白色斑点形成的 2 列横纹；幼体背鳍有或无黑色斑块；幼体卵黄囊无翼状突起；咽喉齿 1 行，5/5。

　　【包含种类】本属江西有 9 种。

种的检索表

1（2）臀鳍条超过 12，背鳍条超过 15···大鳍鳑 A. macropterus

2（1）臀鳍条小于等于 12，背鳍条小于等于 15

3（4）口角须发达，长度超过眼径···须鳑 A. barbatus

4（3）口角须短，长度小于眼径

5（8）体较低，体高小于体长的 1/3

6（7）背、臀鳍不分支鳍条较粗，粗于首根分支鳍条·······································多鳞鳑 A. polylepis

7（6）背、臀鳍不分支鳍条较弱，相当于首根分支鳍条·······································广西鳑 A. meridianus

8（5）体较高，体高超过体长的 1/3

9（12）口角无须

10（11）脊椎骨数目小于 30··寡鳞鳑 A. hypselonotus

11（10）脊椎骨数目大于等于 30··兴凯鳑 A. chankaensis

12（9）口角有须 1 对

13（14）口裂深，末端超过眼前缘··巨颌鳑 A. macromandibularis

14（13）口裂浅，末端不伸达眼前缘

15（16）背鳍前鳞不到一半呈菱形···短须鳑 A. barbatulus

16（15）背鳍前鳞几乎全部呈菱形···越南鳑 A. tonkinensis

87. 大鳍鱊 *Acheilognathus macropterus* (Bleeker, 1871)

Acanthorhodeus macropterus Bleeker, 1871a: 40 (中国长江); 郭治之等, 1964: 124 (鄱阳湖); 湖北省水生生物研究所鱼类研究室, 1976: 136 (九江、湖口); 郭治之和刘瑞兰, 1983: 14 (信江); 刘世平, 1985: 70 (抚河); 郭治之和刘瑞兰, 1995: 225 (鄱阳湖、赣江、抚河、信江、饶河、修水).

Acanthorhodeus taenianalis: 郭治之等, 1964: 124 (鄱阳湖); 湖北省水生生物研究所鱼类研究室, 1976: 138 (鄱阳湖: 湖口); 郭治之和刘瑞兰, 1983: 13 (信江); 刘世平, 1985: 69 (抚河); 郭治之和刘瑞兰, 1995: 225 (鄱阳湖、抚河、信江、修水).

Acanthorhodeus guichenoti: 郭治之等, 1964: 124 (鄱阳湖).

Acheilognathus macropterus: 张鹗等, 1996: 7 (赣东北); 王子彤和张鹗, 2021: 1264 (赣江).

【俗称】鳑鲏、猪耳鳑鲏、苦皮子、苦逼斯、苦屎鳊。

检视样本数为 55 尾。样本采自南昌、南丰、石城、泰和、峡江、樟树、新建、永修、鄱阳、余干、都昌、庐山和湖口。

【形态描述】背鳍 3，16 ～ 17；胸鳍 1，13 ～ 16；腹鳍 1，7；臀鳍 3，12 ～ 13。侧线鳞 $33\frac{6 \sim 7}{5 \sim 6}38$。

体长为体高的 1.9 ～ 3.0 倍，为头长的 3.2 ～ 5.4 倍。头长为吻长的 3.1 ～ 5.4 倍，为眼径的 2.6 ～ 5.6 倍，为眼间距的 2.1 ～ 4.1 倍。尾柄长为尾柄高的 1.0 ～ 1.9 倍。

体高，侧扁，卵圆形，背部显著隆起。头小且尖。吻短钝。口次下位，口裂呈弧形。下口角有须 1 对，其长小于眼径的 1/2。眼大，侧上位，眼径大于吻长。眼间距宽而平。咽骨近弧形，齿侧扁且具深凹纹，末端尖，钩状。鳃孔上角略低于眼上缘水平线。鳃盖膜与峡部相连。鳃耙短小。体被中大圆鳞。侧线完全，微呈弧形，向后延至尾柄中央。鳔 2 室，前室短，后室明显延长，约为前室的 2.2 倍。肠较长，为体长的 5 ～ 6 倍。腹膜黑色。

背鳍基部甚长，末根不分支鳍条为光滑硬刺，起点位于吻端与尾鳍基的中点，外缘略呈弧状。胸鳍末端不达腹鳍起点。腹鳍末端不达臀鳍起点。臀鳍末根不分支鳍条为光滑硬刺，起点位于背鳍第 6 ～ 8 根分支鳍条下方，外缘微突。尾鳍分叉较深，上下叶对称，末端尖。肛门约在腹、臀鳍起点中央，距腹鳍基部末端较距臀鳍基部为近。

【体色式样】体银灰色，腹部黄白色。鳃盖后上方两侧第 3 ～ 6 枚侧线鳞稍上方各有 1 个黑斑。尾柄中部向前伸出 1 条黑色纵带，后粗前细，消失于第 2 个黑斑。背鳍和臀鳍上各有 3 行小黑点。各鳍灰色。生殖雄鱼吻端及眼眶有白色珠星，雌鱼产卵管灰色且较粗长。

【地理分布】鄱阳湖及其入湖支流如赣江、抚河、信江、饶河和修水。

【生态习性】小型鱼类，栖息于浅水的水草丛中。1 冬龄鱼达性成熟。繁殖期为 3 ～ 10 月，分批产卵。雌鱼将产卵管插入蚌的进水管从而产卵，幼鱼则在蚌体外套腔内孵化，后从出水管排出体外。卵橘黄色。杂食性。幼鱼主食浮游生物，随着个体生长，逐渐进食植物碎屑及浮游动物，甚至捕食小型鱼类幼鱼。

大鳍鱊 *Acheilognathus macropterus* (Bleeker, 1871)

88. 越南鱊 *Acheilognathus tonkinensis* (Vaillant, 1892)

Acanthorhodeus tonkinensis Vaillant, 1892: 127 (越南北部); 伍献文, 1964: 213 (江西鄱阳湖); 刘世平, 1985: 70 (抚河); 郭治之和刘瑞兰, 1995: 225 (鄱阳湖、赣江、抚河、信江、饶河).

Acheilognathus tonkinensis: 郭治之和刘瑞兰, 1983: 14 (信江); 张鹗等, 1996: 7 (赣东北); 王子彤和张鹗, 2021: 1264 (赣江).

【俗称】鳑鲏、苦鳊、枫树叶、苦皮子、苦逼斯、苦屎鳊。

检视样本数为 30 尾。样本采自南昌、临川、龙南、信丰、遂川、安福、永新、峡江、新余、靖安和修水。

【形态描述】背鳍 3，10 ～ 14；胸鳍 1，12 ～ 16；腹鳍 1，6 ～ 8；臀鳍 3，8 ～ 10。侧线鳞 $34 \frac{5 \sim 6}{3 \sim 4} 36$。

体长为体高的 2.0 ～ 3.0 倍，为头长的 3.7 ～ 5.1 倍，为尾柄长的 4.9 ～ 7.1 倍，为尾柄高的 6.8 ～ 9.9 倍。头长为吻长的 2.9 ～ 4.8 倍，为眼径的 2.2 ～ 5.6 倍，为眼间距的 2.2 ～ 3.2 倍。尾柄长为尾柄高的 1.0 ～ 1.8 倍。

体高，侧扁，卵圆形，背部显著隆起。头小且尖。吻短钝，其长约等于眼径。口端位，口裂呈马蹄形。唇肥厚，上唇稍突出。口角有短须 1 对，其长约为眼间距的 1/2 或更短。下颌末端位于眼下缘之下。眼大，侧上位，眼间距大于眼径。下咽骨近弧形。咽齿尖端钩状，齿面具锯纹。鳃孔上角略低于眼上缘水平线。鳃耙短，略呈乳状突起。侧线完全，近乎平直，延伸至尾鳍基中央。腹膜黑色，鳔 2 室，前室短。肠长为体长的 4 ～ 5 倍。

背鳍基部较长，外缘内凹，起点位于腹鳍起点之前，距吻端距离稍小于尾基。胸鳍末端不达腹鳍起点。腹鳍起点位于胸鳍起点和臀鳍起点中间。臀鳍起点位于背鳍第 6 根分支鳍条正下方。尾鳍分叉深，上下叶对称，末端尖。肛门约在腹鳍基和臀鳍起点之间，近前者。

【体色式样】个体大小与性别有关，雌鱼小于雄鱼。体背部灰黑色，体侧银白色。尾柄中央具 1 黑纵纹，前伸至背鳍起点前下方。鳃孔后上方第 1、2 枚鳞片有 1 大黑点。背、臀鳍上有 2 行小黑点，其余各鳍无色。生殖期雄鱼吻端、眼眶前上缘及鼻孔周围有白色珠星。雌鱼具有长灰色的产卵管。

【地理分布】鄱阳湖及其入湖支流如赣江、抚河、信江、饶河和修水。

【生态习性】小型鱼类，栖息于江河湖泊各种水域水草丛生处。繁殖期为 4 ～ 6 月，雌鱼产卵管插入蚌的进水管，并固着在蚌的鳃部，孵化后从排水管排出体外。杂食性，主要以植物碎屑、固着性藻类及浮游生物为食，较大个体也进食其他动物性饵料。

越南鱊 *Acheilognathus tonkinensis* (Vaillant, 1892)

89. 短须鱊 *Acheilognathus barbatulus* Günther, 1873

Acheilognathus barbatulus Günther, 1873: 248 (中国上海); 郭治之和刘瑞兰, 1983: 14 (信江); 张鹗等, 1996: 7 (赣东北); 张堂林和李钟杰, 2007: 437 (鄱阳湖); 王子彤和张鹗, 2021: 1264 (赣江).

Acanthorhodeus peihoensis: 郭治之和刘瑞兰, 1983: 14 (信江); 刘世平, 1985: 70 (抚河); 郭治之和刘瑞兰, 1995: 226 (抚河、信江); 郭治之和刘瑞兰, 1995: 226 (赣江、抚河、信江、饶河).

【俗称】鳑鲏、苦皮子、苦逼斯、苦屎鳊、菜板鱼。

检视样本数为 25 尾。样本采自南昌、临川、宁都、龙南、遂川、安福、永新、泰和、高安、万载、樟树、修水和靖安。

【形态描述】背鳍 3，10 ～ 13；胸鳍 1，12 ～ 16；腹鳍 1，6 ～ 8；臀鳍 3，8 ～ 11。侧线鳞 $33\frac{5 \sim 6}{4}37$。

体长为体高的 2.1 ～ 2.9 倍，为头长的 3.6 ～ 4.9 倍，为尾柄长的 4.2 ～ 5.8 倍，为尾柄高的 6.2 ～ 9.5 倍。头长为吻长的 3.1 ～ 4.3 倍，为眼径的 2.6 ～ 4.0 倍，为眼间距的 2.0 ～ 2.7 倍。尾柄长为尾柄高的 1.3 ～ 2 倍。

　　体稍长，侧扁，卵圆形，背部隆起。头小且尖。吻短钝。口次下位，口裂弧形。口角有短须 1 对，长为眼径的 1/3 ～ 1/2。上唇肥厚，比下唇突出。眼较大，侧上位，眼径大于吻长。下咽齿齿面有锯纹，尖端呈钩状。鳃孔上角略低于眼上缘。鳃盖膜连于峡部。鳃耙较短而钝圆。体被圆鳞。侧线完全，平直，后伸至尾鳍基中央。腹膜深黑色。鳔 2 室，前室短，后室长。肠长，为体长的 5 倍左右，盘曲状。

　　背鳍、臀鳍末根不分支鳍条为硬刺。背鳍基部较长，外缘雌鱼微凹，雄鱼外凸起呈弧形。起点位于吻端与尾鳍基的中点。胸鳍末端不达腹鳍起点。腹鳍末端接近或可达臀鳍起点。臀鳍起点位于背鳍第 6 ～ 7 根分支鳍条下方。尾鳍分叉深，上下叶对称，末端尖。肛门位于腹鳍与臀鳍起点中央。

　　【体色式样】体背部深灰色，腹部色浅。鳃盖后缘在侧线第 3 ～ 4 枚鳞片上有 1 明显黑斑。尾柄中央具黑纵带，后粗前细，前伸至背鳍起点下方。雄鱼背、臀鳍上有黑斑，鳍条延长，生殖期吻端和眼眶有白色珠星。雌鱼有产卵管。其余各鳍无色。

　　【地理分布】赣江、抚河、信江、饶河和修水。

　　【生态习性】小型鱼类，栖息于沿岸较浅的静水水域。繁殖期为 3 ～ 6 月，分批产卵。产卵于蚌的外套腔中。其他生物习性近似于越南鱊。杂食性，主要以藻类和有机腐屑为食物。

短须鱊 *Acheilognathus barbatulus* Günther, 1873

90. 多鳞鱊 *Acheilognathus polylepis* (Wu, 1964)

Acanthorhodeus polylepis Wu (伍献文), 1964: 219 (湖南和浙江); 郭治之和刘瑞兰, 1983: 15 (信江); 郭治之和刘瑞兰, 1995: 226 (赣江、抚河、信江).

Acheilognathus polylepis: 朱松泉, 1995: 46 (湖南湖北); 张鹗等, 1996: 7 (赣东北); 王子彤和张鹗, 2021: 1264 (赣江).

【俗称】鳑鮍、苦皮子、苦逼斯、苦屎鳊、菜板鱼。

检视样本数为 30 尾。样本采自临川、宜黄、石城、宁都、龙南、遂川、安福、吉安、吉州、泰和、峡江、袁州、新余、高安、万载、樟树、新建、修水、奉新和莲花。

【形态描述】背鳍 3，12～14；胸鳍 1，13～14；腹鳍 1，7；臀鳍 3，9～10。侧线鳞 $37\dfrac{5\sim6}{4\sim5}39$。

体长为体高的 2.5～3.1 倍，为头长的 3.9～4.6 倍，为尾柄长的 4.4～6.6 倍，为尾柄高的 7.7～8.9 倍。头长为吻长的 2.5～4.2 倍，为眼径的 2.8～4.0 倍，为眼间距的 2.6～3.1 倍。尾柄长为尾柄高的 1.3～1.9 倍。

体稍延长，侧扁。头小且尖。吻圆突，其长小于眼后头长。口次下位，口裂马蹄形。口角须 1 对，其长小于眼径的 1/2。下颌被有薄角质。鼻孔近眼前上角。眼大，侧上位，眼径小于眼间距。下咽骨弧形。下咽齿尖而微弯，齿面具锯纹。鳃孔上角与眼上缘处于同一水平线。鳃盖膜连于峡部。鳃耙短小，排列稀疏，三角形。体被圆鳞。侧线完全，稍呈弧形，延伸至尾鳍基中央。鳔 2 室，后室较长，约为前室的 2.2 倍。肠较长，约为体长的 6 倍。腹膜灰黑色。

背、臀鳍末根不分支鳍条粗硬。背鳍起点位于吻端至尾鳍基中点，外缘凸起，低弧形。胸鳍末端与腹鳍起点相差 2～3 鳞片。腹鳍末端近臀鳍起点。臀鳍起点在背鳍的第 7 根分支鳍条的下方。尾鳍叉形。肛门近腹鳍基部。

【体色式样】体背侧蓝绿色，腹部色浅。鳃孔后第 1、2 枚侧线鳞上具 1 明显的黑斑，雄鱼较雌鱼更清晰。体侧后部背鳍起点与侧线之间具 1 条黑纵纹，向后下方增粗，延伸至尾柄中线，雄鱼较雌鱼宽约半枚鳞片。雄鱼背鳍上有 3 列断续的黑色斑纹，边缘为细窄黑边。臀鳍具 2 列小黑点。尾鳍偶有黑点。胸、腹鳍无色。生殖期雄鱼体色较鲜艳，吻部有白色珠星。雌鱼鳍条上斑点不明显。

【地理分布】赣江、抚河、信江、饶河、修水、萍水河。

【生态习性】小型鱼类，栖息于溪流中水流平稳处及河弯。产卵于蚌的外套腔中。摄食

多鳞鱊 *Acheilognathus polylepis* (Wu, 1964)

附着石块上的藻类及有机腐屑。

91. 广西鳑 *Acheilognathus meridianus* (Wu, 1939)

Paracheilognathus meridianus Wu, 1939: 117 (广西阳朔); 郭治之和刘瑞兰, 1983: 14 (信江); 郭治之和刘瑞兰,
    1995: 225 (赣江、抚河、信江).

Acheilognathus meridianus: 王子彤和张鹗, 2021: 1264 (赣江).

【俗称】鳑鲏、苦皮子、苦逼斯、苦屎鳊、绿线鳑。

检视样本数为 30 尾。样本采自南昌、临川、宜黄、石城、龙南、信丰、遂川、安福、永新、吉安、泰和、峡江、新余、高安、万载和莲花。

【形态描述】背鳍 3, 9 ~ 10; 胸鳍 1, 12 ~ 16; 腹鳍 1, 7; 臀鳍 3, 8 ~ 9。侧线鳞 34 ~ 38。

体长为体高的 2.7 ~ 3.8 倍, 为头长的 4.1 ~ 4.9 倍, 为尾柄长的 4.8 ~ 5.1 倍, 为尾柄高的 7.7 ~ 8.6 倍。头长为吻长的 3.1 ~ 3.8 倍, 为眼径的 2.8 ~ 3.5 倍, 为眼间距的 2.5 ~ 2.9 倍。尾柄长为尾柄高的 1.5 ~ 2.1 倍。

体延长, 侧扁, 背部无显著隆起。头小而尖。吻钝, 吻长约等于眼径。口端下位, 口裂马蹄形。口角具 1 对触须, 其长大于眼径的 1/2。上颌末端低于眼下缘水平线。鼻孔近吻端。眼侧上位, 眼间距大于眼径。下咽骨弧形, 下咽齿较长且扁, 侧缘光滑或具浅凹纹。鳃耙短, 片状, 排列稀疏。侧线完全, 略下弯, 后伸至尾柄中央。鳔 2 室, 后室长约为前室的 2 倍。肠长为体长的 2.2 ~ 4.0 倍, 盘曲。

背、臀鳍末根不分支鳍条无硬刺。背鳍起点位于吻端与尾鳍基部中间或略近吻端。胸鳍末端不达腹鳍起点, 相距 2 ~ 4 鳞片。腹鳍起点与背鳍起点处于同一垂直线上或稍前。臀鳍起点与背鳍倒数 2 ~ 3 (雌鱼) 或 3 ~ 4 (雄鱼) 根分支鳍条相对。臀鳍分叉。肛门约在腹鳍基与臀鳍起点之间或靠前。

广西鳑 *Acheilognathus meridianus* (Wu, 1939)

【体色式样】体灰绿色，腹部浅红色。体侧中部具 1 条彩色纵纹，自尾柄基部前伸至背鳍起点下方之前。在体侧第 3、4 枚侧鳞处有 1 明显的大黑点。雄鱼的腹鳍及尾鳍淡黄色，臀鳍略带红色，背鳍具 3 列黑色斑点，边缘黑色。雌鱼体侧的黑色纵纹较粗，颜色较深，并和体侧肩上大黑点相连，雌鱼的颜色不大鲜艳，且纵纹不与肩上黑点相连。

【地理分布】赣江、抚河、信江、饶河、萍水河。

【生态习性】小型鱼类，栖息于水清、砾石底质的清水沿岸区域。以丝状藻类和浮游动物等为食。

92. 寡鳞鱊 *Acheilognathus hypselonotus* (Bleeker, 1871)

Acanthorhodeus hypselonotus Bleeker, 1871a: 43 (中国长江); 湖北省水生生物研究所鱼类研究室, 1976: 139 (鄱阳湖); Arai & Akai, 1988: 200; 郭治之和刘瑞兰, 1995: 226 (鄱阳湖); Nichols, 1943: 160 (未有标本); 张鹗等, 1996: 7 (赣东北); 王子彤和张鹗, 2021: 1264 (赣江).

Acheilognathus hypselonotus: Arai & Akai, 1988: 200.

【俗称】鳑鲏、苦皮子、苦逼斯、苦屎鳊、菜板鱼。

检视标本数为 15 尾。近年未采集到鲜活样本，依据原始记录和馆藏标本进行描述。

【形态描述】背鳍 3，14 ～ 16；胸鳍 1，13 ～ 14；腹鳍 1，7；臀鳍 3，13。侧线鳞 $32\frac{6}{5}33$。

体长为体高的 1.6 ～ 2.0 倍，为头长的 3.7 ～ 4.2 倍，为尾柄长的 5.6 ～ 7.7 倍，为尾柄高的 6.9 ～ 8.6 倍。头长为吻长的 3.5 ～ 5.0 倍，为眼径的 2.3 ～ 3.1 倍，为眼间距的 2.1 ～ 2.8 倍。尾柄长为尾柄高的 1.1 ～ 1.4 倍。

体高，侧扁，卵圆形，背部显著隆起。头小而尖。吻短钝，吻长小于眼径。口次下位，口裂略弧形。无须。上、下颌等长。鼻孔位于吻端与眼前缘中间或近后者。眼大，侧上位，眼径小于眼间距。下咽齿侧扁，钩状，齿面具锯纹。鳃耙片状。体被圆鳞。侧线完全，略呈弧形，延伸至尾柄中央。鳔 2 室，后室长，弯曲。肠细长，为体长的 8 ～ 11 倍。腹膜灰黑色。

背、臀鳍末根不分支鳍条粗硬。背鳍起点位于吻端与尾鳍基的中点或稍近吻端。胸鳍末端达腹鳍起点。腹鳍起点与背鳍起点相对，末端达臀鳍起点。臀鳍基部末端稍后于背鳍基部末端下方。尾鳍分叉，上下叶对称。肛门约位于腹鳍起点与臀鳍起点中间或近臀鳍起点。

【体色式样】体暗绿色。体侧上半部鳞片后缘灰黑色。沿尾柄中线具 1 细且颜色不明显的灰色纵纹。背、臀鳍有数列小黑点。雄鱼鳍条有 3 行小黑斑，边缘黑色，腹部及腹鳍黑色。雌鱼的腹面、腹鳍及臀鳍无色。生殖期雄鱼吻端具白色珠星，且各鳍条略延长，颜色加深。雌鱼有产卵管。

【地理分布】鄱阳湖、赣江。

【生态习性】1 龄可达性成熟，繁殖期为 4 ～ 6 月，怀卵量较小。为小型鱼类，以藻类和植物碎屑为食。

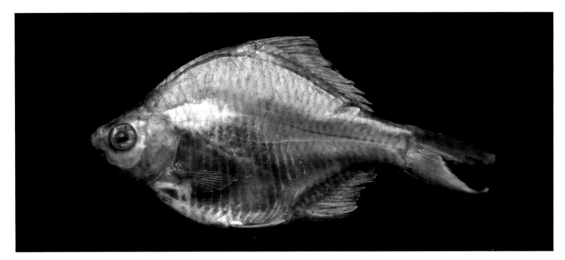

寡鳞鱊 *Acheilognathus hypselonotus* (Bleeker, 1871)

93. 兴凯鱊 *Acheilognathus chankaensis* (Dybowski, 1872)

Devario chankaensis Dybowski, 1872: 212 (兴凯湖).

Parachilognathus imberbis Bleeker, 1871a: 37 (长江); 郭治之和刘瑞兰, 1995: 225 (修水和鄱阳湖).

Paracheilognathus bleekeri Berg, 1907: 162 (长江).

Acanthorhodeus atranalis: 郭治之等, 1964: 124 (鄱阳湖).

Acanthorhodeus chankaensis: 伍献文, 1964: 214 (漓江); 湖北省水生生物研究所鱼类研究室, 1976: 139 (九江和湖口); 郭治之和刘瑞兰, 1983: 14 (信江); 郭治之和刘瑞兰, 1995: 225 (鄱阳湖、抚河、信江、饶河).

Acheilognathus chankaensis: 王子彤和张鹗, 2021: 1264 (赣江).

【俗称】鳑鲏、苦皮子、苦逼斯、苦屎鳊。

检视样本数为 22 尾。样本采自南昌、临川、南康、于都、遂川、安福、泰和、袁州、新余、万载、修水、鄱阳、余干和都昌。

【形态描述】背鳍 3，10 ～ 14；胸鳍 1，14 ～ 17；腹鳍 1，6 ～ 7；臀鳍 3，10 ～ 11。侧线鳞 33 $\frac{6}{5}$ 36。

体长为体高的 2.5 ～ 2.9 倍，为头长的 4.1 ～ 4.8 倍，为尾柄长的 4.6 ～ 6.4 倍，为尾柄高的 7.3 ～ 9.3 倍。头长为吻长的 3.5 ～ 4.5 倍，为眼径的 2.7 ～ 3.5 倍，为眼间距的 2.1 ～ 2.9 倍。尾柄长为尾柄高的 1.3 ～ 1.8 倍。

体高，侧扁，卵圆形。头小而尖。吻短钝，吻长小于眼径。口端位，口裂浅。无须。上下颌等长。鼻近眼前缘。眼大，侧上位，眼径大于吻长。下咽骨近弧形，咽齿具凹纹。鳃耙短，排列紧密。体被圆鳞。侧线完全，略呈弧形，后延至尾柄中央。鳔 2 室，前室短，后室长约为前室的 2 倍。肠细长，盘曲状，为体长的 7 ～ 10 倍。腹膜深黑色。

背、臀鳍末根不分支鳍条为光滑硬刺。背鳍起点位于腹鳍起点的稍后方，距吻端大于或等于距尾鳍距离。胸鳍侧位，末端延伸达腹鳍起点。腹鳍起点在背鳍起点稍前方，末端延伸达臀鳍起点。臀鳍起点在背鳍第 6～7 根分支鳍条下方。尾鳍分叉深，上下叶等长。肛门位于腹鳍与臀鳍中点。

【体色式样】体背部灰褐色，两侧腹部银白色。成鱼侧线起点及第 4～5 枚侧线鳞处各有 1 个不太明显的黑斑，体后沿尾柄中线具 1 黑色纵带，前伸至背鳍起点。在生殖季节，雄鱼背、臀鳍各有 2 行黑白相间条纹，吻端及眼眶有珠星。雌鱼各鳍斑纹不明显，有灰色产卵管。

【地理分布】鄱阳湖及其入湖支流如赣江、抚河、信江、饶河和修水。

【生态习性】小型鱼类，栖息于各类大小水体中，生活在浅水区域水草丛中。2 龄成熟，繁殖期为 3～7 月。分批产卵。卵黄色，椭圆形，卵径约 2 mm。绝对怀卵量 500 粒左右。杂食性，主要以丝状藻类和植物碎屑为食。

兴凯鱊 *Acheilognathus chankaensis* (Dybowski, 1872)

94. 须鱊 *Acheilognathus barbatus* Nichols, 1926

Acheilognathus barbatus Nichols, 1926: 6 (安徽宁国); 郭治之和刘瑞兰, 1983: 14 (信江); 郭治之和刘瑞兰, 1995: 225 (抚河、信江).

【俗称】鳑鲏、鳑鲏。

检视样本数为 15 尾。样本采自信丰、安福和万载。

【形态描述】背鳍 3，9；胸鳍 1，11～13；腹鳍 1，6～7；臀鳍 3，9～10。侧线鳞 35～37。

体长为体高的 2.8～3.8 倍，为头长的 4.0～4.8 倍，为尾柄长的 4.0～4.8 倍，为尾柄高的 8.4 ~ 9.4 倍。头长为吻长的 3.3 ~ 4.8 倍，为眼径的 2.7 ~ 4.0 倍，为眼间距的 2.3 ~ 3.2 倍。尾柄长为尾柄高的 1.7 ~ 2.5 倍。

体长，侧扁，背部显著隆起。头较短。吻短钝，吻长小于或等于眼径。口小，亚下位，口裂大，斜向上方。口角具须 1 对。上颌末端不达眼前缘。眼侧上位，眼间距大于眼径。下咽骨近弧形，齿侧扁，齿侧具凹纹。鳃孔上角与眼上缘几乎位于同一水平线。鳃盖膜在前鳃盖骨前缘下方连于峡部。鳃耙短小。侧线完全，沿体中线至腹鳍处稍下弯，后伸至尾柄中央。鳔 2 室，后室大约为前室的 2 倍。肠较长，为体长的 4.4 ~ 5.6 倍。腹膜黑色。

背、臀鳍末根不分支鳍条为光滑硬刺，末端软。背鳍起点雄鱼在吻端和尾鳍基部之间，雌鱼近尾鳍基部。胸鳍位于鳃盖末端下方，末端不达腹鳍。腹鳍起点位于背鳍前下方，末端超过臀鳍。臀鳍起点位于背鳍第 5 根（雄鱼）或第 7 根（雌鱼）分支鳍条正下方，鳍末不达尾鳍基。尾鳍分叉浅，上下叶等长。

【体色式样】体背灰绿色。鳃盖后缘上方有 1 黑斑。尾柄中央有 1 条黑色纵带，平直前伸至鳍起点前方。生殖期雄鱼出现鲜艳的婚姻色，吻端及眼眶前上方有白色珠星，各鳍条伸长。臀鳍呈粉红色，外缘具白边；腹部下方及腹鳍红褐色，外缘白色；背鳍粉红色。胸鳍无色。雌鱼有灰色产卵管，各鳍无鲜艳彩色，尾柄中央黑色纵带也较雄鱼短而细。

【地理分布】赣江、抚河和信江。

【生态习性】小型鱼类，生活于湖泊、溪流沿岸的静水区域。活动于水质清澈、砂土卵石底质的环境中。主要摄食浮游动物。

须鳍 *Acheilognathus barbatus* Nichols, 1926

95. 巨颌鳍 *Acheilognathus macromandibularis* Doi, Arai & Liu, 1999

Acheilognathus macromandibularis Doi, Arai & Liu, 1999: 305 (安徽枞阳).

Acanthorhodeus tabiro: 湖北省水生生物研究所鱼类研究室, 1976: 137 (九江和湖口).

检视标本数 15 尾。近年未采集到鲜活样本，依据原始记录和馆藏标本进行描述。

【形态描述】背鳍 3，9 ～ 11；胸鳍 1，11 ～ 14；腹鳍 1，7；臀鳍 3，9 ～ 10。侧线鳞 $33\frac{3.5 \sim 5.5}{3}36$。

体长为体高的 2.3 ～ 2.6 倍，为头长的 3.6 ～ 4.0 倍。头长为吻长的 3.9 ～ 4.5 倍，为眼径的 3.4 ～ 3.6 倍，为眼间距的 2.3 ～ 2.8 倍。尾柄长为尾柄高的 1.5 ～ 2.0 倍。

体长，侧扁。吻钝，吻长小于眼径。口端位，口裂大，斜向上方。口角须 1 对。眼侧上位。眼间头背部平，眼间距大于眼径。鳃孔上角和眼上缘几乎位于同一水平位置。鳃盖膜至前鳃盖骨前缘下方与峡部相连。鳃耙细长，其长约为最长鳃丝的 1/2。侧线完全，沿体中线至腹鳍处略下弯。雌鱼有产卵管。鳔 2 室，前短后长。消化管不及体长的 2 倍。腹膜灰色，散布黑点。

背、臀鳍末根不分支鳍条较粗壮，末端分节。背鳍起点位于吻端和尾鳍基中点或靠近吻端，臀鳍基和背鳍基相对。背鳍基长于臀鳍基，臀鳍基长与尾柄长相等。腹鳍位于背鳍之前下方。尾鳍叉形，两叶等长，末端尖。肛门位于腹鳍基和臀鳍起点之间。

【体色式样】固定标本的体侧第 2 ～ 3 列鳞片上有 1 明显大黑点，尾柄中线有 1 条较粗的黑色条纹，向前延伸不超过背鳍起点。雄鱼背鳍有 3 列小黑点，臀鳍灰黑色，外缘白色。雌鱼背鳍前部有 1 明显大黑点，臀鳍无色。繁殖期雄鱼吻端有白色珠星。

【地理分布】鄱阳湖。

【生态习性】小型鱼类，生活于湖泊静水环境中。

巨颌鳍 *Acheilognathus macromandibularis* Doi, Arai & Liu, 1999

53）似田中鳍属 *Paratanakia* Chang, Chen & Mayden, 2014

【模式种】*Acheilognathus himantegus* Günther, 1868 = *Paratanakia himantegus* (Günther, 1868)

【鉴别性状】侧线完全，有须，背鳍无白色斑点形成的 2 列横纹，幼体背鳍无黑色斑块，幼体卵黄囊翼状突起不发达，咽喉齿 1 行，5/5。

【包含种类】本属江西有 1 种。

96. 齐氏似田中鳑 *Paratanakia chii* (Miao, 1934)

Acheilognathus chii Miao, 1934: 182 (江苏镇江).

Paracheilognathus himantegus: 陈宜瑜等, 1998: 439 (长江).

Tanaka himantegus: 陈义雄和张詠青, 2005: 150 (台湾浊水系).

Tanakia chii: 张春光等, 2016: 69 (钱塘江).

Paratanakia chii: Arai & Akai, 1988: 205.

【俗称】鳑鲏、胭脂鳑鲏。

检视样本数为 5 尾。样本采自樟树。

【形态描述】背鳍 3，8 ～ 9；胸鳍 1，11 ～ 12；腹鳍 1，8 ～ 9；臀鳍 3，11 ～ 13。侧线鳞 $34 \frac{5 \sim 6}{3 \sim 4} 35$。

体长为体高的 2.6 ～ 2.7 倍，为头长的 4.2 ～ 4.6 倍，为尾柄长的 4.2 ～ 4.3 倍，为尾柄高的 6.9 ～ 7.2 倍。头长为吻长的 3.2 ～ 3.4 倍，为眼径的 2.9 ～ 3.1 倍，为眼间距的 2.1 ～ 2.3 倍。尾柄长为尾柄高的 1.4 ～ 1.6 倍。

体延长，侧扁，头后背部隆起，呈卵圆形。头小。吻短，圆钝，吻长小于眼径，口下位，马蹄形。口角有须 1 对，须长约与眼径相等。眼较大，侧上位。眼间距中央隆起。鼻孔 1 对，位于两眼前方内侧。下咽齿齿面有锯纹。体被圆鳞。侧线完全，呈弧形，后延至尾鳍基正中。鳔 2 室，后室长于前室。腹膜黑色。肠较长。雌鱼有产卵管。

背鳍起点在身体最高处，基部中等长，鳍外缘微凹。胸鳍较大，延伸靠近腹鳍基部。腹鳍起点在背鳍之前，延伸可达臀鳍基部。臀鳍基部较长，外缘微凹，末端不达尾鳍。尾鳍分叉较浅，两叶对称。肛门约位于腹鳍和臀鳍间中点。

齐氏似田中鳑 *Paratanakia chii* (Miao, 1934)

【体色式样】体粉红色，略带蓝色，背部深蓝色。自尾鳍基部开始，沿体侧中部前有 1 条彩色纵纹。在体侧第 5～6 枚侧线鳞间有 1 黑色大斑。背鳍外缘黑色，雄鱼臀鳍具橘红色条纹，外缘有宽黑条纹。繁殖期吻部有明显的白色珠星。

【地理分布】赣江。

【生态习性】小型鱼类，栖息于水流平稳的沿岸水域。以藻类及有机腐屑为食，兼食浮游动物及昆虫幼虫。产卵于蚌体外套腔内。

54）鳑鲏属 *Rhodeus* Agassiz, 1832

【模式种】*Cyprinus amarus* Bloch, 1782 = *Rhodeus amarus* (Bloch, 1782)

【鉴别性状】侧线不完全；无须；背鳍有白色斑点形成的 2 列横纹；幼体背鳍有黑色斑块；幼体卵黄囊翼状突起发达；咽喉齿 1 行，5/5。

【包含种类】本属江西有 7 种。

种的检索表

1（2）背鳍基较短，短于眼径长的 3 倍 ······························黑鳍鳑鲏 *R. nigrodorsalis*

2（1）背鳍基较长，超过眼径长的 3 倍

3（8）口裂较深，超过眼前缘

4（5）尾柄纵条纹向前超过背鳍起点 ······································方氏鳑鲏 *R. fangi*

5（4）尾柄纵条纹向前不超过背鳍起点

6（7）鳃耙 9 以上 ··中华鳑鲏 *R. sinensis*

7（6）鳃耙 9 以下 ··彩石鳑鲏 *R. lighti*

8（3）口裂较浅，不超过眼前缘

9（10）背鳍分支鳍条不超过 9 根 ··································黄腹鳑鲏 *R. flaviventris*

10（9）背鳍分支鳍条大于等于 10 根

11（12）雄性个体臀鳍、腹鳍均具有明显白色边缘 ············白边鳑鲏 *R. albomarginatus*

12（11）雄性个体臀鳍、腹鳍均不具白色边缘 ······················高体鳑鲏 *R. ocellatus*

97. 中华鳑鲏 *Rhodeus sinensis* Günther, 1868

Rhodeus sinensis Günther, 1868: 280 (中国浙江); 郭治之和刘瑞兰, 1983: 13 (信江); 邹多录, 1988: 16 (寻乌水); 郭治之和刘瑞兰, 1995: 225 (赣江、抚河、信江、寻乌水); 张鹗等, 1996: 7 (赣东北); Li et al., 2022: 338 (江西婺源); 王子彤和张鹗, 2021: 1264 (赣江).

【俗称】鳑鲏、苦皮子、苦逼斯、苦屎鳊、菜板鱼。

检视样本数为 20 尾。样本采自宜黄、石城、宁都、龙南、于都、安福、永新、吉安、袁州、新余、上栗、莲花、都昌、庐山、永修和新建。

【形态描述】背鳍3，9～11；臀鳍3，9～11；胸鳍1，10～12；腹鳍2，5～6。纵列鳞34～35。

体长为体高的2.2～2.8倍，为头长的3.6～4.8倍，为尾柄长的4.1～4.8倍，为尾柄高的7.0～8.3倍。头长为吻长的4.0～4.7倍，为眼径的2.5～3.1倍，为眼间距的2.2～2.7倍。尾柄长为尾柄高的1.4～1.8倍。

体高而侧扁，呈卵圆形，背部隆起，腹部弧形。头短而尖。口小，端位。口裂呈弧形，下颌略长于上颌。口角无须。眼大，侧上位。眼间距稍大于眼径，略呈弧形。吻较短，其长度约与眼径相当。下咽齿齿面光滑，尖端不呈钩状。鳃耙短小。体被圆鳞，头部无鳞。侧线不完全，仅靠近头部的第3～7枚鳞片具有侧线。鳔2室，后室长于前室，腹膜灰黑色。肠较长。雌鱼生殖期具很长的产卵管。

背鳍基部较长，外缘较平整，起点距吻端的距离大于距尾鳍基的距离，末根不分支鳍条为硬刺，基部较硬，末端柔软。胸鳍靠近腹鳍。腹鳍起点在背鳍起点的稍前方或相对下侧，末端不达臀鳍。臀鳍起点在背鳍第4～5根分支鳍条之下方。尾鳍分叉较深，两叶对称。

【体色式样】背部灰绿色，腹部银白色。眼上部为红色。沿尾柄中线向前有1条蓝绿色条纹。背鳍上缘淡橘色。胸鳍、腹鳍橘黄色。雄鱼臀鳍下边橘红色带外有宽的黑边，雌鱼无橘红色带和黑边，雄鱼在吻端及眼眶上出现珠星。幼鱼和雌鱼背鳍前有1黑斑。尾鳍中部有橘红色宽条纹。

【地理分布】赣江、抚河、信江、饶河、修水、萍水河和寻乌水。

【生态习性】小型鱼类，常栖息于河流、沟渠的沿岸静水地带。繁殖期为4～6月，卵产在蚌的外套腔内。杂食性，主要摄食各类水草、藻类和碎屑等。可作观赏鱼或饵料鱼。

中华鳑鲏 *Rhodeus sinensis* Günther, 1868

98. 高体鳑鲏 *Rhodeus ocellatus* (Kner, 1867)

Pseudoperilampus ocellatus Kner, 1866: 548 (中国上海); 郭治之等, 1964: 124 (鄱阳湖).

Rhodeus ocellatus: 郭治之和刘瑞兰, 1983: 13 (信江); 刘世平, 1985: 70 (抚河); 邹多录, 1988: 16 (寻乌水); 郭治之和刘瑞兰, 1995: 225 (赣江、抚河、信江、寻乌水); 张鹗等, 1996: 7 (赣东北); 王子彤和张鹗, 2021: 1264 (赣江).

【俗称】鳑鲏、火片子、苦皮子、苦逼斯、苦屎鳊。

检视样本数为 45 尾。样本采自弋阳、临川、会昌、安远、兴国、石城、宁都、龙南、信丰、大余、崇义、于都、瑞金、遂川、安福、永新、吉安、新余、高安、樟树、丰城、修水、靖安、永修、萍乡、上栗、莲花、寻乌、鄱阳、余干、都昌和新建。

【形态描述】背鳍 3，10 ～ 12；臀鳍 3，10 ～ 12；胸鳍 1，10 ～ 12；腹鳍 2，6。侧线鳞 3 ～ 6。

体长为体高的 2.0 ～ 2.3 倍，为头长的 3.9 ～ 5.6 倍，为尾柄长的 4.5 ～ 7.1 倍，为尾柄高的 7.2 ～ 9.1 倍。头长为吻长的 3.0 ～ 3.8 倍，为眼径的 2.4 ～ 3.9 倍，为眼间距的 2.0 ～ 3.0 倍。尾柄长为尾柄高的 1.2 ～ 1.6 倍。

体高而侧扁，头后背部明显隆起，腹部微凸，体卵圆形。头小。口端位。口裂呈弧形。口角无须。吻短而钝，吻长小于眼径。眼较大，侧上位，眼径小于眼间距。鳃耙短小。体被圆鳞。侧线不完全，仅靠近头部的 5 ～ 6 枚鳞片具有侧线。鳔 2 室，后室长于前室。腹膜黑色。肠较长。雌鱼繁殖期有产卵管。

背鳍基部甚长，外缘稍呈弧形，起点距吻端与距尾鳍基的距离相等。胸鳍不达腹鳍。腹鳍起点稍在背鳍起点的前方，末端不达臀鳍。臀鳍起点在背鳍起点后方，外缘略呈弧形。尾鳍分叉深，两叶对称。肛门靠近腹鳍基后缘。

【体色式样】背部暗蓝色，体侧和腹部为白色，尾柄中间有 1 蓝绿色的纵纹。尾鳍中

高体鳑鲏 *Rhodeus ocellatus* (Kner, 1867)

部橘红色。雄性眼上部红色,臀鳍淡橘色并具黑边;雄性在繁殖期体色艳丽,具虹色闪光,吻部有白色的珠星。

【地理分布】鄱阳湖、赣江、抚河、信江、饶河、修水、萍水河和寻乌水。

【生态习性】小型鱼类,栖息于河流、沟渠沿岸静水区域。繁殖期为 4 ～ 5 月,产卵于蚌体外套腔内。杂食性。

99. 方氏鳑鲏 *Rhodeus fangi* (Miao, 1934)

Pararhodeus fangi Miao, 1934: 180 (镇江); 郭治之和刘瑞兰, 1995: 225 (抚河).

Rhodeus fangi: 张鹗等, 1996: 7 (赣东北); 张堂林和李钟杰, 2007: 437 (鄱阳湖); 王子彤和张鹗, 2021: 1264 (赣江).

【俗称】菜板鱼、簸箕鱼、鳑鲏。

检视样本数为 43 尾。样本采自会昌、安福、吉安、新余、袁州、万载、莲花和寻乌。

【形态描述】背鳍 3,10 ～ 11;胸鳍 1,10 ～ 12;腹鳍 1,6 ～ 7;臀鳍 3,10 ～ 11。侧线鳞 2 ～ 6。

体长为体高的 2.2 ～ 2.5 倍,为头长的 4.0 ～ 5.6 倍。头长为吻长的 3.3 ～ 4.5 倍,为眼径的 3.4 ～ 4.4 倍,为眼间距的 2.5 ～ 3.0 倍。尾柄长为尾柄高的 1.2 ～ 1.8 倍。

体高而侧扁,头后背部明显隆起,腹部微凸,体呈卵圆形。头小。口端位。口裂呈弧形。吻短而钝,吻长小于眼径,也小于眼后头长。无须。眼较大,侧上位,眼径小于眼间距。鳃耙短小。体被圆鳞。侧线不完全,仅靠近头部的 5 ～ 6 枚鳞片具有侧线。鳔 2 室,后室长于前室。腹膜黑色。肠较长。雌鱼繁殖期有产卵管。

背鳍外缘稍呈弧形,起点距吻端的距离长于到尾鳍基的距离,末根不分支鳍条硬。胸鳍达腹鳍。腹鳍起点稍在背鳍起点的前方,末端达臀鳍。臀鳍长。尾鳍分叉深,两叶对称。肛门靠近腹鳍基后缘。

方氏鳑鲏 *Rhodeus fangi* (Miao, 1934)

【体色式样】背部浅棕色，腹部白色，尾柄中线有 1 蓝色纵纹，向前延伸至背鳍起点的前方。雄鱼眼上部橘色，背鳍外缘橘色，臀鳍外缘橘红色并带有黑边。雌鱼眼上部淡灰色，各鳍淡黄色。

【地理分布】赣江、抚河、信江、萍水河和寻乌水。

【生态习性】小型鱼类，栖息于河流、沟渠沿岸静水区域。繁殖期为 4 ～ 5 月，产卵管长短不一。产卵于蚌体外套腔内。杂食性，摄食藻类等。

100. 彩石鳑鲏 *Rhodeus lighti* (Wu, 1931)

Pseudoperilampus lighti Wu, 1931: 25 (福建); 伍献文, 1964: 205 (江西九江); 湖北省水生生物研究所鱼类研究

　　室, 1976: 140 (九江); 刘世平, 1985: 70 (抚河); 郭治之和刘瑞兰, 1995: 225 (鄱阳湖、赣江、抚河).

Rhodeus lighti: 张鹗等, 1996: 7 (赣东北).

【俗称】鳑鲏。

检视样本数为 34 尾。样本采自南昌、九江、广昌、宜黄和崇仁。

【形态描述】背鳍 3, 8 ～ 11; 胸鳍 1, 10 ～ 11; 腹鳍 1, 6; 臀鳍 3, 8 ～ 11。侧线鳞 2 ～ 8。

体长为体高的 2.1 ～ 2.7 倍，为头长的 3.7 ～ 4.5 倍，为尾柄长的 4.4 ～ 5.8 倍，为尾柄高的 6.2 ～ 8.3 倍。头长为吻长的 3.3 ～ 5.0 倍，为眼径的 2.6 ～ 3.6 倍，为眼间距的 2.1 ～ 2.7 倍。尾柄长为尾柄高的 1.2 ～ 1.9 倍。

体侧扁，卵圆形，腹部平圆。头小而尖。口小，端位。口裂倾斜。吻短而钝，吻长与眼径约相等。无须。鼻孔 1 对，距眼较距吻端为近。下咽齿齿形较扁，齿面有锯纹，末端呈钩状。眼较大，侧上位。体被圆鳞。侧线不完全，仅靠近头部 4 ～ 5 枚鳞片上有侧线。鳔 2 室，后室长为前室的 2 倍。肠细长。

彩石鳑鲏 *Rhodeus lighti* (Wu, 1931)

背鳍起点距吻端大于距尾鳍基距离。腹鳍起点稍在背鳍起点的前方。臀鳍起点在背鳍末端之前方。尾鳍分叉较浅。肛门位于腹鳍基部和臀鳍起点之间。

【体色式样】背部深蓝色，腹部浅色，略带粉红。眼上部橘红色。鳞孔后方的第 1 枚侧线鳞上有 1 翠绿色斑点。尾柄中部有 1 翠绿色条纹，前细后粗，向前延至背鳍下方。各鳍均为淡黄色，背鳍前部有 1 黑斑，臀鳍边缘黑色，尾鳍中央有 1 橘红色纵纹。雄鱼在繁殖期吻端有许多白色粒状珠星。

【地理分布】鄱阳湖及其入湖支流如赣江、抚河和信江。

【生态习性】小型鱼类，生活于江河、池塘、小溪及水田中。繁殖期为 4～6 月，雌鱼产卵于蚌内。主食藻类、水生植物碎屑等。

101. 黑鳍鱊鲏 *Rhodeus nigrodorsalis* Li, Liao & Arai, 2020

Rhodeus nigrodorsalis Li, Liao & Arai, 2020a: 6 (江西婺源)。

【俗称】柠檬鱊鲏。

检视标本数为 5 尾。近年未采集到鲜活样本，依据原始记录和馆藏标本进行描述。

【形态描述】背鳍 3，8；胸鳍 12；腹鳍 7～8；臀鳍 3，8～9。纵列鳞 33～35。横列鳞 10～11。

无侧线，体侧扁。口小，近端位，口裂延伸不达眼前缘。无须。雄性吻部两侧各有珠星，雌性没有。成熟雌性有长的产卵管，最大长度为 8～13 mm。

背鳍和臀鳍中的第 1 根不分支鳍条非常小，埋于皮下，背鳍最长的不分支鳍条细而软。胸鳍第 1 根鳍条为不分支鳍条，腹鳍第 1 根和最后 1 根鳍条为不分支鳍条。臀鳍最长的不分支鳍条细而软。

黑鳍鱊鲏 *Rhodeus nigrodorsalis* Li, Liao & Arai, 2020

【体色式样】成年雄性体色浅。在第 4 ～ 5 列鳞上有 1 条蓝黑色垂直条纹。虹膜淡黄色。头下部、腹部和偶鳍均呈黄色。背鳍和臀鳍边缘有黑边，内侧为黄色。雄性背鳍呈黑色，前基部有 1 黑斑，斑点范围随着年龄的增长而向后延伸。在繁殖期外黄色会褪去。雌性体褐色，背侧较深。背鳍前基部有 1 大的黑斑。

【地理分布】饶河支流乐安河。

【生态习性】喜栖息于水深较浅的泥砾混合基质小河中。成年黑鳍鳔鲏体型小。繁殖期为 1 ～ 3 月。雌性在产卵期间产卵数次，用手挤压时通常会排出 3 ～ 8 个卵。成熟的卵为球形。寄主贝不明。

102. 黄腹鳔鲏 *Rhodeus flaviventris* Li, Arai & Liao, 2020

Rhodeus flaviventris Li, Arai & Liao, 2020b: 330 (江西婺源).

【俗称】黄石台鳔鲏。

检视标本数 5 尾。近年未采集到鲜活样本，依据原始记录和馆藏标本进行描述。

【形态描述】背鳍 3，9 ～ 10；胸鳍 1，11 ～ 13；腹鳍 1，6 ～ 7；臀鳍 3，9 ～ 10。侧线鳞 4 ～ 7。

口小，近端位，口角延伸不达眼前缘。无须。成年雄性鼻部和鼻孔与眼睛之间的区域有珠星，雌性没有。侧线不完全。成年雌性有长的产卵管。

背鳍和臀鳍的第 1 根不分支鳍条很小，埋于皮下。背鳍最长的不分支鳍条厚而硬。

【体色式样】成年雄性繁殖期呈现出婚姻色。在第 4 ～ 5 列鳞片之间有 1 个蓝斑，体侧有细长的蓝色纵向条纹，从背鳍下方延伸至尾鳍基部前约 2 枚鳞片。虹膜黄色。头后部、腹部和尾柄后部呈黄色。所有鳍均略带黄色。背鳍和臀鳍边缘黑色，贴近体侧有 1 条红橙色带；尾鳍中部呈橙色。黄色和橙色通常会在繁殖期后褪去。

黄腹鳔鲏 *Rhodeus flaviventris* Li, Arai & Liao, 2020

雌性体呈灰色,背部较深。产卵管大多呈白色或粉红色,后段略呈灰色。体型较小的成年雌性(通常体长小于 35 mm)背鳍有 1 大片黑色斑点。

【地理分布】饶河支流乐安河。

【生态习性】喜栖息于水深较浅的泥砾混合基质小河中。大部分出现在约 10 m 宽的河流回水区。繁殖期为 4 ~ 6 月,多次产卵。寄主贝不明。

103. 白边鳑鲏 *Rhodeus albomarginatus* Li & Arai, 2014

Rhodeus albomarginatus Li & Arai, 2014: 165 (安徽祁门).

检视样本数为 5 尾。近年未采集到鲜活样本,依据原始记录和馆藏标本进行描述。

【形态描述】背鳍 3,10;臀鳍 3,10 ~ 11;胸鳍 1,10 ~ 11;腹鳍 1,6。侧线鳞 4 ~ 7。

体侧扁。口亚下位。无须。成年雄性鼻部及鼻孔与眼睛之间的区域有珠星,雌性没有。侧线不完全。

背鳍和臀鳍中的第 1 根不分支鳍条非常小,埋于皮下。背鳍最长的不分支鳍条粗且硬,上部分节。

【体色式样】成年雄性体灰色,腹部浅灰色。在第 4 ~ 5 列鳞片上有 1 个蓝色垂直斑点,体两侧均有 1 条蓝色条纹从背鳍下方延伸至尾鳍末端。背鳍、臀鳍和腹鳍均有白边,臀鳍和腹鳍的白边比背鳍宽。背鳍和臀鳍上各有 2 个白色斑点。虹膜黑色。肚皮橘红色。尾柄后部和尾鳍中部鲜红色。成年雄性通常常年保持这个体色,在繁殖期会更鲜亮。雌性体侧无蓝色的垂直斑点,鳍无白边。侧面的条纹非常细长且不明显。

【地理分布】饶河上游率水。

白边鳑鲏 *Rhodeus albomarginatus* Li & Arai, 2014

【生态习性】常栖息于水位较低、底部由泥和石头混合的山溪中。繁殖期为夏季 6～8 月。会多次产卵，通常一次释放 10～20 个卵，成熟的未受精卵呈椭圆形。宿主贝为 *Ptychorhynchus murinum*。

（十五）鮈科 Gobionidae

中小型鱼类。体长形，侧扁或略呈圆筒形。口一般下位，以弧形、马蹄形居多。唇薄，简单，无乳突且不分叶，或发达，具乳突且分叶。口角须 1 对，鳅鮀类鱼还有颐须 3 对。下咽齿多为 2 或 1 行。背鳍通常无硬刺（少数属例外）；臀鳍分支鳍条为 6。多数种类体侧均具大小不等的斑点。本科江西有 16 属。

属的检索表

1（2）口部须 4 对，口角处 1 对，颊部 3 对 ·· 鳅鮀属 *Gobiobotia*

2（1）口部须 2 对或 1 对

3（6）背鳍末根不分支鳍条为光滑硬刺

4（5）下咽齿 3 行；肛门紧靠臀鳍起点 ·· 鳕属 *Hemibarbus*

5（4）下咽齿 2 行；肛门位置稍前移，约位于腹鳍基至臀鳍起点间距的后 1/4 处 ········· ··· 似刺鳊鮈属 *Paracanthobrama*

6（3）背鳍末根不分支鳍条柔软分节（不为硬刺）

7（8）眼眶下缘具黏液腔；下咽齿 3 行 ·· 似鳕属 *Belligobio*

8（7）眼眶下缘无黏液腔；下咽齿 2 行或 1 行

9（20）唇薄、简单、无乳突（如有则极细微），下唇不分叶；鳔大，外无包被

10（11）口小，上位；口角无须 ··· 麦穗鱼属 *Pseudorasbora*

11（10）口中大，端位或下位；口角具须 1 对

12（13）下颌具发达的角质边缘 ··· 鳈属 *Sarcocheilichthys*

13（12）下颌无角质边缘

14（17）体中等长，略侧扁；背鳍起点距吻端较其基底后端距尾鳍基为长

15（16）口端位；体略粗壮；尾柄高，体长为尾柄高的 9 倍以下；肛门紧靠臀鳍起点 ········· ·· 颌须鮈属 *Gnathopogon*

16（15）口亚下位；体较细长；尾柄细，体长为尾柄高的 9 倍以上；肛门略前移，约位于腹鳍基部与臀鳍起点间的后 1/3 处 ·· 银鮈属 *Squalidus*

17（14）体长，前段近圆筒形，后段侧扁；背鳍起点距吻端较其基底后端距尾鳍基为短

18（19）吻部正常；须长，末端伸达前鳃盖骨后缘；侧线鳞 54 以上 ····················· 铜鱼属 *Coreius*

19（18）吻部显著突出；须短，末端后伸不超过眼后缘下方；侧线鳞 51 以下 ············· 吻鮈属 *Rhinogobio*

20（9）唇厚，发达，上下唇均具发达的乳突，下唇分叶；鳔小，前室包被

21（30）背鳍前长大于背鳍基部后端至尾鳍基距离或相等；鳔前室包于韧质膜囊内

22（23）下唇不分叶，向后伸展联成整片，后缘游离，分裂成流苏状缺刻，中央部分略内凹·····················
···片唇鮈属 *Platysmacheilus*

23（22）下唇明显分成 3 叶，侧叶发达，中叶为 1 对椭圆形或心脏形的肉质突起

24（29）吻短，等于或稍大于眼径；下唇两侧叶不相连；下咽齿 1 行

25（26）下唇中叶心脏形，两侧叶发达，向侧后扩展成翼状·····················胡鮈属 *Huigobio*

26（25）下唇中叶为 1 对椭圆形突起，两侧叶不扩展成翼状

27（28）上下唇乳突不发达；鳔大，前室包于膜质囊内，短于后室·····················棒花鱼属 *Abbottina*

28（27）上下唇乳突发达；鳔小，前室包于厚韧质膜囊内，后室极小，露于囊外·····················
···小鳔鮈属 *Microphysogobio*

29（24）吻长，远超过眼径的 2 倍；下唇两侧叶前端相连；下咽齿 2 行·····················似鮈属 *Pseudogobio*

30（21）背鳍前长短于背鳍后端至尾鳍基距离；鳔前室包于骨囊内·····················蛇鮈属 *Saurogobio*

55）鳤属 *Hemibarbus* Bleeker, 1860

【模式种】*Gobio barbus* Temminck & Schlegel, 1846 = *Hemibarbus labeo* (Pallas, 1776)

【鉴别性状】背鳍具粗壮而光滑的硬刺，下咽齿 3 行，眼眶下缘具有 1 列黏液腔，唇稍厚，下唇分 3 叶，两侧叶和颏部正中呈三角形突起的中叶，具须 1 对。

【包含种类】本属江西有 2 种。

种的检索表

1（2）吻长显著大于眼后头长；下唇发达，侧叶宽厚，具皱褶；背鳍刺长小于头长；体侧无斑；鳃耙 15 ～ 20
···唇鳤 *H. labeo*

2（1）吻长小于眼后头长；下唇薄，不发达，侧叶狭窄，无皱褶；背鳍刺长等于或大于头长；体侧及背、尾鳍具黑斑；鳃耙 6 ～ 10·····················花鳤 *H. maculatus*

104. 唇鳤 *Hemibarbus labeo* (Pallas, 1776)

Cyprinus labeo Pallas, 1776: 207, 703 (俄罗斯外贝加尔).

Hemibarbus labeo: 邹多录, 1982: 51 (赣江); 郭治之和刘瑞兰, 1983: 15 (信江); 刘世平, 1985: 69 (抚河); 邹多录, 1988: 15 (寻乌水); 郭治之和刘瑞兰, 1995: 226 (鄱阳湖、赣江、抚河、信江、饶河、寻乌水); 张鹗等, 1996: 8 (赣东北); 王子彤和张鹗, 2021: 1264 (赣江).

【俗称】洋鸡虾、竹鱼、重唇鱼、土风鱼。

检视样本数为 45 尾。样本采自临川、广昌、南丰、会昌、宁都、龙南、信丰、全南、南康、赣州、于都、瑞金、遂川、安福、吉州、吉安、泰和、峡江、袁州、新余、高安、宜丰、万载、樟树、新建、修水、靖安、奉新、湖口、彭泽、萍乡和寻乌。

【形态描述】背鳍 3，7；胸鳍 1，17 ～ 18；腹鳍 1，8；臀鳍 3，6。侧线鳞 45 $\dfrac{6 \sim 7}{5}$ 47。

体长为体高的 4.4 ～ 5.3 倍，为头长的 3.3 ～ 4.1 倍。头长为吻长的 2.2 ～ 2.4 倍，为眼径的 3.5 ～ 4.3 倍，为眼间距的 2.8 ～ 3.6 倍，为尾柄长的 1.5 ～ 1.8 倍，为尾柄高的 2.6 ～ 3.6 倍。尾柄长为尾柄高的 1.1 ～ 1.8 倍。

体长，稍侧扁，背隆弧形，腹平圆。头较大，头长大于体高。吻长，稍尖而突出，吻长大于眼后头长。口大，下位，马蹄形。唇肉质肥厚，下唇尤为发达，侧叶宽厚且具皱褶，中叶很小，呈小球状凸起，位于侧叶间的后缘。唇后沟中断。口角短须 1 对，须长小于眼径。眼大，侧上位。眼间较宽，稍隆起。前眶骨、下眶骨和前鳃盖骨边缘具 1 排黏液管。下咽骨粗壮，齿尖钩状。鳃膜较宽，与峡部相连。鳃耙较长，顶端尖。鳞中小，腹鳍基部上有 1 较大腋鳞。侧线完全，略平直，沿体侧至尾柄中央。鳔 2 室，前室卵圆形，后室锥形，末端尖，长约为前室的 2 倍。肠粗短，约与体长相等。腹膜银灰色。

背鳍起点偏近吻端，末根不分支鳍条为 1 粗大硬刺，后缘光滑。胸鳍较短，末端与背鳍起点上下相对。腹鳍起点在背鳍第 2、3 根分支鳍条下方。臀鳍起点约在腹鳍起点至尾鳍基之间的中点。尾叉形，上下两叶相等。肛门紧靠臀鳍起点。

【体色式样】背部青灰黄褐色，至体侧渐转为银白色。在幼鱼的体侧有 1 列大黑斑，6 ～ 12 个，随成熟而逐渐消退，至成体时完全消失。各鳍呈浅灰色。

【地理分布】鄱阳湖、赣江、抚河、信江、饶河、修水、萍水河和寻乌水。

【生态习性】栖息于河流干流上游及支流中下游的大溪中。生活在流速较大、沙石底质的水域中下层中。个体较大。2 ～ 3 龄性成熟。繁殖期为 3 ～ 6 月，在溪流上游产卵，卵黄色，黏性卵，附着于水岸和石砾上孵化。杂食性，以水生昆虫的幼虫及蠕虫等底栖动物为食。

唇䱻 *Hemibarbus labeo* (Pallas, 1776)

105. 花䱻 *Hemibarbus maculatus* Bleeker, 1871

Hemibarbus maculatus Bleeker, 1871a: 19 (长江); Nichols, 1943: 163 (九江); 郭治之等, 1964: 123 (鄱阳湖); 湖北省水生生物研究所鱼类研究室, 1976: 79 (鄱阳湖); 伍献文等, 1977: 447 (江西鄱阳湖); 邹多录, 1982: 51 (赣江); 郭治之和刘瑞兰, 1983: 15 (信江); 刘世平, 1985: 69 (抚河); 邹多录, 1988: 15 (寻乌水); 郭治之和

刘瑞兰, 1995: 226 (鄱阳湖、赣江、抚河、信江、饶河、寻乌水); 张鹗等, 1996: 8 (赣东北); 王子彤和张鹗, 2021: 1264 (赣江).

Barbus semibarbus: Günther, 1889: 224 (江西九江).

【俗称】麻花鳕、麻鲤、鸡虾、鸡哈、鸡花鱼、麻叉鱼。

检视样本数为 28 尾。样本采自临川、安远、兴国、石城、宁都、龙南、信丰、南康、会昌、于都、瑞金、吉安、泰和、樟树、袁州、新余、高安、万载、鄱阳、余干、都昌、庐山、湖口、永修、彭泽、安源和新建。

【形态描述】背鳍 3，7；胸鳍 1，16 ～ 18；腹鳍 1，8；臀鳍 3，6。侧线鳞 $46\frac{7}{5}49$。

体长为体高的 4.3 ～ 4.4 倍，为头长的 3.6 ～ 3.9 倍。头长为吻长的 2.8 ～ 3.2 倍，为眼径的 4.0 ～ 4.2 倍，为眼间距的 3.7 ～ 4.0 倍，为尾柄长的 1.3 ～ 1.4 倍，为尾柄高的 2.5 ～ 2.7 倍。尾柄长为尾柄高的 1.7 ～ 2.0 倍。

体较长，侧扁，背隆起稍呈弧形，腹部平圆。头稍大，头长大于体高。吻较尖，前端突出，吻长小于眼后头长。口下位，马蹄形。唇较肥厚，下唇侧叶较狭，在颏部与中叶相连，中叶后缘为三角形突出，唇后沟中断，其相隔比唇鳕宽。口角短须 1 对，须长小于眼径。眼较大，侧上位，眼间距宽阔平坦。前眶骨、下眶骨和前鳃盖骨边缘具 1 排黏液管。下咽骨发达粗壮，咽齿尖钩状。鳃膜与峡部相连。鳃耙长而粗，锥状。鳞大小中等，在腹鳍基部上方具有腋鳞。侧线完全，前段稍弯，至腹鳍上方平直延伸至尾柄中央。鳔 2 室，后室长而细，长锥形，长度为前室的 1.5 ～ 2.4 倍。肠粗短，约与体长相等。腹膜银灰色。

背鳍起点近吻端，位于背部最高点，末根不分支鳍条为粗大硬刺，后缘光滑无细齿。胸鳍稍长，末端与背鳍起点上下相对。腹鳍较为短小，其起点约与背鳍基部中点相对，末端不达臀鳍起点。臀鳍较短小，起点在腹鳍起点与尾鳍基中点，末端不达尾鳍基。尾鳍叉形，上下叶等长，末端圆钝。肛门紧靠臀鳍起点前。

【体色式样】体背部灰黄褐色至体侧逐渐转淡。腹侧银白色。侧线上方有 1 纵列，6 ～ 12 个大黑斑。体侧散布大小不等的黑斑。在背鳍及尾鳍上的小黑斑组成 3 ～ 4 行略有规则的黑色斑纹。

花鳕 *Hemibarbus maculatus* Bleeker, 1871

【地理分布】鄱阳湖、赣江、抚河、信江、饶河、修水、萍水河和寻乌水。

【生态习性】栖息于河流干流及支流的中下游或湖泊，喜开阔水面缓流水体中下层。最大个体可达 400 mm。繁殖期为 3 ～ 5 月，喜逆水产卵；卵黏性。杂食性，摄食底栖动物，成鱼主要以虾类、螺、蚬、淡水壳菜、幼蚌等为食，也摄食幼鱼、水生昆虫幼体、枝角类和桡足类，甚至水生植物和丝状藻等。

56）似刺鳊鮈属 *Paracanthobrama* Bleeker, 1864

【模式种】*Paracanthobrama guichenoti* Bleeker, 1864

【鉴别性状】背鳍末根不分支鳍条为光滑的硬刺；眼眶下缘具有黏液腔；下咽齿 2 行；具须 1 对。

【包含种类】本属江西有 1 种。

106. 似刺鳊鮈 *Paracanthobrama guichenoti* Bleeker, 1864

Paracanthobrama guichenoti Bleeker, 1864: 24 (中国); Nichols, 1943: 161 (九江); 湖北省水生生物研究所鱼类研究室, 1976: 71 (鄱阳湖); 伍献文等, 1977: 451 (江西鄱阳湖); 陈宜瑜等, 1998: 250 (江西湖口); 郭治之和刘瑞兰, 1983: 15 (信江); 刘世平, 1985: 69 (抚河); 郭治之和刘瑞兰, 1995: 226 (抚河、信江); 张鹗等, 1996: 7 (赣东北); 王子彤和张鹗, 2021: 1264 (赣江).

Barbus labeo Günther, 1889: 224 (九江).

Hemibarbus dissimilis: 郭治之等, 1964: 123 (鄱阳湖).

Paracanthobrama pingi Wu, 1930: 48 (九江); Wu & Wang, 1931: 232 (九江).

【俗称】石鲫、金鳍鲤、罗红。

检视样本数为 49 尾。样本采自鄱阳、都昌、庐山、吉安、樟树、湖口和彭泽。

【形态描述】背鳍 3，7；胸鳍 1，15 ～ 17；腹鳍 1，7；臀鳍 3，6。侧线鳞 $46 \frac{7 \sim 9}{4 \sim 5} 50$。

体长为体高的 3.5 ～ 4.0 倍，为头长的 3.9 ～ 4.9 倍，为尾柄长的 5.4 ～ 6.5 倍，为尾柄高的 8.1 ～ 9.3 倍。头长为吻长的 3.3 ～ 4.2 倍，为眼径的 4.0 ～ 4.7 倍，为眼间距的 2.8 ～ 3.5 倍，为尾柄长的 1.1 ～ 1.5 倍，为尾柄高的 1.7 ～ 2.2 倍。体高为尾柄高的 2.3 ～ 2.5 倍。尾柄长为尾柄高的 1.3 ～ 1.6 倍。

体长，侧扁，腹平圆；头后背部显著隆起，背鳍起点处最高，向后至尾鳍基部逐渐降低。头小，头长远小于体高。吻短钝，略突出。口下位，弧形。口角须 1 对，须长约等于眼径。上唇较厚，唇后沟在颏部中断，间距较宽。上下颌无角质边缘。眼较小，侧上方。下眶骨及前眶骨边缘具 1 排黏液管。咽齿尖端钩状。鳃盖膜与峡部相连。鳃耙短小，排列稀疏。鳞中大，有腋鳞。侧线完全，平直。鳔大，2 室，前室卵圆形，后室粗长，其长为前室长的 2.5 ～ 3.5 倍。肠粗短，肠长为体长的 0.8 ～ 0.9 倍。腹膜灰白色。

似刺鳊鮈 *Paracanthobrama guichenoti* Bleeker, 1864

背鳍长，末根不分支鳍条为光滑硬刺，其长显著大于头长；背鳍起点距吻端大于等于鳍基末端距尾鳍基距离。胸鳍短小，末端不达腹鳍起点。腹鳍起点位于胸鳍基部与臀鳍起点中间且近胸鳍基部，末端不达肛门。臀鳍起点距尾鳍基部较至腹鳍基部为近，无硬刺。尾鳍分叉深，上下叶等长，末端尖。肛门近臀鳍起点。

【体色式样】体银白色，背部为较深的青灰绿色，腹部灰白色。臀鳍与尾鳍呈鲜艳的淡红色，其余各鳍灰白色。

【地理分布】鄱阳湖、信江、抚河。

【生态习性】栖息于河流、湖泊等开阔水域的中下水层。繁殖期为 5 ～ 6 月，卵无黏性。杂食性，主要摄食黄蚬、淡水壳菜、幼蚌、螺类、虾类、幼鱼、水蚯蚓及水生昆虫等，兼食植物碎屑、水草和藻类。

57）似鮈属 *Belligobio* Jordan & Hubbs, 1925

【模式种】*Belligobio eristigma* Jordan & Hubbs, 1925

【鉴别性状】背鳍末根不分支鳍条柔软，下咽齿 3 行，前眶骨和下眶骨边缘具黏液腔，下唇两侧叶较狭，中央有 1 三角形突起，须 1 对。

【包含种类】本属江西有 1 种。

107. 似鮈 *Belligobio nummifer* (Boulenger, 1901)

Gobio nummifer Boulenger, 1901: 269 (浙江宁波); Bănărescu, 1961: 323 (江西牯岭).

Belligobio nummifer: 张鹗等, 1996: 7 (赣东北).

【俗称】章鱼、麻花鮈。

检视样本数为 28 尾。近年未采集到鲜活样本，依据原始记录和馆藏标本进行描述。

【形态描述】背鳍 3，7；胸鳍 1，16 ～ 17；腹鳍 1，8；臀鳍 3，6。侧线鳞 $40 \frac{6}{4 \sim 5} 42$。

体长为体高的 4.2 ～ 4.9 倍，为头长的 3.4 ～ 4.1 倍。头长为吻长的 2.5 ～ 2.8 倍，为眼径的 3.3 ～ 5.2 倍，为眼间距的 2.8 ～ 3.3 倍，为尾柄长的 1.5 ～ 1.9 倍，为尾柄高的 2.5 ～ 3.2 倍。尾柄长为尾柄高的 1.5 ～ 1.9 倍。

体长，侧扁，粗壮，腹部平圆，背部稍隆起。头较长，头长大于体高。吻略尖，吻圆钝，吻长小于眼后头长。口下位，稍近吻端，马蹄形。唇较肥厚，下唇中叶呈三角形向后凸出，唇后沟中断。口角须 1 对，其长约等于眼径。下颌无角质边缘。前后鼻孔相邻。眼中大，侧上位。前眶骨和下眶骨边缘具黏液管。下咽齿侧扁，末端钩状。鳃膜与峡部相连。鳃耙短小，排列稀疏。鳞中等大小，有腋鳞。侧线完全，较平直。鳔 2 室，前室椭圆，后室粗长，末端尖，后室长为前室的 1.5 ～ 1.7 倍。肠粗短，不及体长。腹膜灰白色。

背鳍末根不分支鳍条细软，起点距吻端较至尾鳍基部为近，在腹鳍起点之前。胸鳍较长，末端达背鳍起点的下方。腹鳍起点与背鳍第 2、3 根分支鳍条相对，末端不达肛门。臀鳍起点位于腹鳍起点与尾鳍基之间的中点。尾鳍分叉，上下叶等长，末端尖。肛门紧靠臀鳍起点。

【体色式样】体背部黄褐色，体侧变淡，腹部灰白色。在侧线上方体侧有 6 ～ 7 个大型黑斑。在背部自头至尾散布有许多形状不规则的黑斑。背、尾鳍上布有几行小黑点，其余鳍灰白色。

【地理分布】修水。

【生态习性】溪流性鱼类，栖息于水流比较平稳的水潭中下层水体中。繁殖期为 4 ～ 6 月，卵黏性。以水生昆虫为食。

似鮊 *Belligobio nummifer* (Boulenger, 1901)

58）麦穗鱼属 *Pseudorasbora* Bleeker, 1859

【模式种】*Leuciscus pusillus* Temminck & Schlegel, 1846 = *Leuciscus parvus* Temminck & Schlegel, 1846 = *Pseudorasbora parva* (Temminck & Schlegel, 1846)

【鉴别性状】背鳍末根不分支鳍条柔软，一般无硬刺。下咽齿 1 行；口小，下颌突出，较上颌为长，口裂几呈垂直，无须，侧线完全。

【包含种类】本属江西有 2 种。

种的检索表

1（2）体较短，体长为体高的 4.3 倍以下；侧线鳞 38 以下 ·· 麦穗鱼 *P. parva*

2（1）体细长，体长为体高的 4.5 倍以上；侧线鳞 44 左右 ·································· 长麦穗鱼 *P. elongata*

108. 麦穗鱼 *Pseudorasbora parva* (Temminck & Schlegel, 1846)

Leuciscus parvus Temminck & Schlegel, 1846: 215 (日本).

Pseudorasbora parva: 郭治之等, 1964: 123 (鄱阳湖); 郭治之和刘瑞兰, 1983: 15 (信江); 刘世平, 1985: 69 (抚河); 邹多录, 1988: 15 (寻乌水); 郭治之和刘瑞兰, 1995: 227 (鄱阳湖、赣江、抚河、信江、饶河、修水、寻乌水); 陈宜瑜等, 1998: 263 (江西湖口); 张鹗等, 1996: 7 (赣东北); 王子彤和张鹗, 2021: 1264 (赣江).

【俗称】麻嫩子、罗汉鱼、青皮嫩。

检视样本数为69尾。样本采自临川、会昌、安远、兴国、石城、宁都、龙南、信丰、于都、瑞金、遂川、安福、永新、吉安、吉州、泰和、峡江、袁州、新余、高安、万载、丰城、修水、靖安、奉新、萍乡、上栗、莲花、寻乌、鄱阳、余干、都昌、庐山、湖口、永修和新建。

【形态描述】背鳍3，7；胸鳍1，12～14；腹鳍1，7；臀鳍3，6。侧线鳞 $35\frac{5}{4}36$。

体长为体高的 3.4～4.3 倍，为头长的 4.3～4.6 倍，为尾柄长的 4.2～4.9 倍，为尾柄高的 7.2～8.1 倍。头长为吻长的 2.6～3.0 倍，为眼径的 3.4～4.8 倍；为眼间距的 2.0～2.6 倍，为尾柄长的 1.0～1.1 倍，为尾柄高的 1.6～1.9 倍。体高为尾柄高的 1.8～2.2 倍。尾柄长为尾柄高的 1.5～1.9 倍。

体长，侧扁，腹部圆，头后背部显著隆起。头较小。吻短尖。口小，上位。无须。下颌较长，突出在上颌前方。唇较薄，唇后沟中断。眼较大，靠前。下咽齿纤细，末端钩状。鳃膜与峡部相连。鳃耙细小，排列稀疏。鳞较大。侧线完全，平直。鳔2室，后室长为前室的 1.5～2.0 倍。肠短，不及体长。腹膜银灰色，散布较多小黑点。

背鳍末根不分支鳍条为软刺，起点距吻端与至尾鳍基距离相等或近前者。胸鳍短小，末端不达腹鳍起点。腹鳍短小，末端不达肛门。臀鳍短，外缘弧形，无硬刺，末端不达尾鳍基部。尾鳍分叉较浅，上下叶等长，末端圆。肛门靠近臀鳍起点前方。

麦穗鱼 *Pseudorasbora parva* (Temminck & Schlegel, 1846)

【体色式样】体背部浅黑褐色，体侧逐渐变淡，腹部灰白色。体侧鳞片后缘具新月形黑纹。各鳍浅灰色。生殖期雄鱼体色暗黑，各鳍深黑色，吻端有白色珠星；雄鱼个体偏小，产卵管稍外凸。幼鱼体侧正中自吻端至尾鳍基通常具有 1 条较细黑色纵纹，后部清晰，体侧鳞后缘亦有半月形暗斑，鳍淡黄色。

【地理分布】鄱阳湖、赣江、抚河、信江、饶河、修水、萍水河和寻乌水。

【生态习性】溪涧性小型鱼类。栖息于河流、湖泊、池塘水沿岸多水草乱石的水体；偶见于溪流水草丛生的沿岸边。1 冬龄性成熟，繁殖期为 4 ～ 6 月，卵黏性。雄鱼有筑巢、护巢和护卵的习性。杂食性。以浮游生物及底栖动物为食，兼食藻类、水草、水生昆虫、腐屑和鱼卵等。

109. 长麦穗鱼 *Pseudorasbora elongata* Wu, 1939

Pseudorasbora elongata Wu, 1939: 109 (广西阳朔); 郭治之和刘瑞兰, 1995: 227 (鄱阳湖); 张鹗等, 1996: 7 (赣东北); 王子彤和张鹗, 2021: 1264 (赣江).

【俗称】麻嫩子、罗汉鱼、青皮嫩。

检视样本数为 15 尾。近年未采集到鲜活样本，依据原始记录和馆藏标本进行描述。

【形态描述】背鳍 3，7；胸鳍 1，11 ～ 13；腹鳍 1，7；臀鳍 3，6。侧线鳞 $43 \frac{5.5}{4} 45$。

体长为体高的 4.5 ～ 5.2（成熟雌体为 3.2 ～ 4.0）倍，为头长的 4.2 ～ 4.9 倍，为尾柄长的 4.5 ～ 5.6 倍，为尾柄高的 8.2 ～ 9.5 倍。头长为吻长的 2.2 ～ 2.6 倍，为眼径的 3.8 ～ 4.8 倍，为眼间距的 2.4 ～ 2.8 倍，为尾柄长的 1.0 ～ 1.2 倍，为尾柄高的 1.7 ～ 2.1 倍。尾柄长为尾柄高的 1.6 ～ 1.9 倍。

体细长，近圆筒形。头小而尖，近楔形，头高约等于头宽。吻部上下扁平，前尖细，吻长约等于或稍大于眼后头长。口极小，稍呈上位。下颌稍突出于上颌的前方，口裂几近垂直；上颌后伸不达鼻孔前缘。唇薄。无须。鼻孔较小，鼻孔至眼的距离较吻端为近。眼大，侧上位，眼间宽且平，眼间距约等于吻长。下咽齿稍侧扁，末端钩状。鳃盖膜宽广，连于峡部。鳃耙不发达，排列稀疏。鳞中大。侧线完全，较平直，后伸至尾柄中央。鳔 2 室，前室小，椭圆形，膜壁较厚，但并不为膜囊所包被；后室大，壁薄，末端尖细，后室长约为前室的 2.0 倍。肠短，不及体长，为体长的 0.7 ～ 0.8 倍。腹膜浅灰黑色或灰白色，具细小黑点。

各鳍均较短小。背鳍无硬刺（生殖期雄鱼背鳍不分支鳍条基部为硬刺），外缘略呈圆弧形，起点位于吻端与尾鳍基部的中点。胸鳍后缘圆钝，其长约为自其起点至腹鳍基部距离的一半。腹鳍起点稍前于背鳍起点，在胸、臀鳍起点间的中点。臀鳍无硬刺，外缘弧形，起点距腹鳍基较至尾鳍基为近。尾鳍分叉深，上下叶等长，末端尖。肛门位置靠近臀鳍起点。

【体色式样】体银灰色，稍黑，腹部灰白色。体侧自吻端向后沿侧线至尾鳍基部的末端具 1 宽阔的黑纵纹，其宽约为 3 排鳞片，侧线上方有 4 条平行于此黑纵纹的黑色细条纹，背中央自头后至尾鳍基部亦有 1 黑纹，背、尾鳍布有零散的小黑点，尾鳍基部中央有 1 大黑斑。繁殖期成熟个体腹部有若干浅黑色条纹，雌鱼产卵管稍外突。

【地理分布】鄱阳湖、赣江、信江和乐安河。

【生态习性】生活于溪流、小河中，一般栖息在小支流，以清澈的缓流水环境最为合适。繁殖期为 5 ～ 6 月。

长麦穗鱼 *Pseudorasbora elongata* Wu, 1939

59）鳈属 *Sarcocheilichthys* Bleeker, 1860

【模式种】*Leuciscus variegatus* Temminck & Schlegel, 1846 = *Sarcocheilichthys variegatus* (Temminck & Schlegel, 1846)

【鉴别性状】背鳍末根不分支鳍条基部略坚硬，成为硬刺，末端柔软分节。体较高。下咽齿 1 或 2 行，口小，下位或近亚下位，呈马蹄形或弧形。下唇限于口角或向前伸，下颌前端具有不同发达程度的角质边缘。口角具有微细的短须或无须。

【包含种类】本属江西有 5 种。

种的检索表

1（4）自吻端穿过眼睛沿侧线至尾鳍基有 1 明显纵条纹

2（3）侧线鳞 34 ～ 36；须 1 对···小鳈 *S. parvus*

3（2）侧线鳞 37 ～ 38；无须···条纹鳈 *S. vittatus*

4（1）自吻端穿过眼睛沿侧线至尾鳍基无明显纵条纹

5（6）体侧有 4 块明显黑色垂直宽斑·······································华鳈 *S. sinensis*

6（5）体侧无明显黑色垂直宽斑，但肩带后有 1 深黑色的垂直斑块

7（8）下唇两侧叶短而粗；侧线鳞 41 ～ 42··························江西鳈 *S. kiangsiensis*

8（7）下唇两侧叶长而细；侧线鳞不超过 40·······················黑鳍鳈 *S. nigripinnis*

110. 华鳈 *Sarcocheilichthys sinensis* Bleeker, 1871

Sarcocheilichthys sinensis Bleeker, 1871a: 31 (中国长江); 郭治之等, 1964: 123 (鄱阳湖); Bănărescu & Nalbant,
　　1967b: 309 (长江); 湖北省水生生物研究所鱼类研究室, 1976: 67 (鄱阳湖); 郭治之和刘瑞兰, 1983: 15
　　(信江); 刘世平, 1985: 69 (抚河); 郭治之和刘瑞兰, 1995: 227 (鄱阳湖、赣江、抚河、信江、饶河); 张鹗
　　等, 1996: 7 (赣东北); 王子彤和张鹗, 2021: 1264 (赣江).

Pseudogobio (*Sarcocheilichthys*) *chinensis* Günther, 1889: 224 (九江).

Sarcocheilichthys sinensis sinensis: 陈宜瑜等, 1998: 271 (江西湖口).

【俗称】花石鲫、山鲤子、黄棕鱼、花鱼。

检视样本数为 51 尾。样本采自景德镇、石城、龙南、临川、于都、遂川、峡江、泰和、吉安、新余、袁州、高安、新建、万载、樟树、永修和都昌。

【形态描述】背鳍 3，7；胸鳍 1，14 ～ 15；腹鳍 1，7；臀鳍 3，6。侧线鳞 $37\frac{6}{4}40$。

体长为体高的 3.0 ～ 3.9 倍，为头长的 4.1 ～ 4.8 倍，为尾柄长的 5.0 ～ 5.8 倍，为尾柄高的 6.5 ～ 7.3 倍。头长为吻长的 2.4 ～ 3.0 倍，为眼径的 3.0 ～ 4.5 倍，为眼间距的 2.2 ～ 2.6 倍，为尾柄长的 1.0 ～ 1.3 倍，为尾柄高的 1.3 ～ 1.6 倍。尾柄长为尾柄高的 1.2 ～ 1.4 倍。

体中等大小，较高，稍长侧扁。吻端至背鳍起点的背部轮廓隆起，呈弧形，背鳍基之后缓慢下降至尾鳍基。腹部轮廓微圆，尾柄微凹。头短小，头长小于体高，大于体宽。吻短而圆钝，吻长小于眼后头长，大于眼径，鼻孔距眼为近。口小，下位，呈马蹄形，口宽大于口长。唇光滑，上唇较厚，下唇仅限于口角处，且不膨大。下颌顶点具发达的角质边缘。口角具口角须 1 对，细弱。眼间距较宽，头长为眼间距的 1.9 ～ 2.2 倍。鳃膜与峡部相连，鳃耙短小。鳞片圆形，中等大小，体胸腹被鳞，腹部鳞片略小于体侧鳞片。侧线完全，较为平直。咽齿侧扁，齿端尖，呈钩曲状。腹膜灰黑色。鳔 2 室，后室长为前室的 2 倍以上。肠较短，短于体长。

背鳍不分支鳍条为硬刺，背鳍起点较腹鳍起点靠前，距吻端的距离与较尾鳍基的距离为近，末端柔软分节或不分节，外缘微凹或截形。胸鳍鳍长小于头长，末端距腹鳍基 2 ～ 3 枚鳞片。腹鳍起点在背鳍起点之后，与背鳍第 2 ～ 3 根分支鳍条基部相对，且距吻端较距尾鳍基为近，末端超过肛门，肛门距臀鳍基为近。臀鳍起点位于背鳍末端下方，外缘微凹。尾鳍中等分叉，上下叶末端较圆钝，中央最短鳍条约为最长鳍条的 2/3。

【体色式样】体灰黑色，头背部深灰色，腹部灰白色。雄鱼繁殖期吻部具发达的珠星，与颊部、鳃盖均呈橘黄色；雌性产卵管延长。体侧具 4 块宽阔的垂直黑斑，鳃盖后缘具 1 垂直黑斑，较为退化，向上不达侧线，有时不明显。各鳍均为灰黑色，夹杂黄色，边缘为白色镶边。

【地理分布】鄱阳湖、赣江、抚河、信江、修水、饶河。

【生态习性】小型鱼类，栖息于河流和湖泊开阔水体中下层。个体小，数量少，可食用，

肉味不佳，经济价值不大。1 龄达性成熟，产卵期为 4 ～ 5 月，产黏性卵。主要摄食水生昆虫及其幼虫和甲壳类及小型底栖动物，兼食植物碎屑和低等藻类。

华鳈 *Sarcocheilichthys sinensis* Bleeker, 1871

111. 小鳈 *Sarcocheilichthys parvus* Nichols, 1930

Sarcocheilichthys (Barbodon) parvus Nichols, 1930: 5 (江西湖口); Nichols, 1943: 193 (江西); 郭治之等, 1964: 123 (鄱阳湖); 郭治之和刘瑞兰, 1995: 227 (赣江、抚河、信江); 张鹗等, 1996: 8 (赣东北); An et al., 2020: 214 (鄱阳湖); 王子彤和张鹗, 2021: 1264 (赣江).

【俗称】五色鱼。

检视样本数为 60 尾。样本采自景德镇、宜黄、临川、黎川、会昌、安远、兴国、石城、宁都、龙南、信丰、南康、崇义、于都、瑞金、遂川、安福、永新、吉安、泰和、峡江、袁州、新余、万载、修水、靖安、奉新、修水、莲花和鄱阳。

【形态描述】背鳍 3，7；胸鳍 1，11 ～ 15；腹鳍 1，7；臀鳍 3，6。侧线鳞 $34\frac{4\sim5}{3\sim4}36$。

体长为体高的 3.3 ～ 4.2 倍，为头长的 4.4 ～ 4.9 倍。头长为吻长的 2.5 ～ 3.5 倍，为眼径的 3.0 ～ 3.9 倍，为眼间距的 2.0 ～ 2.6 倍，为尾柄长的 1.0 ～ 1.4 倍，为尾柄高的 1.3 ～ 1.6 倍。尾柄长为尾柄高的 1.2 ～ 1.5 倍。

体小，较高，稍长，稍侧扁。吻端至背鳍起点的背部轮廓隆起，呈弧形，背鳍基之后缓慢下降至尾鳍基。头部的腹面轮廓呈直线或者微凹，胸鳍到腹鳍的腹侧轮廓微圆，臀鳍基至尾柄微凹。头短小，头长小于体高，大于体宽。吻短而圆钝，吻长小于眼后头长，且小于等于眼径，鼻孔距眼为近。口小，下位，呈马蹄形，口裂狭长，口长约等于口宽。唇光滑，上唇较厚，下唇仅限于口角处，唇后沟中断。下颌顶点具发达的角质边缘。具口角须 1 对，细弱。眼高位，侧位偏于上方。鼻孔紧靠眼前缘，前鼻孔圆形，有鼻瓣。鳃膜与峡部相连，鳃耙粗短。鳞片中等大小，圆鳞。侧线完全，平直。咽齿侧扁，齿尖呈钩状。

腹膜灰黑色。鳔小，前室圆形或椭圆形，后室细长。肠短，为体长的 0.6 ～ 0.7 倍。

背鳍柔软，无硬刺，外缘微凸或截形。背鳍起点在腹鳍起点前，距吻端的距离较距尾鳍基的距离为近。胸鳍约等于头长，第 2 根分支鳍条最长，末端与腹鳍基相距约 2 枚鳞片。腹鳍起点在背鳍起点之后，约与背鳍第 1 根分支鳍条基部相对，且起点一般距吻端较距尾鳍基为近，末端超过肛门。臀鳍外缘微凹，其起点距腹鳍基较距尾鳍基为近。尾鳍中等分叉，上下叶末端圆钝，中央最短鳍条约为最长鳍条的 3/5。肛门在臀鳍起点与腹鳍基底间之中点处。

【体色式样】头背部灰褐色。自吻部至尾鳍基，过眼沿侧线有 1 条宽约 2 枚鳞片的黑色纵条纹。繁殖期雄性吻部和颊部呈淡橘红色，鳃盖呈粉色或橘红色，吻部及眼下出现珠星。自侧线以下，体色逐渐变浅，至腹部色素体逐渐消失，体色变为白色，侧线以上具 1 宽的亮黄色纵条带，自鳃盖至尾柄，背鳍、偶鳍和臀鳍橘红色，尾鳍前半部分淡黄色，后半部分弱红色。

【地理分布】鄱阳湖、赣江、抚河、修水和信江。

【生态习性】常栖息于小溪中水流比较平稳的沿岸浅水中。个体小，数量少，使用价值不大，可作观赏鱼。1 龄达性成熟。产卵期为 4 ～ 10 月，卵大，橙黄色，黏性；一年产卵数次，怀卵量少。主要刮食附生于石块上的藻类及昆虫幼虫。

小鳈 *Sarcocheilichthys parvus* Nichols, 1930

112. 黑鳍鳈 *Sarcocheilichthys nigripinnis* (Günther, 1873)

Gobio nigripinnis Günther, 1873: 246 (上海).

Chilogobio nigripinnis: 郭治之等, 1964: 124 (鄱阳湖).

Sarcocheilichthys nigripinnis nigripinnis: 郭治之和刘瑞兰, 1983: 15 (信江).

Sarcocheilichthys nigripinnis: 湖北省水生生物研究所鱼类研究室, 1976: 67 (鄱阳湖); 刘世平, 1985: 69 (抚河); 郭治之和刘瑞兰, 1995: 227 (鄱阳湖、赣江、抚河、信江、饶河、寻乌水); 张鹗等, 1996: 8 (赣东北); 王子彤和张鹗, 2021: 1264 (赣江).

【俗称】花腰、芝麻鱼、花玉穗、花花媳妇、花鱼。

检视样本数为 63 尾。样本采自临川、石城、龙南、南康、于都、遂川、安福、永新、泰和、峡江、袁州、新余、高安、万载、新建、靖安、奉新、莲花、鄱阳、余干、都昌、湖口和新建。

【形态描述】背鳍 3，7；胸鳍 1，14 ～ 15；腹鳍 1，7；臀鳍 3，6。侧线鳞 $37\frac{5}{4}40$。

体长为体高的 3.3 ～ 4.6 倍，为头长的 3.7 ～ 4.5 倍。头长为吻长的 3.0 ～ 3.4 倍，为眼径的 3.5 ～ 4.5 倍，为眼间距的 2.5 ～ 3.0 倍，为尾柄长的 1.1 ～ 1.5 倍，为尾柄高的 1.7 ～ 2.0 倍。尾柄长为尾柄高的 1.1 ～ 1.3 倍。

体小，稍长，略侧扁。吻端至背鳍起点的背部轮廓缓慢隆起，呈弧形，背鳍基之后缓慢下降至尾鳍基。头部的腹面轮廓平直，胸鳍到腹鳍的腹侧轮廓微圆，臀鳍基至尾柄微凹。头小，一般头长小于体高，大于体宽。吻圆钝，较短，吻长小于眼后头长，略大于眼径，鼻孔距眼为近。口下位，口裂浅，呈弧形。唇光滑，上唇较薄，下唇较厚，下唇狭窄延伸，几乎达前端，唇后沟中断。下颌角质边缘薄。无口角须。眼小，眼间距平坦。鼻孔紧相邻，距眼较距吻端为近；前鼻孔圆形，有鼻瓣。鳃耙与峡部相连，鳃耙短小。体被中等大圆鳞，胸腹部鳞片较细。侧线平直。腹膜浅白色，微透明。鳔前室呈椭圆形；后室粗长，为前室的 1.5 倍长。肠较短，为体长的 0.8 倍。

背鳍条柔软，无硬刺，外缘截形，背鳍起点在腹鳍起点前，其距吻端较距尾鳍基为近。胸鳍约等于头长，第 2 根分支鳍条最长，末端距腹鳍基 2 ～ 3 枚鳞片。腹鳍起点在背鳍起点之后，约与背鳍第 2 根分支鳍条基部相对，且距吻端的距离较距尾鳍基的距离为近，末端超过肛门。臀鳍起点与背鳍末端相对，外缘微凹或截形。尾鳍中等分叉，上下叶对称，末端圆钝，中央最短鳍条约为最长鳍条的 2/3。肛门位于腹鳍基部至臀鳍起点之间的中点。

【体色式样】头背部深灰色，体侧淡褐色，腹部灰白色或者微黄。体侧具有数个灰黑色不规则黑斑。鳃盖后具有 1 深黑色横斑，幼体和雌性个体有时体侧沿侧线有 1 横条纹。背鳍条灰黑色，偶鳍和臀鳍颜色一般为灰黑色。繁殖期雄性颜色一般较为鲜艳，吻部出现珠星；雌性体色一般加深，产卵管略延长。

【地理分布】鄱阳湖、赣江、抚河、信江、饶河、萍水河和寻乌水。

【生态习性】活动于沿岸水域中下层的小型鱼类，栖息于水流缓慢的河流、湖泊及溪流中。个体小，可食用，但食用价值不大，可作观赏鱼。1 龄性成熟。产卵期为 3 ～ 5 月，怀卵量较大；卵半透明，淡黄色。杂食性，主要摄食水生昆虫、幼螺、幼蚌和低等甲壳类，兼食水草和藻类及有机腐屑。

黑鳍鳈 *Sarcocheilichthys nigripinnis* (Günther, 1873)

113. 条纹鳈 *Sarcocheilichthys vittatus* An, Zhang & Shen, 2020

Sarcocheilichthys vittatus An, Zhang & Shen, 2020: 206 (抚河).

检视样本数为 10 尾。样本采自临川、龙南和泰和。

【形态描述】背鳍 3，7；胸鳍 1，14 ～ 15；腹鳍 1，7；臀鳍 3，6。侧线鳞 $37 \frac{5}{4} 38$。

体长为体高的 3.2 ～ 4.3 倍，为头长的 3.6 ～ 4.6 倍。头长为吻长的 3.1 ～ 3.6 倍，为眼径的 4.2 ～ 5.0 倍，为眼间距的 2.5 ～ 3.0 倍，为尾柄长的 1.1 ～ 1.5 倍，为尾柄高的 1.7 ～ 2.0 倍。尾柄长为尾柄高的 1.1 ～ 1.6 倍。

体小，较高，稍侧扁。吻端至背鳍起点的背部轮廓隆起，呈弧形，背鳍基之后缓慢下降至尾鳍基。头部的腹面轮廓呈直线或者微凹，胸鳍到腹鳍的腹侧轮廓微圆，臀鳍基至尾柄微凹。头短小，头长小于体高，大于体宽。吻短而圆钝，吻长小于眼后头长，吻长大于眼径，鼻孔距眼为近。口小，下位，呈马蹄形，口裂狭长，口长约等于口宽。唇光滑，上唇较厚，下唇唇瓣短，仅限于口角处或向前延伸，唇后沟中断。下颌顶点具发达的角质边缘。无须，仅留痕。鳞中等大。侧线完全，较平直。

背鳍柔软，无硬刺，外缘微凹或截形。背鳍起点较腹鳍起点靠前，距吻端的距离较距尾鳍基的距离为近。胸鳍一般略大于头长，一般第 2 根分支鳍条最长，末端与腹鳍基相距 2.5 ～ 4 枚鳞片。腹鳍起点在背鳍起点之后，约与背鳍第 2 根分支鳍条相对，且距尾鳍基较距吻端为近，末端超过肛门。臀鳍外缘微凹。尾鳍中等分叉，上下叶末端圆钝，中央最短鳍条约为最长鳍条的 2/3。肛门位于腹鳍基部至臀鳍起点之间的中点。

【体色式样】雄性个体的头背部呈金黄色至棕色，过眼沿侧线至尾柄具 1 条宽约 2 枚鳞片的黑色纵条纹，纵条纹在鳃盖后具 1 深色斑点。吻部和颊部呈橘红色。背鳍前半部分具黑色条纹，后半部分呈灰红色，边缘无色。胸鳍和腹鳍灰红色，末端边缘无色。臀鳍浅黄色，末端边缘无色。尾鳍灰黄色，远端夹杂粉色。繁殖期雄性颜色鲜艳，吻端及颊部呈橘红色，

条纹鰁 *Sarcocheilichthys vittatus* An, Zhang & Shen, 2020

吻部具发达的珠星而雌性体色偏暗，产卵管延长。

【地理分布】目前已知分布区为江西的赣江和抚河。

【生态习性】小型鱼类，生活于水体中下层。杂食性。

114. 江西鰁 *Sarcocheilichthys kiangsiensis* Nichols, 1930

Sarcocheilichthys kiangsiensis Nichols, 1930: 6 (江西湖口); Nichols, 1943: 191 (江西湖口); 郭治之等, 1964: 123 (鄱阳湖); 郭治之和刘瑞兰, 1983: 15 (信江); 郭治之和刘瑞兰, 1995: 227 (赣江、抚河、信江); 张鹗等, 1996: 7 (赣东北); 王子彤和张鹗, 2021: 1264 (赣江).

【俗称】五色鱼、火烧鱼、桃花鱼、芝麻鱼、油鱼子。

检视样本数为30尾。样本采自安远、会昌、临川、石城、信丰、龙南、南康、遂川、吉安、泰和、袁州、樟树、新建、余干、都昌和永修。

【形态描述】背鳍3，7；胸鳍1，16～17；腹鳍1，7；臀鳍3，6。侧线鳞 $41\frac{4\sim5}{4}42$。

体长为体高的4.1～5.3倍，为头长的4.4～5.2倍。头长为吻长的2.3～2.9倍，为眼径的3.6～4.6倍，为眼间距的2.5～3.0倍，为尾柄长的1.0～1.7倍，为尾柄高的1.3～2.2倍。尾柄长为尾柄高的1.5～1.9倍。

体稍长，稍侧扁。吻端至背鳍起点的背部轮廓隆起，呈弧形，背鳍基之后缓慢下降至尾鳍基。头部的腹面轮廓呈直线或微凹，胸鳍到腹鳍的腹侧轮廓微圆，臀鳍基至尾柄微凹。头较短，头长小于体高，大于体宽。吻钝圆，吻长小于眼后头长，大于眼径，鼻孔距眼为近。口小，下位，呈马蹄形，口裂狭长。唇光滑，上唇较厚，下唇一般延伸，唇后沟中断。下颌顶点角质层发达。具口角须1对，细弱。眼小，上侧位。鼻孔紧相邻，前鼻孔圆形，有鼻瓣。鳃膜与峡部相连，鳃耙细小。鳞片中等大小，腹部鳞片略小于体侧鳞片。侧线完全，较为平直。下咽齿细长，最大的2枚齿略侧偏，末端呈钩状。腹膜灰白色。鳔2室，前室椭圆形，后室细长，其长为前室的1.6～2.2倍。肠较短，为体长的0.7～0.8倍。

　　背鳍柔软，无硬刺，外缘微凹或截形，起点在腹鳍起点前，其距吻端较距尾鳍基为近。胸鳍略小于头长，一般第 2 根分支鳍条最长，末端与腹鳍基相距约 2 枚鳞片。腹鳍起点在背鳍起点之后，约与背鳍第 2 根分支鳍条基部相对，距吻端的距离较距尾鳍基为近，末端超过肛门。臀鳍起点距腹鳍起点小于至尾鳍基部的距离，外缘微凹。肛门位于腹、臀鳍的中点。尾鳍中等分叉，上下叶等长，末端稍圆，中央最短鳍条约为最长鳍条的 2/3。

　　【体色式样】头背部灰黑色，体侧渐变为淡黄褐色，至腹部呈银白色。吻部和颊部呈橘红色；鳃盖后缘具 1 月牙形墨绿色黑斑；体侧具少数墨绿色的不规则黑斑。背鳍中部灰黑色，边缘无色，偶鳍和臀鳍橘红色，边缘无色。雌雄体色具显著差异，繁殖期雄性颜色鲜艳，鳃盖及颊部橘红色，吻部具发达的珠星；而雌性偏暗，产卵管延长。

　　【地理分布】赣江、抚河和信江。

　　【生态习性】溪流性鱼类。栖息于水流平稳、水面开阔的溪流沿岸中下层水域中。刮食附生于岩石面上的藻类及捕食昆虫幼虫与摄食有机腐屑。

江西鳈 *Sarcocheilichthys kiangsiensis* Nichols, 1930

60）颌须鮈属 *Gnathopogon* Bleeker, 1860

　　【模式种】*Capoeta elongata* Temminck & Schlegel, 1846 = *Gnathopogon elongatus* (Temminck & Schlegel, 1846)

　　【鉴别性状】背鳍无硬刺，下咽齿 2 行，口端位，唇薄，简单，无突起。上下颌无角质边缘。口角通常具须 1 对，肛门紧靠臀鳍起点。

　　【包含种类】本属江西有 3 种。

种的检索表

1（4）口裂较小，颌骨末端不达眼前缘的下方

2（3）口角须 1 对，稍长，约为眼径的 2/3 ···················· 细纹颌须鮈 *G. taeniellus*

3（2）口角须 1 对，极细短，小于眼径的 1/2 ·············· 似短须颌须鮈 *G.* aff. *imberbis*

4（1）口裂大，颌骨末端伸达眼前缘的下方······················ 隐须颌须鮈 *G. nicholsi*

115. 细纹颌须鮈 *Gnathopogon taeniellus* (Nichols, 1925)

Leucogobio taeniellus Nichols, 1925c: 7 (福建南平).

Gnathopogon taeniellus (Nichols, 1925): Bǎnǎrescu & Nalbant, 1967a: 342.

【俗称】蛙米虫。

检视样本数为 26 尾。近年未采集到鲜活样本，依据原始记录和馆藏标本进行描述。

【形态描述】背鳍 3，7；胸鳍 1，13～14；腹鳍 1，7；臀鳍 3，6。侧线鳞 $34\frac{4\sim5}{3}36$。

体长为体高的 3.5～4.4 倍，为头长的 4.0～4.6 倍。头长为吻长的 3.3～3.9 倍，为眼径的 4.0～4.6 倍，为眼间距的 2.5～3.0 倍，为尾柄长的 1.1～1.4 倍，为尾柄高的 1.7～2.2 倍。尾柄长为尾柄高的 1.2～1.5 倍。

体稍长，侧扁，腹部平圆，头短于体高。吻较短，偏尖而圆钝。口端位，口裂向下倾斜，呈弧形。口角与鼻孔上下相对。唇稍薄，唇后沟在颏部断离。口角具短须 1 对。眼略大，侧上位，接近吻端。眼间距宽较平。鳃膜与峡部相连。鳃耙细小而稀疏。鳞中等大。侧线平直。咽齿齿端近钩状。

背鳍起点在吻端至尾鳍基之间的中点，或偏近吻端，最后不分支鳍条为软刺。胸鳍略短，末端距腹鳍起点间隔 3 行鳞片。腹鳍起点位于背鳍第 2、3 根分支鳍条基部的下方。臀鳍起点与背鳍起点上下相对。肛门偏近臀鳍，其起点在腹鳍基部至臀鳍起点之间的 1/4 处。

【体色式样】背部灰棕褐色，体侧转浅成为淡黄白色，腹部呈白色。体侧有小黑斑组成断续相继的 4～5 条纵纹。近背侧条纹色泽较深而清晰，向腹侧色泽转而模糊。背鳍有小黑斑组成的条纹。其他各鳍灰白色。

【地理分布】饶河。

【生态习性】溪流性鱼类，栖息于大小溪流及山涧中。生活在水流比较平稳的沿岸浅水处，以附生石上的藻类及有机腐屑和昆虫幼虫为食。

细纹颌须鮈 *Gnathopogon taeniellus* (Nichols, 1925)

116. 隐须颌须鮈 *Gnathopogon nicholsi* (Fang, 1943)

Gobio nicholsi Fang, 1943: 403 (安徽宁国).

Gnathopogon nicholsi (Fang, 1943): Bănărescu & Nalbant, 1967a: 342.

【俗称】嫩公子、红贡。

近年未采集到鲜活样本，依据原始记录和馆藏标本进行描述。

【形态描述】背鳍 3，7；胸鳍 1，14 ～ 15；腹鳍 1，7；臀鳍 3，6。侧线鳞 36 $\frac{5.5}{3.5}$ 37。

体长为头长的 3.2 ～ 3.8 倍，为体高的 3.3 ～ 4.1 倍。头长为吻长的 3.3 ～ 4.0 倍，为眼径的 4.0 ～ 4.8 倍，为眼间距的 2.8 ～ 3.5 倍，为尾柄长的 1.5 ～ 1.8 倍，为尾柄高的 2.0 ～ 2.5 倍。尾柄长为尾柄高的 1.1 ～ 1.5 倍。

体稍长，侧扁，头后背部轮廓隆起成弧形，腹部圆。头偏圆钝，长度几近体高。吻较钝，其长稍大于眼径。口大，端位，斜裂，上下颌等长，下颌末端可伸达眼前缘的下方。唇较薄，简单。口角处具须 1 对，极微细。眼中等大，侧上位。眼间宽，稍隆起。鳃耙短而排列稀疏。鳞稍大，胸腹部被鳞。侧线完全，较平直。下咽齿主行侧扁，末端略钩曲，外行齿短小，纤细。腹膜灰白色。鳔 2 室，前室圆或卵圆形，后室长圆，其长为前室的 1.6 ～ 1.8 倍。肠较短，不及体长。

背鳍无硬刺，其起点距吻端与至尾鳍基接近。胸鳍微圆，末端不达腹鳍。腹鳍略短，起点与背鳍起点相对或偏后，末端可伸达肛门。肛门紧靠臀鳍起点，臀鳍稍长，外缘平截。尾鳍分叉较浅，上下叶对称，末端稍圆钝。

【体色式样】体呈棕褐色，背部色暗，腹部几呈白色。沿体侧中轴具 1 条暗条纹。各鳍几近白色。

【地理分布】赣江。

【生态习性】栖息于江河、溪流和沟渠中。小型鱼类。繁殖期为 4 ～ 7 月，产黏性沉性卵。杂食性。可驯化为观赏鱼。

隐须颌须鮈 *Gnathopogon nicholsi* (Fang, 1943)

117. 似短须颌须鮈 *Gnathopogon* aff. *imberbis* (Sauvage & Dabry de Thiersant, 1874)

Gobio imberbis Sauvage & Dabry de Thiersant, 1874: 9 (陕西宝鸡).

Chilogobio imberbis: 郭治之等, 1964: 124 (鄱阳湖).

Gnathopogon imberbis: Bănărescu & Nalbant, 1967a: 342.

检视样本数为27尾。样本采自龙南、遂川、永新、泰和、袁州、新余、万载、樟树和靖安。

【形态描述】背鳍3，7；胸鳍1，14；腹鳍1，7；臀鳍3，6。侧线鳞 $39\frac{5.5}{3.5}40$。

体长为体高的3.3～4.4倍，为头长的3.5～4.4倍。头长为吻长的2.9～3.6倍，为眼径的4.0～5.1倍，为眼间距的3.0～3.5倍。尾柄长为尾柄高的1.2～1.5倍。

体稍长，侧扁。头后背部轮廓隆起，腹部微圆，尾柄侧扁。头小，头长小于体高。吻短而圆钝，吻长约为眼后头长的1/2。口端位，口裂微倾斜，口宽大于口长，颌骨向后伸不达眼前缘下方。下颌无角质边缘。唇薄，简单，唇后沟中断。口角须1对，极细短，小于眼径的1/2。眼中等大，侧上位，眼间距短，微隆起。鳃耙短而稀疏。鳞片较大，胸腹部被鳞。侧线完全，前端微向下弯折，后段平直。下咽齿主行侧扁，末端稍弯曲，外行细且短。腹膜灰白色。鳔2室，后室较大，为前室的1.1～1.6倍。肠短，长度不及体长。

背鳍短且无硬刺，起点距吻端约等于或稍大于距尾鳍基的距离。胸鳍末端圆钝，延伸不达腹鳍。腹鳍起点与背鳍起点相对或稍后，腹鳍末端接近或达到肛门。肛门紧靠臀鳍起点。臀鳍无硬刺，起点在背鳍条末端的正下方。尾鳍叉形，上下叶等长，末端稍圆。

【体色式样】体背、体侧呈灰褐色，体侧上部具有多行黑色细条纹，与体中轴平行，沿侧线有1条较宽的黑纵纹，前段色浅后段色深。背鳍上有1条黑纹，其余各鳍灰白色。

【地理分布】赣江、修水。

【生态习性】栖息于江河、溪流和沟渠中。个体小。繁殖期为4～6月，产沉性卵。杂食性。

似短须颌须鮈 *Gnathopogon* aff. *imberbis* (Sauvage & Dabry de Thiersant, 1874)

61）片唇鮈属 *Platysmacheilus* Lu, Luo & Chen, 1977

【模式种】*Saurogobio exiguus* Lin, 1932 = *Platysmacheilus exiguus* (Lin, 1932)

【鉴别性状】背鳍末根不分支鳍条柔软；下咽齿 2 行；唇厚，发达，且有乳突；下唇不分叶，向后伸展连成整片，后缘游离；上下颌无角质边缘。口角通常具须 1 对；肛门紧靠腹鳍基部。

【包含种类】本属江西有 1 种。

118. 长须片唇鮈 *Platysmacheilus longibarbatus* Lu, Luo & Chen, 1977

Platysmacheilus longibarbatus Lu, Luo & Chen in Wu et al. (伍献文等), 1977: 535 (湖北崇阳); 周孜怡和欧阳敏,
　　1987: 7(赣江); 郭治之和刘瑞兰, 1995: 227 (赣江、信江).

【俗称】棍子鱼。

检视样本数为 15 尾。样本采自临川、广昌、兴国、石城、宁都、安福、永新、袁州和奉新。

【形态描述】背鳍 3，7；胸鳍 1，13 ～ 14；腹鳍 1，7；臀鳍 3，6。侧线鳞 37 $\frac{4.5}{2.5}$ 39。

体长为体高的 5.4 ～ 6.2 倍，为头长的 4.2 ～ 4.8 倍，为尾柄长的 6.5 ～ 7.2 倍，为尾柄高的 12.0 ～ 13.5 倍。头长为吻长的 2.1 ～ 2.8 倍，为眼径的 4.0 ～ 4.5 倍，为眼间距的 4.0 ～ 4.9 倍，为尾柄长的 1.2 ～ 1.6 倍，为尾柄高的 2.5 ～ 3.0 倍。

体长，较纤细，前部圆筒形，腹部圆，尾柄细长略侧扁。头中等大，头宽大于头高。吻稍尖突，吻长大于眼后头长，鼻孔前方微凹。口小，下位，深弧形。上下颌具发达的角质边缘。唇稍厚，肉质，上下唇均具乳突，上唇乳突整齐，成单行排列，各乳突间界线不明，呈褶皱状，边缘分裂成尖细的小缺刻；下唇发达，向后扩展连成片，其上具多数小乳突，扩展部分游离，边缘分裂呈流苏状，唇片后缘中央具较深的缺刻，上下唇在口角处相连。须 1 对，较粗长，位于口角，须长超过眼径，通常为眼径的 2 倍左右，末端可达前鳃盖骨的后缘。眼中等大，侧上位。眼间平坦或微凹，眼间窄，小于眼径。下眶骨发达，几占眼下颊部，其高度较长度相等或略小。体鳞较大，胸腹部裸露区较大，向后延伸至胸鳍末端，与腹鳍基部相距 2 ～ 3 枚鳞片。侧线完全，在体侧前方微下弯。腹膜灰白色。鳔 2 室，前室横宽呈椭圆形，后室细小。

背鳍短，无硬刺，其起点距吻端与基部后端至尾鳍基几相等。胸鳍宽长，但末端不达腹鳍起点。腹鳍起点约与背鳍第 3 根分支鳍条相对。臀鳍极短小，其起点距尾鳍基较距腹鳍基为近。尾鳍亦甚短小，分叉深，上下叶等长。肛门接近腹鳍基部，位于腹、臀鳍间距离的前 1/5 ～ 1/4 处。

【体色式样】体灰黄色，背部略深，腹部灰白色。体侧沿侧线有 1 灰色的条纹，其上具 6 ～ 8 个长形黑斑，横跨体背有 5 块大黑斑。背、尾鳍均具小黑点，其余各鳍灰白色。

【地理分布】赣江、抚河、修水、信江。

【生态习性】底层鱼类，栖息于江河溪流中。繁殖期为 3 ～ 6 月。杂食性。

长须片唇鮈 *Platysmacheilus longibarbatus* Lu, Luo & Chen, 1977

62）胡鮈属 *Huigobio* Fang, 1938

【模式种】*Huigobio chenhsienensis* Fang, 1938

【鉴别性状】背鳍末根不分支鳍条柔软，下咽齿 2 行；唇厚，发达，且有乳突；上下颌无角质边缘，口角须 1 对，下唇分叶，侧叶发达，向侧后扩展成翼状，中叶为心脏形；肛门紧靠腹鳍基部。

【包含种类】本属江西有 1 种。

119. 胡鮈 *Huigobio chenhsienensis* Fang, 1938

Huigobio chenhsienensis Fang, 1938: 239 (浙江嵊州); 郭治之和刘瑞兰, 1995: 227 (赣江、信江、修水).

【俗称】石头匍。

检视样本数为 33 尾。样本采自宜黄、临川、兴国、石城、宁都、龙南、瑞金、遂川、安福、永新、泰和、万载、修水和奉新。

【形态描述】背鳍 3，7；胸鳍 1，12～13；腹鳍 1，7；臀鳍 2，5。侧线鳞 $36\frac{3.5}{3}37$。

体长为体高的 4.4～4.7 倍，为头长的 4.0～4.5 倍，为尾柄长的 7.0～7.6 倍，为尾柄高的 10.0～11.0 倍。头长为吻长的 2.3～3.0 倍，为眼径的 4.1～4.5 倍，为眼间距的 4.8～5.5 倍，为尾柄长的 1.5～1.7 倍，为尾柄高的 2.5～2.7 倍。尾柄长为尾柄高的 1.9～2.0 倍。

体长，粗壮，前段圆筒形，尾柄部侧扁。头小，短圆，其长略小于体高。吻短钝且宽，鼻孔前方凹陷。口宽，下位，几呈横裂，仅在口角处微弯。唇厚发达，乳突显著，上唇中部乳突大，椭圆形，纵向单行排列，通常分裂成里外相叠的两层，两侧乳突小，多行排列；下唇分 3 叶，中叶为心脏形肉质突，极小，位于颏部前端的正中，两侧叶特发达，向侧后扩展似翼状，上具多数细小而密集的乳突，边缘略呈流苏状，上下唇在口角处相连。上下颌角质边缘发达。须 1 对，极微细，常隐匿于口角处。下咽齿侧扁，末端呈钩状。眼中等大，侧上位。眼间平，约与眼径相等。下眶骨显著扩大，几占整个眼下颊部。鳃膜与峡部相连，鳃耙细小。体鳞较大，体腹面自胸部至腹鳍基部稍前裸露无鳞。侧线完全，平直。腹膜深黑色。鳔小，2 室，长度仅及头长的 1/3，前室扁圆形，包被于韧质膜囊内；后室极细小，长度小于眼径。肠极细长，其长为体长的 2.0 ～ 2.5 倍。

背鳍无硬刺，其起点至吻端较距尾鳍基的距离为近，后缘呈斜切形。胸鳍长，末端尖，几达腹鳍，位置低，几近平展。腹鳍稍长，起点约与背鳍第 4 根分支鳍条相对。臀鳍短小，末端不达尾鳍基部。尾鳍短小，浅分叉，上下叶等长，末端稍圆。肛门靠近腹鳍基，位于腹、臀鳍间的前 1/3 处。

【体色式样】体背部深褐色，体侧转淡，腹部灰白色。横跨背部正中具 4 ～ 5 块不规则的大黑斑，体侧中轴有 7 ～ 8 个显著圆黑斑，体侧上部鳞片布有小黑点。侧线处由前至后具 1 黑条纹，中轴黑斑均位于此黑纵纹上。背、尾鳍具有多数小黑点，其他各鳍灰白色。

【地理分布】赣江、抚河、修水、信江。

【生态习性】溪流性小鱼。栖息于大小溪流的急滩上、水流显得较为平缓的水域。常成群各个分散吸附于砾石上面，刮食附生石上的藻类。

胡鮈 *Huigobio chenhsienensis* Fang, 1938

63）银鮈属 *Squalidus* Dybowski, 1872

【模式种】*Squalidus chankaensis* Dybowski, 1872

【鉴别性状】背鳍末根不分支鳍条柔软，下咽齿 2 行，唇薄，无乳突；下唇不分叶，口角须 1 对，口亚下位，上下颌无角质边缘，肛门稍前移，约位于腹鳍基部与臀鳍起点间的后 1/3 处。体侧中轴具 1 条较宽的纵纹。

【包含种类】本属江西有 2 种。

种的检索表

1（2）体侧正中轴自头后至尾鳍基部有银灰色的条纹，条纹点不被侧线管分割为横"八"字形··················
·· 银鮈 *S. argentatus*

2（1）体侧中轴之上有 1 黑条纹，侧线鳞片上黑点被侧线管分割为横"八"字形···· 点纹银鮈 *S. wolterstorffi*

120. 银鮈 *Squalidus argentatus* (Sauvage & Dabry de Thiersant, 1874)

Gobio argentatus Sauvage & Dabry de Thiersan, 1874: 9 (中国长江).

Gnathopogon argentatus: 湖北省水生生物研究所鱼类研究室, 1976: 78 (鄱阳湖); 伍献文等, 1977: 487 (江西鄱阳湖); 郭治之和刘瑞兰, 1983: 15 (信江); 刘世平, 1985: 69 (抚河); 郭治之和刘瑞兰, 1995: 227 (鄱阳湖、赣江、抚河、信江、饶河、寻乌水).

Squalidus argentatus: 张鹗等, 1996: 7 (赣东北); 王子彤和张鹗, 2021: 1264 (赣江).

【俗称】硬刁棒、灯笼泡、亮壳、亮惶子。

检视样本数为 48 尾。样本采自弋阳、上饶、景德镇、宜黄、临川、广昌、会昌、安远、兴国、石城、宁都、龙南、信丰、全南、大余、南康、崇义、于都、瑞金、遂川、安福、永新、吉州、泰和、峡江、袁州、新余、高安、万载、樟树、新建、修水、靖安、奉新、上栗、萍乡、莲花和寻乌。

【形态描述】背鳍 3，7；胸鳍 1，14 ～ 16；腹鳍 1，7 ～ 8；臀鳍 3，6。侧线鳞 $39 \frac{4.5}{2.5} 42$。

体长为体高的 4.1 ～ 4.5 倍，为头长的 4.0 ～ 4.5 倍，为尾柄长的 6.5 ～ 7.5 倍，为尾柄高的 10.8 ～ 12.1 倍。头长为吻长的 2.6 ～ 3.1 倍，为眼径的 3.0 ～ 3.5 倍，为眼间距的 3.4 ～ 3.9 倍。尾柄长为尾柄高的 1.3 ～ 1.7 倍。

体细长，前段近圆筒形，背部在背鳍基之前略隆起，腹部圆，尾柄部侧扁。头稍长，锥形，其长常大于体高。吻稍尖，口亚下位，稍呈马蹄形。上颌微长于下颌，上下颌无角质边缘。唇薄，光滑，下唇稍窄。唇后沟中断。须 1 对，位于口角，较长，与眼径相等或略长，末端后伸达眼正中的垂直下方或更后。眼大，常与吻长相等。下咽齿主行侧扁，末端钩曲；外行齿细小。鳃耙较短，不发达。体被圆鳞，中等大小，胸、腹部具鳞。侧线完全，平直。腹膜灰白色。鳔大，2 室，前室卵圆，后室长圆，末端稍尖，后室长约为前室的 2 倍。肠较短，多数不及体长，为体长的 0.8 ～ 1.0 倍，少数为 1.0 ～ 1.1 倍。

银鮈 *Squalidus argentatus* (Sauvage & Dabry de Thiersant, 1874)

背鳍无硬刺，起点距吻端较至尾鳍基部为近，约等于背鳍基部后端至尾鳍基的距离。胸鳍末端较尖，向后伸不达腹鳍起点。腹鳍短，末端靠近或达肛门。臀鳍短，其起点位于腹鳍基与尾鳍基的中点。尾鳍分叉，上下叶末端稍尖，等长。肛门位近臀鳍，约于腹鳍基与臀鳍起点间的后 1/3 处。

【体色式样】背部银灰色，体侧及腹面银白色，体侧正中轴自头后至尾鳍基部有银灰色的条纹。背、尾鳍均带灰色，其他各鳍灰白色。

【地理分布】鄱阳湖、赣江、抚河、信江、饶河、修水、萍水河和寻乌水。

【生态习性】为中下层小型鱼类，常见个体为 60 ～ 90 mm。繁殖期为 5 ～ 6 月。数量少，个体小。摄食水生昆虫、水蚯蚓、端足类、植物碎屑和藻类。

121. 点纹银鮈 *Squalidus wolterstorffi* (Regan, 1908)

Gobio wolterstorffi Regan, 1908: 110 (江西萍乡); 张鹗等, 1996: 8 (赣东北); 王子彤和张鹗, 2021: 1264 (赣江).

Gnathopogon wolterstorffi: 郭治之等, 1964: 124 (鄱阳湖); 郭治之和刘瑞兰, 1983: 15 (信江); 郭治之和刘瑞兰, 1995: 227 (鄱阳湖、赣江、抚河、信江、饶河、寻乌水).

【俗称】大眼霸、棍子鱼。

检视样本数为 20 尾。样本采自临川、南城、兴国、石城、宁都、龙南、信丰、大余、瑞金、安福、泰和、新余、靖安、奉新、修水和寻乌。

【形态描述】背鳍 3，7；胸鳍 1，13 ～ 15；腹鳍 1，7 ～ 8；臀鳍 3，6。侧线鳞 33 $\frac{4.5}{2.5}$ 35。

体长为体高的 3.9 ～ 4.5 倍，为头长的 3.9 ～ 4.6 倍，为尾柄长的 5.5 ～ 6.5 倍，为尾柄高的 10.4 ～ 11.8 倍。头长为吻长的 2.8 ～ 3.6 倍，为眼径的 3.0 ～ 3.7 倍，为眼间距的 3.3 ～ 4.0 倍，为尾柄长的 1.3 ～ 1.5 倍，为尾柄高的 2.5 ～ 2.8 倍。尾柄长为尾柄高的 1.8 ～ 2.0 倍。

体中等长，稍侧扁，头后背部斜向隆起，胸腹部圆，尾部高而侧扁。头长大于体高。吻部在鼻前下陷。吻短而稍尖，近锥形，吻长等于或稍大于眼径。口近下位，呈马蹄形。唇薄而简单。口角具须 1 对，其长度等于或稍大于眼径，末端超过眼中央的垂直下方。主行下咽齿稍侧扁，末端尖，稍钩曲；外行齿细小。眼大，侧上位，眼间头背宽平。鳃耙短而稀疏。鳞较大，胸腹部具鳞。侧线完全，平直。腹膜灰白色。鳔 2 室，略大，前室略圆，后室长圆，为前室长的 1.3 ～ 1.8 倍。肠短，长度为体长的 0.8 ～ 0.9 倍。

背鳍短，无硬刺，起点距吻端小于距尾鳍基的距离。胸鳍末端稍尖，后伸不达腹鳍起点。腹鳍较短，起点在背鳍起点稍后，末端接近肛门。臀鳍亦短，起点距腹鳍起点约等于距尾鳍基的距离。尾鳍分叉较深，上下叶等长，末端尖。肛门位于腹鳍基末到臀鳍之间的 2/3 处。

【体色式样】体银灰色，背部及体侧上半部多数鳞片边缘色深，组成暗褐色的网纹，腹部灰白色。体侧中轴之上有 1 黑条纹，其上具 1 列暗斑，侧线每枚鳞片具 1 明显黑点，黑点中间被侧线管分割为横"八"字形，上下各半。背、尾鳍色深，其余各鳍浅灰色。

【地理分布】鄱阳湖、赣江、抚河、信江、饶河、修水和寻乌水。

【生态习性】中下层小型鱼类。栖息于江河溪流中。繁殖期为 4 ～ 6 月。杂食性。

点纹银鮈 *Squalidus wolterstorffi* (Regan, 1908)

64）铜鱼属 *Coreius* Jordan & Starks, 1905

【模式种】*Labeo cetopsis* Kner, 1867 = *Coreius heterodon* (Bleeker, 1865)

【鉴别性状】背鳍末根不分支鳍条柔软，下咽齿 1 行，唇厚，无乳突。下唇不分叶，口角须 1 对，极粗长，口下位，上下颌无角质边缘。肛门靠近臀鳍起点。吻略突出，呈圆锥形或较宽圆，侧线鳞 54 ～ 58。体粗长，前段圆筒形而后段稍侧扁。

【包含种类】本属江西有 1 种。

122. 铜鱼 *Coreius heterodon* (Bleeker, 1865)

Gobio heterodon Bleeker, 1864: 26 (中国).

Pseudogobio styani Günther, 1889: 224 (九江); Nichols, 1943: 177 (九江).

Coreius styani: 郭治之等, 1964: 124 (鄱阳湖).

Coreius septempreionalis: 郭治之等, 1964: 124 (鄱阳湖).

Coreius heterodon: 湖北省水生生物研究所鱼类研究室, 1976: 73 (湖口); 伍献文等, 1977: 503 (四川、贵州、湖北等); 郭治之和刘瑞兰, 1995: 227 (鄱阳湖); 张鹗等, 1996: 9 (赣东北); 王子彤和张鹗, 2021: 1264 (赣江).

【俗称】金鳅、水密子、牛毛鱼、尖头、麻花鱼。

检视样本数为 44 尾。样本采自湖口、彭泽、永修和新建。

【形态描述】背鳍 3，7 ～ 8; 胸鳍 1，18 ～ 19; 腹鳍 1，7; 臀鳍 3，6。侧线鳞 $54 \frac{6.5 \sim 7.5}{6 \sim 7} 56$。

体长为体高的 4.3 ～ 5.3 倍，为头长的 4.7 ～ 5.5 倍，为尾柄长的 4.4 ～ 5.2 倍，为尾柄高的 8.0 ～ 9.0 倍。头长为吻长的 2.2 ～ 3.2 倍，为眼径的 7.5 ～ 10.8 倍，为眼间距的 2.2 ～ 3.2 倍。尾柄长为尾柄高的 1.6 ～ 1.9 倍。

体长，粗壮，前段圆筒状，后段稍侧扁，尾柄部高。头腹面及胸部稍平。头较小，呈锥形。吻尖，吻长等于或略小于眼间距。口窄小，下位，呈马蹄形。唇厚，光滑，下唇两侧向前伸，唇后沟中断，间距较狭。口角具须 1 对，粗长，向后伸几达前鳃盖骨的后缘。眼小，鼻孔大，眼径小于鼻孔径。下咽齿第 1、2 枚齿稍侧扁，末端略钩曲，其余齿较粗壮，末端光滑。鳃耙短小。体被圆鳞，较小，其游离部分略尖长；胸、腹、尾鳍基部具细小而排列不规则的鳞片；背、臀鳍基部两侧具有鳞鞘。侧线完全，极为平直，直线横贯体中轴。腹膜浅黄色。鳔大，2 室，前室椭圆形，包于厚膜质囊内；后室粗长，为前室的 1.4 ～ 2.8 倍。肠长几与体长相等，为体长的 0.9 ～ 1.1 倍。

背鳍短小，无硬刺，起点位置稍前于腹鳍起点，至吻端的距离远小于至尾鳍基部，约等于至臀鳍基部后端的距离。胸鳍宽，等于或稍短于头长，末端接近腹鳍起点。腹鳍稍圆，起点至胸鳍基与至臀鳍起点等距，或稍近胸鳍基部。臀鳍位置较前，尾柄甚高且长。尾鳍宽阔，分叉不深，上下叶末端尖，上叶稍长。肛门近臀鳍，位于腹鳍至臀鳍间距离的 3/4 处。

【体色式样】体黄色，背部稍深，近古铜色，腹部白色略带黄。体上侧常具多数浅灰黑的小斑点。各鳍黄灰色，边缘浅黄色。

【地理分布】鄱阳湖、赣江和信江。

【生态习性】喜在流水中生活，栖息于底层，杂食性，主食黄蚬、螺蛳、淡水壳菜等软体动物，兼食水生昆虫和高等植物碎屑。3 龄达性成熟；繁殖期 4 ～ 6 月，产漂流性卵。成熟亲鱼上溯至长江宜昌以上江段产卵，是长江上游的重要经济鱼类之一。鱼苗顺流而下，在长江中下游生活成长。

铜鱼 *Coreius heterodon* (Bleeker, 1865)

65）吻鮈属 *Rhinogobio* Bleeker, 1870

【模式种】*Rhinogobio typus* Bleeker, 1871

【鉴别性状】背鳍末根不分支鳍条柔软。下咽齿 2 行，唇厚，无乳突。上唇有 1 深沟与吻皮分开，下唇不分叶。下唇仅限于口角处，前伸未达口前端；唇后沟中断。口角须 1 对，较粗短。口下位，上下颌无角质边缘。肛门靠近臀鳍起点。吻尖长，呈圆锥形或较宽圆。

侧线鳞 51 以下，体粗长，前段圆筒形而后段稍侧扁。

　　【包含种类】本属江西有 2 种。

种的检索表

1（2）眼较大，头长为眼径的 5 倍以下 ·· 吻鮈 *R. typus*

2（1）眼较小，头长为眼径的 6 倍以上 ·· 圆筒吻鮈 *R. cylindricus*

123. 吻鮈 *Rhinogobio typus* Bleeker, 1871

Rhinogobio typus Bleeker, 1871a: 29 (中国长江); 郭治之等, 1964: 124 (鄱阳湖); 郭治之和刘瑞兰, 1983: 15 (信
　　江); 刘世平, 1985: 69 (抚河); 张鹗等, 1996: 9 (赣东北); 王子彤和张鹗, 2021: 1264 (赣江); 郭治之和刘瑞
　　兰, 1995: 227 (赣江、抚河、信江、饶河、修水).

　　【俗称】秋子、长鼻白杨鱼、棍子鱼。

　　检视样本数为 55 尾。样本采自遂川、吉州、峡江、袁州、丰城、鄱阳、余干、都昌、庐山、湖口、永修和新建。

　　【形态描述】背鳍 3，7；胸鳍 1，15 ～ 17；腹鳍 1，7；臀鳍 3，6。侧线鳞 49 $\frac{6.5}{4.5}$ 51。

　　体长为体高的 5.4 ～ 7.0 倍，为头长的 4.0 ～ 4.8 倍，为尾柄长的 4.3 ～ 5.1 倍，为尾柄高的 12.6 ～ 14.5 倍。头长为吻长的 1.7 ～ 2.1 倍，为眼径的 4.0 ～ 4.7 倍，为眼间距的 4.0 ～ 5.1 倍。尾柄长为尾柄高的 2.4 ～ 3.0 倍。

　　体细长，圆筒形，尾柄侧扁，背鳍前背轮廓线略外凸，腹部稍平。头长，呈锥形，其长远超过体高。吻尖长，显著突出，吻长大于眼后头长。口下位，马蹄形。唇厚，光滑，无乳突，上唇具深沟与吻皮分离，下唇两侧叶窄短，限于口角处；唇后沟中断，其间距宽。下颌肉质。口角须 1 对，位于口角，约与眼径等长。鼻孔稍大，距眼前缘远较距吻端为近，前后鼻孔紧邻。眼大，侧上位，眼前缘距吻端较至鳃盖后缘为近或相等。眼间宽平，中央稍凹，鳃盖膜连于峡部，其间距小于或等于两口角间距离。下咽齿主行侧扁，末端呈钩状。鳃耙短，锥状，排列较密。鳞片较小，胸部鳞片特别细小，常隐埋皮下。侧线完全，平直。腹膜灰白色。鳔小，2 室，前室小，卵圆形，外被厚膜质囊；后室细长，大小约为前室的 1.2 倍，露于囊外。肠短，为体长的 0.8 ～ 0.9 倍。

　　背鳍无硬刺，外缘凹入，其起点距吻端较其基部后端至尾鳍基为近。胸鳍宽，位于近腹面，胸鳍末端向后延伸靠近腹鳍，胸鳍长超过胸鳍和腹鳍起点间距离的 2/3。不达腹鳍起点。腹鳍末端平截，不达臀鳍，其起点位置在背鳍起点之后，与背鳍第 3、4 根分支鳍条相对。腹鳍基部具腋鳞。臀鳍短，其起点距腹鳍基较至尾鳍基稍近。尾鳍分叉，两叶等长，末端尖。肛门位置近腹鳍基部，约在腹、臀鳍间的前 2/5 处。

　　【体色式样】体色深，背部蓝黑色或灰黑色，腹部白色或微带浅黄，背、尾鳍灰黑色，其他各鳍浅灰色或黄灰色。有的个体背部有 5 ～ 6 个黑色宽横纹。

【地理分布】鄱阳湖、赣江、抚河、信江、饶河和修水。

【生态习性】底层鱼类，栖息于江河底层，以肉食性为主的底栖杂食性鱼类，主要以水生昆虫、摇蚊幼虫及丝状藻为食。繁殖期为 3 ～ 5 月，在流水滩上产漂流性卵。在江西各水系数量少。

吻鮈 *Rhinogobio typus* Bleeker, 1871

124. 圆筒吻鮈 *Rhinogobio cylindricus* Günther, 1888

Rhinogobio cylindricus Günther, 1888: 432 (中国宜昌); Günther, 1889: 224 (江西九江); 郭治之等, 1964: 124 (鄱阳湖); 湖北省水生生物研究所鱼类研究室, 1976: 72 (鄱阳湖); 郭治之和刘瑞兰, 1995: 227 (鄱阳湖); 张鹗等, 1996: 9 (赣东北); 王子彤和张鹗, 2021: 1264 (赣江).

Rhinogobio nasutus cylindricus: Bănărescu, 1966: 103 (江西九江).

【俗称】尖脑壳。

检视样本数为 10 尾。样本采自湖口。

【形态描述】背鳍 3，7；胸鳍 1，15 ～ 17；腹鳍 1，7；臀鳍 3，6。侧线鳞 $49 \frac{5.5 \sim 6.5}{4.5} 51$。

体长为体高的 4.5 ～ 6.0 倍，为头长的 4.0 ～ 4.5 倍，为尾柄长的 4.0 ～ 5.0 倍，为尾柄高的 10.4 ～ 11.8 倍。头长为吻长的 1.9 ～ 2.3 倍，为眼径的 6.6 ～ 7.4 倍，为眼间距的 3.0 ～ 3.8 倍。尾柄长为尾柄高的 2.0 ～ 2.5 倍。

体长且高，稍侧扁，头后背部至背鳍起点渐隆起，腹面平圆，尾柄宽而侧扁。头较短，钝锥形，其长大于体高。吻略短，圆钝，稍向前突出。口小，下位，呈深弧形。唇较厚，光滑，上唇有深沟与吻皮分离，下唇狭窄，自口角向前伸，不达口前缘。下颌厚，肉质。唇后沟中断，间距宽。须 1 对，位于口角，长度略大于眼径。眼小，侧上位，距吻端较至鳃盖后缘的距离为大或相等。眼间宽，略隆起。下咽齿主行侧扁，末端稍钩曲。鳃耙短，末端尖，排列紧密。体鳞较小，腹部鳞片较体侧鳞小，腹鳍前鳞片向前逐渐细小。侧线完全、平直。腹膜灰白色。鳔小，2 室，前室较大，圆筒状，外被较厚的膜质囊；后室细小且长，为前室的 1.0 ～ 1.2 倍，露于囊外。

背鳍较长，无硬刺，第 1 根分支鳍条的长度显著大于头长，外缘凹入较深，背鳍起点距吻端与其后端至尾鳍基的距离约相等。胸鳍宽且长，长度超过头长，外缘明显内凹，呈镰刀形，末端可到达或超过腹鳍起点。腹鳍长，末端远超过肛门，几达臀鳍起点，其起点位于背鳍起点之后，约与背鳍第 2 根分支鳍条相对。臀鳍亦长，外缘深凹。尾鳍深分叉，上下叶末端尖，等长。肛门位置较近臀鳍起点，位于腹鳍基与臀鳍起点间的后 1/3 处。

【体色式样】体背深灰色，略带黄色，腹部灰白色。背、尾鳍黑灰色，其边缘色较浅，其余各鳍均为灰白色。120 mm 以下的小个体体色较浅，体侧上半部有 5 个较大的灰黑色斑块，吻背部带黑色，吻侧具 1 黑条纹。

【地理分布】鄱阳湖、赣江、信江。

【生态习性】喜在乱石交错、急流浅滩的江底活动。主要食物是壳菜和河蚬。3 龄性成熟。卵无黏性，产漂流性卵。

圆筒吻鮈 *Rhinogobio cylindricus* Günther, 1888

66）棒花鱼属 *Abbottina* Jordan & Fowler, 1903

【模式种】*Abbottina psegma* Jordan & Fowler, 1903

【鉴别性状】背鳍末根不分支鳍条柔软，下咽齿 1 行。口下位，马蹄形，唇厚，发达且有乳突。下唇分叶，侧叶不发达，中叶为心脏形。口角须 1 对，上下颌角质边缘或有或无，胸部裸露。

【包含种类】本属江西有 1 种。

125. 棒花鱼 *Abbottina rivularis* (Basilewsky, 1855)

Gobio rivularis Basilewsky, 1855: 231 (中国北部)。

Pseudogobio rivularis: Tchang, 1928: 18 (长江); Kimura, 1934: 71 (长江)。

Abbottina rivularis: 郭治之等, 1964: 124 (鄱阳湖); 湖北省水生生物研究所鱼类研究室, 1976: 67 (鄱阳湖); 郭治之和刘瑞兰, 1983: 16 (信江); 刘世平, 1985: 69 (抚河); 邹多录, 1988: 15 (寻乌水); 郭治之和刘瑞兰, 1995: 227 (鄱阳湖、赣江、抚河、信江、饶河、寻乌水); 张鹗等, 1996: 9 (赣东北); 王子彤和张鹗, 2021: 1264 (赣江)。

【俗称】麻嫩子、爬虎鱼、沙捶。

检视样本数为71尾。样本采自临川、会昌、广昌、安远、兴国、石城、宁都、信丰、南康、上犹、崇义、于都、瑞金、遂川、安福、永新、吉州、泰和、峡江、袁州、新余、高安、万载、樟树、靖安、奉新、永修、萍乡、上栗、莲花、寻乌、鄱阳、余干、都昌、湖口和新建。

【形态描述】背鳍3，7；胸鳍1，10～12；腹鳍1，7；臀鳍3，5。侧线鳞 $34\frac{5\sim6}{4}37$ 。

体长为体高的3.8～4.9倍，为头长的3.7～4.1倍，为尾柄长的9.0～10.1倍，为尾柄高的9.0～11.0倍。头长为吻长的2.0～2.6倍，为眼径的4.6～5.2倍，为眼间距的2.8～4.1倍。尾柄长为尾柄高的1.0～1.2倍。

体延长，粗壮，前部近圆筒状，后部略侧扁。背部稍有隆起，腹部平圆。头大适中，头顶较宽，头长大于体高。吻长，长度超过眼后头长，向前突出，吻端稍圆，鼻孔前方下陷，使吻前部略扁平。口下位，呈马蹄形。唇厚，表面光滑无皱褶或乳突，下唇中叶由1对小型光滑的半球状突起所形成，侧叶光滑宽厚，在中叶前段相连，与中间叶由浅沟相隔，后端在口角与上唇相连。须1对，粗短，其长度与眼径相等。上下颌光滑无角质边缘。眼小，侧上位，眼间宽，平坦或微隆起。鳃膜与峡部相连，鳃耙短小，呈疣状突起。下咽齿顶端略呈钩状。体被圆鳞，胸部前方裸露无鳞。侧线完全，平直。腹膜银白色。鳔大，2室，前室近圆形，后室长圆形，后端略细，末端圆，后室长为前室的1.5～2.0倍。肠粗短，长度为体长的0.9～1.1倍。

背鳍发达，外缘外突呈弧形，起点偏近吻端，位于背部的最高处，其最后不分支鳍条为软刺。胸鳍低，位近腹侧，其不分支鳍条粗硬，末端不达腹鳍起点，在雄性个体其前缘有1行粗大的珠星。腹鳍后缘稍圆，其起点位于背鳍起点之后，约与背鳍第3、4根分支鳍条相对。臀鳍较短，其起点距尾鳍基部较至腹鳍基为近。尾鳍分叉浅，上叶略长于下叶，末端圆。肛门靠近腹鳍，位于腹鳍基部至臀鳍起点之间前方的1/3处。

【体色式样】背部深黄褐色，至体侧逐渐转淡，腹部浅白色。背部自背鳍起点至尾鳍基有5个黑色大斑，整个背部散布许多黑点。在体侧有7～8个黑色大斑，成1纵列。吻端至眼前缘有1黑条纹；各鳍略呈淡黄色，在背鳍、胸鳍及尾鳍上，由小的黑色斑点组成比

棒花鱼 *Abbottina rivularis* (Basilewsky, 1855)

较整齐的横纹数行；臀鳍无斑点。生殖期雄性体色艳丽，头部为黑色，峡部为紫红色，体背及体侧上部为棕黄色，腹部为银白色；同时背鳍条稍延长，胸鳍不分支鳍条变硬，吻部、峡部、鳃盖及胸鳍外缘均显现粗糙的珠星。雌性体色较深。

【地理分布】鄱阳湖、赣江、抚河、饶河、信江、修水、萍水河和寻乌水。

【生态习性】常见底层小型鱼类，栖息于河流、湖泊、池塘及沟渠静水处底层，活动力较弱。生长较慢，1冬龄性成熟。繁殖期为4～5月。卵黏性。雄鱼有筑巢、护卵习性。主要摄食枝角类、桡足类和端足类，也食水生昆虫、水蚯蚓和轮虫及植物碎屑。

67）小鳔鮈属 *Microphysogobio* Mori, 1934

【模式种】*Microphysogobio hsinglungshanensis* Mori, 1934

【鉴别性状】背鳍末根不分支鳍条柔软。下咽齿1行，口下位，马蹄形。唇发达，上下唇均具乳突，下唇分叶，两侧叶发达，在口角处与上唇相连，中叶为1对圆形的肉质突起。口角须1对，上下颌具角质边缘，胸鳍基部之前裸露，肛门近腹鳍基部。

【包含种类】本属江西有6种。

种的检索表

1（2）口唇简单，上下唇乳突不明显 ······························· 小口小鳔鮈 *M. microstomus*

2（1）口唇发达，上下唇乳突明显

3（4）上颌角质边缘略大于1/2口宽；中腹部在胸、腹鳍基部之间的前2/3区域裸露无鳞 ··························

······························· 裸腹小鳔鮈 *M. nudiventris*

4（3）上颌角质边缘小于1/2口宽；中腹部在胸、腹鳍基部之间区域具鳞

5（8）鳔后室长度小于眼径

6（7）侧线鳞35～37；脊椎骨数4+30～31 ······························· 张氏小鳔鮈 *M. zhangi*

7（6）侧线鳞38～39；脊椎骨数4+34 ······························· 洞庭小鳔鮈 *M. tungtingensis*

8（5）鳔后室长度等于眼径

9（10）臀鳍分支鳍条5；尾鳍鳍膜具多排黑斑 ······························· 双色小鳔鮈 *M. bicolor*

10（9）臀鳍分支鳍条6；尾鳍鳍膜具1排黑斑或黑斑不明显 ···············嘉积小鳔鮈 *M. kachekensis*

126. 小口小鳔鮈 *Microphysogobio microstomus* Yue, 1995

Microphysogobio microstomus Yue (乐佩琦), 1995b: 495 (江苏吴江).

【俗称】蒜根子、蚕虫鱼。

检视样本数为22尾。样本采自临川。

【形态描述】背鳍3，7；臀鳍3，6；胸鳍1，10～11；腹鳍1，7。侧线鳞 $36\frac{3.5}{2}37$。

体长为体高的4.7～5.5倍，为头长的4.3～5.2倍。头长为吻长的2.8～3.0倍，为眼

径的 3.2 ～ 3.7 倍，为眼间距的 3.6 ～ 4.5 倍，为尾柄长的 1.3 ～ 1.5 倍，为尾柄高的 2.1 ～ 2.3 倍。尾柄长为尾柄高的 1.6 ～ 1.8 倍。

体长，纤细，略侧扁，腹部平坦或稍圆，体后部侧扁且细。头较小，头长一般大于或等于体高，呈锥形，前端圆。吻短，稍钝，长度等于或略大于眼径，远小于眼后头长。口小，下位。唇薄且乳突不发达。下唇中叶为 1 对表面光滑的椭圆形小球；侧叶表面几乎无乳突，其后端在口角与上唇相连。上下颌都被有不发达的角质边缘。须 1 对，长度不及眼径的 1/3。眼较大，位于头侧上方，眼间稍窄，平坦，眼间距小于眼径。体被圆鳞，中腹部在胸鳍之前裸露。侧线完全，平直。

背鳍稍短，外缘平截，位置较前，起点距吻端等于或小于自背鳍基部之后至尾鳍基距离。胸鳍较长，后端稍尖，近达腹鳍起点。腹鳍短小，略近圆形。肛门靠近腹鳍基部，远离臀鳍起点。臀鳍短，起点至腹鳍起点的距离大于至尾鳍基部距离。尾鳍分叉，上下叶基本等长，末端稍圆。

【体色式样】体浅黄带灰色，腹部灰白色。体侧具有 6 或 7 个深色条形斑块，横跨背部正中有 5 块较大黑色鞍斑。背鳍、胸鳍有较为明显的黑色斑点，腹鳍黑色斑点不明显，尾鳍具 2 或 3 排黑色斑点。

【地理分布】鄱阳湖、抚河。

【生态习性】栖息于水流比较平稳的沿岸浅水区，为底层生活的小型鱼类，一般体长达 50 ～ 60 mm 者均为成体。

小口小鳔鮈 *Microphysogobio microstomus* Yue, 1995

127. 洞庭小鳔鮈 *Microphysogobio tungtingensis* (Nichols, 1926)

Pseudogobio tungtingensis Nichols, 1926: 4 (湖南洞庭湖).

Abbotina tungtingensis: 郭治之和刘瑞兰, 1983: 16 (信江); 周孜怡和欧阳敏, 1987: 7 (赣江); 郭治之和刘瑞兰, 1995: 227 (信江).

Microphysogobio tungtingensis: 张鹗等, 1996: 9 (赣东北); 张堂林和李钟杰, 2007: 437 (鄱阳湖); 王子彤和张鹗, 2021: 1264 (赣江).

【俗称】蒜根子、蚕虫鱼。

检视样本数为 9 尾。样本采自龙南、兴国、石城、袁州、峡江、新余和高安。

【形态描述】背鳍 3，7；胸鳍 1，12 ～ 13；腹鳍 1，7；臀鳍 3，5。侧线鳞 38 $\frac{3.5}{2.5}$ 39。

体长为体高的 6.1 ～ 6.6 倍，为头长的 4.4 ～ 4.8 倍，为尾柄长的 6.5 ～ 7.2 倍。头长为吻长的 2.3 ～ 2.8 倍，为眼径的 3.1 ～ 3.7 倍，为眼间距的 4.3 ～ 5.2 倍，为尾柄长的 1.2 ～ 1.5 倍，为尾柄高的 2.4 ～ 2.8 倍。

体细长，棒状，胸腹部稍圆，尾柄略侧扁。头短，前端略圆，头长大于体高。吻稍钝，鼻孔前缘间隔处稍凹陷，吻长稍大于眼后头长。口下位，马蹄形。唇发达，具乳突，上唇中央部分乳突近圆形，两侧通常分为 2 行，至口角处呈多行或呈斜行深褶皱；下唇 3 叶，中央为 1 对长圆形的肉质突，上无明显乳突，侧叶较窄，上有小乳突，在口角处与上唇相连。上下颌边缘具角质，须 1 对，长度约等于眼径。眼稍大，侧上位，眼间平，间距小于眼径。鼻孔靠近眼前方。下咽齿纤细，侧扁，末端尖，钩曲。鳃耙不发达，退化成瘤状突起，鳃弓弯曲处留有数枚短锥状突。体被圆鳞，胸鳍基前方无鳞，腹鳍基有腋鳞。侧线完全，平直。腹膜灰白色，布有小黑点。鳔 2 室，前室稍大，为横置扁圆形，包于韧质膜囊内；后室小，长形，露于囊外，长小于眼径，头长为鳔全长的 2.8 ～ 3.0 倍。肠稍短，与体长几相等。

背鳍稍短，无硬刺，其起点距吻端与自背鳍基部后端至尾鳍基部相等。胸鳍较长，下侧位，末端尖，但后伸尚未达腹鳍起点。腹鳍末端稍尖，其起点与背鳍第 3、4 根分支鳍条相对。肛门距腹鳍较近，约位于腹鳍基部与臀鳍起点间的前 1/5 处。臀鳍略短，起点位于腹鳍基部与尾鳍基间距的后 1/3 处，几伸达尾鳍基。尾鳍分叉，上下叶等长，末端尖。肛门近腹鳍，约位于腹、臀鳍间距的前 1/3 处。

【体色式样】体浅灰黑色，横跨背部正中有 5 块较大黑斑，背鳍基后的斑块较明显，体背、体侧上部鳞片上有小黑点，腹部灰白色。沿体侧中轴有 7 ～ 9 个黑斑块。背、尾鳍上有许多黑点组成的条纹，其他鳍灰白色。

【地理分布】赣江、信江。

【生态习性】底层小型鱼类，生活在静水或流水的底层，活动力较弱。摄食小型无脊椎动物。数量较少。繁殖期为 4 ～ 5 月，在沙底掘坑为巢，产卵其中，雄鱼有筑巢和护巢的习性。

洞庭小鳔鮈 *Microphysogobio tungtingensis* (Nichols, 1926)

128. 裸腹小鳔鮈 *Microphysogobio nudiventris* Jiang, Gao & Zhang, 2012

Microphysogobio nudiventris Jiang, Gao & Zhang, 2012: 211 (湖北竹山).

检视样本数为 5 尾。样本采自樟树。

【形态描述】背鳍 3，7；胸鳍 1，10 ～ 11；腹鳍 1，7；臀鳍 3，6。侧线鳞 $35\frac{3.5 \sim 4.5}{2}37$。

体长为体高的 4.5 ～ 5.5 倍，为头长的 4.3 ～ 4.9 倍，为尾柄长的 5.0 ～ 7.1 倍，为尾柄高的 10.0 ～ 12.1 倍。头长为吻长的 2.1 ～ 3.5 倍，为眼径的 3.3 ～ 4.2 倍，为眼间距的 2.4 ～ 3.6 倍。

体细长，略侧扁，头部和胸部平坦，腹部圆，尾柄短且略侧扁。最大体高位于背鳍起点，尾柄高最小处靠近尾鳍基部。头短，头长与体高相近，俯视呈三角形。吻长，略尖，略小于眼后头长。口下位，马蹄形。唇厚而发达，上下唇具乳突；上唇中部的乳头排列成 1 排，大于上唇两侧乳突；上唇两侧乳突多排；下唇分三叶，中叶呈心形垫状，肉质，中央有 1 沟壑；下唇两侧叶具发达的乳突，两侧叶与上唇在口角处相连。上下颌前缘具薄的角质鞘，上颌角质边缘略大于 1/2 口宽。须 1 对，位于上唇末端，短于眼径，可达眼前缘。鼻尖，鼻孔前有 1 个横穿吻端的浅槽，鼻孔相邻紧靠；前鼻孔呈管状，较距眼前缘更靠近吻端。眼大，侧上位。眼间距宽而平，眼间距大于眼径。鳃耙不成熟。咽齿 1 排，尖端尖、钩状。侧线完全，平直。

背鳍起点偏近吻端，末根不分支鳍条柔软。胸鳍起点位于鳃盖最后缘，末端不达腹鳍基部。腹鳍起点位于背鳍第 3 ～ 4 条分支鳍条下方，末端延伸可达臀鳍起点。臀鳍起点与腹鳍基部和尾鳍基部几乎等距。尾鳍稍微缺，裂片尖。肛门位于从腹鳍基部到臀鳍起点距离的前 1/3 处。

【体色式样】体侧以上至背部黄棕色，体侧以下至腹部灰白色。一条沿侧线延伸的纵向深褐色条纹，有 8 ～ 9 个不明显的黑色斑点；背部和体侧在纵向条纹之上密布深灰色不规则斑点，在纵向条纹下方有稀疏斑点。背部有 5 块黑色横斑。鳞片上具黑色新月形标记。各鳍为灰色和白色，有不规则的斑点；背鳍和尾鳍斑点更多。

【地理分布】赣江。

裸腹小鳔鮈 *Microphysogobio nudiventris* Jiang, Gao & Zhang, 2012

【生态习性】底层鱼类。栖息于江河溪流中，个体小。繁殖期为 4 ～ 6 月。杂食性。

129. 张氏小鳔鮈 *Microphysogobio zhangi* Huang, Zhao, Chen & Shao, 2017

Microphysogobio zhangi Huang, Zhao, Chen & Shao, 2017: 1 (广西全州); Sun et al., 2022: 358 (信江、乐安河);
陈秋菊等, 2022: 附录1 (铅山河).

Pseudogobio fukiensis (不是Nichols, 1926): Nichols, 1930: 2 (江西铅山河口).

Microphysogobio brevirostris bicolor: Bănărescu & Nalbant, 1966b: 195 (江西铅山河口).

检视样本数为 5 尾。样本采自临川、石城、瑞金和修水。

【形态描述】背鳍 3，7；臀鳍 3，5；胸鳍 1，11 ～ 12；腹鳍 1，7。侧线鳞 $35\frac{3.5}{2}37$。

体长为体高的 3.9 ～ 5.7 倍，为头长的 4.0 ～ 4.6 倍，为尾柄长的 5.6 ～ 7.1 倍，为尾柄高的 9.5 ～ 11.6 倍。头长为吻长的 2.3 ～ 3.0 倍，为眼径的 2.5 ～ 3.0 倍，为眼间距的 4.3 ～ 6.4 倍。

体略长，粗壮，略近圆筒形，胸腹部稍圆，尾柄侧扁。头较短，前端略圆。吻稍钝，鼻孔前具显著的凹陷。口下位，深弧形。唇非常发达，上唇最中央具 1 对明显大的乳突，通常大于上唇其他乳突，上唇两侧乳突通常分为 2 行，至口角处呈多行；下唇 3 叶，中央为 1 对肉质突，两侧叶较宽，前端超过中叶前端，后端通常在中叶后相互略靠近，但不连接，上有发达乳突，在口角处与上唇相连。上下颌边缘具角质，上颌角质边缘小于 1/2 口宽。须 1 对，长度约等于眼径，眼较大，侧上位，间距小于眼径。体被圆鳞，胸鳍基部之前裸露。侧线完全，平直。鳔小，2 室，前室横置扁圆形，包于韧质膜囊内；后室极细小，呈短指状突，露于囊外，其长约为眼径的 1/2。腹膜灰白色，具数个黑点。

背鳍稍短，其起点距吻端与自背鳍基部后端至尾鳍基部相等。胸鳍较长，末端尖，但后伸尚未达腹鳍起点。腹鳍末端稍尖，其起点与背鳍第 3、4 根分支鳍条相对。肛门距腹鳍

张氏小鳔鮈 *Microphysogobio zhangi* Huang, Zhao, Chen & Shao, 2017

较近。臀鳍稍短，起点位于腹鳍基部与尾鳍基的中点或近尾鳍基部。尾鳍分叉，上下叶等长，末端尖。

【体色式样】体侧以上至背部黄棕色，体侧以下至腹部灰白色。身体有 6 或 7 个水平排列的模糊黑色斑块。侧线以上鳞片边缘黑色。横跨背部正中有 5 块较大黑色鞍斑。背鳍、胸鳍、腹鳍鳍膜上有一些小黑点。尾鳍膜上有 1 ～ 3 排垂直排列的模糊黑线。

【地理分布】赣江、抚河、信江、饶河。

【生态习性】栖息于水流比较平稳的河流环境中，底质为沙底，并混有卵石。繁殖期为 4 ～ 7 月。杂食性。

130. 双色小鳔鮈 *Microphysogobio bicolor* (Nichols, 1930)

Pseudogobio bicolor Nichols, 1930: 1 (江西铅山河口); Nichols, 1943: 182 (江西铅山河口).

Abbotina tungtingensis: 郭治之和刘瑞兰, 1983: 16 (信江); 郭治之和刘瑞兰, 1995: 227 (信江).

Microphysogobio tungtingensis: 张鹗等, 1996: 9 (赣东北); 王子彤和张鹗, 2021: 1264 (赣江).

Microphysogobio bicolor: Sun et al., 2022: 362 (信江、饶河); 陈秋菊等, 2022: 附录1 (铅山河).

【俗称】沙刁。

近年未采集到鲜活样本，依据原始记录和馆藏标本进行描述。

【形态描述】背鳍 3，7；臀鳍 3，5；胸鳍 1，11 ～ 12；腹鳍 1，7。侧线鳞 $36 \frac{3.5}{2} 38$。

体长为体高的 4.1 ～ 6.4 倍，为头长的 3.8 ～ 4.4 倍，为尾柄长的 5.2 ～ 6.3 倍，为尾柄高的 10.0 ～ 12.7 倍。头长为吻长的 2.3 ～ 2.8 倍，为眼径的 2.9 ～ 3.8 倍，为眼间距的 4.1 ～ 5.3 倍。

体细长，略近圆筒形，胸腹部稍圆，尾柄侧扁。头较短，前端略圆，头长大于体高。吻稍钝，鼻孔前具凹陷，吻长稍大于眼后头长。口下位，深弧形。唇发达，上唇中央部分乳突等大且紧密排列，通常稍大于上唇两侧乳突，上唇两侧乳突多行排列；下唇 3 叶，中叶为心形垫状突起，上有小乳突或沟痕，两侧叶上有小乳突，在口角处与上唇相连。上下颌边缘具角质，上颌角质边缘小于 1/2 口宽。须 1 对，长度小于眼径。眼较大，侧上位，眼间平，间距小于眼径。体被圆鳞，胸鳍基部之前裸露。侧线完全，平直，在背鳍下方稍向下弯曲。

胸鳍较长，末端尖，后伸可达或接近腹鳍起点。腹鳍末端稍尖，其起点与背鳍第 3、4 根分支鳍条相对，后伸达腹鳍基与臀鳍起点之间距离的一半。肛门距腹鳍较近。臀鳍稍短，起点位于腹鳍基部与尾鳍基的中点或近尾鳍基部。尾鳍分叉，上下叶等长，末端尖。鳔 2 室，前室包被于厚韧质膜囊内；后室相对发达，呈椭圆形，长度与眼径相等。腹膜灰白色，布有小黑点。

【体色式样】通常呈鲜明的双色。头和身体的背侧深黄褐色，身体中侧面黄褐色，腹侧灰白色。身体的背侧有 5 个明显的黑色鞍斑。侧线上有 1 黑色条带，其上有 7 ～ 8 个模糊的黑色斑块；侧线上鳞、侧线鳞和侧线以下第 1 排横列鳞边缘黑色。眼间无明显黑斑。背鳍、胸鳍、腹鳍的鳍膜上有小黑点，沿鳍条排列；尾鳍鳍膜具多排黑斑。

【地理分布】赣江、信江、饶河。

【生态习性】栖息于水流比较平稳的河流环境中，底质为沙底，并混有卵石。繁殖期，雄性吻端具明显的白色硬质珠星，眼前部、头部的腹面，以及胸鳍不分支鳍条上也有小珠星。

双色小鳔鮈 *Microphysogobio bicolor* (Nichols, 1930)

131. 嘉积小鳔鮈 *Microphysogobio kachekensis* (Oshima, 1926)

Pseudogobio kachekensis Oshima, 1926: 13 (海南嘉积河); Bănărescu & Nalbant, 1966b: 195.

【俗称】蒜根子、蚕虫鱼。

检视标本数为 3 尾。近年未采集到鲜活样本，依据原始记录和馆藏标本进行描述。

【形态描述】背鳍 3，7；臀鳍 3，6；胸鳍 1，11 ～ 13；腹鳍 1，7。侧线鳞 $38\frac{3.5}{2.5}40$。

体长为体高的 4.4 ～ 5.8 倍，为头长的 3.4 ～ 4.3 倍，为尾柄长的 5.2 ～ 7.4 倍，为尾柄高的 10.6 ～ 11.6 倍。头长为吻长的 2.0 ～ 2.7 倍，为眼径的 3.6 ～ 4.6 倍，为眼间距的 3.8 ～ 5.8 倍。

体长，背部稍隆起，胸腹部平坦，尾柄侧扁。头长，尖细，呈锥形，其长远超过体高，头背部较平。吻长，稍尖，向前突出，通常在鼻孔前具凹陷，吻长大于眼后头长。口下位，深弧形。唇厚，发达，上唇中央部分乳突等大且紧密排列，通常稍大于上唇两侧乳突，上唇两侧乳突多行排列；下唇 3 叶，中叶为 1 对卵圆形肉质突构成的心形垫，上有小乳突或沟痕，两侧叶发达，乳突特别显著，在口角处与上唇相连。上下颌边缘具角质，上颌角质边缘小于 1/2 口宽。须 1 对，长度等于或略小于眼径。眼较大，侧上位，眼间微凹，间距稍小于眼径。

体被圆鳞，胸鳍基部之前裸露。侧线完全，平直，在背鳍下方稍向下弯曲。背鳍无硬刺，外缘略凹，其起点距吻端与自其基部后端至尾柄基部的距离相等。胸鳍长，末端略尖，后伸可达或超过腹鳍起点。腹鳍圆钝，起点与背鳍第 2、3 根分支鳍条相对。肛门距腹鳍较近。

臀鳍稍短，起点位于腹鳍基部与尾鳍基的中点。尾鳍分叉，上下叶等长，末端稍尖。下咽骨细长，弯曲，咽齿长，侧扁，末端尖，显著钩曲。鳃耙退化，仅鳃弓弯曲处有短锥形鳃耙数枚，余为多行瘤状小突。肠稍粗，其长为体长的 1.0 ～ 1.2 倍。鳔小，2 室，前室被包被于厚韧质膜囊内，呈横置扁圆形；后室相对发达，近圆球形，末端微外突，略大于前室，约与眼径相等，头长为鳔全长的 2.5 ～ 2.8 倍。腹膜灰白色，布有零星小黑点。

【体色式样】体青灰色，背部和体侧较暗，上部具排列不规则的小黑点，沿体侧中轴有 1 条不明显的灰黑色条纹，其上具 8 ～ 14 个长方形黑色斑块，头部两侧自吻端至眼前缘有 1 黑纹。背鳍上有黑色斑点，偶鳍灰黑色，臀鳍灰白色，尾鳍少量黑点。

【地理分布】寻乌水。

【生态习性】底层鱼类。栖息于江河溪流中，体型小。繁殖期为 4 ～ 7 月。杂食性。

嘉积小鳔鮈 *Microphysogobio kachekensis* (Oshima, 1926)

68）似鮈属 *Pseudogobio* Bleeker, 1860

【模式种】*Gobio esocinus* Temminck & Schlegel, 1846 = *Pseudogobio esocinus* (Temminck & Schlegel, 1846)

【鉴别性状】背鳍末根不分支鳍条柔软。下咽齿 2 行，口下位，马蹄形。唇发达，上下唇均具显著的乳突，下唇分叶，两侧叶发达，在中叶的前端相连，中叶为 1 对圆形的肉质突起。口角须 1 对，上下颌无角质边缘，胸鳍基部之前裸露，肛门近腹鳍基部。

【包含种类】本属江西有 1 种。

132. 似鮈 *Pseudogobio vaillanti* (Sauvage, 1878)

Rhinogobio vaillanti Sauvage, 1878: 87 (江西).

Rhinogobio vaillanti vaillanti: 郭治之和刘瑞兰, 1983: 15 (信江); 邹多录, 1988: 15 (寻乌水).

Pseudogobio vaillanti: 刘世平, 1985: 69 (抚河); 郭治之和刘瑞兰, 1995: 227 (赣江、抚河、信江、寻乌水); 张鹗等, 1996: 9 (赣东北); 王子彤和张鹗, 2021: 1264 (赣江).

Pseudogobio guilinensis: 邹多录, 1982: 51 (赣江); 郭治之和刘瑞兰, 1995: 227 (赣江).

【俗称】马头鱼、磨沙棒。

检视样本数为 42 尾。样本采自上饶、广昌、临川、兴国、会昌、安远、龙南、石城、宁都、信丰、赣州、南康、崇义、于都、瑞金、遂川、安福、永新、吉安、泰和、峡江、袁州、新余、高安、万载、樟树、修水、靖安、奉新、安源、莲花和寻乌。

【形态描述】背鳍 3，7；胸鳍 1，13 ～ 14；腹鳍 1，7；臀鳍 3，6。侧线鳞 $40\frac{5}{3}42$。

体长为体高的 5.1 ～ 6.3 倍，为头长的 3.4 ～ 4.5 倍。头长为吻长的 1.4 ～ 2.1 倍，为眼径的 4.5 ～ 6.2 倍，为眼间距的 3.2 ～ 4.2 倍。尾柄长为尾柄高的 1.5 ～ 2.0 倍。

体长，粗壮，背部隆起成低弧形。躯干部膨大，至腹鳍以后渐转细长，尾柄细长。头大且长，其长大于体高。吻长，宽而平扁，其长大于眼后头长。口下位，深弧形。唇厚，发达，唇上具多数显著而密集的乳突。下唇分为 3 叶，中叶为小球形，其上为珠状的乳突。左右两叶在中叶的前缘相连。其后端在口角与上唇相连。上下颌完全被唇被覆，毫不外露，无角质边缘。须 1 对，粗而短，其长度等于或略大于眼径。眼大小适中，侧上位，偏近头顶。眼间宽，略下凹。鳃膜与峡部相连，鳃耙不发达，呈薄片状。鳞中等大，腹部在腹鳍基部前方裸露无鳞。咽齿侧扁，顶端呈钩状。侧线平直。腹膜灰白色。鳔 2 室，较小，前室扁圆形，包于韧质膜囊内；后室细小，长形，约与眼径等长，露于囊外。肠较短，长度约与体长相等。

背鳍无硬刺，位置偏近吻端，其起点至吻端较至尾鳍基的距离为近。胸鳍发达，位近腹侧，平展，其末端达背鳍起点的下方。腹鳍位置偏后，其起点与背鳍第 2、3 根分支鳍条相对。臀鳍位置接近尾鳍基，其基部末端至尾鳍基的距离约为其起点至腹鳍基部距离的一半。尾鳍分叉较浅，上下叶等长，末端尖。肛门接近腹鳍基部。

【体色式样】背部浅灰褐色，腹部乳白色。体侧有 5 块大型横跨背部的黑斑。头部在眼前有 1 条黑色的纵纹，斜向地延伸至吻部。在鳃盖上也有 1 块大型的黑斑。在鱼体背部，自头至尾散布有大小不一的黑色斑点，使整个鱼体色调转成深暗色。背、尾鳍上黑点排列成条纹，胸、腹鳍有零散小黑点，臀鳍灰白色。

似鮈 *Pseudogobio vaillanti* (Sauvage, 1878)

【地理分布】赣江、抚河、信江、修水、萍水河和寻乌水。

【生态习性】溪流性鱼类，生活在水面宽广、水流比较平缓的溪流中的底层水域。以水生昆虫及底栖动物等为食。繁殖期为 4 ～ 7 月，在流水滩上产沉性卵，受精卵有黏性。

69）蛇鮈属 *Saurogobio* Bleeker, 1870

【模式种】*Saurogobio dumerili* Bleeker, 1871

【鉴别性状】背鳍末根不分支鳍条柔软。下咽齿 1 行，口下位，马蹄形。唇发达，上下唇均具显著的乳突。下唇分叶，两侧叶发达，在中叶前端相连，且在口角处与上唇相连。下唇中叶为肉质突起，光滑或具乳突，有浅沟与侧叶相隔。口角须 1 对，上下颌具角质边缘，胸鳍基部之前裸露，肛门近腹鳍基部。

【包含种类】本属江西有 6 种。

种的检索表

1（4）背鳍 7 根不分支鳍条

2（3）胸部披鳞；侧线鳞 55 ～ 61···长蛇鮈 *S. dumerili*

3（2）胸鳍基部前之胸部裸露无鳞；侧线鳞 50 以下·····························光唇蛇鮈 *S. gymnocheilus*

4（1）背鳍 8 根不分支鳍条

5（6）除臀鳍外，各鳍有黑色的斑点···斑点蛇鮈 *S. punctatus*

6（5）各鳍无黑色的斑点

7（8）尾柄略粗短，头长为尾柄高的 4.0 倍以下·······································蛇鮈 *S. dabryi*

8（7）尾柄细长，头长为尾柄高的 4.3 倍以上

9（10）侧线鳞 52 ～ 54···湘江蛇鮈 *S. xiangjiangensis*

10（9）侧线鳞 44 ～ 46···细尾蛇鮈 *S. gracilicaudatus*

133. 长蛇鮈 *Saurogobio dumerili* Bleeker, 1871

Saurogobio dumerili Bleeker, 1871a: 25 (中国长江); 郭治之等, 1964: 124 (鄱阳湖); 郭治之和刘瑞兰, 1983: 16 (信江); 郭治之和刘瑞兰, 1995: 227 (抚河、信江); 张鹗等, 1996: 9 (赣东北); 王子彤和张鹗, 2021: 1264 (赣江).

【俗称】猪尾巴、麻条鱼、船钉子。

检视样本数为 29 尾。样本采自鄱阳、余干、庐山、湖口和新建。

【形态描述】背鳍 3，7；胸鳍 1，14 ～ 15；腹鳍 1，7；臀鳍 3，6。侧线鳞 55 $\frac{6.5}{3.5}$ 61。

体长为体高的 6.1 ～ 7.8 倍，为头长的 5.1 ～ 6.0 倍。头长为吻长的 2.4 ～ 2.9 倍，为眼径的 5.2 ～ 6.3 倍，为眼间距的 2.6 ～ 3.5 倍。尾柄长为尾柄高的 2.3 ～ 2.7 倍。

体长筒形，背部在背鳍起点处稍隆起，腹面平坦，尾柄细长，后部侧扁。头短小，宽

且平扁，其长大于体高。吻短，前端略尖，鼻孔前方稍下陷，吻长小于眼后头长。口下位，马蹄形。唇厚，具小乳突，上唇中央部为吻皮所覆盖；下唇狭窄，中央有长圆形肉垫，不甚发达，光滑或具有微弱的褶皱（或乳突），肉垫呈横向，其间有浅沟与唇相隔，后缘不游离，上下唇在口角处相连。唇后沟向前不达下唇前端，间距较宽。口角须 1 对，较粗，其长等于或稍小于眼径。眼小，圆形，侧上方，较近吻端，至吻端的距离小于至鳃盖后缘。眼间宽，微隆起。下咽骨发达，呈三角形，下咽齿第 1、2 枚粗壮，其余各枚侧扁，末端斜切。鳃耙不发达，呈瘤状突起。体被圆鳞，鳞片小，胸部具鳞。侧线平直，完全。腹膜白色。鳔 2 室，前室包被于圆形骨囊内；后室极小，长圆形，露于囊外。腹膜白色，上具多数小黑点。肠短，不及体长。

　　背鳍无硬刺，位于体的前半部，起点距吻端较远，其基部后端至尾鳍基部的距离为近。胸鳍宽且长大，末端不达腹鳍起点。腹鳍位于背鳍基部中央偏后，约与背鳍第 4、5 根分支鳍条相对，距胸鳍基较至臀鳍起点为近。臀鳍短，位置较后，距尾鳍基部近。尾鳍分叉略浅，末端微呈钝圆，上叶略长于下叶。肛门距腹鳍近，约位于腹鳍基部与臀鳍起点间的前 1/6 处。

　　【体色式样】体背部及体侧上部橄榄绿色，体侧下部和腹部银白色，体上侧鳞片基部均有圆形或不规则黑斑。偶鳍粉红色，其他各鳍灰黑色。

　　【地理分布】鄱阳湖、赣江、抚河、信江。

　　【生态习性】底层鱼类。主要以底栖动物、幼蚌、黄蚬、水生昆虫等为食，兼食枝角类、藻类和植物碎屑。

长蛇鮈 *Saurogobio dumerili* Bleeker, 1871

134. 蛇鮈 *Saurogobio dabryi* Bleeker, 1871

Saurogobio dabryi Bleeker, 1871a: 27 (中国长江); 郭治之等, 1964: 124 (鄱阳湖); 湖北省水生生物研究所鱼类研究室, 1976: 69 (九江、鄱阳湖); 郭治之和刘瑞兰, 1983: 16 (信江); 刘世平, 1985: 69 (抚河); 郭治之和刘瑞兰, 1995: 227 (鄱阳湖、赣江、抚河、信江、饶河); 张鹗等, 1996: 9 (赣东北); 王子彤和张鹗, 2021: 1264 (赣江).

　　【俗称】船钉子、白杨鱼、打船钉。

　　检视样本数为 53 尾。样本采自鄱阳、余干、都昌、庐山、湖口、永新、新建、临川、兴国、石城、宁都、龙南、信丰、上犹、崇义、会昌、于都、瑞金、遂川、永新、吉州、泰和、峡江、新余、袁州、高安、万载、樟树、修水、靖安、奉新、安源和寻乌。

【形态描述】背鳍3，8；胸鳍1，13～15；腹鳍1，7；臀鳍3，6。侧线鳞45$\frac{5}{3}$48。

体长为体高的6.0～7.0倍，为头长的4.2～4.9倍。头长为吻长的2.2～2.8倍，为眼径的3.6～4.4倍，为眼间距的3.7～4.5倍，为尾柄长的1.2～1.7倍，为尾柄高的2.9～4.0倍。尾柄长为尾柄高的2.0～2.4倍。

体细长，圆筒形，背微有隆起，略呈平弧形，腹部圆而平直，后部稍扁。头较长，稍呈锥形，其长度超过体高。吻部背侧在鼻孔前明显下陷，吻端圆钝突出。口下位，马蹄形。唇厚，上唇前缘具乳状突起，两侧及后端光滑。下唇皱褶成为乳状突起，其后缘游离。上下颌光滑无角质边缘。口角有须1对，其长度较眼径为短。眼大，侧上位，略呈纵向椭圆形。眼间窄，下凹，间距小于眼径。下咽齿侧扁，齿端呈钩状。鳃耙极不发达。鳞中等大，胸鳍基部之前裸露无鳞。侧线完全，平直。腹膜浅灰色。鳔小，2室，前室包被于圆形骨囊内；后室细小，长圆形，露于囊外。肠短，其长不及体长，为体长的0.67～0.75倍。

背鳍无硬刺，偏近吻端，其基部后端至尾鳍基间的距离为吻端至背鳍起点间距的1.5倍。胸鳍稍宽长，等于或小于头长，其末端可达背鳍起点的下方，与腹鳍起点相距6行鳞片。腹鳍起点位于背鳍基部中点的下方，与背鳍第5、6根分支鳍条相对。臀鳍偏近尾鳍，起点距尾鳍基小于至腹鳍基部。尾鳍分叉极深，上下叶等长，末端尖。肛门靠近腹鳍，位于腹鳍基部至臀鳍起点之间距离的1/5处。

【体色式样】体背及体侧上半部黄绿色，体侧下半部色调转淡，腹部为乳白色。吻背部两侧各有1黑色条纹。体上半部各鳞片边缘黑色，体侧中轴自鳃孔上方至尾鳍基具1浅黑色条纹，其上有10～12个大型黑斑。鳃盖后部和偶鳍为黄色，其余各鳍灰白色。

【地理分布】鄱阳湖、赣江、抚河、信江、饶河、修水、萍水河和寻乌水。

【生态习性】中小型鱼类，栖息于水系中下游，在水流平稳、水面开阔的河流、湖泊的中下水层中生活。1冬龄已达性成熟，繁殖期为4～5月，分批产微黏性卵；卵无色透明。主要摄食底栖动物，主要食物为水生昆虫、水蚯蚓及端足类和桡足类等低等甲壳动物，食物团中还常夹杂大量植物碎屑。

蛇鉤 *Saurogobio dabryi* Bleeker, 1871

135. 光唇蛇鮈 *Saurogobio gymnocheilus* Luo, Yue & Chen, 1977

Saurogobio gymnocheilus Luo, Yue & Chen in Wu et al. (伍献文等), 1977: 542 (中国长江); 郭治之和刘瑞兰,
　　1995: 227 (信江、修水); 张堂林和李钟杰, 2007: 437 (鄱阳湖); 王子彤和张鹗, 2021: 1264 (赣江).

【俗称】白杨鱼、钉公子、船钉子。

检视样本数为 28 尾。样本采自九江、鄱阳、余干、都昌、萍乡和丰城。

【形态描述】背鳍 3，7；胸鳍 1，14；腹鳍 1，7；臀鳍 3，6。侧线鳞 $43\frac{5}{3}44$。

体长为体高的 5.6 ~ 7.2 倍，为头长的 5.0 ~ 5.5 倍。头长为吻长的 2.8 ~ 3.2 倍，为眼径的 3.9 ~ 4.5 倍，为眼间距的 3.5 ~ 4.5 倍。尾柄长为尾柄高的 1.9 ~ 2.5 倍。

体细长，背稍隆起成平弧形，腹平圆，后部稍侧扁。头稍长，近锥形，头背稍平坦，其长度略大于体高。在吻的背侧下陷。吻端圆钝突出，鼻孔前方无显著凹陷，吻长小于眼后头长。口下位，马蹄形。唇薄，包在上下颌的外面，表面光滑，无细小突起可见。下唇后方中央有光滑的椭圆球状突起。口角有短须 1 对，其长度小于眼径。眼侧上位，眼间平坦，间距与眼径几相等。鳃耙不发达，下咽齿端呈钩状。鳞圆形中等大小，胸鳍基部之前裸露无鳞。侧线平直。腹膜灰白色。鳔小，2 室，前室包于圆形骨囊内；后室微小，露于囊外。肠短，其长不及体长。

背鳍无硬刺，起点距吻端较其基部后端至尾鳍基为近。胸鳍较短，后缘钝圆，末端距腹鳍起点相隔 3 ~ 4 枚鳞片。腹鳍短，起点约位于背鳞基部中点下方，距胸鳍基较至臀鳍起点为近。臀鳍亦短，其起点在腹鳍基部与尾鳍基之间，稍偏近尾鳍基。尾鳍分叉，上叶稍长于下叶，末端尖。肛门靠近腹鳍，位于腹鳍与臀鳍之间 1/3 处左右。

【体色式样】背部浅黄褐色，带有绿色的光泽。体侧色调转淡。腹部为乳白色。体侧中轴自鳃盖后缘至尾鳍基有 1 浅黑色纵纹，其上具 12 ~ 13 个黑斑块。背、尾鳍浅灰黑色，其他各鳍灰白色。

【地理分布】赣江、信江和修水。

【生态习性】底层鱼类。栖息于水体底层，主要以底栖无脊椎动物为主，食性和食物内容和蛇鮈的大致相同。1 冬龄已达性成熟。繁殖期为 4 ~ 5 月，在河道流水中产卵。卵为浮性，微黏。生长较慢。

光唇蛇鮈 *Saurogobio gymnocheilus* Luo, Yue & Chen, 1977

136. 斑点蛇鮈 *Saurogobio punctatus* Tang, Li, Yu, Zhu, Ding, Liu & Danley, 2018

Saurogobio punctatus Tang et al., 2018: 351 (贵州赤水).

【俗称】船钉子。

检视样本数为 5 尾。样本采自安义和靖安。

【形态描述】背鳍 3，8；胸鳍 1，13～15；腹鳍 1，7～8；臀鳍 3，6。侧线鳞 $45\frac{5}{3}49$。

体长为体高的 6.3～7.8 倍，为头长的 4.2～4.5 倍。头长为吻长的 2.1～2.5 倍，为眼径的 3.4～4.4 倍，为眼间距的 4.5～5.2 倍。尾柄长为尾柄高的 2.3～2.6 倍。

体小而细长，圆柱形，背部圆形，腹部扁平；背部轮廓从鼻尖到背部起点凸起，达最大体高处。头高略大于头宽。口下位，马蹄形。吻较尖，吻长大于眼后头长。具须 1 对，显著短于眼径。唇厚，具乳突。存在下唇前叶，从侧叶中断；侧裂片前部与下颌垫连接；颏垫乳头状突起，形状近似三角形，由一个短的弓形浅槽从下唇前褶向前分开；下唇的侧叶和下颌垫的后缘与拱形深槽构成的下颌区域完全分开。鼻钝尖，比眼后头长略长；鼻孔附近具 1 个明显的小洞。眼大，侧上位。体被小圆鳞，胸部无鳞。侧线完全，平直。腹膜浅灰色。鳔小，2 室，前室包于圆形骨囊内；后室细小，长圆形。肠短，不及体长。

背鳍外缘稍凹入，末根不分支鳍条软，背鳍起点较尾鳍基部更靠近吻端。胸鳍末端不达腹鳍起点，距腹鳍起点 1～3 枚鳞片。腹鳍起点与背鳍的第 5、6 根分支鳍条基部相对，腹鳍基部具腋鳞，末端超过肛门，但远不达臀鳍起点。臀鳍起点稍靠近尾鳍基部。尾鳍纤细叉形，上下叶等长，末端尖。肛门距腹鳍基后缘较近。

【体色式样】上部为黄棕色，下部为银黄色；鳍略带红橙色或黄色。头顶部棕黑色。背面和两侧的鳞片边缘有深色色团,形成 1 个暗淡的新月形标记。体侧中部有 9～13 个黑色斑，背部有 4～6 条黑色横纹。各鳍浅橘色或浅黄色,背鳍、胸鳍、腹鳍和尾鳍上有黑褐色小斑点。

【地理分布】鄱阳湖，赣江和修水。

【生态习性】栖息于江河中。以肉食为主的底栖杂食性鱼类。繁殖期为 4～6 月，集群在流水浅滩上产漂流性卵，受精卵微黏性。

斑点蛇鮈 *Saurogobio punctatus* Tang, Li, Yu, Zhu, Ding, Liu & Danley, 2018

137. 湘江蛇鮈 *Saurogobio xiangjiangensis* Tang, 1980

Saurogobio xiangjiangensis Tang(唐家汉), 1980: 437 (湖南江华); 王子彤和张鹗, 2021: 1264 (赣江).

【俗称】船钉、棍子鱼。

检视样本数为10尾。样本采自临川、会昌、兴国、宁都、龙南、信丰、上犹、会昌、于都、瑞金、遂川、峡江、泰和、高安、袁州、樟树、奉新和修水。

【形态描述】背鳍3，8；胸鳍1，17～18；腹鳍1，7；臀鳍3，6。侧线鳞 $52\frac{6.5}{2.5}54$。

体长为体高的7.4～8.4倍，为头长的4.2～4.5倍，为尾柄长的6.8～8.0倍，为尾柄高的22.0～24.0倍。头长为吻长的1.9～2.1倍，为眼径的4.0～5.0倍，为眼间距的3.3～4.0倍，为尾柄长的1.5～1.7倍，为尾柄高的4.6～5.4倍。尾柄长为尾柄高的2.5～3.0倍。

体长，前段圆筒形，后部自腹鳍起向后渐细，至尾柄部靠近尾鳍基处为最细，略侧扁，胸腹部平坦。头大且长，其长度远超过体高。吻长，前端稍钝圆，吻长大于眼后头长。泪骨宽长，向前伸达吻前端，由吻侧沟将其与吻皮分开。口下位，马蹄形。唇厚，发达，上下唇均有显著的小乳突，下唇中央具1横置的椭圆形肉垫，其上布满极细小的乳突，前端与下唇前部之间有明显的沟相隔，后缘游离。须1对，位于口角，须长等于或短于眼径。眼较大，椭圆形，位于头侧上方近背轮廓线。眼间宽，略凹陷，间距大于眼径。下咽齿侧扁，末端钩曲。鳃耙短钝，略近片状，通常在鳃耙顶端具浅缺刻。体被圆鳞，鳞片较小，胸部裸露无鳞，无鳞区自胸部沿腹中线一直延伸至胸鳍末端。侧线完全，平直。腹膜浅灰黑色。鳔小，2室，前室包被于圆形骨囊内；后室细小，露于囊外。肠短，仅为体长的0.6～0.7倍。

背鳍无硬刺，起点距吻端较其基部后端至尾鳍基为近。胸鳍宽且长，后伸不达腹鳍。腹鳍起点约与背鳍第5、6根分支鳍条相对，末端向后伸离臀鳍起点较远。臀鳍短，其起点距腹鳍基部较至尾鳍基为远。尾鳍分叉，上下叶几等长，末端尖。肛门近腹鳍基，位于腹、臀鳍间的前 1/7～1/6 处。

【体色式样】体背及体侧上部黄褐色，其上布满多数不规则的小黑斑，沿侧线的上方具有8～9块长方形的黑斑，腹部白色。背、尾鳍浅黄色，上有黑色小斑点，基部为黄褐色。

湘江蛇鮈 *Saurogobio xiangjiangensis* Tang, 1980

胸、腹、臀鳍稍带橘黄，偶鳍上具有少数小黑点。

【地理分布】赣江、抚河、修水。

【生态习性】底层鱼类。常见于江河湖泊中。繁殖期为 4 ～ 6 月。杂食性，以肉食为主。

138. 细尾蛇鮈 *Saurogobio gracilicaudatus* Yao & Yang, 1977

Saurogobio gracilicaudatus Yao & Yang in Wu et al. (伍献文等), 1977: 542 [湖北宜昌和光化(老河口)]; 郭治
之和刘瑞兰, 1983: 16 (信江); 郭治之和刘瑞兰, 1995: 227 (赣江、信江); 王子彤和张鹗, 2021: 1264
(赣江).

检视样本数为 23 尾。样本采自奉新。

【形态描述】背鳍 3，8；胸鳍 1，15 ～ 16；腹鳍 1，7；臀鳍 3，6。侧线鳞 $44 \frac{6.5}{3.5} 46$。

体长为体高的 6.0 ～ 8.4 倍，为头长的 4.2 ～ 4.5 倍。头长为吻长的 2.0 ～ 2.3 倍，为眼
径的 4.3 ～ 5.0 倍，为眼间距的 5.3 ～ 6.5 倍，为尾柄长的 1.7 ～ 1.9 倍，为尾柄高的 4.3 ～ 5.4
倍。尾柄长为尾柄高的 2.9 ～ 3.0 倍。

体细长，圆筒形，在腹鳍基部之前的腹部扁平，后部自腹鳍基部向后急剧变细，尾柄
细长，略侧扁。背部微隆，腹面平坦。头略凹陷，其长远超体高。吻细长，平扁突出，吻
长大于眼后头长。口下位，马蹄形。唇厚，发达，上下唇均具明显的小乳突，上唇常有
部分被吻皮所覆盖，下唇中央为 1 较大的近圆形肉垫，上具不显著的细小乳突，后缘游
离，且常具缺刻。唇后沟伸长，向前内侧延伸与对应的唇沟相遇，上下颚完全被嘴唇包
围。须 1 对，位于口角，其长约等于眼径。鼻尖，长于眼后头长，鼻孔前鼻尖有浅的横向
切口。鼻孔比鼻尖更靠近眼睛前缘。眼睛中等，水平卵形，位于头部中间靠近背侧。眶间
隙稍凹，眼间距大于眼径。下咽齿稍侧扁，末端钩曲。鳃耙短，呈片状，不发达。体被圆
鳞，中等大，胸鳍前方及胸鳍基部之后的腹部中线裸露无鳞。侧线完全，平直。腹膜灰白
色。鳔小，2 室，前室包于圆形骨囊内；后室细小，露于囊外。肠短，其长为体长的 0.6 ～
0.7 倍。

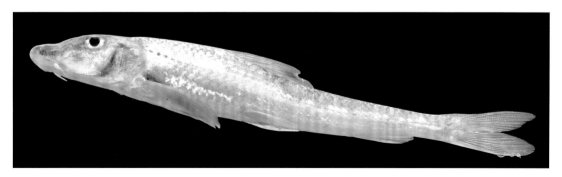

细尾蛇鮈 *Saurogobio gracilicaudatus* Yao & Yang, 1977

背鳍无硬刺，其起点距吻端较其基部后端至尾鳍基的距离稍近，最长鳍条短于头长，胸鳍长，末端圆钝，距腹鳍起点 1～2 枚鳞片。末端延伸可超过背鳍起点，但未达腹鳍基部，最长的鳍条短于头长。腹鳍基部在背鳍的第 4 或第 5 根分支鳍条之下，大约在胸鳍基部到臀鳍起点距离的一半，延伸不达尾鳍基部。臀鳍短小，起点距尾鳍基较至腹鳍基为近。尾鳍分叉深，下叶比上叶稍大且长。肛门近腹鳍基部，在腹鳍基部与臀鳍起点间的前 1/6～1/5 处。

【体色式样】头顶黑色，眼眶下和鳃盖灰色或浅棕色。面颊的所有其他部分和头部的腹侧表面呈黄白色。背面和侧面的每一枚鳞片，其后缘的外露部分都有深色的色素团，形成 1 个暗淡的新月形标记。背鳍和尾鳍呈灰色，其余呈白色。

【地理分布】赣江、信江和修水。

【生态习性】底层鱼类。杂食性。繁殖期为 4～6 月。

70）鳅鮀属 *Gobiobotia* Kreyenberg, 1911

【模式种】*Gobiobotia pappenheimi* Kreyenberg, 1911

【鉴别性状】背鳍末根不分支鳍条柔软。下咽齿 2 行，口下位，弧形或马蹄形。唇较发达，吻皮止于上唇基部。唇后沟仅限于口角。须 4 对，口角 1 对，颏须 3 对。鳔小，分 2 室，前室横宽，包在骨质或韧膜质鳔囊中，后室游离，极细小。

【包含种类】本属江西有 4 种。

种的检索表

1（6）胸腹裸露区向后延伸不超过腹鳍基起点

2（3）胸腹裸露区仅限于胸、腹鳍基起点的中点之前··· 董氏鳅鮀 *G. tungi*

3（2）胸腹裸露区后延伸止于腹鳍基起点

4（5）眼较小，头长大于眼径的 5 倍，侧线以上的鳞片具有微弱的棱脊，须较长，第 3 对颏须末端一般可超过胸鳍起点··· 南方鳅鮀 *G. meridionalis*

5（4）眼较大，头长小于眼径的 5 倍，侧线以上的鳞片具有发达的棱脊，须较短，第 3 对颏须末端仅达鳃盖骨中部下方··· 海南鳅鮀 *G. kolleri*

6（1）胸腹裸露区向后延伸超过腹鳍基起点至肛门··· 江西鳅鮀 *G. jiangxiensis*

139. 南方鳅鮀 *Gobiobotia meridionalis* Chen & Cao, 1977

Gobiobotia (*Gobiobotia*) *longibarba meridionalis* Chen & Cao in Wu et al. (伍献文等), 1977: 559 (广东和广西); 郭治之和刘瑞兰, 1995: 227 (赣江、抚河、信江).

Gobiobotia longibarba longibarba: 郭治之和刘瑞兰, 1995: 227 (赣江、抚河、信江).

Gobiobotia meridionalis: 张鹗等, 1996: 9 (赣东北和赣江).

【俗称】龙须公、石虎鱼、沙婆子。

　　检视样本数为35尾。样本采自新建、樟树、高安、峡江、泰和、吉州、遂川、于都、南康、龙南、宁都、石城、兴国、会昌和临川。

　　【形态描述】背鳍1，7；胸鳍1，12～13；腹鳍1，7；臀鳍3，6。侧线鳞 $41\frac{5\sim 6}{3}43$。

　　体长为体高的4.9～6.0倍，为头长的3.8～4.5倍，为尾柄长的5.7～7.4倍。头长为吻长的2.0～2.5倍，为眼径的3.8～4.5倍，为眼间距的4.1～5.2倍。尾柄长为尾柄高的1.9～2.3倍。

　　体小，圆筒形，前段较肥胖，后段渐细而侧扁。头较大，头长大于体高，头宽等于或大于体宽。吻部宽扁，在鼻孔之前稍凹陷，吻长大于眼后头长。口下位，口裂呈弧形。唇厚，上唇具皱褶，下唇光滑。眼大，侧上位，眼径大于眼间距，眼间稍凹陷。触须4对，其中1对颌须，3对颏须，颌须长达到或超过眼后缘的下方；第1对颏须起点约与口角须起点相平，其后延伸近第3对颏须基部；第2对颏须末端可达或超过前鳃盖骨后缘下方；第3对颏须长达或超过胸鳍基部。颏须基部间有许多小乳突。下咽齿细长，上部匙状，末端钩曲。鳃耙细弱，小乳突状。体被圆鳞，体背鳞片具皮质棱脊，发达程度有一定变化，胸鳍基部前的胸腹部裸露无鳞。侧线完全，平直延伸至尾鳍基部。腹膜灰白色。鳔小，2室，前室横宽，中部狭窄，分为左右侧泡，包于圆形骨囊内；后室细小，连于前室缢部。肠较短，体长为肠长的1.5～2.0倍。

　　背鳍末根具不分支鳍条，其起点在腹鳍起点之前，起点距吻端较距尾鳍基部之间的中点。胸鳍较长，末端不达或达到腹鳍，鳍条稍突出鳍膜，但不特别延长。腹鳍起点与背鳍起点位置相对应或稍后。臀鳍起点约位于腹鳍起点与尾鳍基部之间的中点。尾鳍分叉，下叶稍长。肛门位于腹鳍基末和臀鳍间的中点，或稍后。

　　【体色式样】体背部暗褐色，腹部灰白色，较大个体体背有5～6个显著的黑色大斑块，较小个体黑斑不明显。体侧正中或有数个黑色斑块。背部和体侧上部各鳞片的基部有1黑点。背鳍和尾鳍鳍条基部微黑，在尾鳍基部组成1道显著的黑纹，其余各鳍无明显斑纹。

南方鳅鮀 *Gobiobotia meridionalis* Chen & Cao, 1977

【地理分布】鄱阳湖、赣江、抚河、信江。

【生态习性】底层鱼类，以水生昆虫、桡足类、有机碎屑等为食。

140. 董氏鳅鮀 *Gobiobotia tungi* Fang, 1933

Gobiobotia tungi Fang, 1933: 265 (浙江天目山); 邹多录, 1982: 51 (赣江); 郭治之和刘瑞兰, 1995: 227 (赣江、
抚河); 张鹗等, 1996: 9 (赣东北).

【俗称】石虎鱼、沙婆子。

检视样本数为 21 尾。样本采自临川、广昌、会昌、宁都、遂川、泰和、袁州、新余和樟树。

【形态描述】背鳍 3，7；胸鳍 1，13 ～ 14；腹鳍 1，7；臀鳍 2，6。侧线鳞 $39 \frac{5}{3} 42$。

体长为体高的 4.9 ～ 5.6 倍，为头长的 4.0 ～ 4.6 倍。头长为吻长的 2.5 ～ 2.8 倍，为眼径的 3.7 ～ 4.1 倍，为眼间距的 5.3 ～ 5.8 倍。尾柄长为尾柄高的 1.8 ～ 2.1 倍。

体延长，较粗壮，前部稍圆，后部侧扁。头略平扁，头宽大于头高。吻圆钝，在鼻前稍凹陷，吻长大于眼后头长，吻及头背部、颊部无显著的皮质颗粒和条纹。口下位，弧形。唇厚，上唇边缘多皱褶，下唇布满小乳突。眼较大，侧上位，瞳孔呈垂直椭圆形。眼间稍凹，眼径大于或约等于眼间距。须 4 对，其中颌须 1 对，末端仅达眼中央下方，第 1 对颏须起点与颌须起点在同一水平，末端抵达第 2 对颏须起点；第 2 对颏须末端达眼后缘下方，第 3 对颏须最长，向后伸达鳃盖骨中部下方；颏须间有许多小乳突。下咽齿细长，匙状，末端钩曲。鳃耙细弱，第 1 鳃弓外侧鳃耙乳突状，内侧稍长。鳞圆形，无棱脊。胸、腹两鳍基部之间中点的前方裸露无鳞。侧线完全，平直。腹膜灰白色。鳔小，2 室，前室分为左右侧泡，侧泡除中部为较薄的膜骨外，余为坚硬骨质；后室极小，无鳔管，连于前室中部。肠短，长略小于体长。

背鳍起点稍前于腹鳍起点，离吻端较距尾鳍基部为近。胸鳍末端超过腹鳍基部。腹鳍靠近胸鳍，腹鳍起点约在胸鳍与臀鳍两鳍起点间的中点。臀鳍短。尾鳍叉形，下叶稍长。

董氏鳅鮀 *Gobiobotia tungi* Fang, 1933

肛门位于腹鳍起点到臀鳍起点间的前 1/3 处。

【体色式样】体背部暗褐色，腹部灰白色。横跨背部至侧线上方体侧有 5 ～ 6 个黑色鞍状斑。各鳍有许多小黑斑点，尤以背鳍、尾鳍显著。背鳍和尾鳍微黑，其余各鳍灰白色。

【地理分布】赣江、抚河、信江。

【生态习性】底层鱼类。喜栖息于急流。以水生昆虫（蜉蝣目）、寡毛类等为食物。

141. 江西鳅鮀 *Gobiobotia jiangxiensis* Zhang & Liu, 1995

Gobiobotia jiangxiensis Zhang & Liu(张鹗和刘焕章), 1995: 249 (江西上饶); 张鹗等, 1996: 9 (赣东北).

近年未采集到鲜活样本，依据原始记录和馆藏标本进行描述。

【形态描述】背鳍 3，7；胸鳍 1，10 ～ 12；腹鳍 1，6；臀鳍 3，6。侧线鳞 $38\frac{5\sim6}{3}39$。

体长为体高的 4.0 ～ 5.3 倍，为头长的 3.6 ～ 3.9 倍，为尾柄长的 5.6 ～ 7.7 倍，为尾柄高的 9.8 ～ 12.3 倍。头长为吻长的 2.2 ～ 2.5 倍，为眼径的 4.7 ～ 5.5 倍，为眼间距的 4.7 ～ 5.5 倍，为尾柄长的 1.6 ～ 1.8 倍，为尾柄高的 2.8 ～ 3.3 倍。尾柄长为尾柄高的 1.5 ～ 2.0 倍。

体长，前部略圆，后部侧扁，头胸部腹面平坦。头略平扁，头宽大于头高，头背面在鼻孔后方稍隆起。吻钝而扁，吻长大于或等于眼后头长。口下位，弧形，口宽小于吻长。上唇边缘有不显著的皱褶，下唇光滑。须 4 对，短小。口角须 1 对，颏须 3 对。口角须末端可达眼前缘下方第 1 对颏须的起点，与口角须的起点处于同一水平，其末端向后延伸不达第 2 对颏须的起点，第 2 对颏须末端超过第 3 对颏须起点，但仅达眼中部下方，须长小于眼径；第 3 对颏须可延伸到鳃盖骨前缘下方，其须长约等于眼径。眼小，侧上位，眼径约等于眼间距。头背面两眼间稍隆起。下咽齿为匙形，末端钩状。第 1 鳃弓外侧无鳃耙，内侧鳃耙短小。胸腹部至肛门前裸露无鳞。腹膜灰白色。鳔小，前室横宽，中部狭窄，分为左右侧泡，包于骨质囊中，骨囊除在侧泡前部边缘为硬骨质外，其余部分为 1 层较薄的膜质；后室细小。

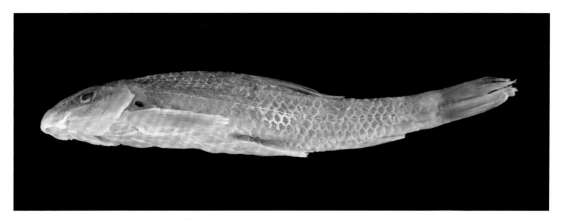

江西鳅鮀 *Gobiobotia jiangxiensis* Zhang & Liu, 1995

　　背鳍起点与腹鳍起点相对，距吻端同距尾鳍基相等。胸鳍末端不达腹鳍起点。腹鳍起点至胸鳍起点的距离大于至臀鳍起点的距离。臀鳍起点至腹鳍起点的距离约等于至尾鳍基的距离。尾鳍叉形，下叶略比上叶长。肛门位于腹鳍起点与臀鳍起点的中点。

　　【体色式样】体背侧为黄色或灰黄色，腹部为淡黄色。口角须基部至眼前缘之间有1暗黑色条纹。体侧和背部有暗色横斑。

　　【地理分布】仅见于信江。

　　【生态习性】底层鱼类，常栖息于砂石表面。杂食性，以底栖无脊椎动物及藻类为食。

142. 海南鳅鉈 *Gobiobotia kolleri* Bănărescu & Nalbant, 1966

Gobiobotia kolleri Bănărescu & Nalbant, 1966a: 9; 王子彤和张鹗, 2021: 1264 (赣江).

　　检视样本数为16尾。样本采自遂川。

　　【形态描述】背鳍3，7；胸鳍1，12～13；腹鳍1，7；臀鳍3，6。侧线鳞 $40\frac{5\sim6}{3}41$。

　　体长为体高的4.7～6.1倍，为头长的3.2～4.3倍。头长为吻长的2.1～2.8倍，为眼径的3.7～5.2倍，为眼间距的4.9～6.0倍。尾柄长为尾柄高的1.2～2.6倍。

　　体细长，前部略呈圆筒状，后部侧压，最大体高处位于背鳍起点，最小尾柄高处靠近尾鳍基部。背部轮廓从吻端到背鳍起点快速上升，沿背鳍基部倾斜，然后向尾鳍基部缓慢倾斜。从吻端到腹鳍基部，腹部较平，从腹鳍到尾鳍基部区域腹部略凹。头略扁平，头长大于头高。侧视时鼻尖，背视时则略钝圆，吻长于眼后头长，鼻孔前部有浅的横向切口。鼻孔靠近眼前缘。眼大，侧上位；眼间距区域略凹，眼间距小于眼径。口下位；口裂延伸到超过鼻孔前边缘。须4对；上颌须1对，较长，延伸超过眼中部；下颌须3对，第1对下颌须插入上颌须根部的水平面，延伸超过第2对的根部，或稍超过眼前缘；第2对下颌须，延伸超过第3对下颌须根部达眼后缘；第3对下颌须延伸达鳃盖中部。第1对和第2对下颌须之间的下颌区域密布发达的乳突。侧线完全，沿侧面中部延伸，胸鳍基部的腹面区域无鳞。

　　背鳍末端边缘稍凹；背鳍基部距吻端距离小于距尾鳍基部距离，背鳍基部与腹鳍基部

海南鳅鉈 *Gobiobotia kolleri* Bănărescu & Nalbant, 1966

相对。胸鳍末端延伸超过腹鳍基部。腹鳍基部相比于臀鳍起点更靠近胸鳍基部，末端延伸可达到腹鳍基部到臀鳍起点距离的 2/3。臀鳍最后 1 根鳍条柔软且短于胸鳍；臀鳍基部相比于腹鳍基部更靠近尾柄基部。尾鳍适度分叉，下叶较长。肛门位于从腹鳍基部到臀鳍起点距离约 1/3 处。

【体色式样】固定标本中，头部和身体呈黄色，腹部较浅。身体背面有 8 根黑色横条，前背 2 条，背鳍基部 2 条，后背 4 条。在侧线正上方有 6～8 个不明显且大小不定的深灰色长圆形斑点，比斑点间隙窄。各鳍均为白色，具黑色斑点。

【地理分布】赣江上游遂川江。

【生态习性】底层鱼类，一般都生活在沙质底的河流中。杂食性。

（十六）雅罗鱼科 Leuciscidae

背鳍短，末根不分支鳍条不分节或柔软。无须，上颌骨孔缺。下咽齿通常 2 行，脊椎骨数目多。分布于北美和欧亚大陆（除印度和东南亚）。本科北美有 58 个属，欧亚有 46 个属，共计 560 多个种；江西境内有 1 属。

71）大吻鱥属 *Rhynchocypris* Günther, 1889

【模式种】*Rhynchocypris variegata* Günther, 1889 = *Rhynchocypris oxycephalus* (Sauvage & Dabry de Thiersant, 1874)

【鉴别性状】背鳍无硬刺，具 6～7 根分支鳍条。体无腹棱，口端或亚下位。鳞通常埋于皮下，相互不重叠，或裸露无鳞。侧线完全或不完全。鳔 2 室，后室较长。

【包含种类】本属江西有 1 种。

143. 尖头大吻鱥 *Rhynchocypris oxycephalus* (Sauvage & Dabry de Thiersant, 1874)

Pseudophoxinus oxycephalus Sauvage & Dabry de Thiersant, 1874: 11 (中国北京).

Rhynchocypris variegata Günther, 1889: 225 (江西九江).

Phoxinus lagowskii variegatus: 郭治之等, 1964: 123 (鄱阳湖); 湖北省水生生物研究所鱼类研究室, 1976: 93 (九江); 郭治之和刘瑞兰, 1995: 224 (鄱阳湖、赣江、信江、饶河).

Phoxinus oxycephalus: 张鹗等, 1996: 9 (赣东北).

Rhynchocypris oxycephalus: 王子彤和张鹗, 2021: 1264 (赣江).

【俗称】木叶鱼、木叶子、麻鱼子、苦鱼子、柳根子、柳根鱼。

检视样本数为 20 尾。样本采自靖安、奉新和婺源。

【形态描述】背鳍 3，7～8；胸鳍 1，14～16；腹鳍 2，7；臀鳍 3，7。侧线鳞 63～85。

体长为体高的 3.5 ～ 5.6 倍，为头长的 3.4 ～ 4.3 倍。头长为吻长的 2.8 ～ 4.0 倍，为眼径的 3.7 ～ 6.0 倍，为眼间距的 2.6 ～ 3.4 倍，为尾柄长的 0.9 ～ 1.3 倍，为尾柄高的 2.1 ～ 2.8 倍。尾柄长为尾柄高的 1.9 ～ 2.6 倍。

体长，稍侧扁，腹部圆。尾柄长而低。头锥形，头长显著大于体高。眼径处的头宽等于该处的头高。头长且尖。吻较长，吻长稍小于眼间距。口亚下位，弧形；口裂较深，稍向上倾斜，达眼下缘水平面。眼中等大，位于头侧，眼后缘至吻端的距离稍大于眼后头长，眼间距宽而平坦，咽齿稍侧扁，末端呈沟状。鳃耙短小，排列稀疏。鳞小，排列紧密，胸、腹部均有鳞。侧线完全，前段稍弯，后延伸至尾柄正中。鳔 2 室，后室长且大，末端钝，约为前室的 2 倍，腹膜白色，肠短，其长度较体长为短。

背鳍短小，外缘平直，起点距吻端大于距尾鳍基距离。胸鳍短，椭圆形，末端稍超过胸鳍至腹鳍距离的一半。腹鳍末端圆，其起点至吻端的距离与至尾鳍基的距离相等。臀鳍后缘平切，其起点在背鳍基之后，至腹鳍较至尾鳍基为近。尾鳍分叉浅，两叶等长，末端圆。

【体色式样】体有许多不规则的黑色小斑点，两侧中轴有 1 显著的黑色直条，尾鳍基部有 1 黑色斑点，背部和侧线的上方为灰黑色，腹部银白色。

【地理分布】鄱阳湖及其入湖支流如赣江、信江、修水和饶河。

【生态习性】为小型鱼类，生活于山涧溪流中。杂食性。繁殖期 4 ～ 7 月。在流水石滩处产卵。受精卵黏性。

尖头大吻鱥 *Rhynchocypris oxycephalus* (Sauvage & Dabry de Thiersant, 1874)

五

鲇形目 Siluriformes

鲇形目体裸露无鳞，或披有骨板。须 4 对（鼻须和口角须各 1 对，颐须 2 对）。尾鳍主鳍条不超过 18 根。续骨、下鳃盖骨、基舌骨和肌间骨缺。顶骨推断与上枕骨融合，中翼骨极其退化。前鳃盖骨和间鳃盖骨非常小。后颞骨推断与上匙骨融合。犁骨通常有齿，脂鳍通常存在，背鳍和胸鳍前缘有刺。全球有 40 科 490 属 3730 余种，本目江西境内有 5 科。

科的检索表

1（6）脂鳍存在

2（3）前后鼻孔距离颇远；腭齿存在···鲿科 Bagridae

3（2）前后鼻孔距离很近或紧邻；腭齿缺如

4（5）鳃膜不连于峡部；背鳍与胸鳍硬刺弱且埋于皮膜内························钝头鮠科 Amblycipitidae

5（4）鳃膜通常连于峡部，若不连于，则背鳍与胸鳍硬刺发达··························鮡科 Sisoridae

6（1）脂鳍缺如

7（8）脂鳍短小或不存在；须 1 ～ 3 对···鲇科 Siluridae

8（7）背鳍很长；须 4 对···胡子鲇科 Clariidae

（十七）鲿科 Bagridae

鲿科体裸露，须通常 4 对，发达。背鳍前有刺，软鳍条通常 6 ～ 7 根（鲜见 8 ～ 20 根）。脂鳍存在，但不同种间大小变化明显；胸鳍刺有锯齿。本科约 19 属 220 余种，江西境内有 2 属 14 种。

属的检索表

1（2）脂鳍较短，其基长为臀鳍基长的 1.5 倍以下；颌须较短，后伸不达胸鳍刺基部······ 拟鲿属 *Tachysurus*

2（1）脂鳍较长，其基长为臀鳍基长的 1.5 倍以上；颌须颇长，末端伸越胸鳍刺基部······ 半鲿属 *Hemibagrus*

72）拟鲿属 *Tachysurus* Lacepède, 1803

【模式种】*Tachysurus sinensis* Lacepède, 1803

【鉴别性状】头顶多少裸露，或有粒线突而呈粗糙感，或被薄皮而枕突外露。臀鳍18～27 根，一般多于 20 根。尾鳍深叉状。

【包含种类】本属江西有 13 种。

种的检索表

1（6）胸鳍硬刺前、后缘均有锯齿，前缘锯齿细小或粗糙，后缘有强锯齿

2（3）尾鳍截形或微凹·······································益堂拟鲿 *T. ondan*

3（2）尾鳍深分叉

4（5）体粗壮，体长为体高的 4.5 倍以下；颌须较短，后伸至多稍超过胸鳍起点；体背、体侧有黄褐相间的斑块···································黄颡鱼 *T. sinensis*

5（4）体细长，体长为体高的 5 倍以上；颌须较长，后伸可达到胸鳍的中部；斑块不明显或无斑块··长须黄颡鱼 *T. eupogon*

6（1）胸鳍硬刺前缘光滑，后缘有强锯齿

7（18）尾鳍深分叉

8（11）颌须长，明显超过胸鳍基部

9（10）臀鳍条数目小于 20··································纵纹拟鲿 *T. argentivittatus*

10（9）臀鳍条数目大于等于 20··························瓦氏黄颡鱼 *T. vachellii*

11（8）颌须短，不达胸鳍基部

12（13）臀鳍条数目大于等于 20·························光泽黄颡鱼 *T. nitidus*

13（12）臀鳍条数目小于 20

14（15）吻长大于 3 倍眼径，游离椎骨小于 35 个··········长吻鲍 *T. dumerili*

15（14）吻长小于 3 倍眼径，游离椎骨大于 35 个

16（17）背鳍靠后，背鳍前长占体长比例大于 37%········粗唇鲍 *T. crassilabris*

17（16）背鳍靠前，背鳍前长占体长比例小于 37%········突唇鲍 *T. torosilabris*

18（7）尾鳍分叉较浅；最短鳍条长度大于最长鳍条的 1/2

19（24）尾鳍为圆形或截形，中央至多具有轻微缺刻

20（21）尾鳍白色边缘明显·······························长臀拟鲿 *T. analis*

21（20）尾鳍白色边缘较少或无

22（23）背鳍刺长度较长，长度超过头长的 1/2···········圆尾拟鲿 *T. tenuis*

23（22）背鳍刺较短，长度小于头长的 1/2···············似切尾拟鲿 *T. aff. truncatus*

24（19）尾鳍深凹，最短臀鳍条小于最长臀鳍条的 2/3······乌苏拟鲿 *T. ussuriensis*

144. 黄颡鱼 *Tachysurus sinensis* Lacepède, 1803

Tachysurus sinensis Lacepède, 1803: 150 (北京怀柔).

Pelteobagrus fulvidraco: 伍汉霖等, 1978: 144 (各地水域包含了鄱阳湖水系); 张鹗等, 1996: 10 (信江).

Pseudobagrus fulvidraco: Günther, 1889: 219 (九江); 张春霖, 1960: 15 (九江); 郭治之等, 1964: 125 (鄱阳湖); 湖
　　北省水生生物研究所鱼类研究室, 1976: 170 (鄱阳湖: 波阳); 郭治之和刘瑞兰, 1983: 16 (信江); 刘世平,
　　1985: 70 (抚河); 郭治之和刘瑞兰, 1995: 228 (鄱阳湖、赣江、抚河、信江、饶河).

Tachysurus fulvidraco: 王子彤和张鹗, 2021: 1264 (赣江).

【俗称】黄颡、黄呀头、黄刺头、黄呀姑、黄腊丁、黄拐头。

检视样本数为 57 尾。样本采自上饶、弋阳、临川、广昌、南丰、会昌、安远、兴国、石城、宁都、龙南、信丰、崇义、于都、瑞金、遂川、安福、永新、吉安、泰和、峡江、袁州、新余、万载、樟树、新建、修水、靖安、奉新、上栗、萍乡、莲花、寻乌、鄱阳、余干、都昌、庐山、湖口和永修。

【形态描述】背鳍 2，6～7；胸鳍 1，7～9；腹鳍 1，5～6；臀鳍 16～20。

体长为体高的 3.5～4.2 倍，为头长的 3.5～4.7 倍。头长为吻长的 3.0～3.9 倍，为眼径的 4.5～5.5 倍，为眼间距的 2.3～2.5 倍。尾柄长为尾柄高的 1.5～1.9 倍。

体延长，前部粗壮，后部转侧扁，背部隆起，腹部圆，头较大，皮膜较厚，枕骨突显露。吻较短，圆钝，稍凸出。口下位，弧形。唇肥厚，上颌稍长于下颌。上下颌及腭骨均有绒毛状细齿，前者列成带状，后者为新月形。须 4 对；颌须最长，延伸可达胸鳍基部或稍超越。鼻孔分离，前鼻孔短管状，近吻端，后鼻孔隙缝状，位于眼前。眼中等大，侧上位，具游离眼睑。鳃孔大，鳃膜不与峡部相连。鳃耙短小。体裸露无鳞。侧线完全，平直，后延至尾鳍基。鳔 1 室，心形。腹膜银白色，略带金色光泽。肠较短，约与体长相等。

背鳍基较短，其不分支鳍条为硬棘，前缘光滑，后缘有锯齿，背吻距小于背鳍至尾鳍基部距离。脂鳍较短，其起点约与臀鳍相对，末端游离。胸鳍略呈扇形，末端不达腹鳍。胸鳍棘发达，长于背鳍棘，前缘具细小锯齿，后缘具粗锯齿。腹鳍位于背鳍后下方，鳍末可达臀鳍。尾鳍分叉深，两叶对称。肛门位于臀鳍起点前方，距腹鳍较距臀鳍近。

黄颡鱼 *Tachysurus sinensis* Lacepède, 1803

【体色式样】体背部深褐色，两侧黄褐色，并有 3 块隔开的不规则黑色条纹，腹部淡黄色，沿侧线有 1 条细长的黄色纵条纹。各鳍灰褐色。

【地理分布】鄱阳湖、赣江、抚河、信江、饶河、修水、萍水河和寻乌水。

【生态习性】底层鱼类，栖息于江河、湖泊、溪流等静水或缓流处。昼伏夜出，冬季则聚集于深水处。一般 2 龄性成熟。繁殖期为 4 ～ 5 月，8 月间可能再产卵。卵黄色，黏性。雄鱼筑产卵窝并吸引雌鱼产卵，雄鱼授精。产卵后雌鱼离开，雄鱼护卵，直到仔鱼能自由觅食为止。护卵时雄鱼几乎不摄食。刚孵出的小鱼全身黑色，形似蝌蚪。肉食性，主要摄食底栖无脊椎动物，如水生昆虫、软体动物、小虾等。

145. 长须黄颡鱼 *Tachysurus eupogon* (Boulenger, 1892)

Pseudobagrus eupogon Boulenger, 1892: 247 (上海); 郭治之等, 1964: 125 (鄱阳湖); 湖北省水生生物研究所鱼
　　类研究室, 1976: 170 (鄱阳湖); 刘世平, 1985: 70 (抚河); 郭治之和刘瑞兰, 1995: 228 (鄱阳湖、抚河).

Peltobagrus eupogon: 张鹗等, 1996: 10 (信江); 褚新洛等, 1999: 42 (江西南昌).

Tachysurus eupogon: 王子彤和张鹗, 2021: 1264 (赣江: 平江和梅江).

【俗称】江西黄姑、黄刺、黄腊丁。

检视样本数为 26 尾。样本采自鄱阳、余干、庐山、都昌、永修、新建、宁都、石城、兴国和临川。

【形态描述】背鳍 2，6 ～ 7；胸鳍 1，6 ～ 7；腹鳍 1，5 ～ 6；臀鳍 2 ～ 3，18 ～ 21。

体长为体高的 5.0 ～ 6.4 倍，为头长的 3.2 ～ 3.8 倍。头长为吻长的 3.7 ～ 4.2 倍，为眼径的 4.9 ～ 5.5 倍，为眼间距的 2.5 ～ 2.8 倍。尾柄长为尾柄高的 1.4 ～ 1.8 倍。

体长，前部粗壮，后部侧扁。头大适中，平扁。枕骨突起明显。吻圆钝。口下位，弧形。上颌较长，上下颌段腭骨均有绒毛状齿带。须 4 对，鼻须末端超过眼后缘；颌须最长，延伸可达胸鳍中部；颐须 2 对，外侧 1 对较长，末端超过鳃孔，内侧较短，末端超过眼后缘。鼻孔 2 对，前后分离。眼较小，位于头的前部，侧上位。眼间距平宽，眼缘部分游离。鳃孔较大，鳃膜不与峡部相连。鳃耙细而疏。体裸露无鳞。侧线完全，较平直，延伸至尾鳍正中。鳔 1 室，短而宽。腹膜银白色间有微小黑点。肠较短。

背鳍较短，起点距吻端小于或等于距脂鳍起点距离，具硬棘，后缘有弱锯齿。脂鳍远短于臀鳍，起点在臀鳍起点稍后方。胸鳍前位，具硬棘，棘的前后缘均有锯齿。腹鳍腹位，末端接近或刚达臀鳍起点。臀鳍基部较长，末端可达尾鳍基部。尾鳍分叉较深，上下叶末端呈圆形。肛门位于腹鳍、臀鳍起点的中部。

【体色式样】体色灰黄，沿体侧有宽而长的黑色纵纹，背侧较粗大。腹部灰白色。各鳍灰黄色，腹、臀鳍外缘深灰色。

【地理分布】鄱阳湖及其主要入湖支流如赣江、抚河、信江。

【生态习性】底层鱼类。栖息于江河湖泊中。繁殖期为 5 ～ 7 月。肉食性，主食底栖动物、昆虫、小鱼、小虾及螺蚬类软体动物。

长须黄颡鱼 *Tachysurus eupogon* (Boulenger, 1892)

146. 瓦氏黄颡鱼 *Tachysurus vachellii* (Richardson, 1846)

Bagrus vachellii Richardson, 1846: 284 (浙江).

Pelteobagrus vachellii: 张鹗等, 1996: 10 (信江).

Pseudobagrus vachellii: 郭治之等, 1964: 125 (鄱阳湖); 湖北省水生生物研究所鱼类研究室, 1976: 172 (鄱阳湖); 郭治之和刘瑞兰, 1983: 16 (信江); 刘世平, 1985: 70 (抚河); 郭治之和刘瑞兰, 1995: 228 (鄱阳湖、赣江、抚河、信江).

Tachysurus vachellii: 王子彤和张鹗, 2021: 1264 (赣江).

【俗称】江颡、沉氏黄颡、硬角黄腊丁、黄腊丁。

检视样本数为 36 尾。样本采自崇义、会昌、赣州、泰和、高安、樟树、鄱阳、余干、都昌、庐山、湖口、永修和新建。

【形态描述】背鳍 2，6 ～ 7；胸鳍 1，7 ～ 9；腹鳍 1，5；臀鳍 2，21 ～ 24。

体长为体高的 4.1 ～ 4.8 倍，为头长的 4.3 ～ 5.0 倍。头长为吻长的 4.1 ～ 5.0 倍，为眼径的 4.2 ～ 4.9 倍，为眼间距的 1.8 ～ 2.4 倍。尾柄长为尾柄高的 2.0 ～ 2.3 倍。

体延长，背稍隆起，体粗壮，后部侧扁。头中等大，稍平扁，头顶光滑有皮膜覆盖。吻圆钝。口下位，弧形。上、下颌皆具绒毛状细齿。须 4 对，颌须最长，延伸超过胸鳍起点；鼻须末端达眼后缘；颐须较短。鼻孔前后分离，前鼻孔位于颌须起点的前缘；后鼻孔位于眼的前方内侧。眼小，侧上位。眼间距宽阔，略有隆起。鳃孔大，鳃膜不与峡部相连。鳃耙短而尖。体裸露无鳞。侧线完全，平直。鳔 1 室，心形。腹膜银白色。肠较长。

背鳍基部较短，起点距吻端较距脂鳍起点为远，不分支鳍条为硬棘，第 1 根短小，埋于皮下，第 2 根发达，其长度大于胸鳍棘，后缘有锯状齿。脂鳍基长略短于臀鳍基长。胸鳍棘发达，前缘光滑，后缘有锯齿。腹鳍腹位，末端盖过肛门达臀鳍。臀鳍基部较长，约与脂鳍基部相对，延伸不达尾鳍。尾鳍分叉甚深，上叶略长于下叶。肛门位于腹鳍与臀鳍之间，偏近臀鳍起点。

【体色式样】背部褐灰色，两侧灰黄色，体侧有明显纵向细纹。无明显黑色斑块，腹部黄白色。各鳍黄色，外缘略带灰黑色。

【地理分布】鄱阳湖、赣江、抚江、信江、饶河和修水。

【生态习性】底层鱼类，栖息于江河湖泊中。繁殖期为 5 ～ 7 月。雄鱼有筑巢护卵行为。肉食性。

瓦氏黄颡鱼 *Tachysurus vachellii* (Richardson, 1846)

147. 光泽黄颡鱼 *Tachysurus nitidus* (Sauvage & Dabry de Thiersant, 1874)

Pseudobagrus nitidus Sauvage & Dabry de Thiersant, 1874: 5 (长江); 郭治之等, 1964: 125 (鄱阳湖).

Pelteobagrus nitidus: 张鹗等, 1996: 10 (信江); 褚新洛等, 1999: 42 (江西南昌).

Pseudobagrus nitidus: 湖北省水生生物研究所鱼类研究室, 1976: 173 (鄱阳湖湖口); 刘世平, 1985: 70 (抚河);
　　郭治之和刘瑞兰, 1995: 228 (鄱阳湖、赣江、抚河); Cheng et al. (程建丽等), 2009: 66 (鄱阳湖).

　Tachysurus nitidus: 王子彤和张鹗, 2021: 1264 (赣江).

【俗称】黄颡、黄刺头、尖嘴黄颡、油黄姑、黄腊丁。

检视样本数为 49 尾。样本采自樟树、万载、新余、峡江、泰和、吉州、遂川、于都、会昌、南康、崇义、信丰、龙南、宁都、石城、兴国、南丰、鄱阳、余干、都昌、庐山、湖口和永修。

【形态描述】背鳍 2，6；胸鳍 1，6 ～ 7；腹鳍 1，5；臀鳍 21 ～ 23。

体长为体高的 4.3 ～ 5.2 倍，为头长的 4.1 ～ 4.3 倍。头长为吻长的 2.8 ～ 3.4 倍，为眼径的 5.1 ～ 6.0 倍，为眼间距的 2.3 ～ 2.5 倍。尾柄长为尾柄高的 1.9 ～ 2.2 倍。

体延长，背部隆起，腹部平圆，后部转侧扁。头中大，稍平扁，头顶枕骨突明显外露。吻尖钝。口下位，口裂呈浅弧形。唇厚，具有唇沟及唇褶。上颌较下颌为长，上下颌及腭骨有绒毛状齿带。有须 4 对，鼻须 1 对，位于后鼻孔前方；颌须 1 对，延伸可达鳃膜。颐须 2 对，均较短。鼻孔 2 个前后分离，前鼻孔呈管状，位于吻端下侧，后鼻孔位于近眼前缘。眼小，侧上位。鳃孔较大，鳃膜不与峡部相连。鳃耙细小稀疏。体裸露无鳞。侧线完整平直。鳔 1 室，心形，其长略大于宽。腹膜银灰色。肠较短，与体长约相等。

背鳍基短，起点距吻端较距脂鳍末端为近。背鳍第 1 硬棘埋于皮下。第 2 硬棘发达，后缘有锯齿，长于胸鳍棘。脂鳍在臀鳍上方，较臀鳍短，末端游离。胸鳍硬刺前缘光滑，后缘有锯齿。腹鳍延伸达臀鳍起点。臀鳍基部较长，末端不达尾鳍。尾鳍分叉较深，两叶对称。肛门位于臀鳍起点前方。

【体色式样】体灰黄色，背部及两侧有黑褐色斑块，腹部黄白色，各鳍均为灰色。

【地理分布】鄱阳湖及其入湖支流如赣江、抚河、信江、饶河和修水。

【生态习性】小型底层鱼类，多栖息于水系中、上游支流沿岸浅水区域。昼伏夜出。繁殖期为 5 ～ 7 月，卵黏沉性。雄鱼有筑巢护卵习性。肉食性，主要摄食小鱼、小虾、水生昆虫及其幼体，尤喜食鱼卵、虾卵及其幼体。

光泽黄颡鱼 *Tachysurus nitidus* (Sauvage & Dabry de Thiersant, 1874)

148. 长吻鮠 *Tachysurus dumerili* (Bleeker, 1864)

Rhinobagrus dumerili Bleeker, 1864: 7 (中国).

Leiocassis longirostris Günther, 1864: 87 (日本); 湖北省水生生物研究所鱼类研究室, 1976: 172 (鄱阳湖: 湖口);
　　刘世平, 1985: 70 (抚河); 褚新洛等, 1999: 42 (江西湖口); Kottelat, 2013: 267.

Pseudobagrus longirostris: 郭治之等, 1964: 125 (鄱阳湖); 郭治之和刘瑞兰, 1995: 228 (鄱阳湖、赣江、抚河).

Tachysurus longirostris: 王子彤和张鹗, 2021: 1264 (赣江).

【俗称】鮠鱼、江团、肥沱、白哑肥。

检视样本数为 12 尾。样本采自庐山和湖口。

【形态描述】背鳍 2，6 ～ 7；胸鳍 1，9；腹鳍 1，5；臀鳍 14 ～ 18。

体长为体高的 4.0 ～ 5.5 倍，为头长的 3.6 ～ 4.2 倍。头长为吻长的 2.3 ～ 2.6 倍，为眼径的 10.4 ～ 13.4 倍，为眼间距的 2.7 ～ 3.3 倍。尾柄长为尾柄高的 2.2 ～ 3.0 倍。

体延长，前部近圆筒形，后部侧扁，背鳍起点处明显隆起。头大，较尖。吻较长，呈锥形，前部肥厚，明显突出。口下位，呈新月形，唇肥厚。上、下颌及犁骨上有绒毛状齿带。须 4 对，均短小，颌须刚过眼后缘，鼻须不达眼前缘。鼻孔呈喇叭状，前鼻孔在吻端腹面，后鼻孔在吻眼之间。眼小，侧上位。鳃裂较大，鳃膜不与峡部相连。肩骨突出，位于胸鳍上方。体裸露无鳞。侧线完全，较平直。鳔 1 室，心形。肠较短。

背鳍较高，基部短，起点距吻端较距脂鳍末端为近，背鳍刺前缘光滑，后缘有锯齿，长度大于胸鳍棘。脂鳍起点稍前于臀鳍。胸鳍棘发达，前缘光滑，后缘有锯齿，延伸不达腹鳍。腹鳍起点在脂鳍起点的前方，延伸可达臀鳍。臀鳍与脂鳍相对，末端不达尾鳍。尾鳍分叉甚深，两叶对称，末端圆。

【体色式样】体浅灰色或淡红色，腹部灰白色，各鳍均为灰黄色或淡红色。

【地理分布】长江、鄱阳湖及其入湖支流如赣江和抚河。

【生态习性】体型中等的底层鱼类。生活于水面开阔的江河中，长江中较为常见，较少进入湖泊。昼伏夜出。3～4龄性成熟，繁殖期为5～6月，卵黏性。肉食性，捕食水生昆虫、软体动物、甲壳动物、幼虫及小鱼等。肉质细嫩，骨刺少，味鲜美。已人工繁殖。

长吻鮠 *Tachysurus dumerili* Bleeker, 1864

149. 粗唇鮠 *Tachysurus crassilabris* (Günther, 1864)

Liocassis crassilabris Günther, 1864: 88 (中国，可能是珠江).

Leiocassis crassilabris: 郭治之和刘瑞兰, 1983: 16 (信江); 郭治之和刘瑞兰, 1995: 228 (赣江、抚河、信江); 张鹗等, 1996: 11 (信江).

Tachysurus crassilabris: 王子彤和张鹗, 2021: 1264 (赣江).

【俗称】鮠鱼、乌嘴肥。

检视样本数为29尾。样本采自余干、都昌、庐山、湖口、新建、莲花、修水、万载、高安、袁州、新余、吉安、泰和、永新、安福、遂川、于都、会昌、南康、信丰、龙南、宁都、石城、兴国、广昌和临川。

【形态描述】背鳍2，6～7；胸鳍1，8～9；腹鳍1，5；臀鳍16～19。

体长为体高的4.2～4.7倍，为头长的3.5～4.0倍。头长为吻长的2.6～3.1倍，为眼径的7.5～9.1倍，为眼间距的2.4～2.8倍。尾柄长为尾柄高的1.9～2.1倍。

体前部粗壮，后部侧扁。头中大，前部稍平扁。头略扁，头顶皮肤厚。吻圆钝突出。口下位，浅弧形，唇肥厚，唇沟及唇角明显。上、下颌具绒毛状细齿。须4对，较短，颌须末端超过眼的后缘。鼻孔前后分离，前鼻孔短管状，位于吻端，后鼻孔位于眼前吻侧的中间。眼小，侧上位，有皮膜覆盖，无游离眼缘。鳃孔大，鳃膜不与峡部相连。体裸露无鳞。侧线完全，平直延伸至尾鳍基中央。鳔1室，心形。

背鳍刺后缘具有锯齿，背吻距大于背鳍起点至脂鳍起点距离。脂鳍低长，末端游离，约与臀鳍等长。胸鳍硬棘较背鳍棘为短，前缘光滑，后缘有较粗锯齿。腹鳍起点在背鳍基部末端下方。臀鳍与脂鳍上下相对。尾深叉形，两叶对称。肛门位于腹鳍与臀鳍之间。

【体色式样】体侧与背部灰黄色，腹灰白色，各鳍灰黄色。

【地理分布】鄱阳湖、赣江、抚河、修水和信江。

【生态习性】底层鱼类，栖息于江河宽广的大水面。昼伏夜出。繁殖期为4～6月，卵黏附于水草砾石上。肉食性，以小鱼、小虾、蠕虫，以及各种水生动物为食。

粗唇鮠 *Tachysurus crassilabris* (Günther, 1864)

150. 突唇鮠 *Tachysurus torosilabris* (Sauvage & Dabry de Thiersant, 1874)

Liocassis torosilabris Sauvage & Dabry de Thiersant, 1874: 7 (长江); Chen et al., 2008: 113.

Pseudobagrus crassirostris: 郭治之等, 1964: 125 (鄱阳湖); 郭治之和刘瑞兰, 1995: 228 (抚河、信江).

Leiocassis crassirostris: 刘世平, 1985: 70 (抚河).

Leiocassis crassilabris: 张鹗等, 1996: 11 (信江).

检测标本数为5尾。样本采自余江、贵溪和上饶。

【形态描述】背鳍2，6～7；胸鳍1，8～9；腹鳍1，5；臀鳍16～19。

体长为体高的4.5～5.7倍，为头长的3.7～4.5倍。头长为吻长的2.5～2.9倍，为眼径的5.9～8.5倍，为眼间距的2.0～2.4倍。尾柄长为尾柄高的1.8～2.0倍。

体前端平扁，后端侧扁。背稍微隆起。头部平扁、宽，被厚皮膜。枕骨棘细长，末端分叉，长度与项背骨大致相等。吻宽圆，长于眼径。口亚下位，中等大，横裂。上颌突出，口宽大于眼间距。牙齿绒毛状，不规则排列于齿带上。上颌齿带宽，中部最宽，向两侧逐渐变窄。下颌齿弧形，接合处最宽，与上颌齿带最宽处相当。须4对。鼻须细线状，伸达眼前缘。颌须细长，过眼后缘，但不达鳃膜。颏须2对，细短；内侧颏须与后鼻须相对，略超过眼前缘，等于或略短于眼径；外侧颌须位于内侧颌须外侧，略后于内侧颌须，短于眼径的 2 倍，伸过眼后缘。眼大，椭圆形，被厚皮膜，位于头前部侧面，背面观可见，腹面观不可见。眼间距宽，略凸，约为眼径的 2 倍。犁骨齿带不成对，前部略呈弧形，略比上颌齿窄。鳃部开口宽，从后颞骨处延伸至鳃峡。侧线完全，平直，位于体侧下中部。

突唇鮠 *Tachysurus torosilabris* Sauvage & Dabry de Thiersant, 1874

背鳍位于臀鳍起点和吻端的中点或略近于臀鳍起点。背鳍细刺平，末端尖。背鳍刺粗长，前缘光滑，后缘有弱锯齿，长于胸鳍刺。背鳍边缘平截。脂鳍发达，起点在臀鳍起点之前，边缘凸出，末端游离。脂鳍基长于臀鳍基。胸鳍起点稍前于鳃盖末端。胸刺非常粗壮，末端尖，短于背刺，前缘光滑。腹鳍起点距臀鳍基末端较距吻端为近，位于背鳍末端垂直线之前。腹鳍延伸达或不达臀鳍起点。腹鳍边缘凸出。臀鳍起点位于脂鳍起点之后，距尾鳍基较距胸鳍起点为近。臀鳍边缘凸出，前面的鳍条最短。尾鳍分叉深，上下叶边缘略圆，上叶较长。肛门开口距臀鳍起点较距腹鳍起点为近。

【体色式样】体背面、侧面及所有鳍条均为褐色，腹面黄白色。

【地理分布】鄱阳湖、抚河和信江。

【生态习性】底层鱼类。繁殖期为 4 ～ 6 月，卵黏性。肉食性。

151. 长臀拟鲿 *Tachysurus analis* (Nichols, 1930)

Leiocassis (*Dermocassis*) *analis* Nichols, 1930: 4 (江西铅山河口镇); 张春霖, 1960: 27 (江西湖口).

Leiocassis albomarginatus: 郭治之等, 1964: 125 (鄱阳湖); 湖北省水生生物研究所鱼类研究室, 1976: 179 (鄱阳湖); 邹多录, 1982: 51 (赣江); 郭治之和刘瑞兰, 1983: 16 (信江); 刘世平, 1985: 70 (抚河); 郭治之和刘瑞兰, 1995: 228 (鄱阳湖、赣江、抚河、信江).

Pseudobagrus macrops: 郭治之和刘瑞兰, 1995: 228 (抚河).

Pseudobagrus albomarginatus: 张鹗等, 1996: 10 (信江).

Tachysurus albomarginatus: 王子彤和张鹗, 2021: 1264 (赣江).

Tachysurus analis: Shao et al., 2021: 14 (鄱阳湖流域).

【俗称】长尾巴、黄头刺、别耳姑。

检视样本数为 10 尾。样本采自会昌、宁都、大余、崇义、于都、吉安、修水和寻乌。

【形态描述】背鳍1，7；胸鳍1，6；腹鳍1，5；臀鳍2，23。

体长为体高的 5.5 ～ 5.7 倍，为头长的 4.0 ～ 4.4 倍。头长为吻长的 2.9 ～ 3.3 倍，为眼径的 6.1 ～ 6.9 倍，为眼间距的 2.7 ～ 2.9 倍。尾柄长为尾柄高的 2.7 ～ 2.8 倍。

体延长，前部粗壮，后部侧扁。成熟两性形态略有不同，雌鱼体形粗壮，雄鱼明显瘦长。头中等大，较平扁，头背有粗糙皮膜覆盖。唇厚。口下位，口裂呈弧形。上下颌及犁骨上各有绒毛状齿带。须 4 对，均较短小，鼻须刚达眼的前缘，颌须稍过眼的后缘，颐须外侧长于内侧。鼻孔前后分离。眼小，侧上位。眼间距平坦。鳃孔宽大，鳃膜不与峡部相连。鳃耙短小，末端尖。体裸露无鳞。侧线完全，较平直。

背鳍基部较短，起点距吻端与距脂鳍起点约相等，背鳍硬棘第 1 根短小，埋于皮下，第 2 根发达，其长大于胸鳍棘，前缘光滑，后缘粗糙。脂鳍基长大于臀鳍基长，较肥厚，末端游离。胸鳍具硬棘，后缘锯齿发达。腹鳍腹位，鳍末盖过肛门而不达臀鳍。臀鳍基部较长，约与脂鳍基部相对，鳍末不达尾鳍。肛门距臀鳍较距腹鳍为近。尾鳍圆形。

【体色式样】体背及两侧青褐色，腹部黄白色，各鳍灰黑色，尾鳍边缘白色。

【地理分布】鄱阳湖及其入湖支流如赣江、抚河、信江、修水和寻乌水。

【生态习性】底层鱼类。多生活于江河水流较缓慢的水域中。昼伏夜出。繁殖期为 4 ～ 5 月，多在近岸水流缓慢的水域内产卵。卵沉性，淡黄色。摄食水生昆虫及其幼虫、小螺、小虾和小鱼等。2 龄鱼已达性成熟。

长臀拟鲿 *Tachysurus analis* (Nichols, 1930)

152. 圆尾拟鲿 *Tachysurus tenuis* (Günther, 1873)

Macrones (Pseudobagrus) tenuis Günther, 1873: 244 (上海).

Leiocassis tenuis: 张春霖, 1960: 29 (南昌); 郭治之等, 1964: 125 (鄱阳湖); 郭治之和刘瑞兰, 1995: 228 (鄱阳湖、信江、饶河).

Pseudobagrus tenuis: 张鹗等, 1996: 10 (信江).

Tachysurus tenuis: 王子彤和张鹗, 2021: 1264 (赣江).

【俗称】牛尾巴、三肖。

检视样本数为 19 尾。样本采自上犹、泰和和遂川。

【形态描述】背鳍 1，7；胸鳍 1，7 ～ 9；腹鳍 1，5；臀鳍 3，20 ～ 23。

体长为体高的 6.3 ～ 9.7 倍，为头长的 4.4 ～ 5.3 倍。头长为吻长的 3.2 ～ 3.6 倍，为眼径的 5.7 ～ 6.8 倍，为眼间距的 3.0 ～ 3.5 倍。尾柄长为尾柄高的 3.0 ～ 4.4 倍。

体稍延长，前段略平扁，后躯侧扁。头平扁，头顶被皮，上枕骨棘通常露出。吻圆钝。口下位，弧形横裂。上、下唇在口角相连，唇后沟中断。上颌突出于下颌，上、下颌具绒毛状细齿，形成齿带，下颌齿带在中部分开。腭骨具齿带。须 4 对；1 对颌须，延伸超过眼后缘；2 对颏须，外侧 1 对较长；1 对鼻须，位于后鼻孔前缘。前、后鼻孔分开 1 短距，前鼻孔短管状，位于吻端。眼小，侧上位。鳃膜不与峡部相连。鳃耙外行尖长，内行退化。体裸露无鳞。侧线完全。

背鳍短小，骨质硬刺前后缘均光滑无锯齿，起点距吻端大于距脂鳍起点。脂鳍低长，后缘游离，基部位于背鳍基后端至尾鳍基中央。胸鳍侧下位，硬刺前缘光滑，后缘具发达锯齿，延伸远不及腹鳍。腹鳍起点距胸鳍基后端大于距臀鳍起点，延伸不达臀鳍。臀鳍起点至尾鳍基的距离略大于至胸鳍基后端。尾鳍圆形。肛门距臀鳍起点与距腹鳍基后端相等。

【体色式样】体灰褐色，腹部浅黄色。各鳍黑灰色。

【地理分布】鄱阳湖、赣江。

【生态习性】小型底层鱼类。常栖息于江河水流缓慢的水域里，多于夜间活动。繁殖期为 4 ～ 6 月。卵沉性，淡黄色，透明。肉食性，以水生昆虫及其幼虫、蚯蚓、小型软体动物等为食。

圆尾拟鲿 *Tachysurus tenuis* (Günther, 1873)

153. 乌苏拟鲿 *Tachysurus ussuriensis* (Dybowski, 1872)

Bagrus ussuriensis Dybowski, 1872: 210 (乌苏里、松花江和兴凯湖).

Leiocassis ussuriensis: 郭治之等, 1964: 125 (鄱阳湖); 刘世平, 1985: 70 (抚河); 郭治之和刘瑞兰, 1995: 229 (鄱阳湖、赣江、抚河).

Pseudobagrus ussuriensis: 张鹗等, 1996: 10 (信江).

Tachysurus ussuriensis: 王子彤和张鹗, 2021: 1264 (赣江).

【俗称】柳根子。

检视样本数为 30 尾。样本采自会昌、宁都、大余、崇义、于都、吉安、修水和寻乌。

【形态描述】背鳍 2，6 ～ 7；胸鳍 1，7 ～ 9；腹鳍 1，5 ～ 6；臀鳍 17 ～ 19。

体长为体高的 5.1 ～ 6.5 倍，为头长的 4.0 ～ 4.7 倍。头长为吻长的 2.8 ～ 3.3 倍，为眼径的 7.5 ～ 10 倍，为眼间距的 2.3 ～ 3.0 倍。尾柄长为尾柄高的 2.5 ～ 3.3 倍。

体延长，前部粗圆，后部侧扁。头扁，头顶有皮膜覆盖。吻圆钝。口下位，横裂。唇厚。上颌突出于下颌。上、下颌均具绒毛状细齿；须短细，鼻须后伸达眼后缘，颌须后端接近胸鳍起点；外侧颏须长于内侧颏须，较鼻须为长，后伸超过眼后缘。前后鼻孔分离，前鼻孔呈短管状，位于吻端；后鼻孔位于其后。眼小，侧上位，位于头的前部。鳃盖膜不与鳃峡相连。体裸露无鳞，侧线完全，平直。

背鳍硬刺前缘光滑，后缘具弱锯齿，刺长稍长于胸鳍刺，起点距吻端大于距脂鳍起点距离。脂鳍略低且长，等于或略长于臀鳍基，后缘游离。胸鳍硬刺前缘光滑，后缘具强锯齿，鳍条后伸不达腹鳍。腹鳍后伸不达臀鳍，位于背鳍后端垂直下方之后，距胸鳍基后端大于距臀鳍起点。臀鳍起点至尾鳍基的距离大于至胸鳍基后端。尾鳍内凹，上叶稍长，末端圆钝。肛门位于臀鳍与腹鳍中点。

【体色式样】背部及体侧灰黄色，腹部色浅。各鳍灰褐色或黄色，尾鳍后缘具黑边。

【地理分布】鄱阳湖及其入湖支流如赣江、抚河、信江、饶河、修水和寻乌水。

【生态习性】底层鱼类，常栖息于缓流河道。繁殖期为 4 ～ 6 月。肉食性。

乌苏拟鲿 *Tachysurus ussuriensis* (Dybowski, 1872)

154. 似切尾拟鲿 *Tachysurus* aff. *truncatus* (Regan, 1913)

Liocassis truncatus Regan, 1913: 553 (四川); 郭治之和刘瑞兰，1995: 229 (抚河、信江).

Pseudobagrus truncatus: 张鹗等，1996: 10 (信江).

Tachysurus truncatus: 王子彤和张鹗，2021: 1264 (赣江).

【俗称】黄鳗油、黄刺挤、黄腊丁。

检视样本数为 22 尾。样本采自会昌、龙南、石城和黎川。

【形态描述】背鳍 2，7；胸鳍 1，7 ～ 8；腹鳍 1，5；臀鳍 18 ～ 20。

体长为体高的 4.7 ～ 7.0 倍，为头长的 4.3 ～ 5.0 倍。头长为吻长的 3.0 ～ 3.8 倍，为眼径的 6.0 ～ 7.1 倍，为眼间距的 2.8 ～ 3.5 倍。尾柄长为尾柄高的 2.1 ～ 2.5 倍。

体长条形，前部稍平扁，后部侧扁。头平扁。吻圆钝。口下位，弧形，唇厚，唇后沟中断，下唇中央有 1 凹陷。上颌长于下颌，上、下颌及腭骨上具绒毛状的细齿。须 4 对，颌须最长，超越眼眶，可达鳃膜。鼻孔分离，前鼻孔短管状，位于近吻端下侧；后鼻孔位于吻侧中间偏近眼前。眼较大，侧上位。眼间距宽而平。鳃孔宽大，鳃膜不与峡部相连。体裸露无鳞。侧线完整，平直，延伸至尾鳍基中央。鳔 1 室，心形。腹膜白色。肠较短，约与体长相等。

背鳍起点距吻端大于距臀鳍起点的距离；背鳍刺较短，光滑无锯齿。脂鳍基部与臀鳍基部长相等或稍长，末端游离。胸鳍棘前缘光滑，后缘有粗锯齿。腹鳍末端达或不达臀鳍起点。尾鳍截形微凹。肛门位于腹鳍与臀鳍之间的中点。

【体色式样】体背侧灰褐色，腹部淡黄色。胸鳍、腹鳍灰褐色，背鳍基部及尾鳍末端灰黑色。

【地理分布】赣江、抚河和信江。

【生态习性】小型底层鱼类，喜在水流缓慢的水域中活动。繁殖期为 4 ～ 6 月。肉食性，摄食小鱼和各种水生昆虫、虾等。体长一般为 120 ～ 200 mm。

似切尾拟鲿 *Tachysurus* aff. *truncatus* (Regan, 1913)

155. 纵纹拟鲿 *Tachysurus argentivittatus* (Regan, 1905)

Macrones argentivittatus Regan, 1905: 390 (广州); Bogutskaya et al., 2008: 340.

Tachysurus argentivittatus: Shao & Zhang, 2022: 9.

【俗称】长尾巴、黄头刺。

检视样本数为 8 尾。近年未采集到鲜活样本，依据原始记录和馆藏标本进行描述。

【形态描述】背鳍 2，6 ～ 7；胸鳍 1，7 ～ 8；腹鳍 1，5；臀鳍 3，12 ～ 16。

体长为体高的 3.5 ～ 4.5 倍，为头长的 3.7 ～ 4.4 倍。头长为吻长的 3.2 ～ 3.8 倍，为眼径的 3.2 ～ 3.6 倍，为眼间距的 2.5 ～ 2.8 倍。尾柄长为尾柄高的 1.5 ～ 2.0 倍。

体延长，前部略圆，后部侧扁。头纵扁，头背被皮膜覆盖，上枕骨棘细。吻圆钝。口亚下位，弧形。唇厚，边缘具梳状褶，在口角处形成发达的唇褶。上颌突出于下颌。上、下颌及腭骨具绒毛状细齿，形成齿带；腭骨齿带为弯曲状，中间最窄。须细短，鼻须后伸达眼后缘，颌须后端可达胸鳍起点；外侧颏须长于内侧颏须，可超过眼后缘，内侧颏须达眼中央。眼大，侧上位。鳃孔大。鳃盖膜不与鳃峡相连。鳔 1 室，略呈圆形。

背鳍硬刺前后缘光滑无锯齿，背鳍起点距吻端大于距脂鳍起点。脂鳍低长，与臀鳍基相对。胸鳍硬刺前缘光滑，后缘具强锯齿，延伸不达腹鳍。腹鳍延伸过肛门，但不达臀鳍起点。臀鳍至尾鳍基的距离小于至胸鳍基后端。尾鳍浅分叉，后缘凹入较深。肛门距臀鳍起点较距腹鳍基后端为近。

【体色式样】体浅黄色，腹部淡黄色，体侧有 1 较宽的黑色纵条纹。各鳍淡黄色，或有黑色斑纹。

【地理分布】鄱阳湖、赣江和长江干流。

【生态习性】生活于江河或溪流底层。性成熟较早，140 mm 左右即可达性成熟。繁殖期为 4 ～ 6 月，卵金黄色。肉食性。

纵纹拟鲿 *Tachysurus argentivittatus* (Regan, 1905)

156. 盎堂拟鲿 *Tachysurus ondan* (Shaw, 1930)

Pseudobagrus ondan Shaw, 1930: 111 (浙江新昌); 张鹗等, 1996: 10 (信江): Bogutskaya et al., 2008: 340.

Tachysurus ondan: 王子彤和张鹗, 2021: 1264 (赣江).

【俗称】黄腊丁、肉黄鳝、牛尾子。

检视样本数为 18 尾。样本采自弋阳、上饶、宜黄、广昌、南丰、会昌、安远、兴国、石城、宁都、崇义、于都、遂川、安福、永新、吉安、泰和、峡江、宜丰、万载、修水、靖安、奉新和莲花。

【形态描述】背鳍 2，6 ～ 7；胸鳍 1，7 ～ 8；腹鳍 1，5 ～ 6；臀鳍 19 ～ 22。

体长为体高的 4.8 ～ 7.8 倍，为头长的 4.2 ～ 5.1 倍。头长为吻长的 3.3 ～ 3.8 倍，为眼径的 5.0 ～ 6.5 倍，为眼间距的 2.5 ～ 3.3 倍。尾柄长为尾柄高的 1.7 ～ 3.1 倍。

体细长，前部略粗圆，后部侧扁。头略纵扁，被皮肤所覆盖。吻宽，钝圆。口大，下位，略呈弧形。唇厚，边缘具梳状纹，在口角处形成发达的唇褶。上颌突出于下颌。上、下颌具绒毛状细齿，形成宽的齿带，下颌齿带中央分离，腭骨齿带半圆形，中间最窄。须 4 对，鼻须延伸超过眼后缘，颌须延伸稍过眼后缘，外侧颏须长于内侧颏须。眼较大，侧上位，位于头的前半部。鳃孔大。鳃盖膜不与鳃峡相连。体裸露无鳞，侧线完全平直。鳔 1 室。

背鳍高，骨质硬刺前后缘均光滑，起点距吻端大于距脂鳍起点的距离。脂鳍低长，其基部短于臀鳍基长。胸鳍侧下位，硬刺前缘光滑，后缘具锯齿 8 ～ 10，鳍条后伸不达腹鳍。腹鳍起点位于背鳍基后端垂直下方之后，距胸鳍基后端大于距臀鳍起点。臀鳍起点至尾鳍基的距离远大于至胸鳍基后端。尾鳍浅凹形，两叶圆钝。肛门距臀鳍起点较距腹鳍基后端为近。

【体色式样】体黄褐色，腹部渐浅，无斑。项部有 1 浅色垂直条纹。各鳍黄色。

【地理分布】赣江、信江、抚河、修水和萍水河。

【生态习性】小型底层鱼类，生活于江河沿岸缓流中。繁殖期为 4 ～ 6 月。肉食性。

盎堂拟鲿 *Tachysurus ondan* (Shaw, 1930)

73）半鲿属 *Hemibagrus* Bleeker, 1862

【模式种】*Bagrus nemurus* Valenciennes, 1840 = *Hemibagrus nemurus* (Valenciennes, 1840)

【鉴别性状】头部多少裸露或被皮。上颌须很长，末端远超过胸鳍之后。臀鳍 9 ～ 16。尾鳍叉状。

【包含种类】本属江西有 1 种。

157. 大鳍半鲿 *Hemibagrus macropterus* Bleeker, 1870

Hemibagrus macropterus Bleeker, 1870: 257 (中国长江); 郭治之等, 1964: 125 (鄱阳湖); 湖北省水生生物研究
　　所鱼类研究室, 1976: 169 (鄱阳湖); 郭治之和刘瑞兰, 1983: 17 (信江); 刘世平, 1985: 70 (抚河); 邹多录,
　　1988: 16 (寻乌水); 郭治之和刘瑞兰, 1995: 229 (鄱阳湖、赣江、抚河、信江、饶河、寻乌水); 王子彤
　　和张鹗, 2021: 1264 (赣江).

Mystus macropterus: 张春霖, 1960: 33 (江西); 湖北省水生生物研究所鱼类研究室, 1976: 169 (鄱阳湖); 褚新洛
　　等, 1999: 72 (赣江); 张鹗等, 1996: 10 (信江).

【俗称】江鼠、牛尾巴、罐巴子、石扁头、挨打头。

检视样本数为 20 尾。样本采自鄱阳、余干、湖口、莲花、修水、寻乌、奉新、靖安、樟树、万载、高安、新余、泰和、吉安、永新、安福、遂川、瑞金、于都、会昌、南康、上犹、信丰、龙南、宁都、石城、兴国、广昌、临川、贵溪、弋阳和上饶。

【形态描述】背鳍 2, 7; 胸鳍 1, 8; 腹鳍 1, 5; 臀鳍 12 ～ 15。

体长为体高的 6.6 ～ 7.5 倍, 为头长的 4.3 ～ 4.8 倍。头长为吻长的 2.7 ～ 3.4 倍, 为眼径的 6.3 ～ 8.5 倍, 为眼间距的 3.7 ～ 4.8 倍。尾柄长为尾柄高的 2.5 ～ 3.5 倍。

体较细长, 前部平扁, 后部渐侧扁, 头较大, 平扁。吻宽, 平扁圆钝。口大, 亚下位, 呈弧形。上颌突出, 上下颌及颚骨均有绒毛状细齿, 列成带状。须 4 对, 鼻须延伸达眼后缘, 颌须最长延伸至腹鳍起点处, 外侧颏须较内侧颏须长。鼻孔前后分离, 前鼻孔短管状, 靠近吻端, 后鼻孔圆形, 位于眼前方。眼较小, 侧上位, 眼缘游离, 无被膜覆盖。鳃孔宽大, 鳃膜不与峡部相连。鳃耙细长。体裸露无鳞。侧线完整, 平直延伸至尾鳍基中央。

背鳍起点约位于胸鳍、腹鳍起点之间, 硬棘前缘光滑, 后缘具锯齿。脂鳍特别长, 其基部末端与尾鳍相连。胸鳍具粗壮硬棘, 前缘齿细小, 后缘有粗锯齿。腹鳍距臀鳍较近, 末端超过肛门。臀鳍起点距背鳍起点的垂直距离与尾鳍起点相等。尾鳍分叉, 末端圆钝, 上叶略大。肛门在腹鳍基部后方, 相距较近。

【体色式样】体呈黄黑色, 背部暗黑, 腹部灰色。各鳍灰黄色。

【地理分布】鄱阳湖、赣江、抚河、信江、饶河、修水、萍水河和寻乌水。

【生态习性】江河性鱼类, 多栖息于水流湍急、底质为砾石的江段中。昼伏夜出。性颇凶猛。繁殖期为 6 ～ 7 月, 常产卵于流水浅滩, 黏附于卵石上。肉食性, 摄食水生昆虫及其幼虫、

大鳍半鲿 *Hemibagrus macropterus* Bleeker, 1870

底栖动物的螺、蚌及小鱼等。

（十八）鮡科 Sisoridae

鮡科体表通常具有细小单细胞结节。有脂鳍；背鳍基短，鳍有刺或无刺；胸部吸附器（吸盘）有或无，须4对。本科有17属至少200种鱼类；江西境内有1属。

74）纹胸鮡属 *Glyptothorax* Blyth, 1860

【模式种】*Glyptosternon striatus* McClelland, 1842 = *Glyptothorax striatus* (McClelland, 1842)

【鉴别性状】身体延长，胸腹部平直，后躯向尾部逐渐侧扁。背缘弧度大于腹缘。体表光滑或具疣粒，疣粒的稀密程度不一。口横列，上颌突出于下颌。唇肉质，多乳突。眼小，上位。胸部具吸着器，由纵斜向皱褶构成。吸着器中央有时具凹窝。齿绒毛状，在上颌呈半月形齿带。颌须基部宽，有膜与头侧相连。鳃孔宽阔，鳃膜与峡部相连。鳃盖条6～10。背鳍具1刺及5～7根鳍条。臀鳍短，具7～14鳍条。胸鳍通常有1硬刺，后缘带锯齿。腹鳍6。胸鳍6～11。

【包含种类】本属江西有1种。

158. 中华纹胸鮡 *Glyptothorax sinensis* (Regan, 1908)

Glyptosternum sinense Regan, 1908: 110 (洞庭湖).

Glyptosternon sinensis: 郭治之等, 1964: 125 (鄱阳湖); 郭治之和刘瑞兰, 1983: 17 (信江).

Glyptothorax fukiensis: 张春霖, 1960: 44 (江西湖口); 邹多录, 1982: 51 (赣江); 郭治之和刘瑞兰, 1983: 17 (信江); 邹多录, 1988: 16 (寻乌水); 郭治之和刘瑞兰, 1995: 229 (赣江、抚河、信江、寻乌水).

Glyptothorax sinense: 湖北省水生生物研究所鱼类研究室, 1976: 183 (鄱阳湖: 吴城).

Glyptothorax fukiensis fukiensis: 张鹗等, 1996: 10 (赣东北).

Glyptothorax sinense sinense: 褚新洛等, 1999: 134 (江西省湖口).

Glyptothorax sinensis: 郭治之和刘瑞兰, 1995: 229 (鄱阳湖、赣江、抚河、信江、寻乌水); 王子彤和张鹗, 2021: 1264 (赣江).

【俗称】石黄鲇、骨钉、黄牛角、羊角鱼、刺格巴。

检视样本数为40尾。样本采自宜黄、临川、会昌、安远、兴国、石城、龙南、宁都、信丰、崇义、于都、遂川、安福、永新、吉州、泰和、峡江、万载、樟树、靖安、奉新和修水。

【形态描述】背鳍2，6；胸鳍1，8～9；腹鳍1，5；臀鳍2～3，7～9。

体长为体高的4.6～5.3倍，为头长的3.5～4.0倍。头长为吻长的2.0～2.4倍，为眼径的10.5～12.5倍，为眼间距的3.5～4.0倍。尾柄长为尾柄高的1.5～1.7倍。

体细长，前段宽大，后段侧扁。背缘隆起，腹缘略圆凸，胸吸着器纹路清晰完整，中部不具无纹区。头后体略侧扁。头大，纵扁，头背被皮。吻扁钝。口裂小，下位，横裂；下颌前缘近横直；上颌齿带小，新月形，口闭合时齿带前部显露。须 4 对，鼻须延伸达或接近眼前缘；颌须延伸超过胸鳍基后端；外侧颌须长于内侧颌须。眼小，背侧位，位于头的中点或稍后。体裸露无鳞，侧线完全。

　　背鳍起点距吻端较距尾鳍基为近；背鳍刺粗短，后缘具细锯齿。脂鳍小，后缘游离。胸鳍刺强，延伸不达腹鳍起点。腹鳍起点位于背鳍基后端垂直下方之后，延伸达或不达臀鳍起点。臀鳍起点与脂鳍起点相对或稍后，延伸超过脂鳍后缘垂直下方。尾鳍长略大于头长，深分叉，下叶略长于上叶。肛门距臀鳍较近。

　　【体色式样】体灰黄色，腹面灰白色，体在背鳍、脂鳍下方及尾鳍基各有 1 黑灰色横向斑块或宽带。各鳍灰色，中部和基部具黑色斑点或条纹。

　　【地理分布】鄱阳湖、赣江、抚河、信江、修水和寻乌水。

　　【生态习性】小型底层鱼类。栖息于山涧急流中，贴附于石头上匍匐爬行。昼伏夜出。繁殖期为 3 ～ 5 月，多在急流的浅水滩产卵。卵黏性，黏附于石上孵化。杂食性，摄食小型水生昆虫及其幼虫，也摄食石头上的附生物等。

中华纹胸鮡 *Glyptothorax sinensis* (Regan, 1908)

（十九）钝头鮠科 Amblycipitidae

　　钝头鮠科背鳍外披厚皮肤。具脂鳍，在有些种类与尾鳍相连。背鳍基短，鳍有弱刺。臀鳍基短，9 ～ 18 根鳍条。须 4 对。侧线不发达或缺。本科有 4 属近 40 种鱼类，江西境内有 1 属。

75）鉠属 *Liobagrus* Hilgendorf, 1878

　　【模式种】*Liobagrus reinii* Hilgendorf, 1878

【鉴别性状】头部被有皮膜，前鼻孔短管状，左、右 2 对鼻孔相距较远。鳃孔后面位于胸鳍上方，体侧表面没有明显突出的皮褶。

【包含种类】本属江西有 2 种。

种的检索表

1（2）上颌长于下颌···鳗尾鮠 *L. anguillicauda*

2（1）上、下颌等长··等颌鮠 *L. aequilabris*

159. 鳗尾鮠 *Liobagrus anguillicauda* Nichols, 1926

Liobagrus anguillicauda Nichols, 1926: 1 (福建崇安); 郭治之和刘瑞兰, 1995: 229 (鄱阳湖); 张鹗等, 1996: 11 (赣江); 王子彤和张鹗, 2021: 1264 (赣江).

Liobagrus styani: 张鹗等, 1996: 11 (赣东北).

【俗称】鱼蜂子、米汤粉、土鲇鱼。

检视样本数为 14 尾。样本采自靖安、奉新、万载、新余、袁州、永新、遂川、宁都、石城、上栗和弋阳。

【形态描述】背鳍 1，5 ～ 6；胸鳍 1，5 ～ 6；腹鳍 5 ～ 7；臀鳍 13 ～ 15。

体长为体高的 5.3 ～ 6.6 倍，为头长的 4.0 ～ 4.8 倍。头长为吻长的 3.3 ～ 4.3 倍，为眼径的 8.4 ～ 12.0 倍，为眼间距的 3.0 ～ 3.3 倍。尾柄长为尾柄高的 1.1 ～ 1.8 倍。

体延长，前部略呈圆柱形，后部侧扁。头部宽阔平扁。吻短而钝。口端位。口裂较大，上颌长于下颌，具有绒毛状细齿。鼻孔分离，前鼻孔位于吻端边缘，后鼻孔靠近眼前。有须 4 对，均较长。鼻须可达鳃孔，颌须末端可达胸鳍基部。眼细小，侧上位，居于头前部。眼间距较宽，微凹，眼后背侧隆起。鳃孔较大，鳃膜不与峡部相连。体裸露无鳞。无侧线。

背鳍短小，起点位于吻端至脂鳍前端之间的中点。胸鳍短，略呈椭圆形。背鳍与胸鳍各有 1 枚细小光滑硬棘。腹鳍末端稍超过肛门，距臀鳍起点尚远。臀鳍起点与脂鳍起点上下相对，末端不达尾鳍基。脂鳍较长而低，末端与尾鳍基不相连接。尾鳍圆形。

鳗尾鮠 *Liobagrus anguillicauda* Nichols, 1926

【体色式样】体背部及体侧灰黄色，腹部灰白色，各鳍浅灰色，臀鳍、尾鳍末端边缘白色。

【地理分布】鄱阳湖及其入湖支流如赣江、信江、修水、抚河和萍水河。

【生态习性】小型底层鱼类，栖息于山涧溪流中，活动于水流比较平缓之处的浅水中，昼伏夜出。繁殖期为 4 ～ 5 月。肉食性，摄食水生昆虫及其幼虫。

160. 等颌鲀 *Liobagrus aequilabris* Wright & Ng, 2008

Liobagrus aequilabris Wright & Ng, 2008: 38 (广西界首); 王子彤和张鹗, 2012: 1264 (赣江).

Liobagrus styanis: 郭治之和刘瑞兰, 1983: 17 (信江); 郭治之和刘瑞兰, 1995: 229 (鄱阳湖).

【俗称】鱼蜂子、土鲇鱼。

检视样本数为 10 尾。样本采自石城、遂川、上栗和新余。

【形态描述】背鳍 2，6 ～ 8；胸鳍 1，6 ～ 7；腹鳍 1，5；臀鳍 13 ～ 16。

体长为体高的 5.6 ～ 7.2 倍，为头长的 4.2 ～ 4.9 倍。头长为吻长的 3.3 ～ 3.9 倍，为眼径的 9.2 ～ 12.0 倍，为眼间距的 3.3 ～ 3.8 倍。尾柄长为尾柄高的 1.1 ～ 1.8 倍。

体长形，前部平扁，后部侧扁。头平扁而宽。背部中间有 1 纵沟。吻平直。口大，横裂，端位。唇厚，乳突状。上下颌等长；上颌齿带宽，长度几乎不变。下颌齿带弯月形，中央分离，宽度约与口宽相等。须 4 对。鼻须细小，延伸长超过眼后缘。颌须长，延伸达到胸鳍起点。颏须 2 对，内侧颏须短，约为外侧颏须的一半，外侧颏须延伸至胸鳍起点。前、后鼻孔分离，前鼻孔短管状；后鼻孔距眼前缘较距吻端近。眼小，位于头侧背位，椭圆形，披厚皮膜。眼间距宽，稍平。身体无鳞，被覆细小的疣状突。侧线不明显。

背鳍起点距吻端较距脂鳍起点为远，延伸不达腹鳍起点。背鳍外边缘凸起。背鳍硬刺短且平直，光滑。脂鳍低而长，起点大约与肛门相对。胸鳍起点位于鳃盖后缘的垂直线之前。胸鳍刺较背刺发达，内外缘光滑。腹鳍起点距吻端小于较距尾鳍基距离，末端伸长超过肛门，不达臀鳍起点。臀鳍外缘圆凸，起点距尾鳍基小于距胸鳍基距离，延伸不达尾鳍基。尾鳍圆形。肛门距腹鳍基后端较距臀鳍起点近。

等颌鲀 *Liobagrus aequilabris* Wright & Ng, 2008

【体色式样】体侧和背部为黄褐色，无不规则小点。腹部为淡黄色。各鳍为灰色，均有较宽的白色外缘。

【地理分布】鄱阳湖及其入湖支流如赣江和信江，以及萍水河。

【生态习性】小型底层鱼类，栖息于江河中。繁殖期为 4～6 月。肉食性。

（二十）鲇科 Siluridae

鲇科背鳍短小，无硬刺，鳍条通常少于 7 根，有时缺背鳍，无刺；臀鳍每根鳍条轴对准鳍担骨之间，而不是与下一个鳍担相对。背鳍缺如或有或无骨质硬刺。臀鳍非常长，41～110 根鳍条。脂鳍小或缺，腹鳍小，有时缺，无鼻须，颌具有 1～3 对须，口角须通常长。本科约有 13 属 107 种；江西境内有 1 属。

76）鲇属 *Silurus* Linnaeus, 1758

【模式种】*Silurus glanis* Linnaeus, 1758

【鉴别性状】须 2～3 对，其中上颌须 1 对，下颌须 1 或 2 对。臀鳍与尾鳍相连。尾鳍后缘微凹或近截形。

【包含种类】本属江西有 2 种。

种的检索表

1（2）口裂浅，末端仅达眼前缘；胸鳍刺前缘具明显锯齿·······················鲇 *S. asotus*

2（1）口裂深，末端可达或超过眼球中部；胸鳍刺前缘粗糙或具细小锯齿··········大口鲇 *S. meridionalis*

161. 鲇 *Silurus asotus* Linnaeus, 1758

Silurus asotus Linnaeus, 1758: 304 (亚洲); 张春霖, 1960: 8 (长江); 陈湘粦, 1977: 205 (长江); 张鹗等, 1996: 10 (赣东北); 王子彤和张鹗, 2021: 1264 (赣江).

Parasilurus asotus: 郭治之等, 1964: 125 (鄱阳湖); 湖北省水生生物研究所鱼类研究室, 1976: 181 (鄱阳湖: 湖口); 邹多录, 1982: 51(赣江); 郭治之和刘瑞兰, 1983: 17 (信江); 刘世平, 1985: 70 (抚河); 邹多录, 1988: 16 (寻乌水).

【俗称】土鲇、鲇拐子、鲇胡子、胡鲇、鲇巴郎。

检视样本数为 61 尾。样本采自鄱阳、余干、都昌、庐山、湖口、永修、新建、寻乌、上栗、修水、靖安、奉新、新余、泰和、永新、安福、遂川、瑞金、于都、会昌、龙南、宁都、石城、兴国、安远、宜黄和临川。

【形态描述】背鳍 4～5；胸鳍 1，11～12；腹鳍 1，11～13；臀鳍 74～85。

体长为体高的 6.6～7.0 倍，为头长的 4.0～4.6 倍。头长为吻长的 3.7～4.3 倍，为眼径的 8.7 ～ 10.5 倍，为眼间距的 2.2 ～ 2.5 倍。

体延长，前部粗壮，尾部侧扁。头后背部隆起，腹部圆。头短而扁，其宽大于体宽，头顶光滑。吻短而钝。口亚上位。口裂大，呈弧形，上颌短于下颌，上颌末端达眼的中部下方。上、下颌及犁骨上有新月形的绒毛状齿带。须 2 对，颌须长，末端远远超过胸鳍起点，颐须较短。鼻孔前后分离，前鼻孔呈小管状，近吻端；后鼻孔圆形，位于眼内侧稍前方。眼小，侧上位，位于头的前部。眼间距宽而平。鳃孔大，鳃膜不与峡部相连，鳃耙短而稀疏，末端较尖。侧线完全，较平直，侧线上有 1 列黏液孔。体裸露无鳞。侧线完全，位于体侧中轴。鳔 1 室，短而宽。腹膜无色。肠较短。

背鳍短小，距尾鳍基约为距吻端距离的 2.5 倍。胸鳍圆形，有发达的硬棘，其前缘有明显的锯齿。腹鳍小，延伸超过臀鳍起点。臀鳍基部甚长，末端与尾鳍相连。尾鳍较短，微凹。肛门近臀鳍。

【体色式样】体背部及两侧为深灰黑色，腹部白灰色。背、臀鳍及尾鳍灰黑色，胸、腹鳍灰白色。

【地理分布】长江、鄱阳湖、赣江、抚河、信江、饶河、修水、萍水河和寻乌水。

【生态习性】底层鱼类，栖息于江河、湖泊、沟渠等多种水体，亦适应江河岸边或缓流的水域。昼伏夜出。性成熟早，1 龄时即可达到性成熟。繁殖期为 4 ～ 6 月。于有水流的草滩上产黏性卵，并黏附在水草上发育。肉食性，捕食小杂鱼、小虾和水生昆虫幼虫等。

鲇 *Silurus asotus* Linnaeus, 1758

162. 大口鲇 *Silurus meridionalis* Chen, 1977

Silurus soldatovi meridionalis Chen(陈湘粦), 1977: 209 (长江).

Silurus meridionalis: 张鹗等, 1996: 10 (赣江); 王子彤和张鹗, 2021: 1264 (赣江).

【俗称】鲶鱼、河鲶、叉口鲶、鲶巴郎。

检视样本数为 27 尾。样本采自安源、上栗、石城、鄱阳、余干、都昌、庐山和湖口。

【形态描述】背鳍 5 ～ 6；胸鳍 1, 14 ～ 16；腹鳍 1, 10 ～ 12；臀鳍 78 ～ 88。

体长为体高的 4.8 ~ 5.3 倍，为头长的 4.0 ~ 4.8 倍。头长为吻长的 3.7 ~ 4.5 倍，为眼径的 8.8 ~ 12.5 倍，为眼间距的 1.5 ~ 1.8 倍。

体延长，粗壮，尾部侧扁。头中等长，较平扁，头宽大于体宽。吻短而钝。口宽大，亚上位，口裂宽，末端达或超过眼中部。下颌略长于上颌，稍突出，上颌末端延至眼后缘的垂直下方。上、下颌及犁骨上各有绒毛状细齿列。下颌齿列在中央隔断。眼较大，侧上位，位于头的前部，眼上有透明皮膜覆盖。眼间距很宽。须 2 对，上颌须长，可达胸鳍基部后方，颐须较短。鼻孔前后分离，前鼻孔呈管状，靠近吻端，后鼻孔呈平眼状，位于两眼内侧稍前方。眼小，侧上位，眼间距宽。体裸露无鳞。侧线完全，较平直。鳔 1 室，短而宽。腹膜白色。肠较短。

背鳍小，无硬棘，起点位于腹鳍起点的前上方。胸鳍略圆，位于鳃盖末端的后下方，具 1 硬棘，其前缘有细小的锯齿。腹鳍小，延伸超过臀鳍起点。臀鳍基部甚长，后端与尾鳍相连。尾鳍短小，末端微凹，略呈截形。肛门靠近腹鳍基部。

【体色式样】体色随环境的变化而有很大差异，背部及两侧暗黑色，腹部灰白色，各鳍均为灰黑色。

【地理分布】长江、鄱阳湖及其支流、赣江、抚河、信江、饶河、修水和萍水河。

【生态习性】大型鱼类，多栖息于江河敞水区的深水处。昼伏夜出。性凶猛。4 龄达初次性成熟。繁殖期为 4 ~ 7 月。产沉性卵，于具砂质或砾石基底的流水处产卵，卵下沉后黏附在砾石或草丛上发育。肉食性，以小型鱼虾为食。

大口鲇 *Silurus meridionalis* Chen, 1977

（二十一）胡子鲇科 Clariidae

胡子鲇科体表光滑无鳞。背鳍非常长，通常有 30 根以上鳍条，无背刺，背鳍与尾鳍分离或相连通。有些种类缺胸、腹鳍。无脂鳍，尾鳍圆。鳃裂宽。须 4 对。具有树枝状辅助呼吸器官。本科约有 15 属 115 种鱼类；江西境内有 1 属。

77）胡子鲇属 *Clarias* Scopoli, 1777

【模式种】*Silurus anguillaris* Linnaeus, 1758

【鉴别性状】体长，稍侧扁。头顶部、侧面有骨显露。口宽，亚下位，口裂微斜。须 4 对。鳃盖膜连接，不与峡部相连。背鳍长，长于臀鳍。胸鳍有强的硬刺。

【包含种类】本属江西有 1 种。

163. 胡子鲇 *Clarias fuscus* (Lacepède, 1803)

Macropteronotus fuscus Lacepède, 1803: 84 (中国).

Clarias batrachus: 张鹗等, 1996: 10 (赣东北).

Clarias fuscus: 郭治之等, 1964: 125 (鄱阳湖); 湖北省水生生物研究所鱼类研究室, 1976: 185 (鄱阳湖); 刘世平, 1985: 70 (抚河); 郭治之和刘瑞兰, 1983: 17 (信江); 邹多录, 1988: 16 (寻乌水); 郭治之和刘瑞兰, 1995: 229 (鄱阳湖、抚河、信江、寻乌水); 王子彤和张鹗, 2021: 1264 (赣江).

【俗称】塘虱、过山鳅、塘辞告、胡鲶。

检视样本数为 57 尾。样本采自鄱阳、余干、永修、新建、庐山、湖口、寻乌、靖安、奉新、高安、泰和、吉安、安福、遂川、瑞金、会昌、崇义、大余、信丰、宁都、兴国、会昌、临川和弋阳。

【形态描述】背鳍 58～61；胸鳍 1，8；腹鳍 1，6；臀鳍 1，42～44。

体长为体高的 5.2～5.8 倍，为头长的 4.1～5.6 倍。头长为吻长的 2.8～3.3 倍，为眼径的 8.9～10.8 倍，为眼间距的 1.6～1.9 倍。

体延长，稍侧扁。头中等大，较宽而扁，头背及两侧具有骨板。吻圆钝突出。口下位，口裂宽大，上下颌及犁骨有绒毛状齿带。须 4 对。上颌须 1 对最长，末端超过胸鳍基部；

胡子鲇 *Clarias fuscus* (Lacepède, 1803)

鼻须 1 对，可达胸鳍起点；颐须 2 对，较短，外侧 1 对稍长于内侧。鼻孔前后分离，前鼻孔呈管状，后鼻孔较平。眼小，侧位略偏上方，具有可动眼睑。鳃膜不与峡部相连。体无鳞。侧线完全，较平直。腹膜银白色。

背鳍基长，起点靠近头部，末端与尾鳍相接而不相连，无硬刺。胸鳍圆形；具硬刺，前后缘均有锯齿。腹鳍小，末端超过臀鳍起点。臀鳍基甚长，末端与背鳍末端相对。尾鳍扇形。肛门紧接臀鳍起点。

【体色式样】体背部黑褐色，腹部色淡。各鳍褐色。

【地理分布】鄱阳湖、赣江、抚河、信江、饶河、修水、萍水河和寻乌水。

【生态习性】栖息于江河、池塘、沟渠及溪流中，潜居于洞穴，常集群聚居。夜出捕食小鱼、小虾及各种水栖无脊椎动物。繁殖期为 5 ～ 7 月，分批产卵，由雄鱼挖陷窝，雌鱼产卵于窝中，产卵后雌鱼在窝边守护至仔鱼孵化后离去。

六

胡瓜鱼目 Osmeriformes

胡瓜鱼目体银白色或半透明。犁头后轴短，中翼骨齿减少，关节缺失或减少。翼蝶骨通常带有腹凸缘，口裂包含上颌骨。脂鳍常存在，鳞片无辐射棱。基蝶骨和眶蝶骨丢失。本目有 5 科 20 属大约 47 种鱼类，江西境内有 1 科。

（二十二）银鱼科 Salangidae

体半透明或透明，细长而小。骨骼多为软骨，成体保留了幼体特征。无鳞，具脂鳍。本科约有 7 属 20 种鱼类；江西有 2 亚科：银鱼亚科和新银鱼亚科。

亚科的检索表

1（6）上颌骨末端超过眼前缘下方；下颌骨缝合部无骨质突起，无犬牙，无缝前突；胸鳍鳍条约 20··········
·· 新银鱼亚科 Neosalanginae
6（1）上颌骨末端不达眼前缘下方；下颌骨缝合部有 1 对骨质或肉质突起，犬牙 1 对，前端有缝前突；胸鳍鳍条约 10·· 银鱼亚科 Salanginae

新银鱼亚科 Neosalanginae

新银鱼亚科前颌骨正常，无前突起。下颌突出，上颌骨末端伸达眼前缘后方。下颌骨缝合部无骨质突起，无犬齿。前颌骨齿多（34）。头微平扁。吻短。胸鳍鳍条 20 以上，胸鳍基部肉质片发达。本亚科江西有 2 属：新银鱼属和大银鱼属。

属的检索表

1（2）吻短钝；腭骨无齿或极不明显；舌无齿·································· 新银鱼属 Neosalanx
2（1）吻稍尖长；腭骨齿每侧 2 行；舌具齿···································· 大银鱼属 Protosalanx

78）新银鱼属 Neosalanx Wakiya & Takahasi, 1937

【模式种】 Neosalanx jordani Wakiya & Takahasi, 1937

【鉴别性状】体细长，稍侧扁，吻短钝。口小，下颌稍长于上颌，前端无缝突。两颌各具 1 行细齿。腭骨无齿或极不明显，舌上无齿。背鳍全部或部分位于臀鳍前方。臀鳍在背鳍中后部或后部下方。胸鳍下侧位，基部有肉质片，鳍条 20 以上。腹鳍腹位。尾鳍分叉。

【包含种类】本属江西有 2 种。

种的检索表

1（2）腹鳍起点距臀鳍起点较距胸鳍起点为近；尾鳍基部有 2 个小黑点；脊椎骨 50 ～ 53···乔氏新银鱼 *N. jordani*

2（1）腹鳍起点距胸鳍起点较距臀鳍起点为近；尾鳍基部通常无 2 个明显小黑点，有时仅有分散的黑色素；脊椎骨 56 ～ 60···陈氏新银鱼 *N. tangkahkeii*

164. 乔氏新银鱼 *Neosalanx jordani* Wakiya & Takahasi, 1937

Neosalanx jordani Wakiya & Takahasi, 1937: 282 (鸭绿江、靖川江和洛东江); Zhang et al., 2007: 327 (鄱阳湖).

Neosalanx oligodontis: 郭治之等, 1964: 123 (鄱阳湖).

【俗称】小银鱼、面条鱼。

检视样本数为 5 尾。样本采自彭泽。

【形态描述】背鳍 2，9 ～ 10；胸鳍 22 ～ 26；腹鳍 7；臀鳍 3，21 ～ 25。

体长为体高的 7.7 ～ 9.1 倍，为头长的 6.6 ～ 6.9 倍。头长为头宽的 1.9 ～ 2.0 倍；为吻长的 3.2 ～ 4.0 倍，为眼径的 4.1 ～ 5.3 倍，为眼间距的 3.2 ～ 3.6 倍。尾柄长为尾柄高的 2.0 ～ 2.7 倍。

体细长，近圆筒形，后部侧扁。头平扁。吻短钝。短于眼前头宽和眼后头长。口中大，前位，下颌略长于上颌，上颌骨后端伸达眼前缘。前上颌骨、上颌骨和下颌骨各具齿 1 行，前颌骨齿 0 ～ 7 个（多数为 1 ～ 2 个），上颌骨齿 30 ～ 40 个，下颌骨齿 0 ～ 6 个（多数为 1 ～ 3 个）；腭骨和舌上无齿。眼中大，略短于吻长。鳃孔大。鳃盖膜与峡部相连。具假鳃。鳃耙细长。体无鳞，仅雄性成鱼在臀鳍基部上方每侧各具有 1 行 12 ～ 20 大型圆鳞。无侧线。

背鳍位于体后半部，起点距胸鳍基距离大于距尾鳍基。胸鳍有肉质基柄，鳍呈扇形。腹鳍小，起点距胸鳍基较距臀鳍起点稍远。脂鳍与臀鳍后部相对。臀鳍起点在背鳍末端下方或稍有被覆，雄性臀鳍较大，外缘内凹呈弧形，尾鳍叉形。

【体色式样】体白色，半透明，雄鱼臀鳍基部中央具有 1 明显黑斑。臀鳍和尾鳍暗灰色。尾鳍基部有 2 黑斑。

【地理分布】鄱阳湖和赣江。

【生态习性】小型鱼类，栖息于河口及内湖湖汊、港湾和敞水区。乔氏新银鱼寿命仅 1 年，产卵后，亲鱼衰弱死亡。繁殖期为 3 ～ 5 月。卵黏性，表面有花纹状黏丝。肉食性，以浮游动物为食。

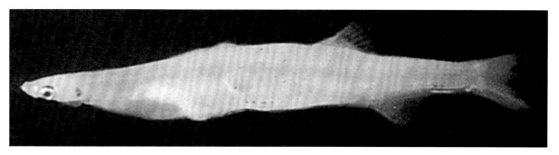

乔氏新银鱼 *Neosalanx jordani* Wakiya & Takahasi, 1937（来源：《韩国动植物图解百科全书》）

165. 陈氏新银鱼 *Neosalanx tangkahkeii* (Wu, 1931)

Protosalanx tangkahkeii Wu, 1931b: 219 (福建厦门).

Neosalanx tangkahkeii: 郭治之等, 1964: 123 (鄱阳湖); Zhang et al., 2007: 327 (鄱阳湖); 王子彤和张鹗, 2021: 1264 (赣江).

Neosalanx tangkahkeii taihuensis: 湖北省水生生物研究所鱼类研究室, 1976: 32 (鄱阳湖); 刘世平, 1985: 68 (抚河); 郭治之和刘瑞兰, 1995: 224 (鄱阳湖、抚河和信江).

【俗称】银鱼、面条鱼、小银鱼。

检视样本数为 5 尾。样本采自彭泽。

【形态描述】背鳍 2，12～13；胸鳍 24～26；腹鳍 7；臀鳍 3，22～24。

体长为体高的 7.2～8.1 倍，为头长的 6.0～6.9 倍。头长为吻长的 4.0～4.8 倍，为眼径的 5.1～5.8 倍，为眼间距的 3.2～3.4 倍。尾柄长为尾柄高的 1.6～1.8 倍。

体细长，稍侧扁，前部略呈圆筒形，后部侧扁。口大，前位。上颌稍短于下颌，上颌骨末端伸越眼前缘，下颌骨联合部无骨质突起，前端无缝前突。前上颌骨齿 1 行 1～7 个，上颌骨齿 1 行 11～26 个，下颌骨齿 1 行 1～10 个。下颌联合部无犬齿。腭骨和舌上无齿。眼大，眼径略短于吻长。眼间距宽平，几等于眼径。鳃孔大。鳃盖膜与峡部相连。有假鳃。体无鳞，仅雄性在臀鳍基部两侧各具 1 行 15～16 圆鳞。无侧线。

背鳍起点，雌性位于腹鳍基部与臀鳍起点间的中点，雄性偏近臀鳍。胸鳍呈扇形，肉质基柄发达。腹鳍起点距胸鳍基较距臀鳍起点为近。脂鳍位于臀鳍起与尾鳍基的中点。臀鳍较长，其起点雄鱼位于背鳍基部末端下方，雌性稍靠后方。尾鳍叉形。肛门紧位于臀鳍前方。腹鳍基部至肛门前方腹部正中具有棱膜。

【体色式样】体白色，稍透明。体腹面有 2 行细小黑色小点。尾鳍末端散布有许多黑色小点，但通常不形成明显的黑色斑点。

【地理分布】鄱阳湖及其入湖支流，如抚河和信江。

【生态习性】可在咸、淡水中栖息；生活于沿海的群体具洄游习性，而生活于淡水的群体则为定居性鱼类。陈氏新银鱼为一年生鱼类，产卵后亲鱼死亡。幼鱼生长迅速，4 月前后孵化的春季幼鱼经 4 个多月可长至成鱼，渔民称之为"新口银鱼"。秋季繁殖的个体到下年春季处于生长期,与春季产卵群同时存在,成为春汛捕捞的主要对象之一,渔民称之为"老头银鱼"。繁殖期为 3 ～ 5 月。卵黏性,表面有花纹状黏丝。肉食性;以枝角类和桡足类等浮游动物为食。

陈氏新银鱼 *Neosalanx tangkahkeii* (Wu, 1931)

79）大银鱼属 *Protosalanx* Regan, 1908

【模式种】*Salanx hyalocranius* Abbott, 1901 = *Protosalanx chinensis* (Basilewsky, 1855)

【鉴别性状】体细长,头平扁。吻尖长。前颌骨正常;下颌突出,长于上颌。上颌骨后端伸越眼前缘下方。下颌骨前端无肉质突起,无犬齿。前颌骨和上颌骨各具齿 1 行,下颌骨、腭骨和舌上各具齿 2 行。背鳍完全位于臀鳍前方。胸鳍 20 ～ 27,基部具肉质片。腹鳍腹位。尾鳍无叉。

【包含种类】本属江西有 1 种。

166. 大银鱼 *Protosalanx chinensis* (Basilewsky, 1855)

Eperlanus chinensis Basilewsky, 1855: 242 (中国北京).

Protosalanx hyalocranius: 郭治之和刘瑞兰, 1995: 224 (鄱阳湖).

Protosalanx chinensis: Zhang & Qiao, 1994: 101; Fu et al., 2012: 850 (湖北石首).

【俗称】银鱼、面条鱼。

检视样本数为 10 尾。样本采自鄱阳、余干和都昌。

【形态描述】背鳍 2,14 ～ 16;胸鳍 25 ～ 28;腹鳍 7;臀鳍 3,26 ～ 29。

体长为体高的 8.6 ～ 10.2 倍,为头长的 4.1 ～ 5.4 倍。头长为吻长的 2.3 ～ 3.1 倍,为眼径的 6.3 ～ 8.2 倍,为眼间距的 3.2 ～ 3.7 倍。尾柄长为尾柄高的 1.3 ～ 1.5 倍。

体延长,前部近圆筒形,后部侧扁。头中大,平扁。吻尖,三角形。口大,口裂达眼前缘下方,下颌较上颌长。上颌骨延伸达眼中部。前颌骨和上颌骨各具齿 1 行,下颌骨及舌上各具齿 2 行,腭骨每侧有齿 2 行,犁骨有齿。下颌联合部无肉质突起。鼻孔 2 个,近眼前缘。眼中大,中侧位。眼间距宽平。鳃孔大。鳃盖膜与峡部相连。有假鳃。鳃耙细长。体无鳞,仅性成熟雄鱼臀鳍基上方具 1 纵行鳞片。无侧线。鳔 1 室。肠短直。

　　背鳍位于臀鳍前方，起点距鳃孔与距尾鳍基约相等。脂鳍小，与臀鳍基末端相对。胸鳍具发达的肌肉基，雄鱼第 1 鳍条延长。腹鳍小，起点距胸鳍起点较距臀鳍为近。臀鳍基较长，起点与背鳍末端相对。尾鳍叉形。

　　【体色式样】体呈半透明，体侧腹鳍至臀鳍两侧具 1 列小黑点。各鳍灰白色，边缘灰黑色。

　　【地理分布】鄱阳湖。

　　【生态习性】溯河洄游性鱼类，在江河河口及其附属湖泊产卵，并在一些湖泊形成陆封种群。大银鱼为一年生鱼类，产卵后亲鱼虚弱死亡。其生长速度较快，约经 7 个月（3 ～ 10 月）体长可达 110 mm。繁殖期为 12 月至次年 3 月，卵球形，具黏性。肉食性，以浮游动物（枝角类和桡足类为主）和小型鱼虾为食。

大银鱼 *Protosalanx chinensis* (Basilewsky, 1855)

银鱼亚科 Salanginae

　　银鱼亚科前颌骨前端扩大，呈尖三角形。下颌不突出，上颌骨不伸达眼前缘；下颌骨缝合部具大的骨质或肉质突起，上有 1 对犬齿；前颌骨齿扩大，显著弯曲；上颌骨齿较少（多至 12），腭骨齿每侧 1 行。头很平扁。吻长。胸鳍条约 10。本亚科江西有 1 属。

80）间银鱼属 *Hemisalanx* Regan, 1908

　　【模式种】*Hemisalanx prognathus* Regan, 1908

　　【鉴别性状】体细长，近圆筒形。头尖而平扁。口大，前位。下颌稍突出，前端中央有 1 肉质突起。上颌骨后端不伸达眼前缘。前颌骨扩大，呈三角形。前颌骨齿较大，弯曲；下颌联合部有 1 对犬齿；腭骨齿 1 行；舌上无齿。背鳍位于臀鳍上方。臀鳍大于背鳍。胸鳍约具 10 鳍条，肌肉基部不发达。腹鳍腹位。尾鳍分叉。

　　【包含种类】本属江西有 1 种。

167. 短吻间银鱼 *Hemisalanx brachyrostralis* (Fang, 1934)

Salanx brachyrostralis Fang, 1934: 257 (中国南京).

Reganisalanx brachyrostralis: 郭治之等, 1964: 123 (鄱阳湖).

Hemisalanx brachyrostralis: 湖北省水生生物研究所鱼类研究室, 1976: 31 (鄱阳湖); 郭治之和刘瑞兰, 1983: 13 (信江); 刘世平, 1985: 68 (抚河); Zhang & Qiao, 1994: 101; 郭治之和刘瑞兰, 1995: 224 (鄱阳湖、抚河和信江); Zhang et al., 2007: 326 (鄱阳湖).

【俗称】灰残鱼、面条鱼、银鱼。

检视样本数为 5 尾。样本采自彭泽。

【形态描述】背鳍 2，10 ～ 12；胸鳍 25 ～ 26；腹鳍 7；臀鳍 3，24 ～ 26。

体长为体高的 12.5 ～ 14.1 倍，为头长的 4.7 ～ 5.3 倍。头长为吻长的 2.4 ～ 2.6 倍，为眼径的 6.8 ～ 7.5 倍，为眼间距的 4.0 ～ 4.9 倍。尾柄长为尾柄高的 2.5 ～ 3.3 倍。

体细长，前部近圆筒形，后部侧扁。头尖长，平扁。吻尖长，三角形，吻长大于眼径。口小，前位。上颌略长于下颌，上颌骨后端不伸达眼前缘。下颌前端中央有 1 肉质突起。眼中大，位于头前半部。眼间距宽平，小于吻长。齿细尖，前上颌骨齿 1 行 5 ～ 10 个，上颌骨齿 1 行 10 ～ 17 个，下颌骨齿 1 行 10 ～ 20 个。腭骨齿 1 行 7 ～ 11 个。下颌近联合处具犬齿 1 对，肉质突起上无齿。犁骨和舌上无齿。舌大，游离，前端圆形。鳃孔大。鳃盖膜与峡部相连。假鳃发达。鳃耙短小，稀疏，互不覆叠。体无鳞，雄鱼臀鳍基底上方具鳞 1 行。无侧线。

背鳍后位，起点距胸鳍基约为距尾鳍基的 2 倍。脂鳍小。胸鳍下位，雄鱼第 1 ～ 3 根鳍条延长。腹鳍小，起点距吻端等于或稍大于距尾鳍基距离。臀鳍始于背鳍第 4 ～ 5 鳍条（雄性）或第 6 ～ 7 鳍条（雌性）下方。尾鳍叉形，末端尖。

【体色式样】体无色，透明。腹部两侧自胸鳍下方到臀鳍基后端均具 1 行小黑点，后合为 1 行延伸至尾柄后下方。吻端、下颌前端、胸鳍和尾鳍鳍条上密布小黑点。尾鳍浅黑色，其余各鳍淡色。

【地理分布】鄱阳湖及其入湖支流，如抚河和信江。

【生态习性】小型鱼类。喜生活在水面开阔、透明度大、溶氧充足的水体上层。短吻间银鱼其寿命为一年，个体小，生长迅速，繁殖力强，从孵出到长成成体只需 6 个月左右。繁殖期为 3 ～ 4 月。成熟卵圆形。肉食性，在幼体时期，以浮游甲壳动物为食，成体在 6 cm 以上开始摄食小型鱼虾或者其他的小鱼。

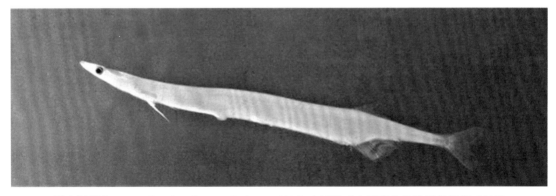

短吻间银鱼 *Hemisalanx brachyrostralis* (Fang, 1934)（来源：《中国淡水鱼类原色图集（1）》）

七

鲻形目 Mugiliformes

鲻形目口小，口裂上缘由前颌骨组成。有齿或无齿，齿强大，犬齿状；或细小，绒毛状。鳃孔宽大。鳃盖骨后缘一般无棘。鳃盖条 5～7。头部与体被圆鳞或栉鳞。侧线有或无。背鳍 2 个，相距甚远；基底短，第 1 背鳍常由弱鳍棘组成；胸鳍上侧位，或下侧位，有时下部具丝状游离鳍条。腹鳍腹位或亚胸位，具 1 鳍棘，5 鳍条。具鳔，无鳔管。腰骨以腱连于匙骨或后匙骨上。主要是鲻科鱼类。本目江西有 1 科。

（二十三）鲻科 Mugilidae

鲻科背鳍 2 个，短小，相距甚远。第 1 背鳍具 4 鳍棘，第 2 背鳍具 8～10 鳍条。臀鳍具 2～3 鳍棘和 7～11 鳍条。胸鳍上侧位或中侧位。腹鳍亚腹位，位于胸鳍末端的下方，具 1 鳍棘和 5 鳍条。尾鳍叉形、微凹或截形。口中等大小，两颌通常无齿，或具绒毛细齿。鳃耙细密而长。脊椎骨 24～26。体被弱栉鳞，头部常被中大圆鳞。无侧线。本科约有 17 属 72 种，江西境内有 1 属。

81）鲻属 *Mugil* Linnaeus, 1758

【模式种】*Mugil cephalus* Linnaeus, 1758

【鉴别性状】口小，亚下位，口裂呈"人"字形。上颌中央有 1 缺刻；下颌边缘锐利，中央有 1 突起。上颌骨全被眶前骨遮盖，后端不下弯。体被圆鳞或弱栉鳞，体侧鳞片中央常有不开孔的纵行小管。无侧线。背鳍 2 个，相距颇远。第 1 背鳍具 4 鳍棘；第 2 背鳍具 1 鳍棘、8～9 鳍条。胸鳍上侧位。腹鳍胸位。尾鳍叉形或凹形。

【包含种类】本属江西有 1 种。

168. 鲻 *Mugil cephalus* Linnaeus, 1758

Mugil cephalus Linnaeus, 1758: 316 (欧洲).

【俗称】乌鲻、乌仔鱼、青头、乌头。

检视样本数为 5 尾。样本采自都昌、余干和永修。

【形态描述】第 1 背鳍 4；第 2 背鳍 1，8；胸鳍 16 ～ 17；腹鳍 1，5；臀鳍 3，8；尾鳍 14。纵列鳞 38 ～ 41。

体长为体高的 4.7 ～ 4.9 倍，为头长的 4.2 ～ 4.4 倍。头长为吻长的 4.5 ～ 5.1 倍，为眼径的 4.2 ～ 4.6 倍，为眼间距的 2.7 ～ 2.8 倍。

体延长，前部近圆筒形，后部侧扁。头中大，稍侧扁，背视宽扁。吻宽圆。口小，亚下位，口裂呈"A"形。上颌骨完全被眶前骨所掩盖，后端不露出，不下弯。两颌具绒毛状细齿；犁骨、腭骨及舌无齿。眼中大，位于头的前侧位。脂眼睑发达，伸达瞳孔前后缘。眼间距宽平。眶前骨下缘和后端均具细锯齿。鼻孔每侧 2 个，位于眼前上方，前鼻孔圆形，后鼻孔裂缝状。鳃孔宽大。鳃盖膜不与峡部相连。假鳃发达。鳃耙细密；最长鳃耙约为眼径之半。体被弱栉鳞。头部被圆鳞，头顶鳞始于前鼻孔上方。第 1 背鳍基底两侧、胸鳍腋部、腹鳍基底上部和两腹鳍间各具 1 长三角形腋鳞。无侧线。

背鳍 2 个。第 1 背鳍约位于体的中部上方，或稍近吻端，第 1 鳍棘最长，最末鳍棘短而细。第 2 背鳍起点距第 1 背鳍起点较距尾鳍基为近。胸鳍短宽，上侧位，大于眼后头长。腹鳍位于胸鳍后部下方，短于胸鳍。臀鳍与第 2 背鳍相对，同形，始于第 2 背鳍前下方，后缘凹入；第 2 鳍棘最长，第 4 鳍条位于第 2 背鳍起点下。尾鳍分叉，上叶稍长于下叶。

【体色式样】头、体褐色或青黑色，腹部白色。体侧上半部约具 7 条暗色纵纹，各条纹间有银白色斑点。各鳍浅灰色，胸鳍基部上方具 1 黑色斑块。

【地理分布】鄱阳湖和修水。

【生态习性】近海暖温性中、底层鱼类。生活在近岸浅海、河口咸淡水交界处及港湾内，有时也进入下游淡水湖泊。幼鱼主要摄食桡足类幼体、水蚤、莹虾、摇蚊幼虫、小型软体动物等；随体长增长，食性由动物性转为杂食性，摄食底栖硅藻等，也兼食线虫、多毛类、小型甲壳动物。性成熟年龄雄鱼为 3 ～ 4 龄，雌鱼为 4 ～ 5 龄。繁殖期为 10 月至翌年 2 月；卵浮性。

鲻 *Mugil cephalus* Linnaeus, 1758

八

颌针鱼目 Beloniformes

颌针鱼目无中喙骨。咽下骨完全愈合。无眶蝶骨、上颌前缘仅由前颌骨构成。各鳍均无鳍棘或硬刺。背鳍 1 个，后位，全部或部分与臀鳍相对。胸鳍位高，近于背方。腹鳍腹位，有 6 鳍条。具侧线，位低，与腹缘平行。鳃盖条 9 ～ 15。圆鳞。本目江西有 1 科。

（二十四）鱵科 Hemiramphidae

鱵科体长，柱形或侧扁。上颌骨与颌间骨愈合，呈三角形。下颌常延长成细喙状。前颌骨向前突出，呈尖状，形成 1 个三角形的上颌。第 3 对上咽骨愈合成骨板。胸、腹鳍短；尾鳍叉形、圆形或截形。脊椎骨通常 38 ～ 75。体外受精。本科共有 8 属约 67 种，江西境内有 1 属。

82）下鱵属 *Hyporhamphus* Gill, 1859

【模式种】*Hyporhamphus tricuspidatus* Gill, 1859

【鉴别性状】体延长，柱状，略侧扁。上颌短，下颌延长成喙状。两颌在相对部分具齿，齿细小。上颌形成 1 三角形。背鳍与臀鳍相对，远在体后方。腹鳍小，腹位。尾鳍叉形。下叶长于上叶。体被圆鳞。侧线位低。

【包含种类】本属江西有 1 种。

169. 间下鱵 *Hyporhamphus intermedius* (Cantor, 1842)

Hemirhamphus intermedius Cantor, 1842: 485 (中国舟山岛); 郭治之等, 1964: 125 (鄱阳湖).

Hemiramphus kurumeus: 湖北省水生生物研究所鱼类研究室, 1976: 165 (鄱阳湖); 郭治之和刘瑞兰, 1983: 17 (信江); 刘世平, 1985: 70 (抚河); 张鹗等, 1996: 11 (赣东北); 郭治之和刘瑞兰, 1995: 229 (鄱阳湖、信江).

Hyporhamphus intermedius: 王子彤和张鹗, 2021: 1264 (赣江).

【俗称】穿针子、针公、针杆子、针弓鱼、针鱼。

检视样本数为 15 尾。样本采自鄱阳、余干、庐山、湖口、奉新、靖安、修水、樟树和新余。

【形态描述】背鳍 2，14；胸鳍 1，10 ～ 11；腹鳍 1，5；臀鳍 2，13 ～ 16。侧线鳞

54 ～ 79。

体长为体高的 11.2 ～ 12.6 倍，为体宽的 11.8 ～ 14.1 倍，为头长的 4.6 ～ 5.2 倍。体高为体宽的 1.1 ～ 1.2 倍。头长为吻长的 2.4 ～ 2.8 倍，为眼径的 5.1 ～ 5.4 倍，为眼间距的 5 ～ 5.4 倍。

体细长，稍侧扁，近柱形，背腹缘平直，尾部较侧扁。体高大于体宽。头中等大，前方尖，顶部及颊部平坦。吻较短。口小，平直。上颌骨与前颌骨合成三角形，三角长大于宽，长为宽的 1.1 ～ 1.2 倍。下颌突出，延长成 1 平扁长针状；针状部长为头长的 1.1 倍。上、下颌均具齿，大多数为单峰齿，仅下颌后部有 3 峰齿。犁、腭骨及舌无牙。眼大，圆形，侧上位。鼻孔大，每侧 1 个，长圆形，鼻凹浅，紧位于眼前缘上方；具 1 圆形嗅瓣，其边缘完整无穗状分支。鳃孔大。鳃膜分离，不连鳃峡。鳃膜骨条 12 ～ 13。鳃耙发达，最长鳃耙约等于眼径的 1/4。肛门位于臀鳍前方。体被有较大圆鳞，头额顶部及上颌三角部具鳞，颊部及鳃盖亦具鳞。背鳍前方鳞 50 ～ 59。侧线侧下位，始于鳃峡后方，沿体腹缘向后延伸，止于尾鳍下叉基部稍前方。在胸鳍下方具 1 分支，向上伸达胸鳍基部。

背鳍位于体远后方，基部长，起点在臀鳍第 2 根分支鳍条的上方，背边缘稍内凹，后方鳍条短。胸鳍较长，稍大于吻后头长，侧上位。腹鳍小，位于腹部后方，起点距尾鳍基与距鳃孔的距离约相等。臀鳍起点位于背鳍第 1 鳍条基部下方，或在背鳍始点的垂直线前方，鳍下缘内凹。尾鳍内凹，下叶长于上叶。

【体色式样】体背侧灰绿色，体侧下方及腹部银白色。体侧自胸鳍基至尾鳍基具 1 窄银灰色纵带纹，纵带纹在背鳍下方颇宽。项部、头顶部、下颌针状部及吻端边缘均为黑色。尾鳍边缘黑色，其余各鳍淡色。背部鳞具灰黑色边缘。

【地理分布】鄱阳湖及其入湖支流如赣江、抚河、修水和信江。

【生态习性】小型鱼类，生活于水体中上层，常在沿岸、港湾和敞水区聚群觅食。夜间有趋光性。杂食性；以动物性食物为主，主食水生昆虫和落水昆虫，也食大型枝角类、桡足类，以及丝状藻类和水生植物碎屑，间或吞食小鱼。

间下鱵 *Hyporhamphus intermedius* (Cantor, 1842)

九

鳉形目 Cyprinodontiformes

鳉形目尾鳍截短或圆形。尾鳍骨架对称，且有 1 个尾上骨。第 1 根胸肋骨出现在第 2 而不是第 3 椎体上。胸鳍插入处于腹侧位。第 1 后匙骨鳞片状；前颌骨有齿槽状臂。侧线管和孔主要在头部，身体侧线仅残存凹陷的鳞片。鼻开口成对。鳃盖条骨 3 ～ 7。腹鳍和腰带存在或缺失。上颌仅有前颌骨边缘，可伸缩。犁骨存在而上匙骨通常缺失，中翼骨通常缺失而外翼骨存在。顶骨存在或缺失。脊椎骨 24 ～ 54。本目共有 10 科 131 属约 1257 种鱼类，多生活于淡水中；江西境内有 2 科。

科的检索表

1（2）卵生，雄鱼臀鳍正常；尾柄短于头长··大颌鳉科 Adrianichthyidae
2（1）卵胎生，雄鱼臀鳍前部鳍条延长，变形为输精器；尾柄长大于头长··················胎鳉科 Poeciliidae

（二十五）大颌鳉科 Adrianichthyidae

大颌鳉科第 4 上鳃骨关节面膨大。软骨角鳃骨髂分支。第 4 角鳃骨无齿带。麦克尔软骨约为齿骨长度的一半。颌骨联合处为软骨，无下颌泪骨韧带。无侧线，鼻孔成对。犁骨、上齿骨、中翼骨、外翼骨缺失，鼻软骨缺失，鳃盖条骨 4 ～ 7。卵生。本科共有 2 属约 38 种，江西境内有 1 属。

83）青鳉属 *Oryzias* Jordan & Snyder, 1906

【模式种】*Poecilia latipes* Temminck & Schlegel, 1846 = *Oryzias latipes* (Temminck & Schlegel, 1846)

【鉴别性状】体长形，侧扁。口小，具小齿，犁骨无齿。背鳍基短，位于臀鳍中央的上方。臀鳍基很长，17 ～ 20 鳍条。尾鳍截形。体被大鳞。腹膜黑色。

【包含种类】本属江西有 1 种。

170. 中华青鳉 *Oryzias sinensis* Chen, Uwa & Chu, 1989

Oryzias latipes sinensis 陈银瑞等, 1989: 240 (云南昆明).

Oryzias latipes: 郭治之等, 1964: 125 (鄱阳湖); 刘世平, 1985: 70 (抚河); 周孜怡和欧阳敏, 1987: 7 (赣江); 邹多录,

1988: 16 (寻乌水); 郭治之和刘瑞兰, 1995: 229 (鄱阳湖、赣江、抚河); 王子彤和张鹗, 2021: 1264 (赣江).

Aplocheilus latipes: 郭治之和刘瑞兰, 1983: 17 (信江).

【俗称】千年老、稻花鱼。

检视样本数为 5 尾。样本采自安福。

【形态描述】背鳍 6 ～ 7；胸鳍 9 ～ 10；腹鳍 6；臀鳍 17 ～ 19。纵列鳞 27 ～ 30。

体长为体高的 3.9 ～ 4.5 倍，为头长的 3.6 ～ 4.0 倍，为尾柄长的 7.3 ～ 8.3 倍，为尾柄高的 7.3 ～ 8.0 倍。头长为吻长的 3.5 ～ 4.1 倍，为眼径的 2.3 ～ 2.9 倍，为眼间距的 2.2 ～ 2.8 倍。尾柄长为尾柄高的 1.5 ～ 1.9 倍。

个体很小，侧扁。背部较平直，腹面小凸。头部自后向前渐平扁。吻短，其长度小于眼径。口近上位，横裂。下颌向上翘。无触须。眼大，侧上位。眼间头背宽平。眼径等于眼间距。鳃裂大，鳃盖膜不与峡部相连。体鳞圆形，头部鳞较小。无侧线。

背鳍靠后，接近尾鳍。胸鳍位置较高，末端延伸不达腹鳍。腹鳍末端延伸接近或达到臀鳍。臀鳍起点远在背鳍前方，鳍基甚长。尾鳍宽大，后缘稍微内凹。肛门紧靠臀鳍。

【体色式样】体色清灰，腹部及各鳍灰白色。体侧上部有 1 条线状黑色条纹，由前向后斜行，止于尾鳍基正中。

【地理分布】鄱阳湖、赣江、抚河和信江。

【生态习性】栖息于河流、湖泊、池塘、沟渠及水田等。繁殖期为 4 ～ 7 月，分批产卵。卵淡白色，透明，具油球，卵附着于雌鱼腹鳍直至仔鱼孵出离去。杂食性，摄食枝角类、桡足类、蚊虫幼虫，亦食蓝藻、绿藻、硅藻、植物碎屑、鱼卵、鱼苗。

中华青鳉 *Oryzias sinensis* Chen, Uwa & Chu, 1989

（二十六）胎鳉科 Poeciliidae

胎鳉科鱼的胸鳍位于体侧。腹鳍前置，前几枚脉弓有胸肋骨。下舌骨腹部有 1 骨帽，盖住角舌骨前部的前突。眶上孔被修饰，可以发现神经瘤嵌于肉质凹槽中。生殖足有或无。本科有 42 属约 353 种鱼类，江西境内有 1 属。

84）食蚊鱼属 *Gambusia* Poey, 1854

【模式种】*Gambusia punctata* Poey, 1854

【鉴别性状】下颌突出，背鳍起点在臀鳍起点后上方，有 6 ～ 10 根鳍条。

【包含种类】本属江西有 1 种。

171. 食蚊鱼 *Gambusia affinis* (Baird & Girard, 1853)

Heterandria affinis Baird & Girard, 1853: 390.

Gambusia affinis: 郭治之和刘瑞兰, 1995: 229 (赣江); 王子彤和张鹗, 2021: 1264 (赣江).

检视样本数为 15 尾。样本采自永新、安福和瑞金。

【形态描述】背鳍 1，5；胸鳍 3，7；腹鳍 1，5；臀鳍 3，6。纵列鳞 29 ～ 31。

体长为体高的 3.5 ～ 4.1 倍，为头长的 3.9 ～ 4.1 倍，为尾柄长的 2.2 ～ 3.8 倍，为尾柄高的 5.9 ～ 7.2 倍。头长为吻长的 2.8 ～ 3.3 倍，为眼径的 2.6 ～ 3.1 倍，为眼间距的 1.8 ～ 2.2 倍。尾柄长为尾柄高的 1.8 ～ 2.9 倍。

体延长，侧扁。雄鱼体细长，雌鱼胸腹缘圆突，尾柄狭长。头中大，呈锥形，顶部宽而平直。吻宽短，略小于眼径。口小。前上位。无须。眼中大，圆形，上侧位。眼间距宽平，稍大于眼径。鼻孔每侧 2 个，近眼前缘。鳃孔大，鳃盖膜与峡部不相连。鳃耙细小。体被圆鳞。无侧线。

背鳍 1 个。基部很短，始于臀鳍基部后上方。胸鳍发达，中侧位，鳍条末端伸越腹鳍基后方。腹鳍小。臀鳍稍大于背鳍，起点距吻端较距尾鳍基为近（雄性）或较远（雌性），雄鱼第 3 ～ 5 鳍条延长成输精器。尾鳍宽大，后缘圆形。

【体色式样】体上侧部为青灰色，下侧部及腹部呈灰白色。体背自头顶到背鳍基前方有 1 黑色条纹。偶鳍为白色，背鳍和尾鳍有 2 行平行黑点。

【地理分布】赣江。

【生态习性】小型淡水鱼类；喜聚集于小河、沟渠、稻田等静水处表层活动。仔鱼出母体即可活泼游泳，一般长约 5 mm。成鱼最大约 50 mm，雄鱼尤小。卵胎生鱼类，繁殖期为 3 ～ 11 月，每年繁殖 3 ～ 7 次。

食蚊鱼 *Gambusia affinis* (Baird & Girard, 1853)

初生仔鱼经 1 个月左右发育，即达性成熟。肉食性；幼鱼以轮虫和纤毛虫为饵，成鱼以昆虫、浮游甲壳类为食，特别嗜食蚊的孑孓。

十

合鳃鱼目 Synbranchiformes

合鳃鱼目体修长，腹鳍缺失，鳃裂局限于体下半部分。外翼骨增大；内翼骨退化或缺失。前颌骨不可伸缩，无上升突起；齿骨沿隅骨关节腹缘向腹后延伸。本目有 3 科 13 属约 117 种，少数几个种生活于淡水；江西境内有 2 科 2 种。

科的检索表

1（2）各鳍均退化成皮褶，无鳍条；头大，无吻突；体裸露无鳞····························合鳃鱼科 Synbranchidae

1（2）背鳍前部特化成游离的鳍棘，具鳍条，有胸鳍，无腹鳍；头小，有尖吻突；体披细小的圆鳞···········
···刺鳅科 Mastacembelidae

（二十七）合鳃鱼科 Synbranchidae

合鳃鱼科体呈鳗形。胸鳍和腹鳍缺失，背鳍和臀鳍退化，尾鳍小或退化缺失。鳞片通常缺失，眼睛小，前后鼻孔分开。第 1 椎体有关节塞和侧凸缘，基舌骨与第 1 基鳃骨愈合。第 1 咽鳃骨缺失，第 2 咽鳃骨萎缩为 1 小骨。第 4 主动脉弓完全。鳃膜结合，鳃裂开口于头或喉下，鳃盖条骨 4～6。无鳔。无肋骨。98～188 个椎骨（腹部有 51～135）。本科有 4 属 23 种，江西有 1 属。

85）黄鳝属 Monopterus Lacepède, 1800

【模式种】Monopterus javanensis Lacepède, 1800

【鉴别性状】体前部近圆筒形，向后渐侧扁，尾部尖细。头大，圆钝。眼小，上侧位。口大，前位。鳃弓尚存 3 对，左右鳃盖膜愈合。左右鳃孔在腹面连合。

【包含种类】本属江西有 1 种。

172. 黄鳝 Monopterus albus (Zuiew, 1793)

Muraena alba Zuiew, 1793: 299 (采样点不明).

Monopterus albus: 郭治之等, 1964: 126 (鄱阳湖); 湖北省水生生物研究所鱼类研究室, 1976: 190 (鄱阳湖); 邹
多录, 1982: 51(赣江); 郭治之和刘瑞兰, 1983: 17 (信江); 刘世平, 1985: 70 (抚河); 邹多录, 1988: 16 (寻

乌水); 郭治之和刘瑞兰, 1995: 230 (鄱阳湖、赣江、抚河、信江、修水、饶河、寻乌水); 张鹗等, 1996: 11 (赣东北); 王子彤和张鹗, 2021: 1264 (赣江).

【俗称】鳝鱼、长鱼、无鳞公子、血鳝。

检视样本数为 15 尾。样本采自会昌、新余、高安、寻乌、鄱阳、余干、都昌、庐山、湖口、永修和新建。

【形态描述】体长为体高的 20.5 ~ 27.9 倍，为头长的 10.1 ~ 12.9 倍。头长为吻长的 4.1 ~ 5.7 倍，为眼径的 9.2 ~ 13.3 倍，为眼间距的 5.2 ~ 7.4 倍。脊椎骨 151 ~ 153。

体圆形细长，呈鳗形。尾较短。末端尖细。头较大，略呈锥形。吻较长而突出。口大，端位。口裂深，上颌稍突出，颌骨后延超过眼后缘。上下颌及口盖骨上有绒毛状细齿。上、下唇发达。眼小，侧上位，位于头的前部，有皮膜覆盖。鼻孔前后分离，前鼻孔位于吻端，后鼻孔近眼之前缘。鳃孔较小，左右鳃孔在腹面合为一体，开口于腹面，鳃裂呈倒 "V" 形。体光滑无鳞，多黏液。侧线完整，较平直，侧线孔不明显。鳔退化，肠甚短，仅为体长的 1/2 左右。腹膜褐色。

胸鳍、腹鳍、背鳍、臀鳍和尾鳍均退化，成为不发达的皮褶。

【体色式样】体侧侧线以上为灰黑色，侧线以下黄褐色。全身散布不规则的斑点，腹部灰白色，间有不规则的黑色斑纹。

【地理分布】鄱阳湖、赣江、抚河、信江、修水、饶河、萍水河和寻乌水。

【生态习性】喜栖息于沿岸石隙或水草茂盛的草滩中。夜间外出，在石隙或洞穴觅食。黄鳝一般体长在 100 mm 以下的个体都是雌性，至 400 mm 左右已有部分转化为雄鱼，500 mm 以上的大多数是雄鱼。繁殖期为 5 ~ 8 月，5 ~ 6 月为繁殖高峰。卵无黏性，半透明，呈浅黄色。黄鳝有很特殊的性逆转现象；初次性成熟前的个体均属雌性，在产卵后，卵巢退化而转变为精巢，变为雄性个体。杂食性，以动物性食物为主。主要摄食昆虫，也能捕食小鱼、虾、蚯蚓、青蛙及蝌蚪等各种小动物，兼食部分枝角类、桡足类等浮游动物。

黄鳝 *Monopterus albus* (Zuiew, 1793)

（二十八）刺鳅科 Mastacembelidae

刺鳅科体长，头小而尖，体覆盖有小鳞片。背鳍之前有 9 ~ 42 根分离的刺。背鳍有

52～131 根软鳍条，无腹鳍，臀鳍通常有 2 或 3 根刺和 30～130 根软鳍条。有肉质的吻附属物，无基蝶骨，椎骨 66～110。本科共有 3 属约 84 种，江西境内有 2 属。

属的检索表

1（2）吻突短于眼径；口裂后延至眼前缘之下；臀鳍 3 棘；无侧线；体侧具多条垂直斑纹··中华刺鳅属 Sinobdella

2（1）吻突长于眼径；口裂后延至后鼻孔之下；臀鳍 2 棘；有侧线；体侧具较大的网状斑块··刺鳅属 Mastacembelus

86）中华刺鳅属 *Sinobdella* Kottelat & Lim, 1994

【模式种】*Rhynchobdella sinensis* Bleeker, 1870 = *Sinobdella sinensis* (Bleeker, 1870)

【鉴别性状】头与体均侧扁，延长如鳗，披很细小的鳞。头很尖，吻部向前伸出成吻突，吻突长而活动，管状的前鼻孔位于其前端两侧。有眼下刺。臀鳍棘 3 根。

【包含种类】本属江西有 1 种。

173. 中华刺鳅 *Sinobdella sinensis* (Bleeker, 1870)

Rhynchobdella sinensis Bleeker, 1870: 249 (中国).

Mastacembelus sinensis: 郭治之和刘瑞兰, 1995: 230 (鄱阳湖、赣江、抚河、信江、修水).

Mastacembelus aculeatus: 郭治之等, 1964: 126 (鄱阳湖); 湖北省水生生物研究所鱼类研究室, 1976: 213 (鄱阳湖: 波阳); 刘世平, 1985: 71 (抚河); 周孜怡和欧阳敏, 1987: 7 (赣江); 张鹗等, 1996: 12 (赣东北); 郭治之和刘瑞兰, 1983: 18 (信江).

Sinobdella sinensis: 王子彤和张鹗, 2021: 1264 (赣江).

【俗称】钢鳅、沙鳅、刀鳅、龙背刀。

检视样本数为 15 尾。样本采自鄱阳、都昌、寻乌、萍乡、修水、奉新、万载、新余、袁州、泰和、峡江、永新、遂川和弋阳。

【形态描述】背鳍 31～34，54～67；胸鳍 21～25；臀鳍 3，58～65；尾鳍 14。

体长为体高的 9.5～11.4 倍，为头长的 5.8～6.5 倍。头长为吻长的 3.8～4.3 倍，为眼径的 6.0～9.3 倍，为眼间距的 8.5～10.0 倍。

体细长，侧扁，背部、腹部轮廓低平，尾部扁薄。头小，略侧扁。吻尖突，吻长短于或等于眼径。口前位，口裂低斜，伸达眼前缘下方。唇褶发达。上、下颌齿多行，细尖；犁骨、腭骨及舌上均无齿。前鼻孔为短管，位于吻端两侧；后鼻孔裂缝状，位于眼前方。眼小，侧上位，约位于头前 1/3 处。眼下方有 1 硬棘。眼间距窄，稍凸起。前鳃盖骨无棘，边缘不游离。鳃孔低斜。鳃盖膜不与峡部相连。无假鳃。鳃盖条 6 条。鳃耙退化。头、体均被细小圆鳞。无侧线。

背鳍起点在胸鳍中部稍后上方，鳍棘部基底长，约为鳍条部基底的 1.6 倍；鳍棘短小，游离，向后各棘渐增大；鳍条部高约为最后鳍棘高的1.3倍。胸鳍宽短，圆形。腹鳍消失。臀鳍起点在背鳍第25～27鳍棘下方，鳍条部与背鳍鳍条部同形、几相对；第1和第2鳍棘接近，第2鳍棘最大，第3鳍棘距第2鳍棘颇远。背鳍和臀鳍的鳍条部均无尾鳍相连。尾鳍后缘尖圆。

【体色式样】体黄褐色或浅褐色，体侧常具白色垂直纹与暗色纹相间组成的多条栅状横斑。头部和腹侧有白色小圆斑，或相连形成网状。背鳍、臀鳍和尾鳍上亦具白斑，边缘白色。胸鳍浅褐色，无斑纹。

【地理分布】鄱阳湖、赣江、抚河、信江、修水、萍水河和寻乌水。

【生态习性】生活于多水草的浅水区。个体小，数量少。1龄性成熟，绝对怀卵量为600～1100粒，繁殖期为6～7月。摄食虾类，也食少量水生昆虫幼虫、小鱼。

中华刺鳅 *Sinobdella sinensis* (Bleeker, 1870)

87）刺鳅属 *Mastacembelus* Scopoli, 1777

【模式种】*Ophidium* [sic] *mastacembelus* Banks & Solander, 1794 = *Mastacembelus mastacembelus* (Banks & Solander, 1794)

【鉴别性状】头与体均侧扁，延长如鳗，披很细小的鳞。头很尖，吻部向前伸出成吻突，吻突长而活动，管状的前鼻孔位于其前端两侧。有眼下刺。臀鳍棘2根。

【包含种类】本属江西有1种。

174. 大刺鳅 *Mastacembelus armatus* (Lacepède, 1800)

Macrognathus armatus Lacepède, 1800: 283 (采样点不明).

Mastacembelus armatus: 邹多录, 1988: 16 (寻乌水); 郭治之和刘瑞兰, 1995: 230 (赣江、寻乌水); 张鹗等,
　　1996: 12 (赣东北); 王子彤和张鹗, 2021: 1264 (赣江).

【俗称】刀枪鱼、石锥、粗麻割。

检视样本数为15尾。样本采自龙南、信丰、泰和和寻乌。

【形态描述】背鳍32～36，68～78；胸鳍13～14；臀鳍3，65～77。

体长为体高的9.2～10.1倍，为头长的6.5～7.0倍。头长为吻长的3.1～3.5倍，为

眼间距的 9.2 ～ 10.1 倍。

体长，前段稍侧扁，肛门以后扁薄。头长而尖。吻长远不及眼后头长。吻端向下伸出成吻突，其长度大于眼径。口下位，口裂几呈三角形。口角止于后鼻孔下方。上下颌有绒毛状齿带。眼位于头的前部，侧上位。眼间头背自后向前渐狭长。眼被皮膜覆盖。眼下斜前方有 1 尖端向后的小刺，埋于皮内。两对鼻孔前后分离，后鼻孔靠近眼，呈平眼状，前鼻孔位于吻突两侧，呈管眼状。体鳞细小，侧线完全。

胸鳍小而圆。无腹鳍。背鳍和臀鳍分别连于尾鳍。尾鳍长圆形，背鳍刺 34，臀鳍刺 2。肛门靠近臀鳍。

【体色式样】背侧灰褐色，腹部灰黄色，胸鳍黄白色，其他各鳍灰黑色，鳍缘有 1 灰白边。

【地理分布】赣江、信江、寻乌水。

【生态习性】中型底层鱼类，生活于河流及湖泊中。最大个体体长可超过 500 mm，体重可超过 0.5 kg。数量少，但个体较大，有一定经济价值。杂食性，摄食底栖性小型无脊椎动物和一些水生植物。

大刺鳅 *Mastacembelus armatus* (Lacepède, 1800)

十一

鲈形目 Perciformes

鲈形目上颌口缘通常由前颌骨组成。鳃盖发达，且常具棘。体被栉鳞或圆鳞，或无鳞。背鳍一般为 2 个，互相连接或分离，由鳍棘和鳍条组成；或 2 个，第 1 背鳍为鳍棘组成（有时埋于皮下或退化），第 2 背鳍由鳍条组成。腹鳍胸位或喉位，常具 1 棘、5 鳍条。尾鳍分支鳍条一般不超过 15 个。腰骨常直接连于匙骨上。头骨无眶蝶骨，具中筛骨。后颞骨常分叉。肩带无中喙骨。一般具上下肋骨。鳔无鳔管。无韦伯器。本目江西境内有 5 科。

科的检索表

1（6）眶下骨不扩大；无鳃上器

2（5）左右腹鳍不显著接近，亦不愈合为吸盘

3（4）体有侧线···鳜科 Sinipercidae

4（3）体无侧线···沙塘鳢科 Odontobutidae

5（2）左右腹鳍愈合成 1 吸盘···虾虎鱼科 Gobiidae

6（1）眶下骨扩大；有鳃上器

7（8）体侧鳞为栉鳞；头部侧扁，不为蛇头形，头顶无大型鳞片···················丝足鲈科 Osphronemidae

8（7）体侧鳞为圆鳞；头部平扁，似蛇头，头有大型鳞片·····························鳢科 Channidae

（二十九）鳜科 Sinipercidae

鳜科体披圆鳞。第 1 臀鳍鳍担横切面为星形。头顶部裸露，尾鳍圆形。本科共有 2 属 12 种鱼类，江西境内有 1 属。

88）鳜属 *Siniperca* Gill, 1862

【模式种】*Perca chuatsi* Basilewsky, 1855 = *Siniperca chuatsi* (Basilewsky, 1855)

【鉴别性状】头后背部稍隆起或呈浅弧形。上颌前端具稀疏犬齿或缺，齿骨后部具 1 行犬齿。前鳃盖骨后缘具细锯齿，后下角及下缘具小棘。鳃盖骨后缘具 2 棘。间鳃盖骨和下鳃盖骨下缘光滑或具弱锯齿。鳃盖条 7。鳃耙发达或退化为结节状短突起。体被细小圆鳞。侧线完全。

【包含种类】本属江西有 6 种。

种的检索表

1（2）体延长，稍侧扁，背缘平直，近于圆筒形，体长为体高的 4.6 ～ 5.4 倍；鳃耙退化，呈结节状；下颌
　　　犬齿发达，外露··长身鳜 *S. roulei*

2（1）体高，侧扁，背缘隆起，体长为体高的 2.6 ～ 3.4 倍；鳃耙发达，浅梳状；下颌前端无发达犬齿，不
　　　外露

3（6）有褐色斜带从吻部穿眼直达背鳍前方；下颌明显突出于上颌之前；头及背缘明显隆起；间鳃盖骨下缘
　　　无锯齿

4（5）鳃耙 7 ～ 8；上颌骨伸达眼后缘后下方；颊下部和鳃盖下部有鳞·······································鳜 *S. chuatsi*

5（4）鳃耙 6；上颌骨伸达眼后缘前下方；颊下部和鳃盖下部无鳞·································大眼鳜 *S. knerii*

6（3）无褐色斜带穿过眼的前后；下颌前端多少突出于上颌之前或不显著；间鳃盖骨下缘一般具弱锯齿；颈
　　　背前缘仅稍隆起或较平缓

7（8）下颌明显长于上颌；上、下颌均有犬齿；体黄色或灰褐色，有明显斑点或分布不均的黑绿线状及多
　　　角形斑块，背缘两侧常有 3 ～ 4 深色大斑···斑鳜 *S. scherzeri*

8（7）上下颌等长或下颌略长于上颌；两颌、犁骨和腭骨齿均为绒毛状或其间杂有少数锥状齿；体侧无具
　　　黑缘的线状斑

9（10）体暗色，有深色斑点或浅黄色斑纹，尾柄处时有 1 眼状斑·····························暗鳜 *S. obscura*

10（9）体侧有数条黄白色波状长纹，间有不明显深色斑块·····································波纹鳜 *S. undulata*

175. 长身鳜 *Siniperca roulei* Wu, 1930

Siniperca roulei Wu, 1930: 54 [湖南宝庆(今邵阳)]; 郭治之等, 1964: 126 (鄱阳湖); 湖北省水生生物研究所鱼类
　　　研究室, 1976: 192 (鄱阳湖); 郭治之和刘瑞兰, 1983: 17 (信江); 刘世平, 1985: 70 (抚河); 周才武等, 1988:
　　　116 (江西); 郭治之和刘瑞兰, 1995: 230 (鄱阳湖、赣江、抚河、饶河); 张鹗等, 1996: 11 (赣江); 王子彤
　　　和张鹗, 2021: 1264 (赣江).

【俗称】竹筒鳜、尖嘴鳜、火烧鳜、长体鳜。

检视样本数为 25 尾。样本采自都昌、湖口、新建、樟树、袁州、泰和、峡江、吉州、遂川、
于都、赣州、信丰和宁都。

【形态描述】背鳍 12 ～ 13，10 ～ 12；胸鳍 14；腹鳍 1，5；臀鳍 3，7 ～ 8。侧线鳞
93 ～ 101。

体长为体高的 4.6 ～ 5.4 倍，为头长的 2.5 ～ 2.8 倍。头长为吻长的 4.2 ～ 5.0 倍，为眼
径的 5.0 ～ 5.5 倍，为眼间距的 7.3 ～ 8.2 倍。尾柄长为尾柄高的 1.6 ～ 2.1 倍。

体延长，略呈圆筒形。头长，略平扁。吻尖突。下颌长于上颌，口闭合时，下颌前端齿外露；
上颌骨末端达眼中部的下方。上下颌、犁骨、腭骨上均生齿，犬齿发达，上颌前端着生多行，
下颌两侧各 1 行。眼位高，近头背部。前鳃盖骨后缘具细锯齿，隅角处的呈棘状，鳃盖骨

后缘具 2 个扁棘齿。各鳍鳍棘以臀鳍第 2 鳍棘最为强大。体鳞细小，头部及腹鳍之前的腹部裸露无鳞。侧线完全。鳃耙退化，仅留痕迹或呈粒状。

背鳍连续，由硬棘和软鳍条组成。背基较长，起点位于胸鳍基上方，末端与臀鳍基末端相对或稍后。胸鳍扇形。腹鳍具硬刺，近胸位。臀鳍也由硬棘和鳍条组成，软鳍条后缘弧形。尾鳍圆形。肛门近臀鳍。

【体色式样】体黑褐色，腹部略淡。体侧散有不规则黑斑。各奇鳍有数列不连续的黑斑条。

【地理分布】鄱阳湖、赣江、抚河、信江和饶河。

【生态习性】生活于江河山溪缓流区。中小型鱼类，性凶猛。繁殖期为 4 ～ 6 月。杂食性，以鱼虾为食。

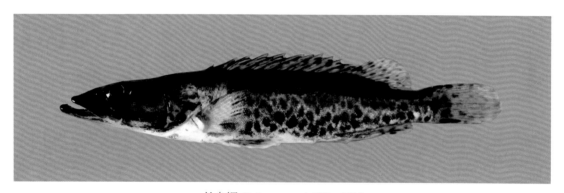

长身鳜 *Siniperca roulei* Wu, 1930

176. 鳜 *Siniperca chuatsi* (Basilewsky, 1855)

Perca chuatsi Basilewsky, 1855: 218 [中国河北(今天津)].

Siniperca chuatsi: Günther, 1889: 219, 223 (九江); Nichols, 1943: 248 (江西河口); 郭治之等, 1964: 126 (鄱阳湖); 湖北省水生生物研究所鱼类研究室, 1976: 192 (鄱阳湖: 九江和波阳); 郭治之和刘瑞兰, 1983: 17 (信江); 周才武等, 1988: 116 (江西); 邹多录, 1988: 16 (寻乌水); 郭治之和刘瑞兰, 1995: 230 (鄱阳湖、赣江、抚河、信江、修水、饶河、寻乌水); 张鹗等, 1996: 11 (赣江); 王子彤和张鹗, 2021: 1264 (赣江).

【俗称】翘嘴鳜、桂鱼、桂花鱼、鳜鱼、母猪壳。

检视样本数为 15 尾。样本采自会昌、宁都、龙南、信丰、赣州、于都、瑞金、遂川、吉州、泰和、新余、修水、鄱阳、余干、都昌、庐山、湖口、永修和新建。

【形态描述】背鳍 8，14 ～ 15；胸鳍 13 ～ 14；腹鳍 1，5；臀鳍 3 ～ 4，9 ～ 10。侧线鳞 117 ～ 130。

体长为体高的 2.6 ～ 2.9 倍，为头长的 2.3 ～ 2.7 倍。头长为吻长的 4.3 ～ 5.7 倍，为眼径的 5.5 ～ 7.1 倍，为眼间距的 6.5 ～ 7.5 倍。尾柄长为尾柄高的 1.1 ～ 1.3 倍。

体侧扁，较高，背部隆起，腹缘浅弧形。头端侧视呈锥形。吻尖。口上位，下颌显著突出；口裂大，亚上位，倾斜。上颌骨后端可达眼后缘下方。上颌前端和下颌两侧的部分齿扩大，呈犬齿状;下颌前端也有部分齿扩大,但不明显。舌狭长,前端游离。鼻孔 2 对,位于眼前缘,前鼻孔后缘具 1 鼻瓣;后鼻孔细狭,略呈椭圆形。眼较大,侧上位,大于眼间距。前鳃盖骨后缘具细齿,下角及下缘具棘状细齿。左、右鳃盖膜相连处在眼后缘垂直下方。体被细小圆鳞,吻部及头背部无鳞。侧线完全,呈上弯的浅弧形,在臀鳍中点的上方略向下弯,至尾柄中轴。鳃耙稀疏,坚硬,相邻鳃耙部分重叠。幽门盲囊约 180 个,分为 3 群。

　　背鳍连续,起点位于胸鳍起点后上方,距吻端远小于距尾鳍基;鳍条部基长约为鳍棘部基长的 1/2;最长鳍棘稍长于吻长。胸鳍近圆形,延伸不达腹鳍末端。腹鳍基稍后于胸鳍基,内侧具短膜与腹部相连,延伸远不达肛门。臀鳍起点位于背鳍最后鳍棘的垂直下方,距腹鳍起点约等于距尾鳍基。尾鳍圆形。肛门紧靠臀鳍起点。

　　【体色式样】体黄绿色乃至黄褐色,腹部灰白色。体侧具有不规则的黑褐色斑点及斑块。自吻端向后经眼至背鳍前部下方有 1 黑褐色带纹,有时此带纹在鳃孔处中断。在背鳍第 5～7棘的下方有 1 较宽的黑褐色横纹伸至胸鳍基部后方。背鳍边缘黑色。各奇鳍上有数列不连续的黑褐斑点。

　　【地理分布】鄱阳湖、赣江、抚河、信江、修水、饶河和寻乌水。

　　【生态习性】栖息于江河和湖泊水草茂盛的静水或缓流处。繁殖期为 5～7 月,喜于浅滩或石砾底质的缓流环境中产卵,卵漂流性。为典型的凶猛性肉食性鱼类,主要摄食鳑鲏、鲫、虾等。白天在深水活动,而夜间喜在浅水草丛中觅食,常斜卧水底,伺机突袭捕食。

鳜 *Siniperca chuatsi* (Basilewsky, 1855)

177. 大眼鳜 *Siniperca knerii* Garman, 1912

Siniperca knerii Garman, 1912: 112 (湖北宜昌); 郭治之等, 1964: 126 (鄱阳湖); 湖北省水生生物研究所鱼类研
　　究室, 1976: 196 (鄱阳湖); 郭治之和刘瑞兰, 1983: 17 (信江); 刘世平, 1985: 70 (抚河); 周才武等, 1988:

116 (江西); 邹多录, 1988: 16 (寻乌水); 郭治之和刘瑞兰, 1995: 230 (鄱阳湖、赣江、抚河、寻乌水); 张鹗等, 1996: 11 (赣江); 王子彤和张鹗, 2021: 1264 (赣江).

【俗称】桂花鱼、羊眼桂鱼、鳜鱼、母猪壳。

检视样本数为 25 尾。样本采自鄱阳、余干、都昌、湖口、安源、修水、靖安、新建、樟树、万载、高安、新余、峡江、泰和、吉水、遂川、于都、赣州和临川。

【形态描述】背鳍 7, 13 ~ 14; 胸鳍 13 ~ 15; 腹鳍 1, 5; 臀鳍 3, 8 ~ 9。侧线鳞 98 ~ 120。

体长为体高的 2.9 ~ 3.3 倍, 为头长的 2.4 ~ 2.7 倍。头长为吻长的 2.9 ~ 3.3 倍, 为眼径的 4.4 ~ 5.2 倍, 为眼间距的 6.2 ~ 6.7 倍。尾柄长为尾柄高的 1.0 ~ 1.4 倍。

体延长, 侧扁, 眼后背部平斜。头长。吻尖凸, 吻长大于眼径。口大, 亚上位, 斜裂。下颌突出。上颌骨后缘延伸不达眼后缘下方。两颌、犁骨和腭骨均具细小齿群, 上颌前端和下颌两侧齿稍扩大。鼻孔 2 对。眼大, 上侧位, 眼径大于眼间距。前鳃盖骨边缘具细锯齿, 下角及下缘各具 2 小棘。鳃盖膜不与峡部相连。鳃盖 6。鳃耙粗短。体被细小圆鳞, 颏下部和鳃盖下部无鳞。侧线完全, 向上弯曲成浅弧形。

背鳍连续, 起点在胸鳍基稍后上方, 鳍棘部为鳍条部基底长的 2 倍。胸鳍近圆形, 后端延伸不达腹鳍后端上方。腹鳍近胸位。臀鳍起点在背鳍鳍条部前端下方。尾鳍圆形。肛门紧靠臀鳍。

【体色式样】体背灰褐带青黄色, 腹部白色。体侧具不规则黑点和黑斑。吻端经眼至背鳍前部具 1 条黑色斜带。背鳍、臀鳍和尾鳍均具黑色点纹。

【地理分布】鄱阳湖、赣江、抚河、信江、修水、萍水河和寻乌水。

【生态习性】喜生活于流水环境中, 常在湖泊沿岸浅水草丛间游动觅食。冬季在岩石洞穴或湖底凹坑中越冬。性凶猛。繁殖期为 6 ~ 8 月。1 龄个体已达成熟。大多在湖泊入水口水流较急处产卵, 卵浮性。肉食性, 主食鱼类, 其次为虾类。

大眼鳜 *Siniperca knerii* Garman, 1912

178. 斑鳜 *Siniperca scherzeri* Steindachner, 1892

Siniperca scherzeri Steindachner, 1892: 357 (上海); 郭治之等, 1964: 126 (鄱阳湖); 湖北省水生生物研究所鱼类
　　研究室, 1976: 195 (鄱阳湖); 郭治之和刘瑞兰, 1983: 18 (信江); 刘世平, 1985: 70 (抚河); 周才武等, 1988:
　　117 (江西); 张鹗等, 1996: 11 (赣江); 郭治之和刘瑞兰, 1995: 230 (鄱阳湖、赣江、抚河、信江、寻乌
　　水); 王子彤和张鹗, 2021: 1264 (赣江).

Siniperca scherzeri scherzeri: Nichols, 1943: 248 (江西河口).

【俗称】岩鳜鱼、桂花鱼、公鳜鱼、鳜鱼。

　　检视样本数为 10 尾。样本采自会昌、兴国、宁都、信丰、南康、崇义、于都、遂川、安福、
永新、吉州、泰和、峡江、新余、高安、万载、樟树、新建、奉新、鄱阳、余干、都昌、庐山、
湖口和永修。

【形态描述】背鳍 12～13，12～13；胸鳍 13～14；腹鳍 1，5；臀鳍 3，8～10，侧
线鳞 108～119。

　　体长为体高的 3.2～4.0 倍，为头长的 2.5～2.9 倍。头长为吻长的 4.0～4.5 倍，为眼
径的 5.8～6.9 倍，为眼间距的 5.1～6.5 倍。尾柄长为尾柄高的 1.2～1.5 倍。

　　体延长，侧扁。口大，端位，口裂斜。下颌长于上颌，口闭合时，下颌前端齿稍外露。
上颌骨末端约伸达眼后缘的下方。犬齿发达，上颌仅在前端有犬齿，排列零乱，下颌则生
在两侧，且大多两两并合成一行。眼侧上位，幼鱼眼径大于眼间距，成鱼眼径小于眼间距。
前鳃盖骨游离缘常密布细锯齿，隅角及下缘为棘状齿；鳃盖骨后缘有 2 个扁平棘齿，上方 1
个包于皮内。体、颊部及鳃盖均被细鳞。侧线完全。各鳍鳍棘均较强。

　　背鳍连续，背鳍基较长。胸鳍呈扇形。腹鳍第 1 根鳍条为硬刺，胸位。臀鳍也由硬刺
和软条组成，延伸不达肛门。尾鳍圆形。肛门紧靠臀鳍。

【体色式样】体黄褐色乃至灰褐色，腹部黄白。头背部及鳃盖上密具暗色小斑。体侧有
许多不规则的黑斑块，部分斑块周缘有黄色或白色环。奇鳍有数列暗色斑点。

斑鳜 *Siniperca scherzeri* Steindachner, 1892

【地理分布】鄱阳湖、赣江、抚河、信江、修水和寻乌水。

【生态习性】常生活于多石砾的流水区的中下层。个体较鳜小，性凶猛。雄性 1 龄成熟，雌性 2 龄成熟。产卵群体主要为 3 龄，繁殖期为 4 ~ 6 月，在有砾石的水体中产卵，繁殖习性与鳜相似。肉食性，食物以小型鱼虾为主，偶食螺和昆虫幼体。

179. 暗鳜 *Siniperca obscura* Nichols, 1930

Siniperca obscura Nichols, 1930: 2 (江西河口); Nichols, 1943: 250 (江西河口); 湖北省水生生物研究所鱼类研
究室, 1976: 197 (鄱阳湖); 张鹗等, 1996: 11 (赣江); 王子彤和张鹗, 2021: 1264 (赣江).

Siniperca loona: 郭治之和刘瑞兰, 1983: 18 (信江); 郭治之和刘瑞兰, 1995: 230 (赣江、抚河、饶河).

【俗称】铜钱鳜、无斑鳜。

检视样本数为 5 尾。样本采自修水、奉新、泰和、永新、遂川、于都、会昌和宁都。

【形态描述】背鳍 12 ~ 13，10 ~ 11；胸鳍 13；腹鳍 15；臀鳍 3，9。侧线鳞 61 ~ 69。

体长为体高的 2.6 ~ 3.1 倍，为头长的 2.5 ~ 2.9 倍。头长为吻长的 4.0 ~ 4.3 倍，为眼径的 4.0 ~ 5.0 倍，为眼间距的 5.6 ~ 6.7 倍。尾柄长为尾柄高的 1.0 ~ 1.3 倍。

体侧扁，背部隆起。口端位，口裂斜。上、下颌等长或下颌略突出于上颌。上颌骨末端达眼中部的下方。颌齿、犁骨齿、腭骨齿均细小，呈绒毛状。眼较大，侧上位。前鳃盖骨后缘具较强锯齿，鳃盖骨后缘有 2 个扁平棘齿，上方 1 个不明显。体侧及颊部上部、鳃盖均被较大细鳞。鳞细小。侧线完全。

背鳍连续，第 1 背鳍为鳍棘，第 2 背鳍为鳍条，鳍棘较软鳍条短；背鳍基长，起自胸鳍基正上方，末端接近尾鳍基。胸鳍扇形。腹鳍近胸位。臀鳍起点稍后于背鳍第 1 分支鳍条。尾鳍近截形。肛门靠近臀鳍。

【体色式样】体黑褐色，腹部黄白色。体侧或有不规则黑斑块。在有些水域生活的个体，体侧有蠕虫形黄白色纵纹。各鳍呈灰色或浅黄色。奇鳍有数列暗色斑点。

【地理分布】鄱阳湖、赣江、抚河、信江、饶河和修水。

暗鳜 *Siniperca obscura* Nichols, 1930

【生态习性】喜居于流水环境。个体小，数量少。1 冬龄即性成熟。繁殖期为 6 ～ 7 月，卵黏性。肉食性，以小鱼、小虾为食。

180. 波纹鳜 *Siniperca undulata* Fang & Chong, 1932

Siniperca undulata Fang & Chong, 1932: 188 (贵州独山); 湖北省水生生物研究所鱼类研究室, 1976: 197 (鄱阳湖); 郭治之和刘瑞兰, 1983: 17 (信江); 郭治之和刘瑞兰, 1995: 230 (鄱阳湖、赣江、饶河); 张鹗等, 1996: 11 (赣江); 王子彤和张鹗, 2021: 1264 (赣江).

【俗称】铁鳜鱼、花鳜鱼、鳜鱼。

检视样本数为 5 尾。样本采自临川、龙南、信丰、南康、于都、遂川、安福、永新、泰和、峡江和修水。

【形态描述】背鳍 13，10 ～ 12；胸鳍 12 ～ 13；腹鳍 1，5；臀鳍 3，7 ～ 8。侧线鳞 85 ～ 94。

体长为体高的 2.9 ～ 3.2 倍，为头长的 2.6 ～ 2.9 倍。头长为吻长的 3.0 ～ 3.2 倍，为眼径的 4.3 ～ 4.6 倍，为眼间距的 5.2 ～ 5.5 倍。尾柄长为尾柄高的 1.1 ～ 1.3 倍。

体侧扁。口端位。上下颌等长或下颌稍长，口闭合时，下颌前端齿不外露。上颌骨末端仅达眼中部的下方。犬齿不发达，上颌骨前端数个，下颌两侧各有 1 行。前鳃盖骨后缘和下缘有较粗锯齿，鳃盖骨后缘有 2 个扁平棘齿。体及颊部、鳃盖均被细鳞，侧线完全。各鳍鳍棘较发达。

背鳍连续；背鳍基长，起自胸鳍基正上方，末端接近尾鳍基。胸鳍椭圆形。腹鳍起点稍后于胸鳍。臀鳍起点在背鳍第 12 ～ 13 棘之间的下方，由硬棘和鳍条组成。尾近截形。肛门靠近臀鳍。

【体色式样】体灰褐色，腹部略灰白。体侧具 3 ～ 4 条黄白色波纹状纵纹。各鳍灰白色，胸鳍基部有 1 半月形黑斑。

波纹鳜 *Siniperca undulata* Fang & Chong, 1932

【地理分布】鄱阳湖、赣江、饶河、信江、抚河和修水。

【生态习性】常栖息于石砾或沙质底的水域中。常见于丘陵山区的水库和湖泊中，平原地区的河流中较少见。两性个体均 1 冬龄成熟，产卵群体主要为 2 冬龄，繁殖期为 5 ～ 8 月。肉食性，捕食小鱼、小虾，也食水生昆虫。

（三十）沙塘鳢科 Odontobutidae

沙塘鳢科肩胛骨较大，不包括与匙骨接触的近端辐射轮。两个尾上骨。左右腹鳍相互靠近，分离，不愈合成一吸盘。尾鳍圆形或稍尖长。本科共有 6 属 21 种鱼类，江西境内有 2 属 3 种。

属的检索表

1（2）头部至少在眼的前部平扁·······································沙塘鳢属 Odontobutis
2（1）头、体均很侧扁··小黄黝鱼属 Micropercops

89）沙塘鳢属 Odontobutis Bleeker, 1874

【模式种】 Eleotris obscura Temminck & Schlegel, 1845 = Odontobutis obscurus (Temminck & Schlegel, 1845)

【鉴别性状】前部亚圆筒形，后部略侧扁。下颌突出；上、下颌齿尖；犁骨和腭骨均无齿。前鳃盖骨边缘光滑，无棘。鳃盖条 6。无侧线；纵列鳞 29 ～ 54。第 1 背鳍具 6 ～ 8 鳍棘；第 2 背鳍具 1 鳍棘、7 ～ 9 鳍条。臀鳍具 1 鳍棘、6 ～ 9 鳍条。

【包含种类】本属江西有 2 种。

种的检索表

1（2）眼后方无感觉管孔··中华沙塘鳢 O. sinensis
2（1）眼后方具感觉管孔··河川沙塘鳢 O. potamophila

181. 河川沙塘鳢 Odontobutis potamophila (Günther, 1861)

Eleotris potamophila Günther, 1861: 557 (长江); Günther, 1889: 219 (九江).

Odontobutis potamophila: 伍汉霖等, 1993: 54 (江西鄱阳湖、鹰潭和宜春).

【俗称】四不象、肉趴锥、呆鱼、癞蛤蟆鱼、塘鳢、沙乌鳢。

检视样本数为 37 尾。样本采自奉新、泰和、峡江、吉州、永新、遂川、上栗、莲花、余江和袁州。

【形态描述】第 1 背鳍 6 ～ 8；第 2 背鳍 1，7 ～ 10；胸鳍 14 ～ 17；腹鳍 1，5；臀鳍 1，6 ～ 9。纵列鳞 34 ～ 41。

　　体长为体高的 3.5 ～ 4.1 倍，为头长的 2.3 ～ 2.8 倍。头长为吻长的 3.5 ～ 4.1 倍，为眼径的 3.8 ～ 4.7 倍，为眼间距的 3.6 ～ 4.8 倍。尾柄长为尾柄高的 1.0 ～ 1.3 倍。

　　体长，粗壮；前部略呈圆筒形，后部侧扁。背部稍隆起，尾柄较高；头宽大于头高。吻宽短，吻长大于眼径。口大，口裂斜；下颌较上颌突出。上颌骨末端延伸达眼中部下方或稍前。上、下颌具多行尖细小齿，排列成绒毛状齿带。鼻孔每侧 2 个，分离：前鼻孔圆形，具 1 短管，近吻端；后鼻孔小，圆形，在眼的前方。眼小，侧上位，稍突出，位于头的前半部。眼间距宽而凹入，稍大于眼径，两侧眼上缘具细弱骨质嵴。鳃孔宽大。前鳃盖骨后下缘无棘。峡部宽大，鳃盖膜不与峡部相连。鳃盖条 6。具假鳃。鳃耙粗短，稀少。体被栉鳞，腹部和胸鳍基部被圆鳞。无侧线。

　　背鳍分离。第 1 背鳍起点位于胸鳍基上方；第 2 背鳍高于第 1 背鳍，基部较长，后部鳍条短，延伸不达尾鳍基。胸鳍宽圆，扇形。腹鳍较短小，起点位于胸鳍基底下方，左、右腹鳍相互靠近。臀鳍起点位于第 2 背鳍第 3 或 4 鳍条下方。尾鳍圆形。

　　【体色式样】头部、体呈黑褐色，体侧具 3 ～ 4 个不规则的马鞍形黑色斑块，横跨背部至体侧。头侧及腹面有许多黑斑和点纹。第 1 背鳍有 1 浅色斑块，其余各鳍呈浅褐色，具多行暗色点纹。尾鳍边缘白色，基底有时具 2 个黑色斑块。

　　【地理分布】鄱阳湖、赣江、信江、修水和萍水河。

　　【生态习性】为淡水小型底层鱼类，生活于湖泊、江河和河沟的底层，喜栖息于泥沙、杂草和碎石相混杂的浅水区。游泳力较弱。肉食性，主要摄食小鱼虾。冬季潜伏在泥沙底中越冬。1 龄鱼开始性成熟。繁殖期为 4 ～ 6 月。卵黏性。雌鱼产卵后离去，雄鱼有守巢护卵至仔鱼孵化的习性。

河川沙塘鳢 *Odontobutis potamophila* (Günther, 1861)

182. 中华沙塘鳢 *Odontobutis sinensis* Wu, Chen & Chong, 2002

Odontobutis sinensis Wu, Chen & Chong (伍汉霖，陈义雄和庄棣华), 2002: 8 (湖北梁子湖; 江西宜春和临川);
　　王子彤和张鹗, 2021: 1264 (赣江).

Odontobutis obscurus: 郭治之等, 1964: 126 (鄱阳湖); 朱元鼎和伍汉霖1965: 124 (长江); 湖北省水生生物研
　　究所鱼类研究室, 1976: 201 (鄱阳湖); 郭治之和刘瑞兰, 1983: 18 (信江); 刘世平, 1985: 70 (抚河); 伍汉
　　霖等, 1993: 56 (江西南昌、鹰潭、九江和宜春); 郭治之和刘瑞兰, 1995: 230 (鄱阳湖、赣江、抚河、
　　信江).

【俗称】沙鳢、木奶奶、爬爬鱼。

检视样本数为33尾。样本采自临川、永新、安福、莲花、吉安、泰和、峡江、高安、万载、
樟树、袁州、靖安、永修、彭泽、上栗、安源、鄱阳、余干、庐山和新建。

【形态描述】第1背鳍6～7;第2背鳍1,8～9;胸鳍14～15;腹鳍1,5;臀鳍1,7。
纵列鳞36～41。

体长为体高的4.5～5.0倍,为头长的2.5～2.9倍。头长为吻长的3.6～4.3倍,为眼
径的6.4～8.6倍,为眼间距的3.5～4.1倍。尾柄长为尾柄高的1.5～1.8倍。

体延长,前部粗壮,后部稍侧扁。头大,稍平扁。吻圆钝。口近端位,口裂斜,下颌突出。
颌齿细尖,呈绒毛状列成带状;犁骨无齿。舌大,前端圆形。前鼻孔呈短管状,近吻端;后
鼻孔圆形,靠近眼前。鼻孔2对,前后分离。眼小,侧上位,眼间距稍宽。前鳃盖骨边缘
光滑无棘。体被栉鳞,头部、腹侧被圆鳞。无侧线。

背鳍分离,第1背鳍小于第2背鳍。胸鳍宽圆,肌肉基发达,被小鳞。腹鳍胸位。臀
鳍起点与第2背鳍第4～5根鳍条大致相对。尾鳍圆形。肛门靠近臀鳍。

【体色式样】体棕褐色乃至暗褐色。有3～4个马鞍形黑斑横跨背部至体侧。头胸部腹
面有许多浅色斑或点纹。第1背鳍有1浅色斑块。其余各鳍均有暗色条纹。

【地理分布】鄱阳湖、赣江、抚河、信江、饶河、修水和萍水河。

【生态习性】小型底层鱼类,生活于沿岸、湖湾和河沟的底层,喜栖于水草丛生、淤泥
底质的浅水区,游泳力较弱。2冬龄达性成熟。繁殖期为4～5月,卵黏性,雄鱼具护巢行为。
肉食性,主食小鱼虾。

中华沙塘鳢 *Odontobutis sinensis* Wu, Chen & Chong, 2002

90）小黄黝鱼属 *Micropercops* Fowler & Bean, 1920

【模式种】*Micropercops dabryi* Fowler & Bean, 1920

【鉴别性状】体延长，颇侧扁。头部具感觉管及 5 个感觉管孔。犁骨、腭骨均无齿。下颌中央缝合处无犬齿。前鳃盖骨边缘光滑，无棘，后缘具 4 个感觉管孔，鳃盖骨上方无感觉管孔。峡部宽或狭。左、右鳃盖膜在峡部的中部相遇，前方有小部分愈合，并与峡部亦有小部分相连。鳃盖条 6。无侧线；纵列鳞 28 ～ 32。第 1 背鳍具 7 ～ 8 鳍棘；第 2 背鳍具 1 鳍棘，10 ～ 12 鳍条。臀鳍与第 2 背鳍相对，具 1 鳍棘，8 ～ 9 鳍条。脊椎骨 32。

【包含种类】本属江西有 1 种。

183. 小黄黝鱼 *Micropercops cinctus* (Dabry de Thiersant, 1872)

Philypnus cinctus Dabry de Thiersant, 1872: 179 (中国江西).

Micropercops cinctus: Reshetnikov et al., 1997: 751 (中国江西); 王子彤和张鹗, 2021: 1264 (赣江).

Hypseleotris swinhonis: 郭治之等, 1964: 126 (鄱阳湖); 郭治之和刘瑞兰, 1983: 18 (信江); 刘世平, 1985: 71 (抚河); 郭治之和刘瑞兰, 1995: 230 (鄱阳湖、赣江、抚河、信江、饶河、修水).

Micropercops swinhonis: 张鹗等, 1996: 11 (赣东北).

【俗称】黄黝鱼、黄肚皮、黄麻嫩。

检视样本数为 23 尾。样本采自鄱阳、彭泽、都昌、莲花、上栗、丰城、新余、袁州和永新。

【形态描述】第 1 背鳍 7 ～ 8；第 2 背鳍 1，10 ～ 12；胸鳍 14 ～ 15；腹鳍 1，5；臀鳍 1，8 ～ 9。纵列鳞 30 ～ 34。

体长为体高的 3.7 ～ 4.5 倍，为头长的 3.1 ～ 3.5 倍。头长为吻长的 3.5 ～ 4.0 倍，为眼径的 4.2 ～ 5.7 倍，为眼间距的 3.7 ～ 4.6 倍。尾柄长为尾柄高的 2.0 ～ 2.8 倍。

体延长，稍侧扁。背部稍隆起，腹部平。吻短钝。口大，亚上位。口裂斜，下颌较上颌突出。两颌具锐利细齿，呈带状排列；犁骨、颚骨和舌均无齿。舌前端圆形。前鼻孔略呈短管状，

小黄黝鱼 *Micropercops cinctus* (Dabry de Thiersant, 1872)

靠近吻端；后鼻孔圆形，靠近眼前。眼大，眼上缘稍高出头顶。眼间距微凹。前鳃盖骨后缘及下缘无棘齿。体被栉鳞，前鳃盖骨及胸腹部腹面被圆鳞，吻部和眼间距无鳞。无侧线。

背鳍分离，第1背鳍最长鳍棘后伸可达第2背鳍。胸鳍宽圆，有时末端略尖。腹鳍胸位，左右分离。臀鳍起点约在第2背鳍第2～4根分支鳍条的下方。尾鳍圆形。肛门靠近臀鳍起点。

【体色式样】体浅黄色乃至灰黄色。体侧具数条暗色垂直斑条。眼下缘至头部腹面的颊部有1暗色直纹。背鳍和尾鳍有暗色点列。其余各鳍灰白色，或浅黄色。

【地理分布】鄱阳湖、赣江、抚河、信江、饶河、修水和萍水河。

【生态习性】小型底层鱼类，常成群生活于湖泊、河溪、沟渠及池塘中。个体小，数量不多。繁殖期为3～6月。杂食性，以浮游动物、水生昆虫、硅藻等为食。

（三十一）虾虎鱼科 Gobiidae

虾虎鱼科体披圆鳞或栉鳞。背棘存在时，与软鳍条分离，具4～10个弯曲的棘；鳃盖条骨5根。腹鳍融合形成黏附盘。角鳃骨有5个腹侧突，尾上骨1个或没有。本科约有189属1360余种，江西境内有2属6种。

属的检索表

1（2）前鼻孔与上唇有一段距离··吻虾虎鱼属 Rhinogobius

2（1）前鼻孔紧邻上唇··鲻虾虎鱼属 Mugilogobius

91）吻虾虎鱼属 Rhinogobius Gill, 1859

【模式种】Rhinogobius similis Gill, 1859

【鉴别性状】体延长，前部圆筒形，后部侧扁。口中大，前位，斜裂。上、下颌约等长，或下颌稍突出。舌发达，前端圆形、截形或微凹。颏部无须。犁骨、腭骨及舌上均无齿。颊部有数纵行感觉乳突。体被中等大栉鳞；无侧线，纵列鳞25～50。头部几乎完全裸露，颊部与鳃盖部一般裸露无鳞。背鳍2个，分离。第1背鳍具6鳍棘；第2背鳍具1鳍棘、8～9鳍条。腹鳍膜盖发达，膜盖左、右侧的鳍棘和鳍条相连处之鳍膜呈内凹状，形成叶状突起，左、右腹鳍愈合成1吸盘。尾鳍宽圆或尖长。

【包含种类】本属江西有5种。

种的检索表

1（2）背鳍前鳞大于11··直吻虾虎鱼 R. similis

2（1）背鳍前鳞小于4或无

3（8）胸鳍条大于15

4（7）纵列鳞小于32

5（5）纵列鳞 28 ～ 29；鳃盖条部具橘黄色短条纹；背鳍具数列橘色小斑点···· 波氏吻虾虎鱼 *R. cliffordpopei*

6（5）纵列鳞 30 ～ 31；鳃盖条部内侧无斑点；背鳍鳍膜略呈白色，鳍棘及鳍条呈棕色··························
·· 武义吻虾虎鱼 *R. wuyiensis*

7（4）纵列鳞 35 ～ 37···黑吻虾虎鱼 *R. niger*

8（3）胸鳍条 15··· 戴氏吻虾虎鱼 *R. davidi*

184. 直吻虾虎鱼 *Rhinogobius similis* Gill, 1859

Rhinogobius similis Gil, 1859: 145 (日本伊豆省下田).

Gobio hadropterus: Nichols, 1931c: 2 (江西东北部河口镇).

Ctenogobius giurinus: 郭治之和刘瑞兰, 1983: 17 (信江); 郭治之和刘瑞兰, 1995: 230 (鄱阳湖、赣江、抚河、
信江、寻乌水).

Ctenogobius similis: 郭治之和刘瑞兰, 1995: 230 (赣江、信江).

Rhinogobius giurinus: 郭治之等, 1964: 126 (鄱阳湖); 湖北省水生生物研究所鱼类研究室, 1976: 165 (鄱阳湖);
刘世平, 1985: 71 (抚河); 邹多录, 1988: 16 (寻乌水); 伍汉霖和钟俊生, 2008: 594 (南昌、九江庐山、贵
溪、弋阳、上饶、余江、吉安、樟树和鄱阳湖).

Rhinogobius similis: 王子彤和张鹗, 2021: 1264 (赣江).

【俗称】狗尾巴、春鱼、朝天眼、老虎鳖。

检视样本数为 56 尾。样本采自宜黄、临川、广昌、会昌、安远、兴国、龙南、宁都、信丰、
南康、上犹、崇义、于都、瑞金、遂川、安福、永新、吉州、袁州、新余、宜丰、万载、新建、
丰城、修水、靖安、奉新、彭泽、上栗、莲花、寻乌、余干和都昌。

【形态描述】第 1 背鳍 6，第 2 背鳍 6，8 ～ 9；胸鳍 20 ～ 21；腹鳍 1，5；臀鳍 1，8 ～ 9。
纵列鳞 27 ～ 30。

体长为体高的 4.5 ～ 5.1 倍，为头长的 3.0 ～ 3.2 倍。头长为吻长的 2.8 ～ 3.2 倍，为眼
径的 4.9 ～ 6.4 倍，为眼间距的 6.0 ～ 7.1 倍。尾柄长为尾柄高的 2.3 ～ 2.6 倍。

体延长，前部略呈圆柱形，后部侧扁。头略平扁，吻长而宽扁。口端位，口裂斜。上
下颌具 2 行排列成带状的尖细小齿。前鼻孔呈管状，靠近吻端，后鼻孔呈隙缝状，近眼前。
眼较大，侧上位。颊部宽，鳃膜连于峡部。体被栉鳞，背部、腹部被圆鳞，颊部和鳃盖无鳞；
背鳍前鳞向前几达眼后，背鳍前被鳞较密。无侧线。

背鳍分离。胸鳍宽大。左右腹鳍愈合成长圆盘状，末端靠近肛门。尾鳍圆形。肛门靠
近臀鳍起点。

【体色式样】体黄褐色乃至灰褐色，腹部色浅。体侧沿中轴有 5 ～ 7 个黑色斑块。头部
有数条黄褐色虫纹斑，颊部有数条斜向前下方的橘黄色线纹。背鳍和尾鳍有暗色点列。雄
鱼背鳍有 1 黄色纵纹。

【地理分布】鄱阳湖、赣江、抚河、信江、饶河、修水、萍水河和寻乌水。

【生态习性】小型鱼类,生活在江河中上游底质为砂石的浅清水中。常在水底匍匐游动,

伺机掠食。昼伏夜出，领域性强。性成熟早，繁殖期为 5 ～ 7 月，卵为黏性。雄鱼在繁殖期体色特别鲜艳，雌体产卵前有翻沙筑穴的习性。肉食性，主要摄食小鱼、小虾、水生昆虫的幼体或水蚤等。

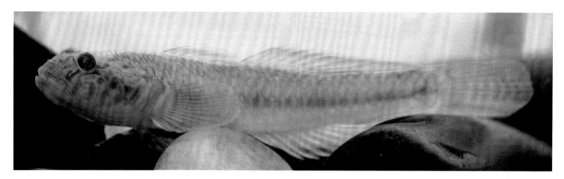

直吻虾虎鱼 *Rhinogobius similis* Gill, 1859

185. 波氏吻虾虎鱼 *Rhinogobius cliffordpopei* (Nichols, 1925)

Gobius cliffordpopei Nichols, 1925b: 5 (湖南洞庭湖).

Gobius cheni Nichols, 1931: 1 (江西东北部铅山县河口镇).

Ctenogobius cliffordpopei: 郭治之和刘瑞兰, 1995: 230 (鄱阳湖、赣江、寻乌水).

Rhinogobius cliffordpopei: 邹多录, 1988: 16 (寻乌水); 伍汉霖和钟俊生, 2008: 578 (九江、沙河); 王子彤和张
鹗, 2021: 1264 (赣江).

【俗称】波氏栉虾虎鱼、克氏虾虎、朝天眼、麻鱼儿。

检视样本数为 53 尾。样本采自鄱阳、余干、湖口、彭泽、新建、寻乌、靖安、奉新、万载、宜丰、新余、袁州、永新、安福、遂川、瑞金、于都、崇义、上犹、大余、龙南、宁都、石城、兴国、安远、会昌、莲花、上栗、宜黄和临川。

【形态描述】第 1 背鳍 6，第 2 背鳍 1，8 ～ 9；胸鳍 16 ～ 17；腹鳍 1，5；臀鳍 1，8。纵列鳞 28 ～ 29。

体长为体高的 4.6 ～ 5.4 倍，为头长的 3.3 ～ 3.8 倍，头长为吻长的 3.0 ～ 3.2 倍，为眼径的 4.9 ～ 5.5 倍，为眼间距的 4.8 ～ 5.3 倍。尾柄长为尾柄高的 1.9 ～ 2.1 倍。

体延长，前部略呈圆筒形，后部侧扁。背部稍隆起，腹部平。头大。口端位，口裂大，略斜。上下颌具多行排列成带状的尖细小齿。舌较小，略尖。前后鼻孔分离，前鼻孔呈短管状，近吻端，后鼻孔近眼前缘。眼较大，位于头的前半部，侧上位，眼间距小于眼径。鳃膜连于峡部，峡部较宽。体披栉鳞，头部裸露无鳞，背鳍前至头部光滑无鳞，峡部和胸鳍基部无鳞。无侧线。

背鳍分离，间距较小，第 1 背鳍低于第 2 背鳍。胸鳍宽圆，有发达的肌肉基。腹鳍胸位，左右愈合成吸盘状，呈圆形。臀鳍起点约与第 2 背鳍相对。尾鳍较大，后缘呈圆形。肛突明显，

靠近臀鳍。

【体色式样】体为灰褐色，背部色暗，腹部色淡。体侧有 6 ～ 7 个棕褐色垂直斑条。背鳍和尾鳍各有数条斑纹。其他各鳍色浅。雄性第 1 背鳍前部有 1 蓝绿色斑点；臀鳍橘黄色，并具白边。

【地理分布】鄱阳湖、赣江、信江、抚河、饶河、修水、萍水河和寻乌水。

【生态习性】小型底层鱼类，喜生活于底质为沙地、砾石等的湖岸、河溪中之浅滩区，伏卧水底，作间歇性缓游。繁殖期为 4 ～ 7 月。杂食性，摄食摇蚊幼虫、白虾、丝状藻、枝角类等。

波氏吻虾虎鱼 *Rhinogobius cliffordpopei* (Nichols, 1925)

186. 武义吻虾虎鱼 *Rhinogobius wuyiensis* Li & Zhong, 2007

Rhinogobius wuyiensis Li & Zhong (李帆和钟俊生), 2007: 540 (浙江武义).

近年未采集到鲜活样本，依据原始记录和馆藏标本进行描述。

【形态描述】第 1 背鳍 6，第 2 背鳍 1，8 ～ 9；胸鳍 15 ～ 18；腹鳍 1，5；臀鳍 1，7 ～ 9；尾鳍 16 ～ 18。纵列鳞 30 ～ 31。

体长为体高的 4.9 ～ 5.6 倍，为头长的 3.0 ～ 3.7 倍。头长为吻长的 3.5 ～ 4.0 倍，为眼径的 3.3 ～ 4.0 倍，为眼间距的 12.0 ～ 15.5 倍。尾柄长为尾柄高的 1.8 ～ 2.7 倍。

体延长，前部略呈圆筒状，后部侧扁。头大，成年雄性头部平扁，颊部凸出，雌性头部略呈圆筒状。吻圆钝。口中大，口裂斜。上颌稍突出，上颌骨后端延伸达（雄性）或不伸达（雌性）眼前缘下方。上下颌具数行细齿。唇厚，发达。舌游离，前端圆形。眼间距小于眼径。眼较大。鳃孔大，向头部腹面延伸，止于鳃盖骨中部下方。峡部宽，鳃盖膜与峡部相连。体被栉鳞。头部、胸鳍基部和腹鳍前部无鳞。

第 1 背鳍的第 3 或第 4 根鳍棘最长；成年雄鱼第 1 背鳍末端呈丝状延长，延伸达第 2 背鳍起点；雌鱼延伸不达第 2 背鳍起点；第 2 背鳍延伸不达尾鳍基部。胸鳍宽大，椭圆形，延伸不达第 2 背鳍起点下方。腹鳍左右愈合成圆盘状。臀鳍延伸不达尾鳍基部。尾鳍边缘近圆形，短于头长。

【体色式样】体、头部为浅褐色。体部具 7 ～ 9 个狭长斑块；体两侧每鳞片处常具 1 浅棕色斑点。头部眼前缘有红棕色细纹。背鳍鳍条为橘色，第 1 背鳍有 1 黑色斑点。胸鳍、臀鳍与尾鳍为浅色，尾鳍基部具 1 黑斑。

【地理分布】信江。

【生态习性】栖息于溪流中，溪流底质为大小不等的石块。

武义吻虾虎鱼 *Rhinogobius wuyiensis* Li & Zhong, 2007

187. 戴氏吻虾虎鱼 *Rhinogobius davidi* (Sauvage & Dabry de Thiersant, 1874)

Ctenogobius duospilus Herre, 1935a: 286 (香港新界).

Rhinogobius davidi: Chen & Miller 1998: 214.

近年未采集到鲜活样本，依据原始记录和馆藏标本进行描述。

【形态描述】第 1 背鳍 6；第 2 背鳍 1，8 ～ 9；胸鳍 15；腹鳍 1，5；臀鳍 1，7。纵列鳞 30 ～ 31。

体长为体高的 5.7 ～ 6.5 倍，为头长的 3.1 ～ 3.7 倍。头长为吻长的 2.4 ～ 3.7 倍，为眼径的 4.5 ～ 5.8 倍，为眼间距的 4.5 ～ 6.2 倍。尾柄长为尾柄高的 1.6 ～ 2.2 倍。

体延长，前部近圆筒形，后部侧扁；背部稍隆起，腹部平。头中大，稍平扁，头宽等于或稍大于头高。口中大，端位。两颌等长，口闭时上颌微突；上颌骨后端达眼前缘下方。上下颌具数行尖细小齿，呈带状稀疏排列；下颌内行齿亦扩大。犁骨、腭骨及舌均无齿。唇厚，发达。舌游离，前端圆形。眼较大，背侧位，位于头的前半部，眼上缘突出于头部背缘。鳃孔大，侧位。体被中大弱栉鳞；胸部无鳞，腹部被小圆鳞。无侧线。

背鳍分离；第 1 背鳍起点位于胸鳍基部后上方，第 2、3 鳍棘最长，伸达第 2 背鳍起点；

第 2 背鳍略高于第 1 背鳍，基部较长，延伸不达尾鳍基部。胸鳍宽大，圆形，下侧位。腹鳍长圆形，左右愈合成吸盘状。臀鳍与第 2 背鳍相对，延伸不达尾鳍基。尾鳍长圆形。肛门与第 2 背鳍起点相对。

【体色式样】头、体为浅褐色，腹部浅色。体侧有 6 ～ 7 个暗色斑块；眼部附近具 2 条棕色条纹。雄性第 1 背鳍有 1 黑斑；尾鳍基具 1 垂直条纹，尾鳍具 6 ～ 8 行垂直条纹；背鳍、尾鳍、臀鳍边缘为白色。

【地理分布】饶河。

【生态习性】为暖水性小型底层鱼类，栖息于淡水河川中。无食用价值。个体体长为 40 ～ 60 mm。摄食底栖无脊椎动物。

戴氏吻虾虎鱼 *Rhinogobio davidi* (Sauvage & Dabry de Thiersant, 1874)

188. 黑吻虾虎鱼 *Rhinogobius niger* Huang, Chen & Shao, 2016

Rhinogobius niger Huang, Chen & Shao, 2016: 3 (浙江磐安).

近年未采集到鲜活样本，依据原始记录和馆藏标本进行描述。

【形态描述】第 1 背鳍 5 ～ 6；第 2 背鳍 1，8 ～ 9；胸鳍 16 ～ 18；腹鳍 1，8；臀鳍 1，8。纵列鳞 35 ～ 37。

体长为头长的 3.2 ～ 3.7 倍。头长为吻长的 3.0 ～ 3.3 倍，为眼径的 4.1 ～ 4.8 倍，为眼间距的 10.0 ～ 11.0 倍。尾柄长为尾柄高的 1.9 ～ 2.3 倍。

身体颇细长，前部略呈圆筒状，而后部侧扁。头中等大。唇厚，上唇比下唇更显著。雄鱼比雌鱼的吻长更长。口斜裂；雄鱼口角延伸至眼前缘。前鼻孔为短管，后鼻孔为圆形开口。眼大而位高。鳃裂向腹部延伸至鳃盖中部垂线。体披中等大小的栉鳞，背鳍前部裸露无鳞。腹部披圆鳞。鳃盖骨、前鳃盖骨、腹鳍前区域和胸鳍基之间裸露无鳞。

背鳍 2 个；第 3、4 背鳍棘最长，雄鱼末端延伸至第 2 背鳍第 3 鳍条的基部，雌鱼则仅至第 2 背鳍条的前缘。胸鳍宽，雄鱼末端延伸超过肛门的垂线，而雌鱼则不达，仅至腹部中线。腹鳍呈圆吸盘状。臀鳍起点位于第 2 背鳍第 2 根分支鳍条下方。尾鳍圆形。

【体色式样】雄性头和身体为黑色，雌鱼黄褐色。体侧有 7 个不明显的灰黑色斑块。多数体鳞有黑色边缘。颊部无条纹或斑点。吻有 1 对红褐色的条纹，与吻端相连。前鳃盖骨上缘有 2 条水平向后延伸的红褐色条纹。雌雄鱼第 1 背鳍前有黑色的大斑，成年雄性第 2 背鳍鳍膜暗或半透明，有 2 ～ 3 行水平伸展的红褐色斑点。胸鳍基有 1 圆形斑块；成年雄鱼胸鳍膜通常呈灰黑色，雌鱼为灰白色。雄鱼腹鳍膜通常灰黑色，而雌鱼通常灰白色。臀鳍雄鱼常为灰色，雌鱼为灰白色。尾鳍为灰色，成年雄鱼无垂线，雌鱼有 2 ～ 3 条褐色垂线。

【地理分布】信江。

【生态习性】小型底层鱼类，栖息于江河溪流中。

黑吻虾虎鱼 *Rhinogobius niger* Huang, Chen & Shao, 2016

92）鲻虾虎鱼属 *Mugilogobius* Smitt, 1900

【模式种】*Ctenogobius abei* Jordan & Snyder, 1901

【鉴别性状】体延长，项部无皮嵴状突起。头部和鳃盖部无感觉管孔。颊部球形凸出，有 3 条水平状感觉乳突线，无垂直感觉乳突线。眼下缘有 1 条浅弧形感觉乳突线，无放射状感觉乳突线。鼻孔每侧 2 个：前鼻孔具鼻管，紧邻上唇，垂覆于其上；后鼻孔小，在眼前方。口中大，前位，稍斜裂。上颌稍突出，稍长于下颌。上、下颌齿细尖，排列成狭带状。舌稍宽，前端圆形、平截或分叉。鳃孔中大。鳃盖膜与峡部相连。鳃盖条 5 根。假鳃存在。鳃耙短小。体被栉鳞，鳞大或小，纵列鳞 30 ～ 58；项部、后头部及鳃盖上部均被鳞，头的其余部分裸露无鳞。无侧线。背鳍 2 个，分离；第 1 背鳍具 6 鳍棘；第 2 背鳍具 1 鳍棘，7 ～ 9 鳍条。臀鳍有 1 鳍棘，7 ～ 9 鳍条。胸鳍尖长。腹鳍小，基底长小于腹鳍全长的 1/2，左、右腹鳍愈合成 1 吸盘。尾鳍圆形。椎骨 26。

【包含种类】本属江西有 1 种。

189. 黏皮鲻虾虎鱼 *Mugilogobius myxodermus* (Herre, 1935)

Ctenogobius myxodermus Herre, 1935b: 395 (广州岭南大学鱼池; 梧州广西大学校园).

Mugilogobius myxodermus: Larson, 2001: 154; 张堂林和李钟杰, 2007: 437 (鄱阳湖).

近年未采集到鲜活样本，依据原始记录和馆藏标本进行描述。

【形态描述】第 1 背鳍 6; 第 2 背鳍 1, 8 ~ 9; 胸鳍 16 ~ 17; 腹鳍 1, 5; 臀鳍 1, 7 ~ 8。纵列鳞 35 ~ 40。

体长为体高的 5.1 ~ 5.7 倍, 为头长的 3.0 ~ 3.4 倍。头长为吻长的 4.1 ~ 4.8 倍, 为眼径的 4.5 ~ 5.2 倍, 为眼间距的 3.6 ~ 4.3 倍。尾柄长为尾柄高的 1.2 ~ 1.4 倍。

体延长, 前部近圆筒形, 后部侧扁。头宽大, 头部和鳃盖部无感觉管孔。颊部球形凸出, 有 4 条感觉乳突线。眼下缘有 1 条弧形感觉乳突线。吻圆钝, 略大于眼径。口中大, 端位, 斜裂。上颌略长于下颌。上颌骨后端伸达眼中部下方。上、下颌齿细尖, 多行, 排列成带状, 外行齿稍大。唇发达。舌游离前端近截形。鼻孔每侧 2 个, 分离。眼小, 上侧位。眼间距宽, 稍凸。鳃孔中等大, 向前下方伸达前鳃盖骨后缘下方。前鳃盖骨和鳃盖骨边缘光滑。峡部宽。鳃盖膜与峡部相连。鳃盖条 5 根。有假鳃。鳃耙短小。体被弱栉鳞, 后部鳞较大, 前部被圆鳞。无侧线。

背鳍 2 个, 分离; 第 1 背鳍起点在胸鳍基部后上方, 鳍棘均细弱, 第 3、4 鳍棘最长, 末端伸达第 2 背鳍第 2 鳍条基部处; 第 2 背鳍略低, 基部长, 延伸不达尾鳍基部。胸鳍宽圆, 下侧位, 其长稍大于眼后头长, 后端不伸达肛门。腹鳍短, 左、右腹鳍愈合成长形吸盘。臀鳍延伸不达尾鳍基部。尾鳍圆形。

【体色式样】体呈黑褐色, 腹面浅色。体背侧有许多不规则灰黑色斑点。颊部有暗红色虫状纹及斑点, 腹面自颏部向后有多条暗色弧形线纹和横线纹。第 1 背鳍中部有 1 黑色斑点, 外缘白色; 第 2 背鳍有 1 条黑色纵纹, 外缘白色。臀鳍灰褐色。胸鳍和腹鳍浅色。尾鳍灰色, 有数行暗色点纹。

【地理分布】鄱阳湖和赣江。

【生态习性】淡水底层小型鱼类, 栖息于河沟和池塘。个体小。可供食用。

黏皮鲻虾虎鱼 *Mugilogobius myxodermus* (Herre, 1935)

（三十二）丝足鲈科 Osphronemidae

丝足鲈科骨和腭骨无齿。侧线完整且连续，体被栉鳞。背鳍有 11 ～ 16 根刺和 10 ～ 14 根软鳍条，臀鳍有 9 ～ 12 根刺和 16 ～ 23 根软鳍条，14 ～ 16 根胸鳍条；横向鳞片，31 ～ 34 行。椎骨 30 ～ 31。本科有 4 亚科 14 属 132 种，江西境内有 1 属。

93）斗鱼属 *Macropodus* Lacepède, 1801

【模式种】*Macropodus viridiauratus* Lacepède, 1801 = *Macropodus opercularis* (Linnaeus, 1758)

【鉴别性状】体长卵圆形且侧扁。眼大，侧上位，眶前骨下缘具锯齿。口裂小而斜，上颌骨末端伸达眼。颌具细小锥齿，犁骨和腭骨均无齿。前鳃盖骨和下鳃盖骨边缘具细齿。鳃上器呈球状。体被中等大的栉鳞，侧线退化而不明显。背鳍始于胸鳍基底后上方，鳍棘部和鳍条部相连，具 12 ～ 19 鳍棘和 5 ～ 8 鳍条。臀鳍基底长于背鳍基底，具 16 ～ 21 鳍棘、9 ～ 15 鳍条。腹鳍具 1 鳍棘、5 鳍条，第 1 根鳍条呈丝状延长。尾鳍叉形或圆形。

【包含种类】本属江西有 2 种。

种的检索表

1（2）尾鳍圆形···圆尾斗鱼 *M. ocellatus*
2（1）尾鳍分叉···叉尾斗鱼 *M. opercularis*

190. 圆尾斗鱼 *Macropodus ocellatus* Cantor, 1842

Macropodus ocellatus Cantor, 1842: 484 (舟山岛)；张鹗等, 1996: 11 (赣东北).

Macropodus chinensis: 郭治之等, 1964: 126 (鄱阳湖)；湖北省水生生物研究所鱼类研究室, 1976: 210 (鄱阳湖)；刘世平, 1985: 71 (抚河)；邹多录, 1988: 16 (寻乌水)；张鹗等, 1996: 11 (赣江)；郭治之和刘瑞兰, 1983: 17 (信江)；郭治之和刘瑞兰, 1995: 230 (鄱阳湖、赣江、抚河、饶河、寻乌水)；王子彤和张鹗, 2021: 1264 (赣江).

【俗称】火烧鳊、狮公鱼、火烧鳑鲏。

检视样本数为 15 尾。样本采自安福、永新、泰和、余干、都昌、上栗、莲花、永修和新建。

【形态描述】背鳍 15 ～ 18，7 ～ 8；胸鳍 11 ～ 12；腹鳍 1，5；臀鳍 18 ～ 20，9 ～ 11。纵列鳞 26 ～ 28。

体长为体高的 2.5 ～ 2.8 倍，为头长的 3.3 ～ 3.7 倍，为尾柄高的 5.5 ～ 6.7 倍。头长为吻长的 3.8 ～ 4.7 倍，为眼径的 3.7 ～ 4.3 倍，为眼间距的 2.6 ～ 3.0 倍，为尾柄高的 1.5 ～ 1.9 倍。

体较短，侧扁，略呈方形。头较大而尖。吻短而尖，口上位，下颌稍突出于上颌前方，口裂向下倾斜。唇发达。上下颌有细齿。鼻孔分离较远，前鼻孔靠近上唇，后鼻孔在眼的前缘上方。前鳃盖骨的下缘有细锯齿，鳃膜跨越峡部相互连接，全体被有大型栉鳞。背鳍和臀鳍的基部都被有鳞鞘。在尾鳍基部也被有小型鳞片。

背鳍与臀鳍的起点上下相对，其基部末端都紧靠尾鳍基，而臀鳍更为接近；两鳍的前部由多数硬棘组成，其后部由少数的分支鳍条构成，在前面的几根分支鳍条特别长，长度可达尾鳍末端，而雄鱼常超越尾鳍甚远。胸鳍下侧位，略呈椭圆形，腹鳍胸位，其第1根分支鳍条特别延长，而雄鱼较雌鱼更长。尾柄极短，尾鳍圆形。肛门在臀鳍起点前方。

【体色式样】体灰黄褐色，体侧有10条上下的暗色横斑，繁殖期横斑呈青蓝色，平时模糊不清或消失难辨。鳃盖的后上方有1大型青蓝色圆斑。眼的后下方有2条暗色斜纹延伸至鳃盖的边缘。背鳍、臀鳍及尾鳍呈浅的暗棕红色，各鳍的鳍膜有蓝绿色的小点散布其上。在延长的鳍条上饰有蓝绿色薄镶边、在繁殖期这些斑点及镶边的色彩格外鲜艳醒目，雄鱼尤为鲜丽。

【地理分布】鄱阳湖、赣江、抚河、饶河、信江、修水、萍水河和寻乌水。

【生态习性】为小型鱼类。生活于河流湖泊浅水处、池塘和沟渠中，活动于水体平稳的沿岸水草丛生的地方。以浮游动物为主食，尤其是大量捕食孑孓，对控制蚊子的孳生有一定的功效。春夏繁殖，产卵前雄鱼在漂浮的水草间吐出许多泡沫作为鱼巢，卵就产在泡沫中，仔鱼孵化后离去。

圆尾斗鱼 *Macropodus ocellatus* Cantor, 1842

191. 叉尾斗鱼 *Macropodus opercularis* (Linnaeus, 1758)

Labrus opercularis Linnaeus, 1758: 283 (广州).

Chaetodon chinensis Bloch, 1790: 5 (中国).

Macropodus viridiauratus: Nichols, 1943: 242 (江西河口).

Macropodus opercularis: 张鹗等, 1996: 11 (赣东北); 郭治之和刘瑞兰, 1983: 17 (信江); 邹多录, 1988: 16 (寻乌水); 郭治之和刘瑞兰, 1995: 230 (赣江、抚河、寻乌水); 王子彤和张鹗, 2021: 1264 (赣江).

【俗称】火烧鳊、狮公鱼、火烧鳑鲏、烧火佬。

检视样本数为15尾。样本采自鄱阳、余干、庐山、莲花、修水、靖安、奉新、丰城、新余、袁州、靖安、泰和、永新、安福、遂川、瑞金、于都、上犹、信丰、龙南、宁都、石城、兴国、会昌和临川。

【形态描述】背鳍15～16，6～7；胸鳍10；腹鳍1，5；臀鳍18～20，8～11。纵列鳞26～28。

体长为体高的2.4～2.7倍，为头长的3.0～3.4倍，为尾柄高的4.5～5.1倍。头长为吻长的4.0～4.7倍，为眼径的3.5～4.1倍，为眼间距的2.3～2.8倍，为尾柄高的1.4～1.6倍。

体长卵形，侧扁。头中大。吻短钝。口小，上位，口裂略斜，后端仅达前后鼻孔之间的下方。眼大，位于头的前半部，侧上位。颌齿细小。前鳃盖骨下缘和下鳃盖骨后缘有细锯齿；鳃盖骨光滑。眶前骨矩形，下缘有强锯齿。侧线不存在。鳃盖膜不与峡部相连。头与身体皆被鳞，头部通常为圆鳞，但有个别个体的头部鳞片亦出现栉鳞，体被栉鳞。背鳍基有1列鳞鞘，臀鳍基有2～3列鳞鞘，鳍条亦被有许多小鳞。

背鳍起点在胸鳍中部的上方，臀鳍起点靠近肛门，约与背鳍相对，鳍棘基较鳍条基为长，臀鳍基较背鳍基为长，鳍条部中央鳍条较长；胸鳍末端圆。腹鳍胸位，第1鳍条呈丝状延长，雄鱼尤甚。尾鳍深分叉，上下两叶外缘鳍条特长。

【体色式样】体侧具10余条红蓝相间横带纹。经福尔马林液浸泡，横带纹转为蓝黑色，带纹之间为白色或红色。头略红，自吻端经眼到鳃盖有1黑条纹，其上下在眼后又各有1条，在鳃盖后角边缘具1暗绿色圆斑，圆斑外围为1黄色圈。背鳍与臀鳍灰黑而带有红色边缘。

叉尾斗鱼 *Macropodus opercularis* (Linnaeus, 1758)

【地理分布】鄱阳湖、赣江、抚河、信江、饶河、修水、寻乌水和萍水河。

【生态习性】与圆尾斗鱼相似。

（三十三）鳢科 Channidae

鳢科体延长。背鳍和臀鳍基长，通常有腹鳍，有 6 根鳍条；没有鳍刺、圆鳞或栉鳞。下颌突出，超过上颌。有呼吸空气的鳃上器官。本科共有 2 属 37 种，江西境内有 1 属。

94）鳢属 *Channa* Scopoli, 1777

【模式种】*Channa orientalis* Bloch & Schneider, 1801

【鉴别性状】体延长而稍圆。口大，端位，或通常下颌突出，两颌与犁骨及腭骨均有齿。背鳍与臀鳍均长且无棘。如腹鳍存在，则为次胸位。尾鳍圆形。被小型圆鳞。鳃耙数少，呈刺球状。

【包含种类】本属江西有 3 种。

种的检索表

1（4）有腹鳍

2（3）背鳍 47 ～ 52；臀鳍 30 ～ 34；侧线鳞 61 ～ 68；尾鳍基无弧形横斑··················乌鳢 *C. argus*

3（2）背鳍 43 ～ 46；臀鳍 28 ～ 32；侧线鳞 53 ～ 60；尾鳍基有 2 ～ 3 条弧形横斑··········斑鳢 *C. maculata*

4（1）无腹鳍··月鳢 *C. asiatica*

192. 乌鳢 *Channa argus* (Cantor, 1842)

Ophicephalus argus Cantor, 1842: 484 (舟山岛); Günther, 1889: 223 (江西九江); Nichols, 1943: 238 (江西河口); 郭治之等, 1964: 126 (鄱阳湖); 湖北省水生生物研究所鱼类研究室, 1976: 211 (鄱阳湖、波阳); 郭治之和刘瑞兰, 1983: 17 (信江); 刘世平, 1985: 71 (抚河); 郭治之和刘瑞兰, 1995: 229 (鄱阳湖、赣江、抚河、信江、修水和饶河).

Channa argus: 张鹗等, 1996: 11 (赣江); 王子彤和张鹗, 2021: 1264 (赣江).

【俗称】黑鱼、财鱼、乌棒、才鱼、斑鱼、乌鱼。

检视样本数为 25 尾。样本采自兴国、石城、宁都、龙南、信丰、上犹、瑞金、永新、峡江、袁州、新余、万载、靖安、鄱阳、余干、都昌、庐山、湖口、永修和新建。

【形态描述】背鳍 47 ～ 56；胸鳍 15 ～ 18；腹鳍 6；臀鳍 30 ～ 34。侧线鳞 $61 \frac{8}{16 \sim 18} 68$。

体长为体高的 5.4 ～ 5.8 倍，为头长的 3.0 ～ 3.4 倍，为尾柄长的 11.6 ～ 15.3 倍，为尾柄高的 9.3 ～ 10.5 倍。头长为吻长的 6.3 ～ 8.3 倍，为眼径的 7.8 ～ 11.4 倍，为眼间距的 4.3 ～ 5.7

倍，为尾柄长的 3.6 ～ 4.9 倍，为尾柄高的 2.8 ～ 3.3 倍。尾柄长为尾柄高的 0.6 ～ 0.9 倍。

体延长，前部圆柱形，后部渐转侧扁。头部较长，略呈楔状。头顶宽而平。吻极短，宽而扁，前端圆钝。口极大，端位，口裂向后延伸超越眼后，下颌稍向前凸出，上下颌及口盖骨上都有尖锐的细齿，前后鼻孔相隔较远，前鼻孔为 1 短管，紧靠于上唇后方，后鼻孔在眼的前缘，眼较小，侧上位，眼间距较宽，微有隆起。鳃膜越过峡部相互连接。鳃耙短小如疣状突起。体被圆鳞，鳞较小，头部的鳞片形状稍不规则。侧线起于鳃孔后上角，斜向后下方延伸，至臀鳍起点上方沿体侧中间延伸至尾鳍基部。

背鳍极长，自头部后方延伸至尾鳍基。胸鳍较宽大，下侧位略呈扇形，末端超过腹鳍基部之后，腹鳍次胸位。臀鳍很长，其起点在吻端至尾鳍基之间的中点，末端接近尾鳍基。尾鳍圆形，肛门位于臀鳍起点之前方。

【体色式样】体灰黄黑色，有青黑色斑块，体侧中间 2 行较大，近背腹两侧的较小，斑块相互交叉嵌合。头部有 3 条深色纵条，上侧 1 条自吻端越过眼眶伸至鳃孔上角，下面 2 条自眼下方沿头侧至胸鳍基部。背鳍、臀鳍及尾鳍上都有浅色斑点。胸鳍及腹鳍灰黑色。

【地理分布】鄱阳湖、赣江、抚河、信江、饶河、修水。

【生态习性】喜栖息于河流、湖泊、池塘等沿岸带水草丛生的静水处，营底栖生活。平常游动缓慢，捕食时行动则异常迅猛。乌鳢适应性强，能借助鳃上腔的辅助呼吸器，即使离开水体后还能活相当长的时间。冬季到深水处，埋在淤泥中越冬。性凶猛，肉食性。幼鱼以桡足类、枝角类和摇蚊幼虫为食；次成体则以水生昆虫的幼虫和小虾为主，其次为小型鱼类；成鱼主要捕食鱼类及虾类。2 龄达性成熟。繁殖期为 5 ～ 7 月，6 月为产卵盛期。常在水草茂盛的静水浅滩产卵。产漂浮性卵，并且有护巢行为。

乌鳢 *Channa argus* (Cantor, 1842)

193. 斑鳢 *Channa maculata* (Lacepède, 1801)

Bostrychus maculatus Lacepède, 1801: 140 (可能是中国广州).

Ophicephalus maculata: 郭治之和刘瑞兰, 1995: 229 (赣江).

Channa maculata: 王子彤和张鹗, 2021: 1264 (赣江).

【俗称】才鱼、财鱼、斑鱼、生鱼、花鱼。

检视样本数为 20 尾。样本采自奉新、樟树、万载、峡江、吉安、吉州、永新、安福、遂川、瑞金、龙南、兴国、临川和宜黄。

【形态描述】背鳍 43 ～ 46；胸鳍 14 ～ 17；腹鳍 5；臀鳍 28 ～ 32。侧线鳞 53 ～ 60。

体长为体高的 4.6 ～ 5.8 倍，为头长的 3.0 ～ 3.2 倍，为尾柄高的 8.8 ～ 9.0 倍。头长为吻长的 8.1 ～ 8.4 倍，为眼径的 8.3 ～ 8.6 倍，为眼间距的 4.3 ～ 5.7 倍。尾柄长为尾柄高的 0.5 ～ 0.6 倍。

体长而肥胖，稍侧扁。头长，头背宽平，向吻端倾斜。吻短钝。眼位于头的前部，侧上位，靠近吻端。2 对鼻孔，前后分离，后鼻孔呈平眼状，距眼较近；前鼻孔呈管眼状，靠近吻端。口近上位，口裂大，颌角超过眼后缘的下方。舌尖而游离。下颌稍长于上颌。上下颌外缘有细齿，内缘、犁骨及口盖骨上有大而尖的齿。背鳍基甚长，起点靠近胸鳍基的上方，基末接近尾鳍基，鳍条末端超过尾鳍基部，胸鳍扇形，末端超过腹鳍中部。腹鳍较小，末端不达肛门，起点位于胸鳍基到肛门间的 1/3 处。肛门紧靠臀鳍。臀鳍基亦长，起点约位于背鳍第 16 根鳍条的下方，臀鳍基末端稍前于背鳍基末端，鳍条末端也超过尾鳍基。尾鳍圆形。侧线自头后沿体侧上部后行，至臀鳍起点的上方折向下弯或断折，而后行于体侧正中。全身披鳞。头部鳞片不规则，黏液孔较小。

【体色式样】体侧上部暗绿带褐色，下部淡黄色。头部两侧从眼到鳃盖后缘各有 2 条黑色条纹。体侧有 2 列不规则的黑色斑块。背鳍和臀鳍上有许多不连续的白色斑点，尾柄和尾鳍基部有数列黑白相间的斑条。偶鳍稍带橘红色。

【地理分布】赣江、抚河和修水。

【生态习性】多生活在江河中。性凶猛，以小鱼、小虾为食。肉质鲜美，为上等食用鱼类。

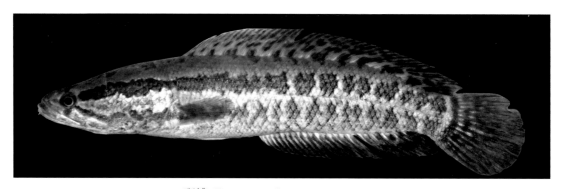

斑鳢 *Channa maculata* (Lacepède, 1801)

194. 月鳢 *Channa asiatica* (Linnaeus, 1758)

Gymnotus asiaticus Linnaeus, 1758: 246 (亚洲).

Channa asiatica: 邹多录, 1982: 51(赣江); 刘世平, 1985: 71 (抚河); 郭治之和刘瑞兰, 1995: 229 (赣江、抚河);
　　王子彤和张鹗, 2021: 1264 (赣江).

【俗称】七星鱼、点秤鱼、山花鱼。

检视样本数为 20 尾。样本采自安远、兴国、信丰、南康、上犹、瑞金、安福、吉安、泰和、高安、樟树、靖安、奉新、鄱阳、都昌、湖口和新建。

【形态描述】背鳍 40 ～ 45；胸鳍 15 ～ 16；臀鳍 23 ～ 27。侧线鳞 $50\frac{6}{9}53$。

体长为体高的 5.0 ～ 5.8 倍，为头长的 3.4 ～ 3.9 倍，为尾柄长的 11.9 ～ 18.7 倍，为尾柄高的 8.4 ～ 9.4 倍。头长为吻长的 5.1 ～ 6.0 倍，为眼径的 5.5 ～ 8.7 倍，为眼间距的 3.1 ～ 3.5 倍，为尾柄长的 3.7 ～ 5.2 倍，为尾柄高的 2.2 ～ 2.4 倍。

体较长，前部圆柱形，后部渐转侧扁。背部平直，头较长，宽而扁。吻短而扁圆。口端位，口裂大，口角达眼的后缘下方。下颌稍微突出，上下颌都有细齿。鼻孔分离，前鼻孔近吻端，在上唇的后缘，开口于 1 短管的顶上，短管的长度约为眼径的 1/2。眼较小，侧位于头部的中线上方。眼间距较宽，稍微隆起，鳃膜越过峡部左右相连。有鳃上器官，全体被圆鳞，鳞较小，头部鳞片不很规则。侧线完全，平直。

背鳍极长，起点在头部稍后方，末端达尾鳍基。胸鳍宽大，似扇形。无腹鳍。臀鳍甚长。其起点在吻端至尾鳍基之间的中点，末端接近尾鳍基。尾鳍圆形。

【体色式样】体灰黑色，体侧有 10 余条青黑色的"人"字形横纹，尾柄上侧有青黑色圆斑 1 个。背鳍有 4 列不连续的白色斑点。背鳍上有 3 列不连续的白色斑点。背、臀鳍共 7 列白色斑点，故名七星鱼。各鳍呈灰黑色。

【地理分布】赣江、抚河和修水。

【生态习性】生活在河流溪流及水草繁茂的池塘、水沟或稻田；喜打洞、穴居或集群，昼伏夜出。性凶猛，肉食性，主要以小鱼、小虾、螺、水生昆虫等水生动物为食，也吞食少量丝状藻类等水生植物，并且有互残行为。2 龄性成熟，繁殖期为 4 ～ 7 月，盛产期为 5 ～ 6 月。分批产卵。常在水草茂盛的静水岸边比较安静的隐蔽处产卵，亲鱼有配对、筑巢、护幼的本能。卵浮性，连成片浮于水面。卵呈圆球形，金黄色。

月鳢 *Channa asiatica* (Linnaeus, 1758)

十二

鲽形目 Pleuronectiformes

鲽形目成体两侧不对称，一只眼睛迁移到头部另一侧。背鳍和臀鳍基长。背鳍基部至少与脑颅重叠。体极其侧扁，眼侧略呈圆形，无眼侧平扁。眼睛可以突出于体表面，可埋在基底中让鱼观察四周。鳃盖条骨通常 6 ～ 7，极少为 8。体腔小。成体几乎总是没有鳔。体两侧被圆鳞、栉鳞或骨质突起。本目有 14 科 134 属 678 种，江西境内有 1 科。

（三十四）舌鳎科 Cynoglossidae

舌鳎科两眼均位于头部左侧。前盖骨边缘被皮肤和鳞片隐藏。背鳍和臀鳍与尖形尾鳍相融合。无眼体侧沿腹中线有 4 根鳍条，部分与臀鳍相连。有眼体侧无腰带和鳍。胸鳍缺失。眼睛非常小，通常合在一起；口不对称；椎骨 42 ～ 78（通常 9 或 10 在腹部，33 ～ 66 在尾侧）。本科目前有 3 属 143 种鱼类，江西境内有 1 属。

95）舌鳎属 *Cynoglossus* Hamilton, 1822

【模式种】*Pleuronectes cynoglossus* Linnaeus, 1758 = *Glyptocephalus cynoglossus* (Linnaeus, 1758)

【鉴别性状】唇的边缘无穗状排列的突起。无眼侧的两颌齿细小呈绒毛状。犁骨与腭骨均无齿。前鳃盖被以皮肤和鳞片，边缘不呈游离状。背鳍、臀鳍与尾鳍相连，鳍条均不分支。无胸鳍。

【包含种类】本属江西有 1 种。

195. 窄体舌鳎 *Cynoglossus gracilis* Günther, 1873

Cynoglossus gracilis Günther, 1873: 244 (上海); 郭治之等, 1964: 126 (鄱阳湖); 郭治之和刘瑞兰, 1995: 230 (鄱阳湖、赣江).

【俗称】牛舌。

检视样本数为 5 尾。样本采自湖口。

【形态描述】背鳍 130 ～ 138；腹鳍 4；臀鳍 104 ～ 110；尾鳍 8。侧线鳞 12+138 ～ 160。

　　体长为体高的 3.9 ～ 5.1 倍，为头长的 4.6 ～ 5.0 倍。头长为吻长的 2.3 ～ 2.6 倍，为眼径的 18.0 ～ 27.0 倍，为眼间距的 12.7 ～ 18.0 倍。

　　体延长，舌状，侧扁。体较狭。头较短，长度与高度相近或稍长。吻较长，其长度比上眼至背鳍的距离为大，前端圆钝稍尖，吻钩较短，末端与前鼻孔上下相对。口小，弧形，左右不对称，口角达眼后缘下方，有眼侧两颌无牙，无眼侧牙细小，排列成带状。眼较小，都位于头部的左侧，上眼稍偏于前方，至背鳍基部的距离约为头长的 1/3。眼间距较宽，大于眼径，较为平坦，其上被有小鳞 5 行。有眼侧的后鼻孔在眼间距前方的中央，前鼻孔为 1 短管，位于眼前方靠近上唇。鳃孔小，鳃膜左右相连。鱼体两侧都被有小型栉鳞。有眼侧有侧线 3 条；无眼侧无侧线。

　　背鳍起点位于吻端上方。无胸鳍。有眼侧有腹鳍，位于峡部后方，与臀鳍相连。臀鳍起点位于鳃孔下方。背鳍、臀鳍与尾鳍相连。尾鳍尖形。

　　【体色式样】有眼侧头部、体为黄褐色，鳍淡色。无眼侧为白色。

　　【地理分布】鄱阳湖和赣江。

　　【生态习性】为近海暖温性底层鱼类，有洄游习性。栖息于沿岸浅海。随潮进入河口，在下游淡水中索饵，能进入江河及湖泊等淡水水体中。杂食性，摄食螺、蚌、小虾、小蚬，也食鱼卵、植物腐屑。一般体长 200 ～ 300 mm。

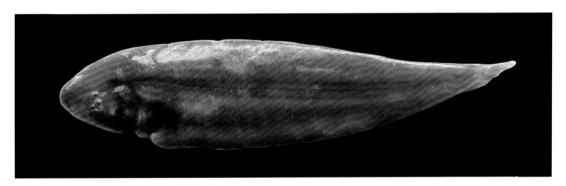

窄体舌鳎 *Cynoglossus gracilis* Günther, 1873

十三

鲀形目 Tetraodontiformes

鲀形目无顶骨和鼻骨或眶下骨。肋骨通常缺失，后颞窝如果存在，简单并与颅骨翼耳骨融合。外肩骨缺失，舌颌骨和腭骨与头骨紧密相连。鳃裂定位于胸鳍基前，上颌骨通常与前颌骨融合。鳞片通常特化为刺、盾或骨板；侧线有或没有。有鳔，无臀鳍刺，腹鳍最多有 1 根刺和 2 根柔软鳍条，尾鳍有 12 根主鳍条。椎骨通常 21 或更少。本目有 10 科大约 106 属 435 种鱼类，江西境内有 1 科。

（三十五）鲀科 Tetraodontidae

鲀科体可充气。身体裸露或只有短刺（通常局限于腹部）。颌有 4 颗融合的牙齿（每颌牙齿融合，但被中间缝合分开）；前颌骨和齿骨不融合；背鳍和臀鳍通常各有 7 ～ 18 根软鳍条；神经弓突缺失。尾鳍有 10 根主鳍条，没有前流鳍条，中等分叉或圆形。本科约有 26 属 196 种，江西境内有 1 属。

96）东方鲀属 *Takifugu* Abe, 1949

【模式种】*Tetrodon oblongus* Bloch, 1786 = *Takifugu oblongus* (Bloch, 1786)

【鉴别性状】体亚圆筒形，头体粗圆，尾柄长而稍侧扁。体侧下缘有 1 纵行皮褶。口小，前位。上、下颌与牙愈合，形成 4 个喙状牙板。鼻孔每侧 2 个，鼻瓣呈卵圆形突起。体背面和腹面有或无小刺，侧面多数种光滑无小刺。侧线发达，每侧各有 1 支背侧支、腹侧支、项背支、眼眶支、吻背支和头侧支。背鳍有 12 ～ 18 鳍条，前方 2 ～ 6 鳍条不分支。臀鳍有 9 ～ 16 鳍条，前方 1 ～ 6 鳍条不分支。无腹鳍。胸鳍有 14 ～ 18 鳍条。尾鳍呈亚圆截形，截形，或微凹入形。中筛骨较短而宽，额骨前端伸越前额骨前缘，中部宽，向外扩张，后部较窄。额骨外缘无凹刻或稍凹入。后匙骨细棒状。脊椎骨 19 ～ 25。鳔呈卵圆形或椭圆形。有气囊。

【包含种类】本属江西有 2 种。

种的检索表

1（2）体背部刺区和腹部刺区仅在体侧鳃孔前方相连接；体侧具 1 暗褐色小胸斑⋯⋯⋯暗纹东方鲀 *T. obscurus*

2（1）体背部刺区和腹部刺区相互分离，不在体侧相连接；体侧具 1 显著的小的暗色胸斑；体背部具 1 条暗色横带连接两侧胸斑；胸斑及横纹具橙色镶边⋯⋯⋯⋯⋯⋯⋯⋯⋯⋯⋯⋯⋯弓斑东方鲀 *T. ocellatus*

196. 暗纹东方鲀 *Takifugu obscurus* (Abe, 1949)

Sphoeroides ocellatus obscurus Abe, 1949: 97 (日本东京).

Fugu obscurus: 湖北省水生生物研究所鱼类研究室, 1976: 218 (鄱阳湖: 波阳、都昌、湖口): 郭治之和刘瑞兰, 1995: 230 (鄱阳湖、修水); 张鹗等, 1996: 12 (赣东北); 郭治之和刘瑞兰, 1983: 18 (信江).

Takifugu obscurus: 王子彤和张鹗, 2021: 1264 (赣江).

【俗称】河鲀。

近年未采集到鲜活样本，依据原始记录和馆藏标本进行描述。

【形态描述】背鳍 15 ～ 17；胸鳍 14 ～ 18；臀鳍 12 ～ 16。

体长为体高的 3.1 ～ 3.8 倍，为头长的 2.9 ～ 3.5 倍。头长为吻长的 2.6 ～ 3.3 倍，为眼径的 5.5 ～ 6.0 倍，为眼间距的 1.4 ～ 1.6 倍。尾柄长为尾柄高的 1.5 ～ 1.8 倍。

体近圆柱状，后部逐渐转细，尾柄略为侧扁。头长适中。吻中长，圆钝；吻长短于眼后头长。口端位，口裂较小，横裂；唇肥厚，下唇较长，在口角弯向上方，包在上唇的外端。上下颌各具 2 枚喙状牙板，中缝明显。鼻孔每侧 2 个，位于眼前上方、泡形突起的鼻瓣内外两侧。眼中大，上侧位。眼间距宽而微凸。鳃孔中大，位于胸鳍基部前方。背部自鼻孔后方至背鳍前方，腹部自鼻孔下方至肛门前方，以及鳃孔前口的皮肤上都被有刺状小鳞。吻部、体侧和尾柄等处无刺状小鳞。侧线 2 条分别位于背腹两侧，背侧线在头部有多条分支。

背鳍起点在肛门后上方，鳍小，略呈椭圆形。胸鳍短而宽，略呈方形。无腹鳍。臀鳍起点与背鳍相对，形状相似。尾鳍截形。肛门在臀鳍起点之前。

【体色式样】背部浅灰蓝色，腹部白色。在背部具 4 ～ 6 条深褐色宽条纹。背鳍基部有 1 黑斑，胸鳍后上方的体侧有 1 黑色圆斑。尾鳍后缘深褐色，其他各鳍浅色。

【地理分布】鄱阳湖、赣江、修水、信江。

【生态习性】近海暖温性底层鱼类。具溯河洄游习性。遇险气囊鼓起，呈圆球形，小刺竖起，腹面向上漂浮。春末夏初成熟个体溯河产卵，产后返回近海。幼鱼在江河或通江湖泊中生活，当年或翌年春季回归近海育肥生长，成熟后又溯河产卵。3 ～ 4 龄性成熟。繁殖

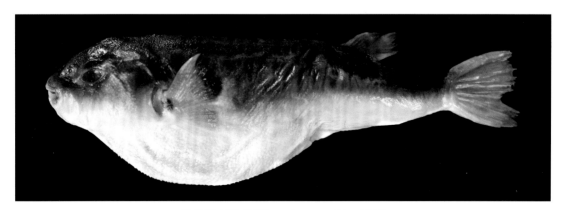

暗纹东方鲀 *Takifugu obscurus* (Abe, 1949)

期为 2 ～ 6 月。卵沉性。杂食性，喜食鱼、虾、蟹、贝类，也食枝角类、桡足类、植物叶片和丝状藻等。

197. 弓斑东方鲀 *Takifugu ocellatus* (Linnaeus, 1758)

Sphoeroides ocellatus obscurus Abe, 1949: 97 (日本东京); 郭治之等, 1964: 126 (鄱阳湖).

Fugu ocellatus: 张鹗等, 1996: 12 (赣东北); 郭治之和刘瑞兰, 1995: 230 (鄱阳湖、赣江).

Takifugu ocellatus: 王子彤和张鹗, 2021: 1264 (赣江).

【俗称】鸡泡、抱锅、河豚、眼镜娃娃。

近年未采集到鲜活样本，依据原始记录和馆藏标本进行描述。

【形态描述】背鳍 14 ～ 15; 胸鳍 18 ～ 19; 臀鳍 12 ～ 13。尾鳍 9 ～ 10。

体长为体高的 3.3 ～ 3.5 倍，为头长的 2.8 ～ 3.2 倍。头长为吻长的 2.5 ～ 3.4 倍，为眼径的 4.8 ～ 6.9 倍，为眼间距的 1.7 ～ 2.4 倍。尾柄长为尾柄高的 1.8 ～ 2.3 倍。

体亚圆筒形，前部较粗壮，后部渐细。吻短，圆钝。口小，端位，横裂。上、下颌各具 2 喙状牙板，中央缝明显。唇较厚，细裂。眼上侧位。眼间距宽，稍圆凸。鼻孔 2 个，位于鼻瓣的两侧。眼中等大。鳃孔侧位。鳃盖膜白色。体大部分无鳞，背面自鼻孔后方至背鳍起点，腹面自鼻孔下方至肛门前方均被小刺，背刺区与腹刺区分离。侧线发达，具多条分支。体侧皮褶发达。

背鳍后位，与臀鳍相对，同形。胸鳍宽短。臀鳍起点位于背鳍起点稍后方。尾鳍截形。体腔较大。鳔大，有气囊。腹膜白色。

【体色式样】背侧灰绿色，腹面白色，尾柄绿色。背鳍基部具 1 黑色大圆斑，胸鳍后方有 1 横跨背部的黑绿色鞍状斑，胸斑、连接胸斑的横带和背鳍基暗色大斑具有橙色边缘。

【地理分布】鄱阳湖和赣江。

【生态习性】近海中下层鱼类，可进入淡水区生活。体型较小。遇险气囊鼓起，呈圆球形，小刺竖起，腹面向上漂浮。卵巢和肝等有强毒，肌肉和精巢无毒。春季产卵。杂食性; 主食贝类、甲壳类和小鱼。

弓斑东方鲀 *Takifugu ocellatus* (Linnaeus, 1758)

主要参考文献

敖雪夫. 2016. 水利枢纽对赣江中下游鱼类群落结构影响. 南昌大学硕士学位论文.

长江刀鲚资源调查协作组. 1976a. 长江刀鱼资源及其利用. 淡水渔业, (8): 23-26.

长江刀鲚资源调查协作组. 1976b. 刀鱼. 淡水渔业, (8): 28.

长江水产研究所资源捕捞研究室, 南京大学生物系鱼类研究组. 1977. 刀鲚的生殖洄游. 淡水渔业, (6): 19-24.

陈国华, 张本. 1990. 鄱阳湖产银鱼的繁殖生物学. 湖泊科学, 2(1): 59-67.

陈国华, 张本. 1991. 鄱阳湖产银鱼生长的研究. 江西科学, 9(4): 225-232.

陈景星. 1980. 中国沙鳅亚科鱼类系统分类的研究. 动物学研究, 1(1): 3-20.

陈马康, 童合一. 1982. 鲥鱼的食性研究和养殖问题的探讨. 动物学杂志, (3): 37-40.

陈马康, 童合一, 俞泰济. 1990. 钱塘江鱼类资源. 上海: 上海科学技术文献出版社.

陈马康, 童合一, 张克俭. 1982. 鲥鱼在我国近海的分布及其洄游路线的初步探讨. 海洋渔业, 4(4): 157-160.

陈宁. 1956. 太湖所产银鱼的初步研究. 水生生物学集刊, (2): 324-335.

陈秋菊, 孙智闲, 李雪健, 等. 2022. 武夷山国家公园及其周边鱼类多样性. 生物多样性, 30(11): 167-182.

陈文静, 袁雪芳, 赵春来, 等. 2003. 鄱阳湖及长江湖口江段2003年春季禁渔监测报告. 江西水产科技, (3): 13-21.

陈文静, 张燕萍, 赵春来, 等. 2012. 近年长江湖口江段鱼类群落组成及多样性. 长江流域资源与环境, 21(6): 684-691.

陈校辉, 倪勇, 伍汉霖. 2005. 江苏省鳑鲏属(Rhodeus)鱼类的研究. 海洋渔业, 27(2): 89-97.

陈湘粦. 1977. 我国鲇科鱼类的总述. 水生生物学集刊, (2): 197-218.

陈湘粦, 乐佩琦, 林人端. 1984. 鲤科的科下类群及其宗系发生关系. 动物分类学报, 9(4): 424-440.

陈星玉. 1987. 中国雅罗鱼亚科的系统发育. 动物分类学报, 12(4): 427-439.

陈旭, 刘雄军, 孙威威, 等. 2020. 抚河源自然保护区鱼类群落结构及主要物种生长特征. 水生生物学报, 44(4): 829-837.

陈宜瑜. 1978. 中国平鳍鳅科鱼类系统分类的研究I. 平鳍鳅亚科鱼类的分类. 水生生物学集刊, 6(3): 331-348.

陈宜瑜. 1980. 中国平鳍鳅科鱼类系统分类的研究II. 腹吸鳅亚科鱼类的分类. 水生生物学集刊, 7(1): 95-120.

陈宜瑜. 1982. 马口鱼类分类的重新整理. 海洋与湖沼, 13(3): 293-299.

陈宜瑜, 曹文宣, 郑慈英. 1986. 珠江的鱼类区系及其动物地理区划的讨论. 水生生物学报, 10(3): 228-236.

陈宜瑜, 等. 1998. 中国动物志·硬骨鱼纲·鲤形目(中卷). 北京: 科学出版社.

陈义雄, 张詠青. 2005. 台湾淡水鱼类原色图谱. 台北: 水产出版社.

陈银瑞, 李再云. 1987. 云南鳑鲏亚科的鱼类. 动物学研究, 8(1): 61-65, 105.

陈银瑞, 宇和纮, 褚新洛. 1989. 云南青鳉鱼类的分类和分布(鳉形目: 青鳉科). 动物分类学报, 14(2): 239-246.

成庆泰, 王存信, 田明诚, 等. 1975. 中国东方鲀属鱼类分类研究. 动物学报, 21(4): 359-378, 398-399.

成庆泰, 郑葆珊. 1987. 中国鱼类系统检索. 北京: 科学出版社.

成庆泰, 周才武. 1997. 山东鱼类志. 济南: 山东科学技术出版社.

程松林, 吴淑玉, 钟志宇, 等. 2013. 江西武夷山国家级自然保护区动物名录增补. 江西林业科技, 41(2): 40-43, 52.

褚新洛, 陈银瑞, 等. 1989. 云南鱼类志(上册). 北京: 科学出版社.

褚新洛, 陈银瑞, 等. 1990. 云南鱼类志(下册). 北京: 科学出版社.

褚新洛, 郑葆珊, 戴定远, 等. 1999. 中国动物志·硬骨鱼纲·鲇形目. 北京: 科学出版社.

戴定远. 1985. 中国犁头鳅属鱼一新种(鲤形目: 平鳍鳅科). 动物分类学报, 10(2): 221-224.

邓凤云, 张春光, 赵亚辉, 等. 2013. 东江源头区域鱼类物种多样性及群落组成的特征. 动物学杂志, 48(2): 161-173.

邓岳松, 林浩然. 2001. 鳗鲡繁殖生物学和人工育苗研究概况. 湛江海洋大学学报, 21(2): 77-82.

邓中粦, 余志棠, 等. 1987. 三峡水利枢纽对长江的鲟和胭脂鱼影响的评价及资源保护的研究//中国科学院三峡工程生态与环境科研项目领导小组. 长江三峡工程对生态与环境影响及其对策研究论文集. 北京: 科学出版社.

丁瑞华. 1994. 四川鱼类志. 成都: 四川科学技术出版社.

《福建鱼类志》编写组. 1984. 福建鱼类志 (上卷). 福州: 福建科学技术出版社.

《福建鱼类志》编写组. 1985. 福建鱼类志 (下卷). 福州: 福建科学技术出版社.

傅朝君, 刘宪亭, 鲁大椿, 等. 1985. 葛洲坝下中华鲟人工繁殖. 淡水渔业, (1): 1-5.

傅剑夫. 1996. 从抚州地区鱼类资源调查情况谈鱼类资源保护举措. 江西农业经济, (1): 38-39.

傅剑夫, 黄顺林, 童水明, 等. 1996. 抚州地区鱼类资源调查报告. 江西水产科技, (2): 5-9.

傅桐生. 1938. 江西淡水生物实验馆报告书(附江西鱼类志). 内部资料.

龚世园. 1995. 鳜鱼养殖与增殖技术. 北京: 科学技术文献出版社.

广西壮族自治区水产研究所, 中国科学院动物研究所. 1981. 广西淡水鱼类志. 南宁: 广西人民出版社.

郭声, 吴志强, 胡茂林, 等. 2011. 江西阳际峰自然保护区的鱼类资源. 水生态学杂志, 32(3): 142-144.

郭水荣. 2005. 花鳕网箱养殖要点. 水利渔业, 25(4): 45-46.

郭英荣, 江波, 王英永. 2010. 江西阳际峰自然保护区综合科学考察报告. 北京: 科学出版社.

郭治之, 刘瑞兰. 1983. 江西余江县(信江)鱼类调查报告. 江西大学学报(自然科学版), 7(2): 11-21.

郭治之, 刘瑞兰. 1995. 江西鱼类的研究. 南昌大学学报(理科版), 19(3): 222-232.

郭治之, 邹多禄, 刘瑞兰, 等. 1964. 鄱阳湖鱼类调查报告(江西野生动物资源调查报告之一). 南昌大学学报(理科版), (2): 121-130.

国家环境保护总局. 2007. 长江三峡工程生态与环境监测公报. https://wenku.baidu.com/view/cf0c74608ad63186 bceb19e8b8f67c1cfbd6ee3e.html?_wkts_=1696724133955&bdQuery=中华人民共和国环境保护部.+2007.+ 长江三峡工程生态与环境监测公报&needWelcomeRecommand=1[2022-10-5].

贺刚, 方春林, 陈文静, 等. 2015. 鄱阳湖水道屏峰水域洄游鱼类群落组成及其变化. 湖北农业科学, 54(4): 926-930.

湖北省水生生物研究所鱼类研究室. 1976. 长江鱼类. 北京: 科学出版社.

胡德高, 柯福恩, 张国良. 1983. 葛洲坝下中华鲟产卵情况初步调查及探讨. 淡水渔业, (3): 15-18.

胡茂林, 吴志强, 李晴, 等. 2011. 江西赣江源自然保护区鱼类物种多样性初步研究. 四川动物, 30(3): 467-470.

胡茂林, 吴志强, 刘引兰. 2010. 赣江中游泰和江段的鱼类资源现状. 南昌大学学报(理科版), 34(1): 90-93.

胡茂林, 吴志强, 刘引兰, 等. 2008. 赣西北官山自然保护区鱼类资源研究. 水生生物学报, 32(4): 598-601.

胡茂林, 吴志强, 周辉明, 等. 2005. 鄱阳湖南矶山自然保护区渔业特点及资源现状. 长江流域资源与环境, 14(5): 561-565.

胡茂林, 习宏斌, 花麒, 等. 2014. 江西宜黄中华秋沙鸭自然保护区鱼类资源初步调查. 南昌大学学报(理科版), 38(5): 502-505.

湖南省水产科学研究所. 1977. 湖南鱼类志. 长沙: 湖南人民出版社.

黄宏金, 张卫. 1986. 长江鱼类三新种. 水生生物学报, (1): 99-100.

黄亮. 2006. 水工程建设对长江流域鱼类生物多样性的影响及其对策. 湖泊科学, 18(5): 553-556.

黄亮亮. 2008. 赣西北溪流鱼类区系及其资源现状研究. 南昌大学硕士学位论文.

黄亮亮, 吴志强, 胡茂林, 等. 2008. 江西省庐山自然保护区鱼类物种多样性. 南昌大学学报(理科版), 32(2): 161-164.

江苏省淡水水产研究所, 南京大学生物系. 1987. 江苏淡水鱼类. 南京: 江苏科学技术出版社.

江西省农业局水产资源调查队, 江西水产科学研究所. 1974. 鄱阳湖水产资源调查报告. 内部资料.

江西省水利厅. 1960. 江西鱼类. 南昌: 江西省水利厅印制.

江西省水利厅. 2010. 江西河湖大典. 武汉: 长江出版社.

江西省水文局. 2007. 江西水系. 武汉: 长江出版社.

蒋以洁. 1985. 江西鱼类区系初步分析. 江西水产科技, (1): 1-16.

蒋志刚, 江建平, 王跃招, 等. 2016. 中国脊椎动物红色名录. 生物多样性, 24(5): 500-551, 615.

柯福恩, 胡德高, 张国良. 1984. 葛洲坝水利枢纽对中华鲟的影响——数量变动调查报告. 淡水渔业, (3): 16-19.

柯福恩, 胡德高, 张国良, 等. 1985. 葛洲坝下中华鲟产卵群体性腺退化的观察. 淡水渔业, (4): 38-41, 18.

李帆, 钟俊生. 2007. 中国浙江省吻虾虎鱼属一新种(鲈形目: 虾虎鱼科). 动物学研究, (5): 539-544.

李明德, 杨竹舫. 1992. 河北省鱼类志. 北京: 海洋出版社.

李晴, 吴志强, 黄亮亮, 等. 2008. 江西齐云山自然保护区鱼类资源. 动物分类学报, (2): 324-329.

李树青. 1998. 福建省平鳍鳅科鱼类的研究. 水产学报, 22(3): 260-264.

李树深. 1984. 中国纹胸鮡属(*Glyptothorax* Blyth)鱼类的分类研究. 云南大学学报(自然科学版), (2): 75-89.

李思忠. 1981. 中国淡水鱼类的分布区划. 北京: 科学出版社.

李思忠. 1987. 中国鲟形目鱼类地理分布的研究. 动物学杂志, 22(4): 35-40.

李思忠, 方芳. 1990. 鲢、鳙、青和草鱼地理分布的研究. 动物学报, 36(3): 244-250.

李思忠, 王惠民. 1995. 中国动物志·硬骨鱼纲·鲽形目. 北京: 科学出版社.

李思忠, 张春光. 2011. 中国动物志·硬骨鱼纲·银汉鱼目·鳉形目·颌针鱼目·蛇鳗目·鳕形目. 北京: 科学出版社.

李勇, 张亮, 黄泽强, 等. 2017. 珠江水系发现江西副沙鳅. 动物学杂志, 52(6): 1082-1083.

刘蝉馨, 秦克静, 等. 1987. 辽宁动物志·鱼类. 沈阳: 辽宁科学技术出版社.

刘瑞兰. 1965. 武夷山鱼类中国动物学会三十周年学术讨论会论文摘要汇编. 北京: 科学出版社.

刘瑞兰, 郭治之. 1986. 副沙鳅属(鲤形目: 鳅科)鱼类一新种. 江西大学学报(自然科学学报), 10(4): 69-71.

刘绍平, 邱顺林, 陈大庆, 等. 1997. 长江水系四大家鱼种质资源的保护和合理利用. 长江流域资源与环境, 6(2): 127-131.

刘世平. 1985. 江西省抚河流域鱼类资源调查. 江西大学学报(自然科学学报), (1): 68-71.

刘信中, 樊三宝, 胡斌华. 2006. 江西南矶山湿地自然保护区综合科学考察. 北京: 中国林业出版社.

刘信中, 方福生. 2001. 江西武夷山自然保护区科学考察集. 北京: 中国林业出版社.

刘信中, 傅清. 2006. 江西马头山自然保护区科学考察与稀有植物群落研究. 北京: 中国林业出版社.

刘信中, 吴和平. 2005. 江西官山自然保护区科学考察与研究. 北京: 中国林业出版社.

刘信中, 肖忠优, 马建华. 2002. 江西九连山自然保护区科学考察与森林生态系统研究. 北京: 中国林业出版社.

六省一市长江水产资源调查领导小组. 1975. 长江主要经济鱼类资源调查报告. 内部资料.

罗云林. 1990. 鲂属鱼类的分类整理. 水生生物学报, 14(2): 160-165.

罗云林. 1994. 鲌属和红鲌属模式种的订正. 水生生物学报, 18(1): 45-49.

龙迪宗. 1958. 鄱阳湖鱼类初步调查报告. 内部资料.

马骏, 邓中粦, 邓昕, 等. 1996. 白鲟年龄鉴定及其生长的初步研究. 水生生物学报, 20(2): 150-159.

孟庆闻. 1995. 鱼类分类学. 北京: 中国农业出版社.

苗春, 祝于红, 袁荣斌, 等. 2016. 江西金盆山自然保护区夏季鱼类物种多样性初步调查. 水产学杂志, 29(4): 28-32.

闵骞. 1995. 鄱阳湖水位变化规律的研究. 湖泊科学, 7(3): 281-288.

倪勇, 伍汉霖. 2006. 江苏鱼类志. 北京: 中国农业出版社.

倪勇, 朱成德, 2005. 太湖鱼类志. 上海: 上海科学技术出版社.

农业部水产司, 中国科学院水生生物研究所. 1982. 中国淡水鱼类原色图集(1). 上海: 上海科学技术出版社.

农业部水产司, 中国科学院水生生物研究所. 1993. 中国淡水鱼类原色图集(3). 上海: 上海科学技术出版社.

《鄱阳湖研究》编委会. 1988. 鄱阳湖研究. 上海: 上海科学技术出版社.

钱新娥, 黄春根, 王亚民, 等. 2002. 鄱阳湖渔业资源现状及其环境监测. 水生生物学报, 26(6): 612-617.

邱顺林, 黄木桂, 陈大庆. 1998. 长江鲥鱼资源现状和衰退原因的研究. 淡水渔业, 28(1): 18-21.

陕西省水产研究所, 陕西师范大学生物系. 1992. 陕西鱼类志. 西安: 陕西科学技术出版社.

施白南. 1980. 白鲟的解剖研究. 西南师范学院学报(自然科学版), 5(2): 79-85.

施白南, 邓其详. 1980. 嘉陵江鱼类名录及其调查史略. 西南师范学院学报(自然科学版), (2): 33-44.

四川省长江水产资源调查组. 1988. 长江鲟鱼类生物学及人工繁殖研究. 成都: 四川科学技术出版社.

苏念, 李莉, 徐哲奇, 等. 2012. 赣江峡江至南昌段鱼类资源现状. 华中农业大学学报, 31(6): 756-764.

唐家汉. 1980. 中国鮈亚科两新种. 动物分类学报, (4): 436-439.

唐家汉, 钱名全. 1979. 洞庭湖的鱼类区系. 淡水渔业, (Z1): 26-34.

唐建华, 欧阳敏. 2016. 江西水产经济动物图谱. 南昌: 江西科学技术出版社.

唐文乔, 陈宜瑜. 1996. 拟腹吸鳅属鱼类颏吸附器的扫描电镜观察及其亚属划分. 动物学报(英文版), 42(3): 231-236.

唐文乔, 陈宜瑜. 2000. 平鳍鳅科鱼类的分类学研究. 上海水产大学学报, 9(1): 1-10.

唐文乔, 刘焕章, 马经安, 等. 1993. 江西万安水利枢纽对赣江鲥繁殖的影响及其对策. 水利渔业, 65(4): 18-19.

天津市水产学会. 1990. 天津鱼类. 北京: 海洋出版社.

田见龙. 1989. 万安大坝截流前赣江鱼类调查及渔业利用意见. 淡水渔业, (1): 33-39.

涂飞云, 李久煊, 韩卫杰, 等. 2016. 江西省鱼类物种多样性及其保护. 江西农业大学学报, 38(5): 975-985.

汪松, 解焱. 2009. 中国物种红色名录(第二卷). 北京: 高等教育出版社.

王洪道, 窦鸿身, 颜京松, 等. 1989. 中国湖泊资源. 北京: 科学出版社.

王鸿媛. 1984. 北京鱼类志. 北京: 北京出版社.

王茜, 董仕, 张学成. 2001. 彭泽鲫繁殖特性的研究. 南开大学学报(自然科学版), 34(4): 103-106.

王生, 段辛斌, 陈文静, 等. 2016. 鄱阳湖湖口鱼类资源现状调查. 淡水渔业, 46(6): 50-55.

王生, 方春林, 周辉明, 等. 2017. 鄱阳湖刀鲚的渔汛特征及渔获物分析. 水生态学杂志, 38(6): 82-87.

王所安, 王志敏, 李国良, 等. 2001. 河北动物志·鱼类. 石家庄: 河北科学技术出版社.

王子彤, 张鹗. 2021. 赣江鱼类物种更新名录. 生物多样性, 29(9): 1256-1264.

危起伟. 2020. 从中华鲟(*Acipenser sinensis*)生活史剖析其物种保护: 困境与突围. 湖泊科学, 32(5): 1297-1319.

韦丽, 何力, 吴智, 等. 2022. 江西省10 km^{2}及以上河流普查成果分析与评价. 中国防汛抗旱, 32(7): 49-53.

吴清江, 易伯鲁. 1959. 鳘条属鱼类和黑龙江流域鳘条属鱼类的初步生态调查. 水生生物学集刊, (2): 157-169.

吴英豪, 纪伟涛. 2002. 江西鄱阳湖国家级自然保护区研究. 北京: 中国林业出版社.

吴志强, 等. 2012. 鄱阳湖水系四大家鱼资源及其与环境的关系研究. 北京: 科学出版社.

伍汉霖. 2002. 中国有毒及药用鱼类新志. 北京: 中国农业出版社.

伍汉霖. 2005. 有毒、药用及危险鱼类图鉴. 上海: 上海科学技术出版社.

伍汉霖, 陈义雄, 庄棣华. 2002. 中国沙塘鳢属(*Odontobutis*)鱼类之一新种(鲈形目: 沙塘鳢科). 上海水产大学学报, 11(1): 6-13.

伍汉霖, 金鑫波, 倪勇. 1978. 中国有毒鱼类和药用鱼类. 上海: 上海科学技术出版社.

伍汉霖, 邵广昭, 赖春福, 等. 2017. 拉汉世界鱼类系统名典. 青岛: 中国海洋大学出版社.

伍汉霖, 吴小清, 解玉浩. 1993. 中国沙塘鳢属鱼类的整理和一新种的叙述. 上海水产大学学报, 2(1): 52-61.

伍汉霖, 钟俊生. 2008. 中国动物志·硬骨鱼纲·鲈形目(五). 虾虎鱼亚目. 北京: 科学出版社.

伍献文, 等. 1964. 中国鲤科鱼类志(上卷). 上海: 上海科学技术出版社.

伍献文, 等. 1977. 中国鲤科鱼类志(下卷). 上海: 上海人民出版社.

伍献文, 杨干荣, 乐佩琦, 等. 1979. 中国经济动物志·淡水鱼类(第二版). 北京: 科学出版社.

新乡师范学院生物系. 1984. 河南鱼类志. 郑州: 河南科学技术出版社.

新乡师范学院生物系鱼类志编写组. 1984. 河南鱼类志. 郑州: 河南科学技术出版社.

徐金星, 方春林, 廖华明. 1999. 进贤湖泊鱼类区系组成. 江西水产科技, (2): 15-19.

徐兴川, 李伟, 高光明. 2004. 黄颡鱼、黄鳝养殖7日通. 北京: 中国农业出版社.

杨春, 李达, 徐光龙, 等. 1999. 鄱阳湖鳜鱼染色体组型的研究. 江西农业学报, 11(1): 52-55.

杨干荣. 1987. 湖北鱼类志. 武汉: 湖北科学技术出版社.

杨荣清, 胡立平, 史良云. 2003. 江西河流概述. 江西水利科技, 29(1): 27-30.

杨少荣, 黎明政, 朱其广, 等. 2015. 鄱阳湖鱼类群落结构及其时空动态. 长江流域资源与环境, 24(1): 54-64.

姚闻卿. 2010. 安徽鱼类系统检索. 合肥: 安徽大学出版社.

叶富良, 杨萍, 宋蓓玲. 1991. 东江鱼类区系研究. 湛江水产学院学报, 12(2): 1-7.

叶富良, 张健东. 2002. 鱼类生态学. 广州: 广东高等教育出版社.

易伯鲁. 1955. 关于鲂鱼(平胸鳊)种类的新资料. 水生生物学集刊, (2): 115-122.

殷名称. 1995. 鱼类生态学. 北京: 中国农业出版社.

余志堂. 1983. 在葛洲坝枢纽下游首次发现性成熟的白鲟. 水库渔业, (4): 71-72.

余志堂. 1986. 葛洲坝水利枢纽下游中华鲟繁殖生态的研究//中国鱼类学会. 鱼类学论文集(第五辑). 北京: 科学出版社.

乐佩琦. 1995a. 鳕属鱼类的分类整理(鲤形目: 鲤科). 动物分类学报, 20(1): 116-123.

乐佩琦. 1995b. 中国小鳔鮈属鱼类一新种记述(鲤形目: 鲤科). 动物分类学报, 20(4): 495-498.

乐佩琦. 1995c. 中国银鮈属鱼类分类的整理订正. 水生生物学报, 19(1): 89-91.

乐佩琦, 陈宜瑜. 2003. 中国濒危动物红皮书·鱼类. 北京: 科学出版社.

乐佩琦, 等. 2000. 中国动物志·硬骨鱼纲·鲤形目(下卷). 北京: 科学出版社.

袁传宓, 秦安舲. 1985. 关于日本鲚属(Coilia)鱼类分类位置的探讨. 南京大学学报(自然科学版), (2): 318-326.

张春光, 赵亚辉, 等. 2016. 中国内陆鱼类物种与分布. 北京: 科学出版社.

张春霖. 1929. 长江鱼类名录. 科学, 14(3): 398-407.

张春霖. 1954. 中国淡水鱼类的分布. 地理学报, 20(3): 279-284, 375-378.

张春霖. 1959. 中国系统鲤类志. 北京: 高等教育出版社.

张春霖. 1960. 中国鲇类志. 北京: 人民教育出版社.

张鹗, 刘焕章. 1995. 鳅鮀属鱼类一新种(鲤形目: 鲤科). 动物分类学报, (2): 249-252.

张鹗, 刘焕章, 何长才. 1996. 赣东北地区鱼类区系的研究. 动物学杂志, (6): 3-12.

张建铭, 吴志强, 胡茂林, 等. 2009. 赣江中游峡江段鱼类资源现状. 江西科学, 27(6): 916-919.

张觉民. 1995. 黑龙江省鱼类志. 哈尔滨: 黑龙江科学技术出版社.

张世义. 2001. 中国动物志·硬骨鱼纲·鲟形目·海鲢目·鲱形目·鼠鱚目. 北京: 科学出版社.

张堂林, 李钟杰. 2007. 鄱阳湖鱼类资源及渔业利用. 湖泊科学, 19(4): 434-444.

张小谷, 熊邦喜. 2007. 鄱阳湖鲌属(Culter)和原鲌属(Culterichthys)鱼类体重与体长关系. 湖泊科学, 19(4): 457-464.

张玉玲. 1985. 银鱼属Salanx模式种的同名、异名和分布. 动物分类学报, 10(1): 111-112.

张玉玲. 1987. 中国新银鱼属Neosalanx的初步整理及其一新种. 动物学研究, 8(3): 277-286.

浙江动物志编辑委员会. 1991. 浙江动物志·淡水鱼类. 杭州: 浙江科学技术出版社.

郑葆珊, 黄浩明, 张玉玲, 等. 1980. 图们江鱼类. 长春: 吉林人民出版社.

郑慈英. 1989. 珠江鱼类志. 北京: 科学出版社.

郑米良, 伍汉霖. 1985. 浙江省淡水虎鱼类的研究及二新种描述(鲈形目: 虎鱼科). 动物分类学报, (3): 326-333.

中国科学院动物研究所, 中国科学院海洋研究所, 上海水产学院. 1962. 南海鱼类志. 北京: 科学出版社.

中国科学院动物研究所, 中国科学院新疆生物土壤沙漠研究所, 新疆维吾尔自治区水产局. 1979. 新疆鱼类志. 乌鲁木齐: 新疆人民出版社.

中国科学院国家计划委员会自然资源综合考察委员会(南岭山区科学考察组). 1992. 南岭山区自然资源开发利用. 北京: 科学出版社.

中国科学院江西分院湖泊实验站. 1959. 鄱阳湖的鱼类区系及饵料基础. 内部资料.

中国水产科学研究院东海水产研究所, 上海市水产研究所. 1990. 上海鱼类志. 上海: 上海科学技术出版社.

中国水产科学研究院珠江水产研究所, 华南师范大学, 暨南大学, 等. 1991. 广东淡水鱼类志. 广州: 广东科技出版社.

中华人民共和国环境保护部. 2008. 长江三峡工程生态与环境监测公报. https://jz.docin.com/p-571916397.html[2022-10-10].

周才武, 杨青, 蔡德霖. 1988. 鳜亚科Sinipercinae鱼类的分类整理和地理分布. 动物学研究, 9(2): 113-125.

周辉明, 习宏斌, 胡茂林, 等. 2013. 江西云居山自然保护区鱼类调查初报. 江西水产科技, (4): 20-23.

周孜怡, 欧阳敏. 1987. 宁都县鱼类区系调查初步分析. 江西水产科技, (1): 4-9.

朱海虹, 张本. 1997. 鄱阳湖: 水文·生物·沉积·湿地·开发整治. 合肥: 中国科学技术大学出版社.

朱松泉. 1995. 中国淡水鱼类检索. 南京: 江苏科学技术出版社.

朱松泉, 魏绍芬, 王开洋. 1993. 鱼类和渔业. 合肥: 中国科学技术大学出版社: 174-209.

朱元鼎. 1932. 西湖鱼类志. 杭州: 浙江省立西湖博物馆.

朱元鼎, 伍汉霖. 1965. 中国虾虎鱼类动物地理学的初步研究. 海洋与湖沼, (2): 122-140.

朱元鼎, 张春霖, 成庆泰. 1963. 东海鱼类志. 北京: 科学出版社.

祝于红, 袁荣斌, 邹志安, 等. 2017. 武夷山脉西坡鱼类生物多样性流研究. 海洋湖沼通报, (5): 93-101.

庄平, 王幼槐, 李圣法, 等. 2006. 长江口鱼类. 上海: 上海科学技术出版社.

庄平, 张涛, 李圣法, 等. 2019. 长江口鱼类(第二版). 北京: 中国农业出版社.

邹多录. 1982. 江西省九连山地区的鱼类及其区系. 南昌大学学报(理科版), 6(2): 50-53.

邹多录. 1988. 江西省寻邬水的鱼类资源. 动物学杂志, 23(3): 15-17.

邹淑珍, 吴志强, 胡茂林, 等. 2010. 峡江水利枢纽对赣江中游鱼类资源影响的预测分析. 南昌大学学报(理科版), (3): 289-293.

邹淑珍, 吴志强, 张铭, 等. 2011. 赣江中游水利枢纽群生态优化调度的预测分析. 水生态学杂志, (6): 61-65.

Abe T. 1949. Taxonomic studies on the puffers (Tetraodontidae, Teleostei) from Japan and adjacent regions-V. Synopsis of the puffers from Japan and adjacent regions. Bulletin of the Biogeographical Society of Japan, 14(13): 89-140.

Agassiz L. 1835. Ueber die Familie der Karpfen. Mem. Soc. Nat. Neufchatel., 1: 37-38.

Akai Y, Arai R. 1998. *Rhodeus sinensis*, a senior synonym of *R. lighti* and *R. uyekii* (Acheilognathinae, Cyprinidae). Ichthyological Research, 45(1): 105-110.

Akihito P. 1966. On the scientific name of a gobiid fish named "urohaze". Japanese Journal of Ichthyology, 13(4-6):

73-101(in Japanese with English summary).

An C T, Zhang E, Shen J Z. 2020. *Sarcocheilichthys vittatus*, a new species of gudgeon (Teleostei: Cyprinidae) from the Poyang lake basin in Jiangxi Province, South China. Zootaxa, 4768(2): 201-220.

Arai R, Akai Y. 1988. *Acheilognathus melanogaster*, a senior synonym of *A. moriokae*, with a revision of the genera of the subfamily Acheilognathinae (Cypriniformes, Cyprinidae). Bulletin of the National Science Museum Series A (Zoology), 14(4): 199-213.

Arai R, Kato K. 2003. Gross morphology and evolution of the lateral line system and infraorbital bones in bitterlings (Cyprinidae, Acheilognathinae), with an overview of the lateral line system in the family Cyprinidae. Bull. Univ. Mus. Univ. Tokyo, (40): 1-42.

Baird S F, Girard C F. 1853. Descriptions of new species of fishes collected by Mr. John H. Clark, on the U. S. and Mexican Boundary Survey, under Lt. Col. Jas. D. Graham. Proceedings of the Academy of Natural Sciences of Philadelphia. 6: 387-390.

Bănărescu P M. 1961. Weitere systematische Studien über die Gattug Gobio (Pisces, Cyprinidae) insbesondere im Donaubecken, Věstnik Československé Zoologické Společnosti, 25: 318-346.

Bănărescu P M. 1966. Revision of the genus *Rhinogobio* Bleeker 1870 (Pisces, Cyprinidae). Věstnik Československé Zoologické Společnosti, 30(2): 97-106.

Bănărescu P M. 1971. A review of the species of the subgenus *Onychostoma s. str.* with description of a new species (Pisces, Cyprinidae). Revue Roumaine de Biologie, Série de Zoologie v, 16(4): 241-248.

Bănărescu P M, Nalbant T T. 1966a. Notes on the genus *Gobiobotia* (Pisces, Cyprinidae) with description of three new species. Annotationes Zoologicae et Botanicae, No. 27: 1-16.

Bănărescu P M, Nalbant T T. 1966b. Revision of the genus *Microphysogobio* (Pisces, Cyprinidae). Věstnik Věstnik Československé Zoologické Společnosti, 30(3): 194-209.

Bănărescu P M, Nalbant T T. 1967a. Revision of the genus *Gnathopogon* Bleeker, 1859 (Pisces, Cyprinidae). Travaux du Muséum d'Histoire Naturelle "Grigore Antipa", 7: 341-355.

Bănărescu P M, Nalbant T T. 1967b. Revision of the genus *Sarcocheilichthys* (Pisces, Cyprinidae). Věstnik Československé Zoologické Společnosti, 31(4): 293-312.

Bănărescu P M, Nalbant T T. 1973. Pisces, Teleostei Cyprinidae(Gobioninae). Das Tierreich Lieferung, Berlin: Walter de Gruyter: 239-242.

Basilewsky S. 1855. Ichthyographia Chinae borealis. Nouveaux mémoires de la Société impériale des naturalistes de Moscou, 10: 215-263.

Berg L S. 1907. XVIII.—Description of a new cyprinoid fish, *Acheilognathus signifier*, from Korea, with a synopsis of all the known Rhodeinae. Ann. Mag. Nat. Hist., 19(110): 159-163.

Berra T M. 2001. Freshwater Fish Distribution. Tokyo: Academic Press: 457-473.

Bleeker P. 1864. *Rhinobagrus* et *Pelteobagrus* deux genres nouveaux de Siluroïdes de Chine. Nederlandsch Tijdschrift voor de Dierkunde v, 2: 7-10.

Bleeker P. 1870. Mededeeling omtrent eenige nieuwe vischsoorten van China. Versi. Med. Acad. Amsterdam, (4)2: 251-253.

Bleeker P. 1871a. Memoire sur les Cyprinoides de Chine. Verh. Akad. Amst., 12: 1-91.

Bleeker P. 1871b. Notice sur le *Synodus macrocephalus* Lac. (*Luciobrama typus* Blkr.). Nederlandsch Tijdschrift voor de Dierkunde, 4: 89-91.

Bleeker P. 1873. Mededeelingen omtrent eene herziening der Indisch-Archipelagische soorten van Epinephelus, Lutjanus, Dentex en verwante geslachten. Verslagen en Mededeelingen der Koninklijke Akademie van Wetenschappen. Afdeeling Natuurkunde (Série. 2), 7: 40-46.

Bleeker P. 1874. *Rhinobagrus* & *Pelteobagrus*, eleux generes nouveaux de siluroides de Chine. Ned. Tijdschr. Dierk., 2: 7-10.

Bloch M E. 1790. Naturgeschichte der ausländischen Fische. Berlin, 4: i-xii+1-128.

Bogutskaya N G, Naseka A M, Shedko S V, et al. 2008. The fishes of the Amur River: updated check-list and zoogeography. Ichthyological Exploration of Freshwaters, 19(4): 301-366.

Bohlen J, Šlechtová V. 2016. *Leptobotia bellacauda*, a new species of loach fromthe lower Yangtze basin in China (Teleostei: Cypriniformes: Botiidae). Zootaxa, 4205(1): 65-72.

Bohlen J, Šlechtová V. 2017. *Leptobotia micra*, a new species of loach (Teleostei: Botiidae) from Guilin, southern China. Zootaxa, 4250(1): 90-100.

Boulenger G A. 1892. Description of a new siluroid fish from China. Annals and Magazine of Natural History, 9(51): 247.

Boulenger G A. 1900. On the reptiles, batrachians and fishes collected by the late Mr. John Whitehead in the interior of Hainan. Proceedings of the Zoological Society of London, (4): 956-962, pls. 66-69.

Boulenger G A. 1901. Descriptions of new freshwater fishes discovered by Mr. F W Stynn at Ningpo, China. Proceedings of the Zoological Society of London, 70(2): 268-271.

Cantor T. 1842. LIII.—General features of Chusan, with remarks on the flora and fauna of that island. Annals and Magazine of Natural History, 9(60): 481-493.

Chang H W. 1944. Notes on the fishes of western Szechwan and Eastern Sikang. Sinensia, 15: 48-50.

Chen J T F, Liang Y S. 1949. Description of a new homalopterid fish, *Pseudogastromyzon tungpeiensis*, with a synopsis of all the known Chinese Homalopteridae. Quarterly Journal of the Taiwan Museum (Taipei), 2(4): 157-172.

Chen I S, Cheng Y H, Shao K T. 2008. A new species of *Rhinogobius* (Teleostei: Gobiidae) from the Julongjiang basin in Fujian Province, China. Ichthyological Research, 55: 335-343.

Chen I S, Miller P J. 1998. Redescription of a Chinese freshwater goby, *Gobius davidi* (Gobiidae), and comparison with *Rhinogobius lentiginis*. Cybium, 22(3): 211-221.

Chen Y F, Chen Y X. 2005. Revision of the genus *Niwaella* in China (Pisces, Cobitidae), with description of two new species. Journal of Natural History, 39(19): 1641-1651.

Chen Y X, Chen Y F. 2013. Three new species of cobitid fish (Teleostei, Cobitidae) from the River Xinjiang and the

River Le'anjiang, tributaries of Lake Poyang of China, with remarks on their classification. Folia Zoologica, 62(2): 83-95.

Chen Y X, He D K, Chen H, et al. 2017. Taxonomic study of the genus *Niwaella* (Cypriniformes: Cobitidae) from East China, with description of four new species. Zoological Systematics, 42(4): 490-507.

Chen Y Y. 1989. Anatomy and phylogeny of the cyprinid fish genus *Onychostama* Günther 1896. Bull. Br. Mus. (Nat. Hist.), Zool. Ser., 55: 109-121.

Cheng J L, Ishihara H, Zhang E. 2008. *Pseudobagrus brachyrhabdion*, a new catfish (Teleostei: Bagridae) from the middle Yangtze River drainage, South China. Ichthyological Research, 55(2): 112-123.

Cheng J L, López J A, Zhang E. 2009. *Pseudobagrus fui* Miao, a valid bagrid species from the Yangtze River drainage, South China (Teleostei: Bagridae). Zootaxa, 2072: 56-68.

Cuvier G, Valenciennes A. 1844. Histoire naturelle des poissons. Tome dix-septième. Suite du livre dix-huitième. Cyprinoïdes. v. 17: i-xxiii + 1-497 + 2 pp., pls. 487-519. [Valenciennes authored volume. i-xx + 1-370 in Strasbourg edition.]

Dabry de Thiersant P. 1872. Nouvelles espèces de poissons de Chine//Dabry de Thiersant P. La Pisciculture et la Pêche en Chine. G. Masson, Paris: 178-192.

Doi A, Arai R, Liu H Z. 1999. *Acheilognathus macromandibularis*, a new bitterling (Cyprinidae) from the lower Changjiang basin, China. Ichthyol. Explor., 10(4): 303-308.

Dybowski B N. 1872. Zur Kenntniss der Fischfauna des Amurgebietes. Verhandlungen der K. K. Zoologisch-botanischen Gesellschaft in Wien, 22: 209-222.

Fang P W. 1933. Notes on *Gobiobotia tungi*, sp. nov. Sinensia, 3(10): 265-268.

Fang P W. 1934. Study on the fishes referring to *Salangidae* of China. Sinensia, 4(9): 231-268.

Fang P W. 1936. On some schizothoracid fishes from western China preserved in the National Research Institute of Biology, Academia Sinica. Sinensia, 7(4): 421-458.

Fang P W. 1938. On *Huigobio chenhsiensis*, gen. & sp. nov. Bulletin of the Fan Memorial Institute of Biology, Peiping. Zoology Series, 8(3): 237-243.

Fang P W. 1943. Sur certains types peu connus de cyprinidés des collections du muséum de Paris (III). Bulletin du Muséum National d'Histoire Naturelle (Série 2), 15(6): 399-405.

Fang P W, Chong L T. 1932. Study on the fishes referring to *Siniperca* of China. Sinensia, 2(12): 137-200.

Fowler H W. 1910. Description of four new cyprinoid (Rhodeinae). Proceedings of the Academy of Natural Sciences of Philadelphia, 62: 476-486.

Fowler H W. 1931. Fishes Obtained by the Barber Asphalt Company in Trinidad and Venezuela in 1930. Proceedings of the Academy of Natural Sciences of Philadelphia, 83: 111-123.

Fu C Z, Guo L, Xia R, et al. 2012. A multilocus phylogeny of Asian noodlefishes Salangidae (Teleostei: Osmeriformes) with a revised classification of the family. Molecular Phylogenetics and Evolution, 62(3): 848-855.

Garman S. 1912. Pisces//Some Chinese vertebrates. Memoirs of the Museum of Comparative Zoology, 40(4): 111-123.

Gill T N. 1859. Notes on a collection of Japanese fishes, made by Dr. J. Morrow. Proceedings of the Academy of Natural Sciences of Philadelphia, 11: 144-150.

Gosline W A. 1978. Unbranched dorsal-fin rays and subfamily classification in the fish family Cyprinidae. Occasional Papers of the Museum of Zoology, University of Michigan, 684: 1-21.

Gray J E. 1835. Characters of two new species of sturgeon (*Acipenser*, Linn.). Proceedings of the Zoological Society of London, (2): 122-123.

Günther A. 1861. Catalogue of the fishes in the British Museum. Catalogue of the acanthopterygian fishes in the collection of the British Museum. Gobiidae, Discoboli, Pediculati, Blenniidae, Labyrinthici, Mugilidae, Notacanthi. London, 3: i-xxv+1-586+i-x.

Günther A. 1864. Catalogue of the fishes in the British Museum. Catalogue of the Physostomi, containing the families Siluridae, Characinidae, Haplochitonidae, Sternoptychidae, Scopelidae, Stomiatidae in the collection of the British Museum. London, 5: 1-455.

Günther A. 1868. Catalogue of the fishes in the British Museum. Catalogue of the Physostomi, containing the families Heteropygii, Cyprinidae, Gonorhynchidae, Hyodontidae, Osteoglossidae, Clupeidae, [thru] Halosauridae, in the collection of the British Museum. London, 7: i-xx+1-512.

Günther A. 1873. XXXI.—Report on a collection of fishes from China. Annals and Magazine of Natural History (Series 4), 12(69): 239-250.

Günther A. 1888. LX.—Contribution to our knowledge of the fishes of the Yangtsze-Kiang. Annals and Magazine of Natural History (Series 6), 1(6): 429-435.

Günther A. 1889. XXIV.—Third contribution to our knowledge of reptiles and fishes from the upper Yangtsze-Kiang. Annals and Magazine of Natural History (Series 6), 4(21): 218-229.

Herre A W C T. 1935a. Notes on fishes in the Zoological Museum of Stanford University. VI. New and rare Hong Kong fishes obtained in 1934. Hong Kong Naturalist, 6(3-4): 285-293.

Herre A W C T. 1935b. Two new species of *Ctenogobius* from South China (Gobiidae). Lingnan Science Journal, Canton, 14(3): 395-397.

Huang L L, Wu Z Q, Li J H. 2013. Fish fauna, biogeography and conservation of freshwater fish in Poyang Lake Basin, China. Environmental Biology of Fishes, 96: 1229-1243.

Huang S P, Chen I S, Shao K T. 2016. A new species of *Rhinogobius* (Teleostei: Gobiidae) from Zhejiang Province, China. Ichthyological Research, 63(4): 470-479[1-10].

Huang S P, Zhao Y H, Chen I S, et al. 2017. A new species of *Microphysogobio* (Cypriniformes: Cyprinidae) from Guangxi Province, southern China. Zoological Studies, 56(8): 1-26.

Jiang Z G, Gao E H, Zhang E. 2012. *Microphysogobio nudiventris*, a new species of gudgeon (Teleostei: Cyprinidae) from the middle Chang-Jiang (Yangtze River) basin, Hubei Province, South China. Zootaxa, 3586: 211-221.

Karl S. 1864. Reise der oesterreichischen Fregatte Novara um die Erde: in den Jahren 1857, 1858, 1859, unter den Befehlen des Commodore B. von Wüllerstorf-Urbair / Beschreibender Theil von Dr. Karl von Scherzer.

Wien: C. Gerold's Sohn.

Kim I S. 1997. Illustrated encyclopedia of fauna and flora of Korea. Seoul: Ministry of Education.

Kimura S. 1934. Description of the fishes collected from the Yangtzekiang, China by late Dr. K. Kishinouye and his party in 1927-1929. Journal of the Shanghai Science Institute, 3(1): 11-247.

Kner R. 1866. Specielles Verzeichniss der während der Reise der kaiserlichen Fregatte "Novara" gesammelten Fische. III. und Schlussabtheilung. Sitzungsberichte der Kaiserlichen Akademie der Wissenschaften. Mathematisch-Naturwissenschaftliche Classe, 53: 543-550.

Kner R. 1867. Fische. Reise der österreichischen Fregatte "Novara" um die Erde in den Jahren 1857-1859, unter den Befehlen des Commodore B. von Wüllerstorf-Urbain. Wien. Zool. Theil., 1(3): 275-433.

Kottelat M. 2013. The fishes of the inland waters of Southeast Asia: a catalogue and core bibliography of the fishes known to occur in freshwaters, mangroves and estuaries. Raffles Bulletin of Zoology, 27(1): 1-663.

Kreyenberg M, Pappenheim P. 1908. Ein Beitrag zur Kenntnis der Fische der Jangtze und seiner Zuflüsse. Sitzungsberichte der Gesellschaft Naturforschender Freunde zu Berlin, 1908: 95-109.

Lacepède B G E. 1798. Histoire naturelle des poissons: 1: 1-8+i-cxlvii+1-532.

Lacepède B G E. 1800. Histoire naturelle des poissons. 2: i-lxiv+1-632.

Lacepède B G E. 1801. Histoire naturelle des poissons. 3: i-lxvi+1-558.

Lacepède B G E. 1803. Histoire naturelle des poissons. 5: i-lxviii+1-803+index.

Larson H K. 2001. A revision of the gobiid fish genus *Mugilogobius* (Teleostei: Gobioidei) and its systematic placement. Record. West. Aust. Mus. Suppl., 62: i-iv+1-233.

Li F, Arai R. 2014. *Rhodeus albomarginatus*, a new bitterling (Teleostei: Cyprinidae: Acheilognathinae) from China. Zootaxa, 3790: 165-176.

Li F, Arai R, Liao T Y. 2020b. *Rhodeus flaviventris*, a new bitterling (Teleostei: Cyprinidae: Acheilognathinae) from China. Zootaxa, 4790(2): 329-340.

Li F, Liao T Y, Arai R. 2020a. Two new species of *Rhodeus* (Teleostei: Cyprinidae: Acheilognathinae) from the River Yangtze, China. Journal of Vertebrate Biology, 69(1): 1-17.

Linnaeus C. 1758. Systema naturae per regna tria naturae, secundum classes, ordines, genera, species, cum characteribus, differentiis, synonymis, locis. Tomus I. Editio decima, reformata. Holmiae, 1: i-ii+1-824.

Miao C P. 1934. Notes on the fresh-water fishes of the southern part of Kiangsu I. Chinkiang. Contributions from the Biological Laboratory of the Science Society of China. Zoological Series, 10(3): 111-244.

Myers G S. 1940. The nomenclatural status of the Asiatic fish genus *Culter*. Copeia, 3: 199-201.

Nalbant T T. 1965. *Leptobotias* from the Yangtze River, China, with the description of *Leptobotia bănărescui* n. sp. (Pisces, Cobitidae). Annotationes Zoologicae et Botanicae, 11: 1-5.

Nelson J S, Grande T C, Wilson M V H. 2016. Fishes of the World. 5th edition. Hoboken: John Wiley & Sons: v-xli+1-707.

Nichols J T. 1918. New Chinese fishes. Proc. Biol. Soc. Washigton, 31: 16.

Nichols J T. 1925a. Some Chinese Fresh-water Fishes. 7. New carps of the genera *Varicorhinus* and *Xenocypris*. 8. Carps referred to the genus *Pseudorasbora*. Am. Mus. Novit., 7(182): 1-8.

Nichols J T. 1925b. Some Chinese Fresh-Water fishes. 10. Subgenera of bagrin catfishes. 11. Certain apparently undescribed carps from Fukien. 12. A small goby from the central Yangtze. 13. A new minnow referred to Leucogobio. 14. Two apparently undescribed fishes from Yunnan. American Museum Novitates, 185: 1-7.

Nichols J T. 1925c. Some Chinese Fresh-Water fishes. 5. Gudgeons of the genus *Coripareius*. 5. Gudgeons related to the European *Gobio gobio*. 6. New gudgeons of the genera *Gnathopogon* and *Leucogobio*. American Museum Novitates, 181: 1-8.

Nichols J T. 1926. Some Chinese Fresh-Water fishes. XV. Two apparently undescribed catfishes from Fukien. XVI. Concerning gudgeons related to *Pseudogobio*, and two new species of it. XVII. Two new Rhodeins. American Museum Novitates, 214: 1-7.

Nichols J T. 1928. Chinese Fresh-Water fishes in the American Museum of National History's collection. A provisional check-list of the Fresh-Water fishes of China. Bull. Am. Mus. Nat. Hist., 58(1): 1-62.

Nichols J T. 1930. Some Chinese freshwater fishes. XXVI. Two new species of *Pseudogobio*. XXVII. A new catfish from northeastern Kiangsi. American Museum Novitates, 440: 1-5.

Nichols J T. 1931a. *Crossostoma fangi*, a new loach from near Canton, China. Lingnan Science Journal, Canton, 10(2/3): 263-264.

Nichols J T. 1931b. A new *Barbus* (*Lissochilichthys*) and a new loach from Kwangtung Province. Lingnan Science Journal, Canton, 10(4): 455-459.

Nichols J T. 1931c. Some Chinese Fresh-Water fishes. XXVIII. A collection from Chungan Hsien, northwestern Fukien. Am. Mus. Novit., 449: 1-3.

Nichols J T. 1943. The Fresh-Water fishes of China. Natural History of Central Asia. Am. Mus. Nat. Hist., 9: 1-322.

Nichols J T, Pope C H. 1927. The fishes of Hainan. Bulletin of the American Museum of Natural History, 54(2): 321-394.

Nichols J T, Pope C H, Caldwell H R, et al. 1925. Some Chinese Fresh-Water fishes. 1. Loaches of the genus *Botia* in the Yangtze basin. II. A new Minnow-like Carp from Szechwan. III. The Chinese Sucker, *Myxocyprinus*. Am. Mus. Novit., (177): 4-5.

Novák J, Hanel L, Rícan O. 2006. *Formosania*: a replacement name for Crossostoma Sauvage, 1878 (Teleostei), a junior homonym of *Crossostoma* Morris & Lycett, 1851 (Gastropoda). Cybium, 30(1): 92.

Oshima M. 1926. Notes on a collection of fishes from Hainan, obtained by Prof. S. F. Light. Annotationes Zoologicae Japonenses, 11(1): 1-25.

Pallas P S. 1771-78. Reise durch verschiedene Provinzen des russischen Reiches. St. Petersburg, 1: 1771.

Peters W (C H). 1881. Über die von der chinesischen Regierung zu der internationalen Fischerei-Austellung gesandte Fischsammlung aus Ningpo. Monatsberichte der Königlichen Preussischen Akademie der Wissenschaften zu Berlin, 1880(45): 921-927.

Regan C T. 1905. Description de six poissons nouveaux faisant partie de la collection du Musée d'Histoire Naturelle de Genève. Revue Suisse de Zoologie, 13:389-393.

Regan C T. 1908. XV.—Descriptions of three new freshwater fishes from China. Annals and Magazine of Natural History (Series 8), 1(1): 109-111.

Regan C T. 1913. LXV.—A synopsis of the siluroid fishes of the genus *Liocassis*, with descriptions of new species. Annals and Magazine of Natural History (Series 8), 11(66): 547-554.

Regan C T. 1917. A revision of the clupeoid fishes of the genera *Pomolobus*, *Brevoortia* and *Dorosoma* and their allies. Annals and Magazine of Natural History (Series 8), 19(112): 297-316.

Rendahl H. 1928. Beitrage zur Kenntnis der Chinensis chen Susswasserfische, I. Systermatischer Teil. Ark. Zool. Stockholm ZOA, (1): 1-194.

Reshetnikov Yu S, Bogutskaya N G, Vasil'eva D E, et al. 1997. An annotated check-list of the freshwater fishes of Russia. Voprosy Ikhtiologii, 37(6): 723-771.

Richardson J. 1845. Ichthyology.-Part 3//Hinds R B. The zoology of the voyage of H. M. S. Sulphur: under the command of Captain Sir Edward Belcher R N, C B, F R G S, etc., during the years 1836-42, No. 10. London: Smith, Elder & Co.: 99-150.

Richardson J. 1846. Report on the ichthyology of the seas of China and Japan. Report of the British Association for the Advancement of Science 15th meeting, 66: 187-320.

Sauvage H E. 1878. Note sur quelques Cyprinidae et Cobitidae d'espèces inédites, provenant des eaux douces de la Chine. Bulletin de la Société philomathique de Paris (Série 7), 2: 86-90.

Sauvage H E, Dabry de Thiersant P. 1874. Notes sur les poissons des eaux douces de Chine. Annales des Sciences Naturelles, Paris (Zoologie et Paléontologie) (Série 6), 1(5): 1-18.

Shao W H, Cheng J L, Zhang E. 2021. Eight in one: hidden diversity of the bagrid catfish *Tachysurus albomarginatus s. l.* (Rendhal, 1928) widespread in lowlands of South China. Frontiers in Genetics, 12: 1-20.

Shao W H, Zhang E. 2022. *Tachysurus latifrontalis*, a new bagrid species from the Jiulong-Jiang basin in Fujian Province, South China (Teleostei: Bagridae). Ichthyological Research, 70(1): 1-13.

Shaw T H. 1930. Notes on some fishes from Ka-Shing and Shing-Tsong, Chekiang Province. Bull Fan Memorial Inst Biol Peiping, 1(7): 109-124.

Song X L, Cao L, Zhang E. 2018. *Onychostoma brevibarba*, a new cyprinine fish (Pisces: Teleostei) from the middle Chang Jiang basin in Hunan Province, South China. Zootaxa, 4410(1): 147-163.

Steindachner F. 1892. Über einige neue und seltene Fischarten aus der ichthyologischen Sammlung des K K Naturhistorischen Hofmuseums. Denkschriften der Kaiserlichen Akademie der Wissenschaften in Wien, Mathematisch-Naturwissenschaftliche Classe, 59(1): 357-384.

Sun Z X, Zhu B Q, Wu J, et al. 2022. A new species of the gudgeon genus *Microphysogobio* Mori, 1934 (Cypriniformes: Cyprinidae) from Zhejiang Province, China. Zoological Research, 43(3): 356-361.

Tan M, Armbruster J W. 2018. Phylogenetic classification of extant genera of fishes of the order Cypriniformes

(Teleostei: Ostariophysi). Zootaxa, 4476(1): 6-39.

Tang Q Y, Li X B, Yu D, et al. 2018. *Saurogobio punctatus* sp. nov., a new cyprinid gudgeon (Teleostei: Cypriniformes) from the Yangtze River, based on both morphological and molecular data. Journal of Fish Biology, 92(2): 347-364.

Tang Q Y, Liu H Z, Yang X P, et al. 2005. Molecular and morphological data suggest that *Spinibarbus caldwelli* (Nichols) (Teleostei: Cyprinidae) is a valid species. Ichthyological Research, 52: 77-82.

Tchang T L. 1928. A review of the fishes of Nanking. Contributions from the Biological Laboratory of the Science Society of China, 4(4): 1-42.

Tchang T L. 1930. Contribution à l'étude morphologique, biologique et taxonomique des Cyprinidés du Bassin du Yangtze. Thèses: présentées à la Faculté des Sciences de Paris pour obtenir le grade de docteur des sciences naturelles, Sér A, 209(233): 1-159, pls. 1-4.

Tchang T L. 1933. The study of Chinese cyprinoid fishes, Part I. Zool Sinica(B), 2(1): 1-247.

Tchang T L. 1938. Some Chinese clupeoid fishes. Bull. Fan Mem. Inst. Biol. Zool., 8(4): 311-337.

Temminck C J, Schlegel H. 1846. Pisces//de Siebold P F. Fauna Japonica, sive descriptio animalium, quae in itinere per Japoniam, jussu et auspiciis, superiorum, qui summum in India Batava imperium tenent, suscepto, annis 1823-1830 collegit, notis, observationibus et adumbrationibus illustravit Ph. Fr. de Siebold. Lugduni Batavorum [Leiden] (A. Arnz et Soc.), Parts 10-14: 173-269.

Vaillant L L. 1892. Sur quelques poissons rapportés du haut-Tonkin, par M. Pavie. Bulletin de la Société philomathique de Paris (8th Série), 4(3): 125-127.

von Martens E. 1862. Über einen neuen Polyodon aus dem Yantsekiang und über die sogenannten Glaspolypen. Monatsberichte der Königlichen Preussischen Akademie der Wissenschaften zu Berlin, (1): 476-479.

Wakiya Y, Takahasi N. 1937. Study on fishes of the family Salangidae. Journal of the College of Agriculture, Imperial University Tokyo, 14(4): 265-296.

Wang K F. 1935. Preliminary notes on the fishes of Chekiang (Isospondyli, Apodes & Plectospondyli). Contributions from the Biological Laboratory of the Science Society of China. Zoological Series, 11(1): 1-65.

Warpachowski N A. 1888. Über die Gattung Hemiculter Bleek. und über eine neue Gattung Hemiculterella. Bulletin de l'Académie Impériale des Sciences de St. Pétersbourg (Series 3), 32: 13-24.

Wright J J, Ng H H. 2008. A new species of *Liobagrus* (Siluriformes: Amblycipitidae) from southern China. Proceedings of the Academy of Natural Sciences of Philadelphia, 157: 37-43.

Wu H L, Shao K T, Lai C F. 1999. Lation-Chinese Dictionary of Fishes names. Taipei: Sueichan Press: 1028.

Wu H W. 1930. Notes on some fishes collected by the Biological Laboratory, Science Society of China. Contributions from the Biological Laboratory of the Science Society of China. Zoological Series, 6(5): 45-57.

Wu H W. 1931a. Notes on the fishes from the coast of Foochow region and Ming River. Contributions from the Biological Laboratory of the Science Society of China. Zoological Series, 7(1): 1-64.

Wu H W. 1931b. Description de deux poissons nouveaux provenant de la Chine. Bulletin du Muséum National d'Histoire Naturelle (Série 2), 3(2): 219-221.

Wu H W. 1939. On the fishes of Li-Kiang. Sinensia, 10(1-6): 92-142.

Wu H W, Wang K F. 1931. On a collection of fishes from the upper Yangtze Valley. Contributions from the Biological Laboratory of the Science Society of China (Zoological Series), 7(6): 221-237.

Xie Z, Xie C, Zhang E. 2003. *Sinibrama longianalis*, a new cyprinid species (Pisces: Teleostei) from the upper Yangtze River basin in Guizhou, China. Raffles Bulletin of Zoology, 51(2): 403-411.

Xin Q, Zhang E, Cao W X. 2009. *Onychostoma virgulatum*, a new species of cyprinid fish (Pisces: Teleostei) from southern Anhui Province, South China. Ichthyological Exploration of Freshwaters, 20(3): 255-266.

Yi W J, Zhang E, Shen J Z. 2014. *Vanmanenia maculata*, a new species of hillstream loach from the Chang-Jiang Basin, South China (Teleostei: Gastromyzontidae). Zootaxa, 3802(1): 85-97.

Yuan L Y, Chan B P L, Zhang E. 2012. *Acrossocheilus longipinnis* (Wu 1939), a senior synonym of *Acrossocheilus stenotaeniatus* Chu & Cui 1989 from the Pearl River basin (Teleostei: Cyprinidae). Zootaxa, 3586: 160-172.

Zhang E. 2000. Revision of the cyprinid genus *Parasinilabeo*, with descriptions of two new species from southern China (Teleostei: Cyprinidae). Ichthyological Exploration of Freshwaters, 11(3): 265-271.

Zhang H, Jarić I, Roberts D L, et al. 2020. Extinction of one of the world's largest freshwater fishes: lessons for conserving the endangered Yangtze fauna. Science of The Total Environment, 710: 136242.

Zhang J, Li M, Xu M Q, et al. 2007. Molecular phylogeny of icefish *Salangidae* based on complete mtDNA cytochrome *b* sequences, with comments on estuarine fish evolution. Biological Journal of the Linnean Society, 91(2): 325-340.

Zhang Y L, Qiao X G. 1994. Study on phylogeny and zoogeography of fishes of the family Salangidae. Acta Zoologica Taiwanica, 5(2): 95-113.

Zheng C Y. 1981. The homalopterid fishes from Guangdong Province, China (continuation). Journal of Jinan University (Natural Science), 1: 55-63.

Zuiew B. 1793. Biga Mvraenarvm, novae species descriptae. Nova Acta Academiae Scientiarum Imperialis Petropolitanae, 7: 296-301.

附表 鱼 类 名 录

物种	鄱阳湖	赣江	抚河	信江	饶河	修水	长江江西段	寻乌水	萍水河
1. 中华鲟 *Acipenser sinensis* Gray, 1835		+					+		
2. 白鲟 *Psephurus gladius* (Martens, 1862)	+						+		
3. 鳗鲡 *Anguilla japonica* Temminck & Schlegel, 1846	+	+		+			+		
4. 鲥 *Tenualosa reevesii* (Richardson, 1846)	+	+		+					
5. 长颌鲚 *Coilia nasus* Temminck & Schlegel, 1846	+		+	+					
6. 短颌鲚 *Coilia brachygnathus* Kreyenberg & Pappenheim, 1908	+	+	+	+			+		
7. 胭脂鱼 *Myxocyprinus asiaticus* (Bleeker, 1864)	+	+				+	+		
8. 犁头鳅 *Lepturichthys fimbriata* (Günther, 1888)	+	+		+					
9. 大鳍犁头鳅 *Lepturichthys dolichopterus* Dai, 1985		+							
10. 衡阳薄鳅 *Leptobotia hengyangensis* Huang & Zhang, 1986		+							
11. 橘黄薄鳅 *Leptobotia citrauratea* (Nichols, 1925)		+							
12. 小体薄鳅 *Leptobotia micra* Bohlen & Šlechtová, 2017		+							
13. 似美尾薄鳅 *Leptobotia* aff. *bellacauda* Bohlen & Šlechtová, 2016		+							
14. 紫薄鳅 *Leptobotia taeniops* (Sauvage, 1878)	+	+		+					
15. 花斑副沙鳅 *Parabotia fasciatus* Guichenot, 1872	+	+	+	+		+	+		
16. 武昌副沙鳅 *Parabotia banarescui* (Nalbant, 1965)		+		+			+		
17. 漓江副沙鳅 *Parabotia lijiangensis* Chen, 1980		+		+					
18. 江西副沙鳅 *Parabotia kiangsiensis* Liu & Guo, 1986		+		+					
19. 点面副沙鳅 *Parabotia maculosa* (Wu, 1939)		+							
20. 中华花鳅 *Cobitis sinensis* Sauvage & Dabry de Thiersant, 1874	+	+	+	+		+		+	
21. 大斑花鳅 *Cobitis macrostigma* Dabry de Thiersant, 1872	+	+		+					
22. 粗尾花鳅 *Cobitis crassicauda* Chen & Chen, 2013				+					
23. 横纹花鳅 *Cobitis fasciola* Chen & Chen, 2013				+					
24. 细尾花鳅 *Cobitis stenocauda* Chen & Chen, 2013				+					
25. 信江花鳅 *Cobitis xinjiangensis* (Chen & Chen, 2005)				+					
26. 泥鳅 *Misgurnus anguillicaudatus* (Cantor, 1842)	+	+	+	+		+	+	+	+
27. 大鳞副泥鳅 *Paramisgurnus dabryanus* Dabry de Thiersant, 1872	+	+		+		+		+	+

续表

物种	鄱阳湖	赣江	抚河	信江	饶河	修水	长江江西段	寻乌水	萍水河
28. 原缨口鳅 *Vanmanenia stenosoma* (Boulenger, 1901)		+							+
29. 似大斑原缨口鳅 *Vanmanenia* aff. *maculata* Yi, Zhang & Shen, 2014		+	+			+		+	+
30. 裸腹原缨口鳅 *Vanmanenia gymnetrus* Chen, 1980		+						+	
31. 纵纹原缨口鳅 *Vanmanenia Caldwelli* (Nichols, 1925)			+						
32. 拟腹吸鳅 *Pseudogastromyzon fasciatus* (Sauvage, 1878)				+					
33. 东陂拟腹吸鳅 *Pseudogastromyzon tungpeiensis* Chen & Liang, 1949		+		+				+	
34. 方氏拟腹吸鳅 *Pseudogastromyzon fangi* (Nichols, 1931)		+						+	
35. 少鳞缨口鳅 *Formosania paucisquama* (Zheng, 1981)		+						+	
36. 无斑南鳅 *Schistura incerta* (Nichols, 1931)		+	+		+				
37. 横纹南鳅 *Schistura fasciolata* (Nichols & Pope, 1927)		+	+		+			+	+
38. 平头岭鳅 *Oreonectes platycephalus* Günther, 1868		+							
39. 美丽猫鳅 *Traccatichthys pulcher* (Nichols & Pope, 1927)		+							
40. 喀氏倒刺鲃 *Spinibarbus caldwelli* (Nichols, 1925)	+	+	+	+	+	+	+	+	
41. 克氏光唇鱼 *Acrossocheilus kreyenbergii* (Regan, 1908)	+	+	+	+	+			+	+
42. 侧条光唇鱼 *Acrossocheilus parallens* (Nichols, 1931)		+	+					+	
43. 纵纹白甲鱼 *Onychostoma virgulatum* Xin, Zhang & Cao, 2009		+		+				+	
44. 短须白甲鱼 *Onychostoma brevibarba* Song, Cao & Zhang, 2018		+		+		+		+	
45. 小口白甲鱼 *Onychostoma lini* (Wu, 1939)		+		+				+	
46. 瓣结鱼 *Folifer brevifilis* (Peters, 1881)		+							+
47. 条纹小鲃 *Puntius semifasciolatus* (Günther, 1868)		+						+	
48. 大斑异华鲮 *Parasinilabeo maculatus* Zhang, 2000		+							
49. 东方墨头鱼 *Garra orientalis* Nichols, 1925		+							
50. 鲤 *Cyprinus rubrofuscus* Lacepède, 1803	+	+	+	+	+	+	+	+	+
51. 鲫 *Carassius auratus* (Linnaeus, 1758)	+	+	+	+	+	+	+	+	+
52. 似棘颊鲹 *Zacco* aff. *acanthogenys* (Boulenger, 1901)	+	+	+	+	+	+		+	+
53. 马口鱼 *Opsariichthys bidens* Günther, 1873	+	+	+	+	+	+	+	+	+
54. 尖鳍马口鱼 *Opsariichthys acutipinnis* (Bleeker, 1871)		+							
55. 青鱼 *Mylopharyngodon piceus* (Richardson, 1846)	+	+	+	+	+	+	+	+	
56. 草鱼 *Ctenopharyngodon idella* (Valenciennes, 1844)	+	+	+	+	+	+	+	+	
57. 赤眼鳟 *Squaliobarbus curriculus* (Richardson, 1846)	+	+	+	+	+	+	+		
58. 鳤 *Ochetobius elongatus* (Kner, 1867)	+	+	+	+					
59. 鳡 *Luciobrama macrocephalus* (Lacepède, 1803)	+	+	+	+					

续表

物种	鄱阳湖	赣江	抚河	信江	饶河	修水	长江江西段	寻乌水	萍水河
60. 鳡 *Elopichthys bambusa* (Richardson, 1845)	+	+	+	+	+	+	+		
61. 大眼华鳊 *Sinibrama macrops* (Günther, 1868)		+	+	+	+	+		+	+
62. 银飘鱼 *Pseudolaubuca sinensis* Bleeker, 1865	+	+	+	+	+		+		
63. 寡鳞飘鱼 *Pseudolaubuca engraulis* (Nichols, 1925)	+	+	+	+	+		+		
64. 似鲚 *Toxabramis swinhonis* Günther, 1873	+	+	+	+					
65. 䱗 *Hemiculter leucisculus* (Basilewsky, 1855)	+	+	+	+	+	+	+		
66. 贝氏䱗 *Hemiculter bleekeri* Warpachowsky, 1888	+	+	+	+		+			
67. 半䱗 *Hemiculterella sauvagei* Warpachowski, 1888		+	+	+					
68. 伍氏半䱗 *Hemiculterella wui* (Wang, 1935)		+	+		+			+	+
69. 南方拟䱗 *Pseudohemiculter dispar* (Peters, 1881)		+	+	+	+	+			
70. 海南拟䱗 *Pseudohemiculter hainanensis* (Boulenger, 1900)		+		+	+	+		+	
71. 红鳍鲌 *Culter alburnus* Basilewsky, 1855	+	+	+	+		+	+		+
72. 翘嘴原鲌 *Chanodichthys erythropterus* (Basilewsky, 1855)	+	+	+	+		+	+		
73. 蒙古原鲌 *Chanodichthys mongolicus* (Basilewsky, 1855)	+	+	+	+	+	+	+		
74. 尖头原鲌 *Chanodichthys oxycephalus* (Bleeker, 1871)	+	+							
75. 达氏原鲌 *Chanodichthys dabryi* (Bleeker, 1871)	+	+	+	+		+	+		
76. 鳊 *Parabramis pekinensis* (Basilewsky, 1855)	+	+	+	+		+	+		
77. 团头鲂 *Megalobrama amblycephala* Yih, 1955	+	+	+	+		+	+	+	
78. 三角鲂 *Megalobrama terminalis* (Richardson, 1846)	+	+	+	+	+	+	+	+	
79. 大鳞鲴 *Xenocypris macrolepis* Bleeker, 1871	+	+	+	+	+	+	+	+	+
80. 黄尾鲴 *Xenocypris davidi* Bleeker, 1871	+	+	+	+	+	+	+	+	+
81. 细鳞鲴 *Plagiognathops microlepis* (Bleeker, 1871)	+	+	+	+	+	+	+		
82. 圆吻鲴 *Distoechodon tumirostris* Peters, 1881	+	+	+	+	+	+	+	+	
83. 似鳊 *Pseudobrama simoni* (Bleeker, 1864)	+	+	+	+		+	+		
84. 鳙 *Hypophthalmichthys nobilis* (Richardson, 1845)	+	+	+	+	+	+	+	+	+
85. 鲢 *Hypophthalmichthys molitrix* (Valenciennes, 1844)	+	+	+	+	+	+	+	+	+
86. 中华细鲫 *Aphyocypris chinensis* Günther, 1868		+							
87. 大鳍鱊 *Acheilognathus macropterus* (Bleeker, 1871)	+	+	+	+	+	+			
88. 越南鱊 *Acheilognathus tonkinensis* (Vaillant, 1892)	+	+	+	+	+	+			
89. 短须鱊 *Acheilognathus barbatulus* Günther, 1873		+	+	+	+				
90. 多鳞鱊 *Acheilognathus polylepis* (Wu, 1964)		+	+	+	+	+			+
91. 广西鱊 *Acheilognathus meridianus* (Wu, 1939)		+	+	+					+
92. 寡鳞鱊 *Acheilognathus hypselonotus* (Bleeker, 1871)	+	+							
93. 兴凯鱊 *Acheilognathus chankaensis* (Dybowski, 1872)	+	+	+	+	+	+			

物种	鄱阳湖	赣江	抚河	信江	饶河	修水	长江江西段	寻乌水	萍水河
94. 须鳍 *Acheilognathus barbatus* Nichols, 1926		+	+	+					
95. 巨颌鳍 *Acheilognathus macromandibularis* Doi, Arai & Liu, 1999	+								
96. 齐氏似田中鳍 *Paratanakia chii* (Miao, 1934)			+						
97. 中华鳑鲏 *Rhodeus sinensis* Günther, 1868	+	+	+	+	+	+		+	+
98. 高体鳑鲏 *Rhodeus ocellatus* (Kner, 1867)	+	+	+	+	+	+		+	+
99. 方氏鳑鲏 *Rhodeus fangi* (Miao, 1934)			+	+				+	+
100. 彩石鳑鲏 *Rhodeus lighti* (Wu, 1931)	+	+	+	+					
101. 黑鳍鳑鲏 *Rhodeus nigrodorsalis* Li, Liao & Arai, 2020						+			
102. 黄腹鳑鲏 *Rhodeus flaviventris* Li, Arai & Liao, 2020						+			
103. 白边鳑鲏 *Rhodeus albomarginatus* Li & Arai, 2014						+			
104. 唇䱻 *Hemibarbus labeo* (Pallas, 1776)	+	+	+	+	+	+	+	+	+
105. 花䱻 *Hemibarbus maculatus* Bleeker, 1871	+	+	+	+	+	+	+	+	+
106. 似刺鳊鮈 *Paracanthobrama guichenoti* Bleeker, 1864	+	+	+	+					
107. 似鳡 *Belligobio nummifer* (Boulenger, 1901)						+			
108. 麦穗鱼 *Pseudorasbora parva* (Temminck & Schlegel, 1846)	+	+	+	+	+	+			+
109. 长麦穗鱼 *Pseudorasbora elongata* Wu, 1939	+	+		+					
110. 华鳈 *Sarcocheilichthys sinensis* Bleeker, 1871	+	+	+	+	+				
111. 小鳈 *Sarcocheilichthys parvus* Nichols, 1930	+	+	+			+			
112. 黑鳍鳈 *Sarcocheilichthys nigripinnis* (Günther, 1873)	+	+	+	+	+			+	+
113. 条纹鳈 *Sarcocheilichthys vittatus* An, Zhang & Shen, 2020			+	+					
114. 江西鳈 *Sarcocheilichthys kiangsiensis* Nichols, 1930			+	+					
115. 细纹颌须鮈 *Gnathopogon taeniellus* (Nichols, 1925)						+			
116. 隐须颌须鮈 *Gnathopogon nicholsi* (Fang, 1943)			+						
117. 似短须颌须鮈 *Gnathopogon* aff. *imberbis* (Sauvage & Dabry de Thiersant, 1874)			+			+			
118. 长须片唇鮈 *Platysmacheilus longibarbatus* Lu, Luo & Chen, 1977			+	+	+	+			
119. 胡鮈 *Huigobio chenhsienensis* Fang, 1938			+	+	+	+			
120. 银鮈 *Squalidus argentatus* (Sauvage & Dabry de Thiersant, 1874)	+	+	+	+	+	+	+	+	+
121. 点纹银鮈 *Squalidus wolterstorffi* (Regan, 1908)	+	+	+	+	+	+		+	
122. 铜鱼 *Coreius heterodon* (Bleeker, 1865)		+	+				+		
123. 吻鮈 *Rhinogobio typus* Bleeker, 1871	+	+	+	+	+	+			
124. 圆筒吻鮈 *Rhinogobio cylindricus* Günther, 1888	+	+		+					

续表

物种	鄱阳湖	赣江	抚河	信江	饶河	修水	长江江西段	寻乌水	萍水河
125. 棒花鱼 *Abbottina rivularis* (Basilewsky, 1855)	+	+	+	+	+	+	+	+	+
126. 小口小鳔鮈 *Microphysogobio microstomus* Yue, 1995	+		+						
127. 洞庭小鳔鮈 *Microphysogobio tungtingensis* (Nichols, 1926)		+		+					
128. 裸腹小鳔鮈 *Microphysogobio nudiventris* Jiang, Gao & Zhang, 2012		+							
129. 张氏小鳔鮈 *Microphysogobio zhangi* Huang, Zhao, Chen & Shao, 2017		+	+	+	+				
130. 双色小鳔鮈 *Microphysogobio bicolor* (Nichols, 1930)		+		+	+				
131. 嘉积小鳔鮈 *Microphysogobio kachekensis* (Oshima, 1926)								+	
132. 似鮈 *Pseudogobio vaillanti* (Sauvage, 1878)		+	+	+		+		+	
133. 长蛇鮈 *Saurogobio dumerili* Bleeker, 1871	+	+	+	+			+		
134. 蛇鮈 *Saurogobio dabryi* Bleeker, 1871	+	+	+	+				+	+
135. 光唇蛇鮈 *Saurogobio gymnocheilus* Luo, Yue & Chen, 1977		+		+		+			
136. 斑点蛇鮈 *Saurogobio punctatus* Tang, Li, Yu, Zhu, Ding, Liu & Danley, 2018	+	+							
137. 湘江蛇鮈 *Saurogobio xiangjiangensis* Tang, 1980		+	+						
138. 细尾蛇鮈 *Saurogobio gracilicaudatus* Yao & Yang, 1977		+		+					
139. 南方鳅鮀 *Gobiobotia meridionalis* Chen & Cao, 1977		+	+	+		+			
140. 董氏鳅鮀 *Gobiobotia tungi* Fang, 1933		+	+	+					
141. 江西鳅鮀 *Gobiobotia jiangxiensis* Zhang & Liu, 1995				+					
142. 海南鳅鮀 *Gobiobotia kolleri* Bănărescu & Nalbant, 1966		+							
143. 尖头大吻鱥 *Rhynchocypris oxycephalus* (Sauvage & Dabry de Thiersant, 1874)	+	+		+	+	+			
144. 黄颡鱼 *Tachysurus sinensis* Lacepède, 1803	+	+	+	+	+	+	+	+	+
145. 长须黄颡鱼 *Tachysurus eupogon* (Boulenger, 1892)	+	+	+	+					
146. 瓦氏黄颡鱼 *Tachysurus vachellii* (Richardson, 1846)	+	+	+	+		+	+		
147. 光泽黄颡鱼 *Tachysurus nitidus* (Sauvage & Dabry de Thiersant, 1874)	+	+	+	+	+	+	+		
148. 长吻鮠 *Tachysurus dumerili* (Bleeker, 1864)	+	+	+				+		
149. 粗唇鮠 *Tachysurus crassilabris* (Günther, 1864)	+	+	+	+		+			
150. 突唇鮠 *Tachysurus torosilabris* (Sauvage & Dabry de Thiersant, 1874)			+	+					
151. 长臀拟鲿 *Tachysurus analis* (Nichols, 1930)	+	+	+	+				+	
152. 圆尾拟鲿 *Tachysurus tenuis* (Günther, 1873)	+	+							
153. 乌苏拟鲿 *Tachysurus ussuriensis* (Dybowski, 1872)	+	+	+	+	+			+	

物种	鄱阳湖	赣江	抚河	信江	饶河	修水	长江江西段	寻乌水	萍水河
154. 似切尾拟鲿 *Tachysurus* aff. *truncatus* (Regan, 1913)		+	+	+					
155. 纵纹拟鲿 *Tachysurus argentivittatus* (Regan, 1905)	+	+					+		
156. 盎堂拟鲿 *Tachysurus ondan* (Shaw, 1930)		+	+	+		+			+
157. 大鳍半鲿 *Hemibagrus macropterus* Bleeker, 1870	+	+	+	+		+	+	+	+
158. 中华纹胸鮡 *Glyptothorax sinensis* (Regan, 1908)	+	+	+	+				+	
159. 鳗尾鮱 *Liobagrus anguillicauda* Nichols, 1926	+	+	+						+
160. 等颌鮱 *Liobagrus aequilabris* Wright & Ng, 2008	+	+		+					+
161. 鲶 *Silurus asotus* Linnaeus, 1758	+	+	+	+	+	+	+	+	+
162. 大口鲶 *Silurus meridionalis* Chen, 1977	+	+	+	+		+			
163. 胡子鲶 *Clarias fuscus* (Lacepède, 1803)	+	+	+	+		+		+	+
164. 乔氏新银鱼 *Neosalanx jordani* Wakiya & Takahasi, 1937	+	+							
165. 陈氏新银鱼 *Neosalanx tangkahkeii* (Wu, 1931)	+	+	+						
166. 大银鱼 *Protosalanx chinensis* (Basilewsky, 1855)	+								
167. 短吻间银鱼 *Hemisalanx brachyrostralis* (Fang, 1934)	+		+	+					
168. 鲻 *Mugil cephalus* Linnaeus, 1758	+					+			
169. 间下鱵 *Hyporhamphus intermedius* (Cantor, 1842)	+	+	+	+		+	+		
170. 中华青鳉 *Oryzias sinensis* Chen, Uwa & Chu, 1989	+	+							
171. 食蚊鱼 *Gambusia affinis* (Baird & Girard, 1853)		+							
172. 黄鳝 *Monopterus albus* (Zuiew, 1793)	+	+	+	+		+		+	+
173. 中华刺鳅 *Sinobdella sinensis* (Bleeker, 1870)	+	+	+			+		+	+
174. 大刺鳅 *Mastacembelus armatus* (Lacepède, 1800)		+						+	
175. 长身鳜 *Siniperca roulei* Wu, 1930	+	+	+	+			+		
176. 鳜 *Siniperca chuatsi* (Basilewsky, 1855)	+	+	+	+		+	+		
177. 大眼鳜 *Siniperca knerii* Garman, 1912	+	+	+	+		+	+	+	+
178. 斑鳜 *Siniperca scherzeri* Steindachner, 1892	+	+	+	+				+	
179. 暗鳜 *Siniperca obscura* Nichols, 1930	+	+	+	+	+				
180. 波纹鳜 *Siniperca undulata* Fang & Chong, 1932	+	+	+	+	+				
181. 河川沙塘鳢 *Odontobutis potamophila* (Günther, 1861)		+		+		+			+
182. 中华沙塘鳢 *Odontobutis sinensis* Wu, Chen & Chong, 2002	+	+	+	+		+			+
183. 小黄黝鱼 *Micropercops cinctus* (Dabry de Thiersant, 1872)	+	+	+	+				+	+
184. 直吻虾虎鱼 *Rhinogobius similis* Gill, 1859	+	+	+	+					
185. 波氏吻虾虎鱼 *Rhinogobius cliffordpopei* (Nichols, 1925)	+	+	+	+		+	+	+	+
186. 武义吻虾虎鱼 *Rhinogobius wuyiensis* Li & Zhong, 2007				+					
187. 戴氏吻虾虎鱼 *Rhinogobio davidi* (Sauvage & Dabry de Thiersant, 1874)					+				

续表

物种	鄱阳湖	赣江	抚河	信江	饶河	修水	长江江西段	寻乌水	萍水河
188. 黑吻虾虎鱼 *Rhinogobius niger* Huang, Chen & Shao, 2016				+					
189. 黏皮鲻虾虎鱼 *Mugilogobius myxodermus* (Herre, 1935)	+	+							
190. 圆尾斗鱼 *Macropodus ocellatus* Cantor, 1842	+	+	+	+	+	+		+	+
191. 叉尾斗鱼 *Macropodus opercularis* (Linnaeus, 1758)	+	+	+	+	+	+		+	+
192. 乌鳢 *Channa argus* (Cantor, 1842)	+	+	+	+	+	+	+		
193. 斑鳢 *Channa maculata* (Lacepède, 1801)		+	+			+			
194. 月鳢 *Channa asiatica* (Linnaeus, 1758)		+	+			+	+		
195. 窄体舌鳎 *Cynoglossus gracilis* Günther, 1873	+	+					+		
196. 暗纹东方鲀 *Takifugu obscurus* (Abe, 1949)	+	+		+		+	+		
197. 弓斑东方鲀 *Takifugu ocellatus* (Linnaeus, 1758)	+	+					+		

注："+"表示目前已采集到鱼类标本。

中文名索引

拉丁学名索引